한국수산지 Ⅲ - 2

부경대학교 인문한국플러스사업단 해역인문학 아카이브자료총서 06

한국수산지 Ⅲ - 2

농상공부 수산국 편찬
이근우 · 서경순 옮김

■ 목차

첨부도

1) 원문의 목차에서는 4번째 삽도로 기록되어 있으나, 실제 배열은 2번째이다.
2) 반투명한 용지에 경역 표시와 지도(해도)가 함께 실려 있다. 번역 과정에서 이를 나누어 실었다.
3) 돌산군의 경우와 같다.

■ 번역 범례

1. 『한국수산지』 3집의 내용 중 후반부에 해당하는 전라북도 및 충청도 부분을 번역한 것이다.
2. 번역 범례는 3-1권과 같다.

전라북도(全羅北道)

제1절 무장군(茂長郡)

개관

연혁

무장군(茂長郡)은 조선 태종 17년에 무송(茂松), 장사(長沙) 두 현을 합하여 한 현으로 삼고 무장이라고 칭한 데서 비롯되었다. 후에 군으로 삼아 오늘에 이른다. 무송현은 원래 백제의 송미지현(松彌知縣)이고, 장사현은 본래 백제의 상로현(上老縣)으로, 모두 신라 및 고려시대에 무령군(武靈郡)의 영현이었다.

경역

남쪽은 영광군에, 동쪽은 고창군에, 북동쪽으로는 흥덕군(興德郡)에 접하고, 북서쪽은 고부만(古阜灣) 일명 줄포(茁浦) 내포(內浦)으로 열려있고, 서쪽 일대는 외해에 면한다.

지세

군 내에는 산악과 구릉이 이어져 평지가 적으며 대체로 남동부부터 북서부로 가면서 낮아진다. 산악으로서 큰 것은 동쪽 고창군과 경계를 이루는 고산(高山)이 있으며, 북쪽으로 줄포 내포를 바라보는 수횡산(水橫山)이 있다. 이 산[1]은 정상에 용지(龍池)가 있는데, 마을 사람들이 기우제를 지내는 곳으로 유명하다. 하천으로는 큰 것이 없으며, 군의 중앙부로부터 북으로 향해서 줄포(茁浦) 내포(內浦)로 흘러드는 작은 하천이 2개 있을 뿐이다. 그중 동쪽에 있는 것을 장수강(長水江)이라고 하며 수횡산의 동쪽을 지나 하류에서 흥덕군과 경계를 이룬다. 서쪽에 있는 것은 내포 남안 서단의 작은 만으로 흘러 들어간다. 이 두 하천의 연안에는 다소 평지가 있다.

연안

연안선은 약 26해리에 이른다. 줄포 내포 연안은 출입과 굴곡이 많기는 하지만 대체로 간석지로 둘러싸여 있어서 배를 대기에 적합하지 않다. 서해안도 역시 영광군에 접하여 고니포(古尼浦)라는 작은 만이 있을 뿐이며, 대체로 완경사의 모래 해안이 이어져 피박(避泊)하기에 편리하지 않다. 다만 북서쪽 모퉁이에 있는 동백정(冬柏亭)의 동쪽에 어기(漁期)에 임시로 정박하기에 적합한 곳이 있다. 동백정의 북쪽 1해리 정도의 바다에 죽서(竹嶼)가 있는데, 높이 102피트이다. 그 서쪽 약 2해리에 쌍서(雙嶼)가 있는데 높이 61피트이다. 모두 수로 상의 목표물이 된다.

읍치

무장읍(茂長邑)은 군의 거의 중앙에 위치하며, 군아(郡衙) 이외에 우체소(郵遞所), 순사주재소(巡査駐在所) 등이 있다. 음력 매 1·6일 이곳에서 장이 선다. 그 밖에 대사면(大寺面) 사거리에서는 매 2·7일, ▲ 동음치면(冬音峙面) 신시(申市)에서는 매 4·9일, ▲ 청해면(淸海面) 안자(安子)에서는 매 5·10일에 장이 선다. 모두, 곡물, 연초, 염어(鹽魚), 목면, 소금, 도기 등을 취급하는데 부근의 여러 군의 집산물이다.

군읍으로부터 남쪽으로 40리 떨어진 영광읍, 또한 동쪽으로 40리 떨어진 고창읍에 이르는 도로가 있다. 모두 수레나 말이 통행할 수 없다. 우편물은 고창 및 영광으로부터 각각 매월 15회 체송된다.

---

1) 원문에는 高山이라고 기록되어 있는데 정오표의 이 산[此山]을 따랐다.

물산

물산은 농산물로는 쌀과 보리, 콩, 면화, 담배 등이고, 수산물로는 조기, 갈치, 민어, 가오리, 새우, 오징어, 조개 등이라고 한다. 조기가 가장 많고, 그 다음가는 것이 갈치와 새우라고 한다.

본군은 16면으로 나누어져 있다. 그중 바다에 면하는 곳은 동음치(冬音峙) 하리(下里) 상리(上里) 오리도(吾里道) 심원(心元)의 5면이다.

동음치면(冬音峙面)

본군 연안의 남단에 있으며, 북으로는 하리면에, 남으로는 영광군에 접하며, 겨우 그 서쪽 일부가 고니포만(古尼浦灣)에 면하고 있을 뿐이므로 자연히 연안에 중요한 어촌이 없다.

하리면(下里面)

북쪽으로 상리면에 접하고, 남쪽은 고니포의 북쪽 기슭을 이룬다. 그 동쪽 끝에 이르러 동음치면에 접한다. 면 내는 산악의 기복이 있고 평지가 드물다. 연안은 간석지로 둘러싸여 있어서 선박을 정박시키는 데 편리하지 않다. 다만 고니포만 입구에 좁은 물길이 있어서 어선을 세울 수 있다. 이와 같은 지세이므로 어업이 크게 성행하지 않으며, 어촌 중에서 다소 중요한 것은 고니포, 자갑리(子甲里), 상막리(上幕里) 등이다.

상리면(上里面)

남쪽은 하리면(下里面)에 북쪽은 오리도면(吾里道面)에 접하고 서쪽으로는 외해를 바라본다. 지세가 대체로 평탄하고 연안은 모래 해안이 완경사를 이루며 멀리까지 얕다. 강변(江邊), 광촌(光村), 여산(餘山), 상구(上九), 장호(長湖) 등의 어촌이 있다. 그중 장호는 어업이 가장 활발하다. 연안 일대에 조기어업이 왕성하며, 갈치, 새우, 가오리 등의 어업도 또한 행해진다.

장호리(長湖里)

장호리는 본면 북부의 작은 만 안에 있다. 인가는 62호이고 조기의 어기에는 칠산탄(七山灘)으로 출어하는 자가 많다. 부근에 잡어를 잡는 어살 어장이 7곳 있다. 어획물은 청해면(靑海面) 안자 및 흥덕군 묘산(卯山) 시장에 내다 판매한다.

오리도면(吾里道面)

남쪽은 상리면(上里面)에 동쪽은 심원면(心元面)에 접하고, 북쪽과 서쪽은 바다에 면한다. 그 북안과 서안이 서로 만나는 곳이 멀리 바다 가운데로 돌출하여 갑각(岬角)을 이룬다. 이를 동백정이라고 하며, 예로부터 저명한 경승지였다. 면 내는 작은 구릉이 이어져 평지가 드물다. 서안은 바깥 바다에 면하고, 북쪽 기슭은 고부만(古阜灣)을 바라본다. 모두 간석지로 둘러싸여서 배를 정박시키는 데 편리하지 않다. 북안의 동쪽 끝 가까운 사도(沙島) 부근에서는 제염업이 왕성하다. 연안에 월곡(月谷), 상부(上阜), 하부(下阜), 중포(中浦), 동호(冬湖), 전호(田戶), 명고(明古), 언목(彦木) 등의 마을이 있지만 어업이 제법 성한 곳은 동호뿐이다.

동호포(冬湖浦)

동호포는 동백정이 있는 갑각에 있다. 인가는 112호이고, 어살 어장 수십 곳이 있으며, 쌍서(雙嶼) 및 칠산탄에 출어하는 자가 많다. 어획물은 조기, 갈치를 주로 하고, 민어, 새우, 기타 잡어이며, 대개 안자(安子) 시장에 내다 판매한다.

심원면(心元面)

본군의 북동쪽 끝에 있으며, 서쪽은 오리도면(吾里道面)에 동쪽은 흥해군(興海郡) 이서면(二西面)에 접하고, 북쪽은 줄포 내포에 면하고 있다. 면내에는 산악의 기복이 있고 연안 일대에는 간석지가 펼쳐져 있다. 예동(禮洞), 고전(古田), 난호(亂湖), 잉무

(葋茂)[2], 검당(檢堂), 죽림(竹林), 상전(上田), 전막(箭幕), 석진(石津), 수다(水多) 등 연해의 여러 마을이 있다. 그중 예동과 고전은 염업이, 난호 및 전막은 어업이 두드러진다.

난호리(亂湖里)

난호리는 본 면의 북서쪽 갑각에 있으며, 인가는 52호이다. 연해에 어살 어장이 많으며, 조기·갈치를 주로 하고, 민어, 숭어, 새우 등을 어획한다. 이 마을 동쪽에는 어살 어장이 많다.

전막리(箭幕里)

전막리는 본 면의 북쪽 끝에 있으며, 인가는 135호이다. 어살 어장이 10곳이 있으며, 어획물의 종류는 난호리와 같다.

제2절 흥덕군(興德郡)

개관

연혁

흥덕군(興德郡)은 본래 백제의 상칠현(上柒縣)인데, 신라가 이를 상질(尙質)로 고치고 고부군(古阜郡)에 소속시켰다. 고려는 이를 고쳐서 장덕현(章德縣)이라고 하였고, 이후 지금의 이름으로 고쳤다. 조선은 이에 따랐다.

경역

서쪽은 무장군(茂長郡)에, 남쪽은 고창군(高敞郡)과 장성군(長城郡) 2군에, 동쪽은

2) 색인에는 葋筏로 되어 있다.

정읍군(井邑郡)과 고부군(古阜郡)에 접한다. 북쪽은 동단의 일부가 부안군(扶安郡)과 경계를 이루고, 그 외는 줄포 내포에 접한다.

연안

연안선은 약 16해리에 이르고 굴곡이 많으며, 특히 그 중앙이 깊게 만입되어 있다. 대부분 갯벌로 덮여 있어서, 선박의 출입과 정박[繫泊]은 불편하다. 연안에서 약 2해리 떨어진 곳에 죽도(竹島)가 있으며, 본군에 속한다.

군읍

흥덕읍은 군의 중앙을 흐르는 작은 하천의 기슭에 있으며, 하구에서 약 10리 떨어져 있다. 장덕(章德) 또는 흥성(興城)이라고도 한다. 군아 외에 재무서, 우체소, 순사주재소 등이 있다.

교통

육로는 흥덕읍[3]을 중심으로 사방으로 통한다. 흥덕읍은 전주·목포가도 상의 역으로 고창읍까지 20리, 무장읍까지 60리, 고부읍까지 30리, 장성읍까지 60리, 줄포까지 약 25리이다. 해운의 수로를 주로 이웃한 줄포에 의지하지 않을 수 없다. 대체로 흥덕군은 양항이 부족하며, 겨우 부안면 용두포에 작은 선박이 출입할 뿐이다. 우편물은 고창에서 군읍을 거쳐 고부에 매월 15회 전송(傳送)한다.

장시

부안면 묘산에 장시가 있다. 음력 매 5·10일에 장이 선다. 집산화물은 미곡, 연초, 옷감류[布類], 소[生牛], 소금, 도기, 그 외 잡화이고, 집산지역은 부근의 여러 군이다.

---

3) 원문에는 흥해읍으로 되어 있으나, 위치나 다른 지역과의 거리로 보면 흥덕읍의 잘못으로 생각된다.

물산

주민은 농업을 주로 하며, 어업은 매우 부진하다. 그렇지만 제염업은 상당히 성하다. 쌀, 보리, 콩, 연초, 조, 면화, 소금, 조기, 갈치, 숭어, 오징어, 게, 대합[蛤] 등을 생산한다.

구획

흥덕군은 9면으로 나뉜다. 바다와 접한 곳은 겨우 3면에 불과하다. 이서면(二西面), 부안면(富安面), 북면(北面)이다.

이서면(二西面)

흥덕군의 북서쪽 모퉁이에 있으며 장수강(長水江)을 사이에 두고, 무장군 심원면과 서로 마주 본다. 이서면 내에는 소요봉(逍遙峰)이 높게 솟아 있어 그 영향으로 산지가 많고 평지가 적다. 해변은 갯벌이 넓게 펼쳐져 염전이 많다. 연안선이 매우 짧아 겨우 어촌이 한 곳 있는데 선운동(仙雲洞)이라고 한다.

선운동은 소요봉(逍遙峰)의 북쪽 기슭에 있다. 인가는 60호가 있고, 봄과 여름철에 칠산탄으로 나가 조기 어업에 종사하는 사람들이 많다. 어획물은 대개 어장에서 곧바로 출매선(出買船)에 매도한다. 제염업(製鹽業) 또한 행한다.

부안면(富安面)

서쪽은 이서면에 접하고, 동쪽은 작은 만이 연안을 이룬다. 그 남단은 작은 하천을 사이에 두고 북면과 마주한다. 북쪽 또한 바다에 임하며 산악이 중첩되어 있는 것이 이서면과 다르지 않다. 연안은 굴곡이 많고 동북 모두 갯벌로 덮여 있어 염전이 많다. 주요 어촌은 안현(鞍峴) 반월(半月) 상포(象浦)라고 한다.

안현리(鞍峴里)

안현리는 이서면 선운동의 동쪽에 있다. 부근에 염전이 많고, 인가는 20호이다. 봄과 여름철에 칠산탄으로 나가 조기 어업에 종사하는 사람이 많고, 어획물은 주로 어장에서 곧바로 출매선에 매도한다.

반월리(半月里)

반월리는 안현리의 북쪽에 있고, 인가는 7호 정도의 작은 마을이다. 봄・여름철에 주민은 인근 마을인 상포 앞바다에 이르러 젓새우[白蝦], 갈치 등을 어획하며 묘산 시장에 보내 판매한다.

상포(象浦)

상포는 부안면의 북쪽 기슭에 돌출한 갑단(岬端)에 있다. 줄포수로(茁浦水路)에 가깝기 때문에 선박 출입이 매우 편리하다. 인가는 34호이며 봄・여름철에 칠산탄으로 나가 조기 어업에 종사하는 사람이 많다. 근해에는 새우, 오징어, 대합 등이 생산된다.

북면(北面)

서쪽은 작은 만을 사이에 두고 부안면과 마주 본다. 동서쪽은 일동면(一東面)과 이동면(二東面)에 접하고, 북쪽은 부안군과 경계를 이룬다. 연안 일대는 갯벌이고 염전이 많다. 용두포(龍頭浦) 후포(後浦) 주강(酒釭) 영목(柃木) 등의 여러 마을이 있지만, 어업은 대체로 활발하지 않다.

제3절 부안군(扶安郡)

개관

연혁

부안군(扶安郡)은 조선 태종 14년 부령(扶寧)・보안(保安) 2현을 합해서 하나의 현으로 삼고, 부안이라고 부르기 시작했다. 후에 군으로 삼아 지금에 이르렀다. 부령현은 원래 백제의 개화현(皆火縣)인데, 신라가 이것을 부령(扶寧)으로 고쳐 고부군(古阜郡)에 소속시켰다. 고려는 다시 고치지 않았다. 보안현은 원래 백제의 흔량매현(欣良買縣)인데, 신라가 이를 희안(喜安)이라 고치고 고부군에 소속시켰다. 고려가 이것을 보안(保安)이라고 고쳤다.

경역

부안군 전체가 하나의 큰 반도(半島)를 이루고 남쪽 일부는 흥덕군에, 동쪽은 고부・김제 2개 군에 접한다. 북동쪽은 동진강(東津江)을 사이에 두고 만경군(萬頃郡)과 경계를 이룬다. 그리고 남쪽은 동진포(東津浦) 내에, 북쪽은 줄포・내포에, 서쪽은 외해(外海)에 연한다.

지세

남서부는 산악이 중첩해서 응봉산(鷹峰山), 보안산(保安山), 갑남산(甲南山) 등 여러 봉우리가 있다. 이것을 총칭해서 변산(邊山)이라고 하며, 능가산(楞伽山), 영주산(瀛洲山)이라는 이름도 있다. 깊고 그윽하며 고요한 곳에 수목이 빽빽하고 울창해서 신라 이래로 유명한 사찰이 많다. 또 좋은 재목이 많이 나서 예로부터 천부(天府)[4]라는 명칭이 있다. 현재 여전히 부근 주민 중 벌목으로 생계를 유지하는 자가 적지 않다.

북동부는 점차 낮아져 평야로 이어지고, 평야가 끝나는 곳에 동진강이 있다. 동진강은 부안강(扶安江)이라고도 한다. 노령산맥(蘆嶺山脈)의 북쪽 기슭인 정읍(井邑)・태인(泰仁) 2군(郡) 사이에서 발원해서 북서쪽으로 향하고, 고부・김제군의 사이를 지난다. 부안군과 만경군의 사이를 흘러 바다로 들어간다. 유역(流域)은 100여 리이고, 연안에 경지가 많아 만경강 유역의 경지와 함께 전라북도의 주요한 농산지이다.

하구(河口)에서 상류까지 40리 사이는 작은 배가 통할 수 있다. 연안에 문포(文浦),

4) 천부(天府)는 하늘이 내린 땅이란 의미로 예부터 부안은 물산이 풍부하여 붙여진 이름이다. '살아서는 부안으로'라는 말도 같은 의미이다.

화포(禾浦)[5], 오포(烏浦)[6], 평교포(平橋浦)[7], 서포(西浦)11[8], 죽산포(竹山浦) 등이 있다. 그 중 문포와 화포가 가장 유명하다. 더욱이 최근 미곡 수출과 동반해 선박의 출입이 점차 빈번해지게 되었다.

연안

북안(北岸), 남안(南岸) 모두 다소 굴곡이 있지만 갯벌로 둘러싸여 배를 정박하는데 불편하다. 남안의 동단인 줄포(茁浦)는 유명한 항만이지만 만조를 이용하지 않으면 큰 배가 통과하기 어렵다. 서안은 갯벌이 없고 수심이 제법 깊지만 암초가 솟아 있고, 특히 수성당갑각(水城堂岬角) 이북은 암초와 작은 섬이 무수히 늘어서 있다.

교통

해로 교통은 제법 편해서 줄포와 목포 사이에 끊임없이 기선이 왕복한다. 육로는 군읍에서 김제를 거쳐 군산으로 통하는 것 및 줄포에서 고부를 거쳐 공주에 이르는 것 등이 있다. 우편물은 부안읍에서 김제읍에 매달 20회, 줄포에서 고부읍으로 15회 체송한다.

읍치

부안읍은 부안군의 북동부 동도면(東道面)에 있다. 북쪽에 작은 구릉을 등지고, 부근 일대에 평야가 이어진다. 군아 외에 재무서, 우체소, 순사주재소 등이 있다. 호수는 약 500호이고, 인구는 약 2,000명이다. 일본인 재주자가 13호 있다.

읍내에 상시(上市), 하시(下市)의 두 장시가 있다. ▲ 상시는 음력 매 2・7일, ▲ 하시는 매 4・9일에 개시한다. 그 외 입하면(立下面) 사창(社倉)에는 매 3・8일, ▲ 하서면(下西面) 신치(申峙)는 매 1・6일, ▲ 사거(四巨)에는 매 5・10일에 개시한다. 모두

---

5) 현재의 김제시 만경읍 화포리이다. 만경강 유역에 있다.
6) 현재의 전북 부안군 오포리이다.
7) 현재의 전북 부안군 백산면 덕신리에 평교가 있다.
8) 현재의 전북 김제시 죽산면 서포리이다.

주요 집산화물은 미곡(米穀), 어류, 도기(陶器), 소금, 목면(木綿), 잡화 등이고, 주변 여러 군(郡)에서 물품이 들어오고 팔려 나간다. 때로 어류는 멀리 떨어진 지방에서 사러 오는 자가 있다. 3~4월 무렵 도미, 숭어, 조기 등의 성어기에는 그 거래가 매우 큰 액수에 달한다.

농산물

농산물은 쌀을 주로 하고, 그 외에는 보리, 조, 콩, 연초 등이다. 수산물은 조기를 주로 하고, 그 외 갈치, 민어, 숭어, 도미, 새우, 젓새우[糠鰕], 대합[蛤], 굴, 오징어 등이다. 젓새우 및 오징어는 남서 연안에 많다. 새우는 연안 도처에서 생산된다. 소금 생산도 또한 매우 많아 염전 면적이 44정보(町步) 남짓이며, 제염량은 1,068,000여 근(斤)이다.

어업

어업은 조기 어업을 주로 하고, 기타 각종 어업이 제법 활발하다. 아마 앞바다[前洋]에 위도(蝟島), 고군산도(古群山島), 칠산도(七山島) 등 유명한 어장을 옆에 두고 있기 때문일 것이다. 이들 어장은 조기로 유명할 뿐 아니라 갈치, 민어, 새우 등도 역시 풍부하다. 또 나루[津浦] 부근의 주민은 만경군(萬頃郡) 연안으로 출어하는 자가 있다.

조기어업

조기어업은 그 규모가 제법 커서 자본가・어업자・종업자(從業者)의 3자에 의해서 경영되는 경우가 많다. 어업자는 자본가로부터 5개월을 기한으로 하여 한 달에 1할의 이자로 자금을 빌리고, 어부를 고용하여 종사하게 한다. 어부의 급료는 약 50원(圓)을 보통으로 한다. 출어 전에 20원 정도를 미리 지급한다[前借]. 어부 중 선장은 보통 일반 어부의 배에 해당하는 급료를 받는다. 그리고 어업자는 어획량[水揚高] 중에서 자본가에게 차입금과 이자를 갚고, 어부의 급료 등 기타 여러 경비[入費]를 제한 것을 소득으로 한다. 만약 수확이 적어서 차입금을 갚지 못할 때에는 다음 어기까지 연기하거나 혹은 어구를 자본가에게 인도(引渡)하는 경우도 있다. 자본가와 어업자는 대체로 매년 일정한 관계를 가지는 것을 보통으로 한다. 어획물은 어장(漁場)에서 바로 출매선(出買船)에 매도한다. 출매선은 그것을 부근 시장으로 운반한다. 어구는 중선(中船), 망선(網船), 주목(駐木), 정선(碇船) 등이며, 어기는 음력 2월 중순부터 4월 상순까지라고 한다.

연안에 있어서는 어살 지예망 등을 행하고, 주로 만내의 물길에서 조수 간만을 이용하여 조업한다. 또한 갯벌에서는 대합 굴 등을 채취한다. 대합은 계화도(界火島) 부근이, 굴은 동진강 및 고부만 안쪽이 가장 많다.

어획물의 매매는 줄포가 가장 활발하고, 어기(漁期) 중에는 어선 및 출매선이 항상 폭주(輻輳)한다. 다음은 융희 2년(1908)에 있어서 읍내 시장 수산물 가격의 표시로 아래와 같다.

세발낙지[小蛸]	1마리[尾]	30문(文)	새우(小)	1사발	30문
가자미[鰈]	1마리	40문	노랑 가오리	1마리	200문
병어[鯧]	1련(連,10마리)	35문	숭어	1마리	100문
상어	1마리	100문	농어(大)	1마리	350문
대합(大)[蛤]	1개	5문	꽃게[甲蟹]	1련(連, 10마리)	50문
조개살	1사발[椀]	50문	미역	1파(把)	15문
명태	1마리	8문	명태	1련(連, 20마리)	140문
조기(大)	1마리	85문	조기	1마리(小)	45문
염장청어[鹽鰊,釜山産]	1련(連, 12마리)	100문	말린 문어(乾蛸)	1마리	150문

부안군은 17면으로 나누어진다. 바다에 연한 곳은 건선(乾先), 입정(立丁), 좌산(左山), 우산(右山), 하서(下西), 서도(西道), 염소(鹽所), 일도(一道), 이도(二道)의 9개 면이다.

건선면(乾先面)

건선면[9]은 부안군의 남동쪽 모서리에 있다. 남쪽은 흥덕군과 접하며, 동쪽은 고부

9) 지금의 줄포면으로 1914년 부군면 통폐합 때 부안군 입상면 일부와 고부군 서부면 일부, 고창군 북일면 일부가 편입되었다.

군[10]과 접한다. 서쪽은 바다와 닿아있다. 연안의 굴곡이 심하지만 대부분이 갯벌로 이루어져 있다. 오직 줄포(茁浦)만 선박이 출입하는 항구로 유명하다.

줄포(茁浦)

줄포는 일명 줄래포(茁萊浦)라고도 한다. 건선면의 중앙에 있는 작은 만이다. 갯벌이 많고 물이 얕아 만조를 이용하지 않으면 항해가 어렵다. 하지만 배후에 고부평야[古阜平原]가 자리하고 있고, 고부, 정읍, 흥덕, 고창 등의 여러 군으로 통하는 주요한 길목에 해당한다. 육・해상 화물의 집산항[呑吐港]이므로 자연스럽게 상업이 번성하며, 법성포와 더불어 이 지역에서 번성한 지역 중 하나이다.

시가지는 강동리(江東里)와 강서리(江西里)로 되어 있고, 강동리가 제법 크다. 600호 3,000명이 살고 있으며[11], 일본인이 22호 88명, 청나라 사람이 4호 12명이 살고 있다. 일본인은 잡화상과 여관을 겸한 요리점[宿屋兼料理店], 농업, 무역, 의술 등에 종사한다. 청나라 사람은 대부분이 잡화를 판매한다. 순사주재소, 우편전신취급소, 사립보통학교가 있다. 또한 현지에 거주하는 일본인들이 설립한 줄포 일본인 구락부(俱樂部)가 있는데, 회원이 22명이다. 회장(會場)은 오락기구 및 신문과 잡지 등을 구비한 교제기관인 동시에 공적인 일을 논의하는 장소로도 활용된다. 매월 1회 반드시 이곳에서 회의를 연다.

해로교통이 매우 빈번하고, 일반적으로 상선 이외에 연안을 항행하는 기선이 매달 약 10회 기항한다. 군산까지 45해리, 법성포까지 25해리, 목포까지 50여 해리이다. 육로는 동쪽의 고부읍까지 20리, 남쪽의 흥덕읍까지 10리, 고창까지 30리, 북쪽의 부안읍까지 40리이며, 부안읍에 이르는 길 이외에는 대부분이 평탄하다. 우편은 고부읍으로 매달 15회 체송한다.

부근 일대가 평야이며 경지가 매우 넓다. 토질[地味]은 대체로 비옥하다. 토지의 매매가격은 논[水田] 1마지기에 상급이 50~60원, 중급이 20~30원, 하급이 15원 이내이다. 택지는 1평당 평균 1원 정도이다.

---

10) 지금의 정읍시 고부면이다.
11) 2018년 현재, 1,544가구 2,888명이 거주하고 있다.

줄포의 상업

줄포는 종래에 목포 및 인천의 상업구역에 속했으나 최근에 군산의 발달과 더불어 군산과의 관계도 점차 밀접해지고 있다. 그리고 줄포는 부근 각지에 대한 물자공급지이기 때문에 매년 이입되는 잡화가 약 180,000원을 웃돈다. 또한 부근의 여러 군에서 줄포[本浦][12]를 거쳐 이출되는 미곡과 잡곡 및 목화(면화) 등도 매우 많다. 곡물의 출하시기가 되면 미곡 중개에 종사하는 자가 18호에 이른다.

또한 법성포와 더불어 조기의 판매지이며, 매번 어획기 중에 200~300척의 어선이 드나들며, 어획고가 약 10,000원을 웃돈다. 조기 이외에 갈치와 기타 어업 또한 번성하다. 어장은 위도(蝟島)부근을 중심으로 한다.

수산물 거래[取引]는 객주에 의해 이루어진다. 객주는 5호가 있고 그 수에 제한이 있어서 임의로 개업할 수 없다. 그렇기에 새로 개업하기를 원하는 자는 그 권리[株]를 양수받을 수 밖에 없다. 거래가격은 객주의 거래처[得意先]에 따라 다르다. 지도군(智島郡)의 여러 섬과 거래하는 객주를 군산주인(群山主人), 홍주군(洪州郡)[13] 각지와 거래하는 객주를 원산주인(元山主人), 부안군 각지와 거래하는 객주를 호암주인(壺岩主人), 비인군(庇仁郡)[14] 각지와 거래하는 객주를 비인주인(庇仁主人), 함열군(咸悅郡)의 각지와 거래하는 객주를 웅호주인(熊湖主人)이라고 한다. 이들 가운데 군산주인이 가장 비싸며 가격은 약 10,000원이다.

이들 객주는 수산물 이외에 각종 물품을 취급하며, 수수료는 대개 판매금액의 1할이다. 그리고 수산물 거래의 경우에는 2,000~3,000원까지의 거래는 시일을 기다릴 필요가 없이 바로 처리할 수 있다. 일본어선 또한 이들에게 판매를 의뢰하지만, 일본인이 생선 중개상[魚問屋]을 경영하는 곳이 한 집 있다.

어느 일본인이 줄포 앞쪽의 갯벌을 매축할 것을 기획하였다. 명치 42년, 즉 융희 3년(1909년) 5월에 이 사업에 대한 허가를 받아 공사비 10,000원을 가지고 매축에 착수했

---

12) 원문에는 木浦로 되어 있으나, 本浦의 잘못으로 생각된다.
13) 지금의 홍성군이다.
14) 지금의 서천군이다.

다. (이 사업이) 성공한 후에는 제방이 218칸, 면적 10정보, 택지 5,929평을 얻을 수 있다. 이곳 중앙에 대로를 만들어 고부가도와 통하게 할 예정이다.

이곳에서 서쪽으로 10리 지점에 웅연(熊淵)[15]이 있다. 그 부근은 능히 800톤급 정도의 기선을 수용하기에 충분하며 선박의 출입이 편리하므로 장차 줄포와 이곳 사이에 차마(車馬)가 통할 수 있는 큰 도로를 만들 계획이다.

입하면(立下面)

남동은 건선면에, 서쪽은 좌산면(左山面)[16]에 접한다. 남쪽은 줄포・내포에 마주한다. 연안은 갯벌이며, 물길과의 거리가 멀기 때문에 선박의 출입이 불편하다. 곳곳에서 자연스럽게 염업이 행해지고 있지만 어업은 부진하다. 신하(新下), 호암(虎岩), 유천(柳川), 냉정(冷井) 등의 마을은 제염으로 유명한 곳이다.

좌산면(左山面)

입하면(立下面)[17]의 서쪽에 접하고, 북쪽은 응봉산(鷹鳳山)으로부터 갑남산(甲南山)에 이르는 산맥으로 구획된다. 줄포・내포(茁浦・內浦) 북안의 대부분을 차지한다. 산맥이 해안 가까이 뻗어 있기 때문에 급경사를 이루고 평지는 적다. 연안은 갯벌이 적으며, 수심은 다소 깊다. 동쪽 해안에서 거리가 멀지 않은 곳에 웅연서(熊淵嶼)[18]가 있는데, 웅연서에서 북쪽으로 맞은편까지 갯벌이 넓게 펼쳐져 있고 염전이 많다.

검모진(黔毛鎭, 졈모진)

검모진[19]으로도 표기하고 구진리(舊鎭里)라고도 한다. 본래는 군영[浦營]을 설치하여 만호(萬戶)가 있던 곳이다. 인가는 30~40여 호이고, 제염업이 활발한 곳이다.

---

15) 지금의 곰소 일대이다.
16) 지금의 부안군 진서면으로 곰소라는 이칭으로 알려져 있다.
17) 현재의 부안군 진서면이다.
18) 「광여도」 부안현 지도에는 웅연도(熊淵島)가 보인다.
19) 원문에는 점모진(點毛鎭, 졈모진)으로 기록되어 있으나 정오표에 따라서 검모진(黔毛鎭)으로 정정하였다. 현재의 진서면 곰소항이다.

앞면 웅연서(熊淵嶼) 부근에 어살[魚箭]을 설치해서 조기, 갈치, 그 외 잡어 등을 어획한다. 어획물은 모두 줄포로 보낸다.

관선불리(觀仙佛里, 관션불이)

관선불리[20]는 검모진(黔毛鎭)의 서쪽 약 10리에 있다. 전면은 작은 만입을 이룬다. 뒤로는 갑남산(甲南山)을 등지고 있다. 인가는 약 20호이며, 어업은 다소 활발하다. 어살[魚箭]을 사용하여 갈치, 조기, 기타 잡어를 어획하여 줄포로 보낸다.

모항리(茅項里)

좌산면의 서쪽 끝에 있다. 뒤로는 갑남산을 등지고 있다. 인가는 30~40호이다. 위도 및 칠산탄 부근에서 조기를 어획하는 자가 많다. 연해에서 민어, 갯장어, 가오리, 젓새우 등을 생산하는데, 젓새우가 특별히 많다.

우산면(右山面)

부안군의 서단에 있다. 동쪽의 남부는 좌산면(左山面), 북부는 하서면(下西面)에 접한다. 남서쪽 기슭에는 작은 굴곡이 많아서 어선의 출입이 편리한 곳이 있다. 북서쪽 해안은 암초와 갯벌이 반반이다. 특히 수성당(水城堂)[21] 끝에서 북쪽으로 약 3해리 사이는 모래와 암초가 많아서 물길이 대단히 불편하다. 육지는 산악이 중첩되고 경지가 적어 미곡의 공급이 충분하지 않지만, 삼림이 풍부하여 땔감(薪炭)의 산출이 많다. 식수는 풍부하고 질이 좋다. 근해에 수산물이 풍부하고, 좋은 어장이 가까이 있기 때문에 자연히 어업이 활발하다. 북서쪽 연안에서는 역시 제염업도 행한다.

궁항리(弓項里)

궁항리는 변산반도의 남서 연안에 있는데, 인가는 약 30호가 있다. 앞면 해안에 어살

---

20) 5만분의 1 지형도에는 관선리로 되어 있다.
21) 5만분의 1 지형도에는 水聖堂이라고 보인다.

을 설치하여, 조기 갈치 삼치 넙치 등을 어획하며 줄포로 보내어 판매한다.

격포(格浦, 각포)

격포[22]는 「해도(海圖)」에는 각청리(各淸里)라고 하였다. 궁항리(弓項里)의 북쪽 수성당갑(水城堂岬)의 남쪽에 작은 만에 있다. 해변의 언덕 위에 소나무가 무성해서 항해의 표지로 삼는다. 만 내에 어선을 수용하기엔 충분하지만 썰물[低潮] 때는 바닥이 드러나서 겨우 북쪽에 작은 물길이 남을 뿐이다. 그렇지만 부근에 정박하기가 양호한 곳은 없어도 위도(蝟島)가 가깝기 때문에 어선의 왕래는 빈번하다. 위도의 성어기에는 일본어선이 이곳에 내박(來泊)하는데 수십 척에 이른다. 인가는 약 100호가 있다. 주민은 대개 벌목에 종사하지만 어업을 영위하는 자도 또한 적지 않다. 주목망(駐木網) 2통이 있다. 위도에 출어하고 어획물은 줄포 및 부안(扶安邑)으로 보낸다. 이곳에서 군읍과의 거리는 70리이며, 육로는 불편하지만 1개월에 1회 우편물을 체송(遞送)한다. 또 1개월에 1회 군산으로 왕복하는 작은 배가 있어서 항상 잡화를 운반한다.

합구미(蛤九味)

격포(格浦)의 북쪽에 있다. 인가는 약 20호이며, 앞 연안에 어살을 설치하여 조기, 갈치, 그 외 잡어를 어획한다. 그렇지만 시장에 낼 정도는 아니다.

하서면(下西面)

남서쪽은 우산면(右山面)에, 동쪽은 이도면(二道面)에 접하고, 북쪽은 바다에 면한다. 뒤쪽에 보안산(保安山)을 등지고 있으며, 북동쪽 모퉁이에 수양산(首陽山)이 솟아 있다. 그 사이는 다소 평탄한 넓은 들을 이룬다. 연안 일대는 갯벌로 덮여있고 멀리 북동쪽으로 넓게 펼쳐져 계화도(界火島)에 이른다. 대교(大橋), 제당(齊堂), 목대도(牧大島), 조룡목(鳥龍木), 장신포(長信浦) 등은 제염업이 성하다.

---

22) (해도의 기재를 참고하면) 格을 각으로 읽었을 가능성이 있다.

해창리(海倉里)

해창리는 하서면의 서단(西端)에 있으며 우산면과 경계를 이룬다. 변산에서 흐르는 작은 하천 입구에 있다. 인가는 약 20호이고, 앞 연안에 어살을 설치해서 농어, 숭어 등을 어획하여 부근 마을에 판매한다.

둔지포(屯池浦)

둔지포는 하서면의 북단 갑각에 있다. 주위는 갯벌로 둘러싸여 선박의 출입이 편리하지 않다. 인가는 약 150호 있다. 고군산도 부근에 어살을 설치해서 조기, 갈치, 민어 등을 어획하여 읍내 시장에 내다 판다.

의복동(衣服洞, 의부동)

의복동은 둔지포의 동쪽에 있다. 인가는 약 120호이고, 비안도(飛雁島) 부근에서 어살을 사용해서 조기, 갈치, 민어 등을 어획하여 읍내 시장에 내다 판다.

장언리(長堰里)

장언리는 의복동의 동쪽에 있는 작은 만 내에 있으며, 서쪽의 수양산을 등지고 있다. 인가는 50호가 있으며, 어살을 사용해서 잡어를 어획하여 읍내 시장에 내다 판다.

서도면(西道面)

서쪽은 하서면에, 동쪽은 동도면(東道面)에 접하고, 북쪽은 바다에 면한다. 중앙을 흐르는 하천이 있고 그 연안은 평탄하고 경지가 많다. 해빈은 둔지포의 동쪽에 만입된 작은 만의 안쪽을 이룬다. 연해선은 매우 짧고 전 구역이 사퇴로 덮여 선박 출입에 편리하지 않다. 따라서 어업은 성하지 않다. 그러나 제염업은 도처에서 행하고 염전이 늘어서 있다. 옹동리(甕東里), 신정리(新丁里), 오창리(梧昌里), 삼천리(三千里) 등은 주요 염전이며 그중 삼천리가 가장 잘 알려져 있다.

염소면(鹽所面)

서도면의 북쪽에 이어져 있고 서쪽은 바다에 면한다, 하서면과 마주하여 큰 만을 형성한다. 연안 일대는 모래 갯벌로 덮여 있으며 도처에 염전이 있다. 내륙[內地]은 대개 평탄하고 경지가 많다. 서쪽 2해리 남짓 떨어진 바다에 계화도가 있으며 염소면에서 어업이 다소 성한 곳은 계화도뿐이다.

계화도(界火島)

계화도는 동진포 안의 입구에 있다. 동쪽에서 흘러오는 동진강(東津江) 수로는 계화도의 북안을 돌아서 서안을 지나고 남쪽으로 달리기 때문에 외해 출입이 편리하다. 그러나 간조 시에 섬 주위는 모두 갯벌이 드러난다.

섬의 최고점은 810피트, 남북 10리, 동서 5리이다. 지세는 대부분이 경사져서 경지가 적다. 섬의 남쪽에 5개 마을이 있는데 이를 총칭하여 계화리라고 한다. 인가는 전체 130호 정도인데 주민은 주로 어업에 종사한다. 위도(蝟島) 근해로 나가서 주목망(柱木網)[23]을 사용하여 조기를 어획하는 것이 가장 성하다. 갈치, 넙치, 민어 등의 어획 또한 적지 않다.

어획물은 모두 어장에서 바로 줄포에 보낸다. 또한 부근의 갯벌에서 대개 대합[蛤]을 채취하여 읍내 시장에 낸다.

일도면(一道面) · 이도면(二道面)

일도면은 염소면의 동쪽에, 이도면은 일도면의 동쪽에 접한다. 모두 동진포 안에 접하며, 지세가 평탄하고 농업이 성하다.

연안은 갯벌로 덮여있고 각처에 염전이 있다. 제염업이 가장 성한 곳은 일도면 창북리(昌北里)라고 한다. 이도면 동진강 입구에 노길리(老吉里)가 있는데 다소 어업이 행해지며 어획물은 읍내 시장에 내다 판다.

---

23) 원문은 駐木網이라고 되어 있으나, 서로 통용되는 듯하다.

제4절 만경군(萬頃郡)

개관

연혁

만경군(萬頃郡)은 원래 백제의 두내산현(豆乃山縣)인데 신라가 이를 만경(萬頃)으로 고치고 김제군(金堤郡)의 영현(領縣)으로 삼았다. 고려가 이를 임파현(臨坡縣)에 속하게 하였으나 그 후에 나누어 한 현으로 삼았다. 조선[本朝]이 이를 따랐으나 후에 군으로 삼았고 오늘에 이른다.

경역

동쪽으로는 김제군(金堤郡)에, 북동쪽으로는 익산군(益山郡)에 접하며, 남쪽으로는 동진강(東津江)을 사이에 두고 부안군(扶安郡), 북쪽은 만경강(萬頃江)을 사이에 두고 임피군(臨陂郡)과 마주본다. 서쪽은 바다에 면해 있는데, 그 중앙에 반도가 돌출하여 좌우로 두 개의 큰 만을 이룬다. 남쪽에 있는 것을 동진포내(東津浦內), 북쪽에 있는 것을 전주포내(全州浦內)라고 한다.

지세

지세가 평탄하여 큰 산악이 없으며, 이른바 전주 평야의 서부를 이루며 논밭이 멀리까지 이어진다.

만경강

군의 북단에 만경강(萬頃江)이 있는데, 이를 전주강(全州江)이라고 한다. 전주의 동쪽에 늘어서 있는 축령(杻嶺)[24], 만덕산(萬德山), 치마산(馳馬山) 등의 여러 봉에서

---

24) 『해동지도』「전라도 고산현」에서는 유령(杻嶺)이라고 하며, 만기요람(萬機要覽) 군정편 4/ 관방(關防) - 전라도(全羅道) 편에서 【고산(高山)】 영로 : 탄치(炭峙) 동쪽 통로. 뉴령(杻嶺). 용담(龍潭)과의 경계로 되어 있으며 (출처: 한국학중앙연구원, 향토문화전자대전), 싸리재-『해동지

발원하여 서쪽으로 흘러 고산(高山) 전주(全州), 익산(益山), 김제(金堤) 4군을 거쳐, 본군과 임피군의 경계를 이루며 바다로 들어간다. 유역은 200여 리에 이르면, 하류[25] 90리 사이는 작은 배가 통행할 수 있다. 그러나 조수가 높아지기를 기다려야만 한다. 연안에 대장리(大場里), 용강리(龍江里), 쌍구포(雙口浦), 이리(裡里), 동자포(童子浦), 입석포(立石浦), 몽산포(夢山浦), 신창진(新倉津) 등이 있는데, 모두 농산물 및 기타 물자를 나르는 중요한 포구이다.

연안

연안은 중부에 큰 반도가 돌출하여 좌우로 전주포내와 동진포내의 두 만을 형성한 것 이외에는 작은 굴곡이 많지 않다. 두 만 모두 모래 뻘로 덮여 있으며, 해안 가까운 기슭에는 풀이 자란다. 썰물 때는 인마의 통행이 자유롭다. 전주포내에는 만경강, 동진포내에는 동진강이 흘러들어 물길을 이루지만 어느 쪽이나 밀물 때가 아니면 배가 통행할 수 없다.

읍치

만경읍(萬頃邑)은 군의 거의 중앙에 있는데, 옛 이름은 두산(杜山) 또는 두릉(杜陵)이라고 한다. 부근에 구릉이 있기는 하지만, 대체로 평탄하여 논밭이 이어져 있다. 군아 이외에 우체소, 순사주재소, 보통학교 등이 있다. 호수는 약 300호이며, 인구는 900여 명이다. 재주 일본인은 6호 10명이다. 이곳에서는 음력 매 4・9일에 장이 선다. 집산화물은 곡류, 수산물, 삼베, 면포(綿布), 연초(煙草), 잡화 등이다.

교통

전주 및 군산으로 통하는 도로가 있고 차마가 통행할 수 있다. 다른 도로도 또한 대체로 평탄하다. 전주까지 90리, 군산까지 40리, 김제까지 20리, 부안까지 60리이다.

도』와 『1872년지방지도』 (용담)에 '유령(杻嶺)'으로 기재되어 있으나, 후에 '축령'으로 변음된 것은 싸리나무라는 의미의 '유(杻)'자를 '축(丑)'으로 잘못 읽은 것으로 추정된다. (출처: 네이버 지식백과 한국지명유래집 전라·제주편 지명)

25) 원문은 上流라고 되어 있으나, 조석 간만의 영향을 받는 하류가 옳은 것으로 생각된다.

해운은 연해의 정황이 앞에서 설명한 것과 같으므로 대단히 불편하다. 만경강 및 동진강이 있으나 어느 쪽이나 하구의 출입이 불편하다. 우편은 만경우편소에서 전주 및 군산으로 매일 1회 전송한다.

물산

물산은 쌀, 보리, 콩 등 농산물을 주로 하며, 민어, 숭어, 농어, 뱅어[白魚], 문절망둑[沙魚], 새우, 굴, 대합, 소금 등의 수산물인데 그 생산량은 많지 않다.

구획

본군은 10면으로 나뉘어 있다. 그중 바다에 면한 것은 남일(南一), 남이(南二), 상서(上西), 하일도(下一道), 하이도(下二道), 북일도(北一道), 북칠면(北七面)인데, 대부분 연안 선박의 출입이 불편하여 어업이 활발하지 않다. 다만 하일도면 및 북면만은 다소 어업이 이루어지고 있다. 어구는 주로 어살[魚簖]과 지예망(地曳網)인데, 지예망은 조수의 간만을 이용하여 농어, 숭어 및 잡어를 어획하는 데 불과하다. 염업은 다소 왕성하여 망덕산(望德山)의 갑단(岬端) 길곶리(吉串里) 부근의 갯벌은 대체로 염전이다. 제법은 해안가에 위치하여 소금을 만드는데, 2~10월까지 행한다. 5~7월 3개월은 비가 많이 오면 휴업하는 것이 일반적이다. 현재 작업하고 있는 면적 2정보 남짓한 염전의 1년간 생산액은 약 39,000근이다.

하일도면(下一道面)

군의 중앙에 돌출한 망해산갑(望海山岬)의 서쪽 끝에 동진포(東津浦)에 면한 좁고 긴 지역이다. 연안은 갯벌이며 북서부에 한 줄기 수로가 있는데, 바로 만경강의 물길이라고 한다. 선박의 출입이 다소 편리하기 때문에 어촌은 대부분 이 연안에 있다.

길곶리

길곶리(吉串里, **길곶리**)는 인가가 약 30호가 있으며, 칠산탄(七山灘)으로 나가서 조기, 갈치 등을 어획하는 사람이 있다. 가까운 연안에서는 민어, 숭어, 새우, 굴, 대합 등이 생산된다. 어획물은 읍내 시장 및 김제시로 출하한다.

남하리

남하리(南下里)는 인가 약 20호가 있으며, 칠산탄에 나가서 조기 및 갈치 어업에 종사한다. 가까운 연안에서는 어살을 사용하여 광어 및 기타 잡어를 어획한다. 어획물은 읍내 및 김제 시장으로 보낸다.

북면(北面)

전주포내의 동남 모서리에 있으며, 남쪽은 군내면(郡內面)에 접한다. 연안이 갯벌로 덮여 있지만 만경강 물길에 멀지 않다. 화포(火浦), 몽산포(夢山浦) 등 저명한 포구이다. 어업도 또한 다소 이루어진다.

몽산포

몽산포(夢山浦, **모산포**)는 북면의 중앙에 위치하며 군내면(郡內面)에서 오는 작은 강의 개구부의 좌안에 있다. 서몽리(西夢里), 동몽리(東夢里) 두 마을로 나뉜다. 군읍까지 겨우 10리 정도여서 그 출입구에 해당한다. 인가는 약 40호이며, 칠산탄에 출어하는 사람들이 있다. 어획물은 읍내 및 김제읍으로 보낸다.

화포

화포(火浦)는 작은 하천을 사이에 두고 몽산포의 대안에 있다. 인가는 약 30호이며 칠산탄에 출어하는 사람이 있다. 가까운 연안에서는 굴, 새우 등이 생산된다. 어획물은 주로 군읍에 보낸다.

대상리

대상리(大上里, **딕상리**)는 화포의 동쪽에 있으며, 인가는 약 20여 호이다. 야미도(夜

味島)에 출어하는 사람이 있다. 가까운 연안에서는 새우를 어획한다.

제5절 옥구부(沃溝府)

개관

연혁

옥구부는 본래 백제의 마서량현(馬西良縣)이었는데, 신라가 지금의 이름으로 불렀고, 임피군(臨陂郡)의 속현으로 삼았다. 고려를 거쳐 조선에 이르렀는데, 태종 6년 병마사를 두었고 세종에 이르러 첨사를 주재시켰다. 후에 현감을 두었고, 다시 군으로 삼았다. 군산이 개항되자 감리서(監理署)를 두었으며, 다시 부를 두어 지금에 이른다.

경역(境域)

전라북도 연안의 제일 북쪽에 위치하여, 북쪽은 금강(錦江)을 사이에 두고 충청남도(忠淸南道) 서천군(舒川郡)과 서로 바라본다. 남쪽은 만경강(萬頃江) 및 전주포(全州浦) 안을 사이에 두고 만경군(萬頃郡)과 마주한다. 서쪽 일대는 바깥 바다[外海]에 면하고 동쪽 일부는 임피군(臨陂郡)에 이어져 있어서, 거의 반도(半島)와 같은 형태를 이룬다. 소속 도서(島嶼)로는 비응도(飛鷹島)[26] 오식도(箕食島)[27] 내초도(內草島)[28] 조도(鳥島) 장산도(長山島) 가내도(加乃島)[29] 입이도(入耳島) 무의인도(無衣人島)[30] 난도(卵島)[31] 등이 있다.

---

26) 현재 전라북도 군산시 비응도동에 속한 섬으로 면적 0.534㎢, 해안선 길이 3.7km이다. 전라북도 군산시 소룡동은 행정동이며 법정동인 소룡동, 비응도동, 오식도동을 관할한다.
27) 원문에는 오식산(箕食山)으로 기록되어 있으나 정오표에 따라서 오식도(箕食島)로 정정하였다.
28) 내초도는 현재 전라북도 군산시 옥도면 법정동으로 행정동인 미성동(米星洞) 관할 아래에 있다.
29) 현재 전라북도 군산시 산북동(山北洞)의 일부이며, 전라북도 군산시 산북동은 옥구군(沃溝郡) 미면(米面) 지역이었다. 1914년 행정 구역 개편에 의해 임사리, 석화리, 입이도, 가내도를 병합하여 옥구군 미면 산북리로 하였다.
30) 현재 전라북도 군산시 옥서면(沃西面) 옥봉리(玉峰里)이다.

지세(地勢)

역내(域內)에는 산악(山岳)이 오르내리지만, 대부분은 구릉(丘陵)이며, 높고 가파르지 않아 비교적 경사지(傾斜地) 및 평지가 풍부하다. 산악 중에 저명한 것은 군산(群山)의 남쪽에 솟은 봉화산(烽火山) 및 옥구부의 서남쪽 구석에 있는 연병산(連兵山)[32]이다. 그런데도 모두 420~430피트에 불과해 높거나 험하지 않다.

해안(海岸)

해안은 굴곡이 적고 특히 사퇴(砂堆)[33]가 넓게 펼쳐져 있어 계선지(繫船地)[34]가 적다. 그래도 금강(錦江)을 따라 있는 군산은 금강 유역 일대의 물산이 들고나는[呑吐] 집산지로서 우리나라[本邦, 대한제국]의 유수의 무역항이다. 다만 금강 입구 외의 연안에는 염전을 개척하기에 적당한 땅이 적지 않아서 염업(鹽業)이 제법 활발하다.

부치(府治)

부치는 군산 거류지(居留地)의 남쪽에서 얼마 되지 않는 곳에 있다. 즉 원래의 감리서(監理署)[35]가 이것이다. 구읍(舊邑)은 발이산(鉢伊山)[36]의 남쪽에 있는데, 거의 전

31) 여기에서 말하는 난도(卵島)가 군산시 옥서면 선연리(仙緣里)에 있던 난산도(알섬)을 의미하는지, 군산시 해망동(海望洞)에 있는 금란도(金卵島)를 의미하는지 알 수 없다.

32) 현재 군산시 옥구읍 오곡리(五谷里)에 있는 영병산(領兵山)을 의미하는 것으로 보이며, 영병산의 이칭으로 사자암산(獅子岩山), 사자산(獅子山), 연병산이 있다.

33) 풍랑이나 홍수로 인하여 연안에 자갈 모래 진흙 등이 밀려와 퇴적된 지형을 말한다.

34) 선박을 매어 두는 항만의 일정한 수면(水面) 공간. 선박이 자유롭게 출입할 수 있도록 완전히 개방되어 있다.

35) 대한제국 때에, 개항장과 개시장의 행정 및 통상(通商) 사무를 맡아보던 관아. 고종 20년(1883)에 부산, 원산, 인천의 세 곳에 설치한 이후, 다른 개항장과 개시 장에도 확대・설치하여 운영하다가 폐지하였다.

36) 현재 돗대산으로, 돗대산은 군산시 옥구읍 옥정리에서 옥산면 당북리에 걸쳐 있으며 금강 하류에 인접하고 있다. 돗대산은 돛대산이라고도 한다. 『한국 지명 총람』에는 흔돌[白石] 서쪽에 있는 산으로 모양이 돛대와 같다고 기록되어 있다. 또 다른 이름인 발이산과 관련해서는 『신증동국여지승람』에 발이산(鉢伊山)은 현의 북쪽 3리[1.2㎞]에 있는데, 진산이라고 기록되어 있다. 『해동지도』와 『동여도』에 표기의 변화 없이 발이산으로 기록되어 오다가, 『대동여지도』에서는 발산(鉢山)으로 표기되어 있다.

관구역[全管]의 중앙에 위치하지만 교통이 편리하지 않기 때문에, 지금은 단지 순사주재소(巡査駐在所)를 두었을 뿐이다. 그런데도 이곳은 예로부터 오래도록 치소(治所)였고, 지금도 여전히 호수 400호 인구 1,500명 정도가 있다. 게다가 일본인 거주자 8호 10여 명을 헤아리는 관내 유수의 집산지(集散地)이다.

관내 및 옥구부와 부근 교통은 군산을 중심[焦點]으로 하는 도로가 비교적 잘 정돈되어서 대체로 차마(車馬)의 통행에 지장이 없다. 특히 군산에서 전주에 이루는 120리 사이는 개수(改修)되어 인력거[腕車]의 왕래가 자유롭다. 군산항으로부터 각지에 이르는 수로 교통은 특별히 군상 항목에서 상세하게 설명할 것이다.

물산(物産)

산물은 농산(農産)을 주로 하고, 융희 2년(1908)에 있어서 주요 농산물의 생산량은 쌀 17,630여 석, 보리 3,080여 석, 콩[大豆] 1,900여 석이고, 해산(海産)은 식염(食鹽)을 주로 하는데, 그 산지는 미면(米面)과 정면(定面)이며, 1년 생산액은 대략 24,000원 남짓일 것이다.

장시(場市)

장시는 장재시(長財市)[37], 경시(京市), 평사시(坪沙市), 지경시(地境市) 등이 있다. 그중에서 활발한 곳은 장재시 및 경시로서 전자는 음력 매 5일, 후자는 매 10일에 장이 선다. 집산물(集散物)은 미곡(米穀), 들깨[荏子], 면화(棉花), 면포(綿布), 누룩[麯子], 남초(南草, 담뱃잎), 백염(白鹽), 미역[甘藿], 건염어(乾鹽魚)[38], 짐승 고기[獸肉] 등이 있다. 1개월의 집산액은 통틀어서 11,200~11,300원에 달한다. 그리고 집산액 내 수산물은 3,700~3,800원에 이른다고 한다.

---

37) 군산에 장재(長財)라는 곳을 찾을 수 없다. 다만 현재 군산에 장재동(臧財洞)이 있다. 그러나 현재 장재동은 옥구군 미면 지역이었다. 1940년 옥구군 미면 둔율리의 일부가 군산부(群山府)에 편입되어 장서정(藏西町)이 되었다가 1949년 군산시 장재동으로 바뀌었다.

38) 고기나 생선 등의 식품을 소금물 등 액체에 담그지 않고 소금 등을 발라 간하고 보존하는 방식으로 만든 생선이다.

구획(區劃)

전체 관할 구역을 구획하여 북면(北面), 박면(朴面), 풍면(風面), 장면(長面), 동면(東面), 서면(西面), 정면(定面), 미면(米面)의 8면으로 삼았다. 그리고 북면은 금강의 하구에 면하고, 미면・정면・장면・풍면이 차례대로 연해에 줄지어 있다. 풍면은 만경강을 따라 동쪽의 임피군과 서로 마주 본다. 관할구역 내 8면 중에서 다소 수산과 관계가 있는 곳은, 이 5면이라고 한다. 다음에 이들 각 면의 주요 어촌의 대체적인 상황(概況)을 서술한다.

경포(京捕)

경포는 북면(北面)에 속하는데, 군산(群山)의 동쪽에 접속해 거의 그 일부를 이룬다.[39] 호수 약 100호, 인구 400여 명이라고 한다. 그중에 어업(漁業)하는 가구는 7호가 있는데, 어선은 7척이고 어망은 7통을 가지고 있다. 봄과 여름철에 칠산탄(七山灘) 및 충남 오천군(鰲川郡)[40]에 속하는 죽도(竹島)에 출어하여 조기, 준치[鰣] 등을 어획한다. 경포 부근에는 사가현(佐賀縣)이 경영하는 어민 이주지가 있다. 현재 정주하면서 어업을 행하는 가구는 7호, 30명이라 하는데, 그 감독 사무소가 있다(권두 사진 참조).

입이도(入耳島)

입이도는 미면(米面)에 속한다. 금강 입구에 떠 있는 작은 섬으로 주민은 7호, 20여 명이 있다. 고군산도(古群山島)와 그 외 죽도(竹島)[41] 연도(煙島)[42] 근해에 출어하여 낚시어업[釣漁]하는 사람도 있다.

---

39) 군산은 개항 이전 옥구현(沃溝縣) 북면(北面)에 속했었다.
40) 현재 충청남도 보령시 오천면·천북면, 전라북도 군산시 옥도면(沃島面) 일부에 해당하는 옛 행정구역 명칭이다.
41) 현재 전라북도 군산시 옥도면 죽도리(竹島里)이다.
42) 현재 전라북도 군산시 옥도면 연도리(煙島里)이다.

가내도(加乃島)

가내도[43]는 미면에 속한다. 금강 입구 밖에 떠 있는 작은 섬으로 입이도의 서남쪽에 있다. 주민은 5호 16명이며, 어선 1척이 있고 또한 어살 1좌(座)가 있다. 주로 잔새우[小鰕]를 어획한다.

장산도(長山島)

장산도는 미면에 속하는 가내도의 서북쪽에 있다. 섬의 정상은 83피트이고, 군산항 수로의 남쪽을 이룬다. 그 북안 부근에 얕은 여울[44]이 있는데, 이 여울을 피하기 위해서, 괘등부표(掛燈浮標)[45]를 설치하였다.

조도(鳥島)

조도는 미면에 속하는 가내도의 서남쪽에 있다, 그 서북에 오식도(篔食島), 서쪽에 내초도(內草島)가 떠 있어 정족지세(鼎足之勢)를 띤다. 이 세 섬 사이의 수심은 가는 물길(細澪)이어서 대개 밀물 때를 제외하고는 작은 배만 통과할 수 있다. 조도는 섬 정상이 170피트이고, 그 남쪽에 마을이 있다.

오식도(篔食島)

오식도[46]는 미면에 속한다. 금강 입구 남쪽 물길의 남쪽에 큰 간출퇴(干出堆)[47]의

---

43) 현재 전라북도 군산시 산북동(山北洞) 일원이다. 전라북도 군산시 산북동은 옥구군 미면 지역이었다. 1914년 행정 구역 개편에 따라 임사리, 석화리, 입이도, 가내도를 병합하여 옥구군 미면 산북리로 개설되었다. 1989년 옥구군 미성읍 전역과 함께 옥구군 미성읍 산북리 잔여 지역이 군산시에 편입되면서 미성읍 관할 지역은 군산시 미성동으로 편제되었고 산북리 지역은 군산시 산북동으로 개칭되어 미성동 관할의 법정동이 되었다.

44) 강(江)이나 바다의 바닥이 얕거나 폭이 좁아 물살이 세게 흐르는 곳.

45) 부표 꼭대기에 신호등을 달아 올린 항로 표지. 조류가 빠르거나 물 깊이가 깊어 표등(標燈)을 설치하기 곤란한 해면에는 닻으로 매어 둔다.

46) 현재 군산시 오식도동은 소룡동에서 관할하는 세 개 법정동 중 하나이며, 소룡동의 서쪽에 있다. 오식도의 이름이 원문에는 '篔食島'로 나온다. 그러나 가운데 '식'의 경우 '簭'과 '食'이 혼재되어 검색되었다. 그래서 군산 소룡동 주무관과 통화하여 문의한 결과는 자신도 확신할 수 없으나 오

위에 위치한다. 동서 20여 정(町)[48] 남북 8정 정도로, 그 북서쪽 끝은 간출퇴의 북쪽 경계와 약 1련(一鏈)[49] 떨어져 있다. 남동쪽의 끝은 간출퇴의 북쪽 경계의 0.5해리에 있다. 섬 정상은 높이 239피트이고 서쪽에 위치해 갈색(褐色)을 띠고, 그 서쪽에 소나무 숲이 있다. 섬의 동쪽 부분에 있는 높이 117피트의 산 정상에 눈에 잘 띄는 수림(樹林)이 있다. 그 북쪽 기슭에 마을이 있는데, 호수 50호이고 인구 120여 명이다. 그중에 어업을 하는 가구는 14호인데, 어선 14척을 가지고 고군산도 근해에 출어하여 낚시 조업을 영위한다. ▲ 오식도 북서쪽 모퉁이의 서쪽에서 조금 기울어진 북쪽 4.5련(鏈)[50] 거리에 간조 시 나타나는 9피트의 위험한 바위(險岩)가 있는데, 그 바위 위에는 괘등입표(挂燈立標)[51]를 건설하였다. 자세한 내용은 군산항에서 자세히 기록할 것이다. 그 바위와 오식도 사이에는 하나의 큰 바위가 있는데, 이 큰 바위는 2개의 봉우리가 있다. 그 바깥쪽 봉우리는 23피트, 안쪽 봉우리는 22피트로 간조 시에 나타난다. 이 바깥쪽 봉우리보다 북북동쪽으로 향하여 약 1.5련(鏈)[52] 사이에 암맥(巖脈)이 튀어나와[斗出] 있어, 기선(汽船)이 주의해야 할 항로(航路)이다.

내초도(內草島)

내초도[53]는 미면에 속한다. 『수로지(水路誌)』에서 이른바 흑도(黑島)라고 하였다. 오식도의 동쪽 부분에서 정남쪽 0.5해리에 있다. 주민은 15호 40여 명이라고 한다. 어선 3척이 있고, 어살 3곳이 있다. 주된 어채물(漁採物)은 봄에는 준치, 여름에는 새우 등이다.

식도의 유래를 살펴보면 '筬'이 맞을 것이라고 한다.

47) 만조 시에는 물에 가라앉고 간조 시에 노출되는 언덕이나 흙무더기를 나타내는 단어인 듯하다.

48) 1정(町)은 60간(間)이다. 1간은 약 1.82m이고 1정은 약 109.1m이다.

49) 항해에 사용되는 길이의 단위이다. 0.1해리로 길이는 185.2m이다.

50) 약 942.6m이다.

51) 바닷속의 암초 위에 석재(石材)나 콘크리트로 구조물을 만들고 석유등이나 가스등을 달아 항로 표지로 삼는 등표(燈標).

52) 약 277.8m이다.

53) 현재 전라북도 군산시 내초동으로 미성동에서 관할하는 4개 법정동 중 하나이며, 미성동 서쪽에 위치한다.

비응도(飛鷹島)

비응도[54]는 미면에 속하는 오식도의 서남쪽 1.5해리[55] 정도에 있다. 섬 정상은 219 피트이고 갈색을 띠고 있어 눈에 잘 띈다. 섬은 동서 약 15정(町) 남북 7정 정도로, 동부 계곡(溪谷) 사이 얼마 되지 않는 경작지를 개간하였는데, 이곳에 마을이 있다. 비응도는 앞에서 기록한 여러 섬 중에 가장 바깥 바다에 떠 있고, 물가 근처도 제법 수심(水深)이 있어, 배를 붙이기에 편리하다. 어민의 어업은 오직 낚시어업에 그쳐서 매우 미미하다.

오봉포(五峯浦)

오봉포는 장면(長面)에 속하고 만경강(萬頃江) 하구에 있다. 호수 27호 인구 90여 명으로서 어선 3척, 어망 3통을 가지고 봄에는 칠산탄에 출어하여 조기 어업에 종사하는 사람이 있다.

무의인도(無衣人島)

무의인도는 정면(定面)에 속하고 만경강의 입구를 감싸는 하나의 섬으로서 남북은 길고 동쪽 일부는 갯벌로 대륙과 접속한다. 따라서 거의 반도(半島)와 같다. 육지 사이의 갯벌은 금강의 하구에서 만경강의 하구를 가로지르는 곳으로 길이 약 15리[56], 폭 20여 정(町)[57]에 달할 것이다. 평탄하기가 숫돌과 같고 아득해서 한눈에 가늠할 수 없다. 염전 개척에 좋은 땅이라서, 지난날에는 염업이 크게 성했던 곳으로 부옥(釜屋)[58]이 100곳에 달한 일이 있었다고 하며, 도처에 염조(鹽竈)[59]가 폐기된 흔적이 보인다. 현재는 부옥 20여 곳에 불과하다. 그렇기는 하지만 그 염전은 통틀어 1,000정

54) 현재 전라북도 군산시 비응도동으로 군산시 소룡동이 관할하는 3개 법정동 중 하나이다. 소룡동의 서쪽에 위치한다.
55) 2,778m 정도이다.
56) 약 5,980m이다.
57) 2,182m 정도이다.
58) 커다란 가마솥.
59) 소금 가마, 바닷물을 끓여 소금을 생산할 때 쓰는 가마솥.

보(町步)를[60] 밑돌지 않는다. 지금 염업(鹽業)을 운영하는 육지 쪽은 불산(佛山), 야창해(野倉海), 목등(木藤), 임사(臨沙), 광제동(光齊洞), 관세산(觀世山), 갯벌 가운데 한 섬에 있는 거사리(居沙里)(이상은 미면에 속한다), 무의인도에 있는 성산리(城山里)・중제리(中梯里)・남동(南洞)인데(이상 정면에 속한다), 그 절반 이상은 일본인이 경영하는 곳이다. 『염업조사보고』에 의하면 옥구부에서 1년 제염고(製鹽高)는 120여 만근(萬斤)이라고 하는데, 무릇 그 제염은 모두 이 일대에서 이루어진 것이다.

군산항(群山港)

군산항은 금강 입구의 남안(南岸)에 위치하는데, 동경(東經) 126도 42분, 북위(北緯) 35도 59분에 해당한다.

금강은 국내 6대 강의 하나로, 수량(水量)은 많지 않지만 조수는 멀리 25~26해리의 상류에 이른다. 조승(潮升)[61]도 또한 심히 큰 까닭에 조석(潮汐)을 이용하면 웬만한 배는 경부 철도에 연해 있는 부강(芙江)[62]까지 거슬러 항해를 할 수 있어서, 항운(航運)의 이익이 매우 크다. 이것이 군산항의 가치이다. 그렇지만 강 입구 부근의 강가에서 나오는 토사(土砂)가 퇴적되어, 물길[水道]이 매우 복잡하다. 특히 조승이 커지는 시간에 조류가 급격(急激)해지기 때문에, 수로를 숙지하지 않으면 큰 배의 조종이 자유롭지 않다. 처음 항해에 있어서는 뱃길[水先] 안내를 받지 않으면 입항하기 어렵다. 이것이 군산항의 최대 결점이다.

금강 입구의 중앙에는 아주 큰 간출퇴(干出堆)가 넓게 펼쳐져 있고, 그 양쪽으로 물길이 통한다. 북쪽 물길은 죽도(竹島) 및 개야도(開也島)[63]에서 충청남도 연안에 연속하는 사퇴(沙堆)를 북쪽으로 하는 것이다. 그 물길은 좁고 또한 얕아서 큰 배의 통항이 불가능하다. 남쪽 물길은 비응도, 오식도, 가내도, 입이도 등 옥구부 미면에 속하는 여러

---

60) 1정보는 3,000평으로 약 9,917.4㎡에 해당한다.
61) 최저 수면에서 고조면까지의 높이를 조승이라고 한다.
62) 충청북도 청원군 부용면(지금의 세종특별자치시 부강면) 금강 상류 지역에 있었던 금강수운(錦江水運)의 가항 종점이다.
63) 현재 전라북도 군산시 옥도면 개야도리에 속한 섬으로 금강 하구로부터 서쪽으로 9㎞, 군산 연안 여객선터미널 출항지에서 서쪽으로 22㎞ 거리에 있다. 인근에 죽도, 역경도, 악도, 쥐섬 등이 있다.

섬을 남쪽으로 하는 것이다. 이것을 군산항에 이르는 본 수로라고 한다. 중앙이 되는 큰 간출퇴, 즉 군산항 본 수로의 북쪽 퇴적지 위에는 흑암(黑巖), 유부도(有父島), 무도(戊島), 내도(內島), 을도(乙島), 죽도(竹島) 등의 작은 섬들이 점점이 있다.

정박지는 군산 거류지의 전면으로 기선(汽船)이 계류(繫留)하기에 적당한 곳은, 연안에서 거리 약 1련의 곳이다. 그 수심은 저조(低潮) 시에 가장 얕은 곳이 1길[尋][64] 4분의 1, 제일 깊은 곳은 5길로서 바닥이 사니(沙泥)[65]이다. 1,000톤 내외의 기선은 넉넉히 5~6척을 수용하기에 충분하다. 보통의 상범선(商帆船)은 거류지의 앞 연안에 계류할 수 있다. 그렇지만 간조와 만조 시 조류가 심하게 급격할 때는 주묘(走錨)[66]의 우려가 없는 것은 아니다. 정박지의 높은 위치(上位)에 큰 암초가 있는데, 「해도(海圖)」에 민야암(民野巖)이라 기록된 것이 이것이다. 간조에는 간출(干出) 23피트인데 만조에는 물에 잠긴다. 그 크기는 동서 60간(間), 남북 20여 간(間)에 달한다. 이 암초는 상류로부터 오는 조류(潮流) 및 유사(流砂)[67]를 막는데 효과가 있어서, 정박지 동쪽에 있는 하나의 자연적 보호막이 된다. 어선의 정박지는 거류지의 서쪽 끝에 돌출해 있는 하나의 작은 언덕 북현정(北峴亭) 서쪽이 되는 사빈(砂濱)으로, 그곳을 서빈(西濱)이라 이름한다. 봄철에 들어서면 일본 어선이 폭주(輻輳)하는 것이 수백 척으로 매우 성대하다(권두 그림 사진 참조).

군산항의 해벽(海壁)은 매우 장관(壯觀)을 이루지만, 간조 시에 있어서는 작은 배 역시 물가에 다다르는 것이 가능하지 않다는 아쉬움이 있다.

항로 표지(標識)는 남쪽 물길에 괘등입표(挂燈立標) 4기 및 부표(浮標) 5개가 있다. 그런데 그 입표는 모두 지난 1909년(융희 3년, 명치 42년)에 건설된 것이다. 부표도 또한 종전의 위치로 변경한 것이다. 입표의 위치 개요(概要)는 다음과 같다.

---

64) 길[尋]은 고대 중국이나 일본에서 사용하던 길이의 단위이다. 현재 일본에서는 수심을 표시하는데 사용한다. 보통은 1길=6척으로 되어 있으며, 간(間)·보(步)와 같다. 명치 시대에 1척=(10/33)미터로 여겨졌으므로 1길은 약 1.818미터가 된다. 1길을 5척(약 1.515m)으로 하기도 한다.

65) 모래와 진흙을 아울러 이르는 말.

66) 배가 닻을 내린 채로 강풍이나 강한 조류 등에 의해 떠내려감.

67) 강기슭이나 바닥이 깎이어 물과 함께 밀려 내리는 모래.

입표(立標)

오식도(簑食島)[68] 북서쪽에 있는 9피트 간출암(干出九呎岩)[69] 위의 괘등입표(挂燈立標). 본 입표는 남쪽 물길로 들어오려고 할 때 바로 인지되는 곳으로 이 입표는 그 기암(基岩) 및 부근의 암초를 피해 가기 위해서 건설된 것이다. 등질(燈質)[70]은 홍백색의 부동등(不動燈)이며, 등고(燈高)[71]는 33피트(呎)[72], 빛이 도달하는 거리(光達)는 10해리(浬)이다. 이 때문에 거리가 먼 외해(外海)에서도 볼 수 있다.

장산도(長山島) 서쪽의 괘등입표. 오식도의 입표를 통과하자마자 동쪽에서 인지되는 곳으로, 장산도의 서쪽에 위치하는 여울[淺灘]을 표시하는 것이다. 등질은 핀치 가스(ピンチ瓦斯, pintsch gas)[73]이며, 등고는 11피트, 빛이 도달하는 거리는 4해리이다.

입이도(入耳島) 북쪽의 괘등입표. 부근의 여울 및 침로(針路)를 지시하는 것이다. 등화(燈火)[74]는 부동(不動)의 백광이며, 등고는 26피트, 빛이 도달하는 거리는 6해리이다.

전망산(前望山) 남동쪽에 있는 8피트 간출암(干出八呎岩) 위의 괘등입표. 그 기암 및 부근의 암초를 표시하는 것이다. 등질은 핀치 가스이며, 백광의 명암을 조절한다(밝은 것이 4초, 어두운 것이 2초). 등고는 41피트이며, 빛이 도달하는 거리는 7해리이다.

본항 및 근해의 조류에 대해서 『수로지(水路誌)』[75]의 기록은 다음과 같다.

조류(潮流)

오식도 부근에서는 창조류(漲潮流)[76]가 죽도(竹島)의 고조(高潮) 이후 30분 가량

---

68) 전라북도 군산시 북서부에 있던 섬이다.

69) 저조 때만 노출되는 바위를 간출암(干出岩)이라고 한다. 해도에서는 간출암의 높이를 기본 수준면으로부터의 높이로 나타낸다.

70) 뱃길 표지 등불의 질이다. 등불이 켜지고 꺼지는 시간과 등불의 색깔을 다르게 하여 여러 가지 뱃길의 상태를 알린다.

71) 불을 켜는 등의 높이이다.

72) 呎은 피트(feet)의 한자 표현이다. 1피트는 1야드의 3분의 1, 1인치의 열두 배로 약 30.48cm에 해당한다. 기호는 ft이다.

73) 셸오일(shale oil)이나 석유로 만든 조명력이 강한 가스로, 부표(浮標)・등대・열차 등에 쓰였다.

74) 신호(信號)의 전달수단으로 사용되는 빛・항로표지(航路標識) 및 선박의 신호전달 매개체로서 사용된다.

75) 水路部 編, 『朝鮮水路誌』 第2改版(水路部, 1907), 206쪽.

게류(憩流)[77]하고, 낙조류(落潮流)[78]는 죽도의 저조(低潮) 이후 약 50분 가량 게류한다. ▲ 군산포 부근에서는 창조류가 죽도의 고조 이후 약 50분 가량 게류하고, 낙조류는 죽도의 저조 이후 약 1시간 20분 가량 게류한다.

창조류가 가장 강한 곳은 전망산과 군산포의 대략 중앙으로 죽도의 저조 이후 3시간경이며, 그 속도는 3노트[節]이다. ▲ 낙조류가 가장 강한 곳은 유부도(有父島)의 남쪽 부근으로 죽도의 고조 이후 약 4시간 경이며, 그 속도는 4노트이다.

출수(出水, 홍수) 이후 수일간은 낙조류의 속도가 통상의 배 이상으로 증가하고, 창조류의 속도는 감소한다. 이때는 낙조류의 시간이 통상보다 길고, 창조류는 짧다.

조석(潮汐)은 죽도 동쪽의 삭망고조(朔望高潮)가 3시 57분이다.[79] 대조승(大潮升)은 23.75피트이며, 소조승(小潮升)은 16피트이다. 소조차(小潮差)는 8.75피트이다.[80][81]

---

76) '저조에서 고조로 해면이 상승할 때, 감조하천이나 해안의 상단 또는 맨 아래(하구) 쪽으로 흐르는 조류를 창조류라 한다. 창조류에서 가장 빠른 유속은 최강창조류라고 하고, 가장 느린 유속은 최소창조류라고 한다.

77) 흐름의 방향이 바뀌기에 앞서 잠시 정지하고 있는 상태의 조류(潮流)이다.

78) 고조에서 저조로 해면이 낮아질 때, 해안이나 하구로부터 멀어지면서 흐르는 조류를 낙조류라 한다. 낙조류에서 가장 빠른 유속은 최강낙조류라고 하고, 가장 느린 유속은 최소낙조류라고 한다.

79) 삭망고조는 삭(음력의 1일)과 망(음력의 15일)에 있어서 조수가 많이 들어오는 평균값을 말한다. 장기간에 걸쳐서 고조간격을 평균한 시간을 평균고조간격이라 하며, 그믐 및 보름일 때의 고조간격을 평균한 시간을 삭망고조간격이라 한다.

80) 대조는 약 15일마다 달이 삭(new moon) 또는 망(full moon)일 때 일어나는 조차(range of tide)가 큰 조석이며, 소조는 약 15일마다 달이 상현(first quarter) 또는 하현(last quarter)일 때 일어나는 조차가 작은 조석이다. 대조 평균 고조면은 대조승(spring rise)이라고도 하며, 대조(spring tide) 때 고조의 평균 조위이며, 소조 평균 고조면은 소조승(neap rise)이라고도 하며, 소조(neap tide) 때 고조의 평균 조위를 말한다. 대조 시기에 나타나는 큰 조차를 대조차, 소조 때 나타나는 작은 조차를 소조차라고 한다.

81) '조석(潮汐)은 죽도 동쪽에서~소조차(小潮差)는 8척 3/4이다.' 이 부분은 『조선수로지』에 보이지 않는다.

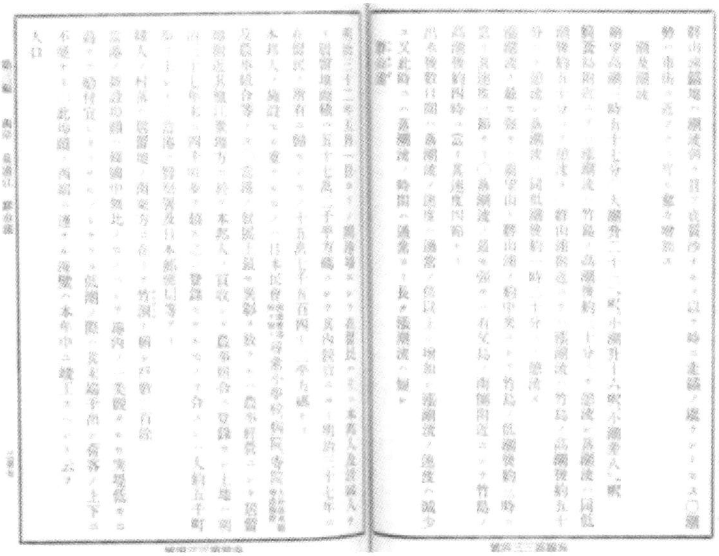

군산항 부근의 조류(潮流)

※ 출처 :『朝鮮水路誌』第2改版(水路部, 1907)

개항(開港)

본항의 개항은 목포보다 1년 반 이후로, 마산(馬山), 성진(城津) 등과 같은 시기로서 개국 508년 즉, 광무 3년 5월 1일(명치 32년, 1899년)이다. 그리고 그 조계장정(租界章程)은 상술한 두 항과 함께 협정한 동년 6월 2일에 조인(調印)한 것이다.[82]

조계지구(租界地區)

조계는 각국의 조계(租界)로서, 그 총면적은 572,000㎡이다. 개항 초년부터 명치 41년(1908년) 12월까지의 군산 각국거류지회(各國居留地會) 사업개요를 보면 종래 10년 동안 경매했던 지구는 342,660㎡로서, 도로 부지에 189,635㎡, 공원부지에 34,045㎡를 사용했다. 또한 미경매에 속하는 것이 5,660㎡가 있다. 경매지구 342,660㎡의 경매 대금은 185,714원 6전으로, 평균 100㎡의 대금은 54원 30전에 상당하며. 기타 종별로는 다음과 같다.

82) 『駐韓日本公使館記錄』13권, 10. 本省往來信, 33. 新開 三港 租界章程 調印의 件을 참조.

경매지종(競賣地種) ㎡	경매대가(競賣代價)	평균 1㎡ 대금
갑(甲) 169,049	132,607(円),560	(円),784
을(乙) 136,403	18,565(円),500	(円),136
병(丙) 36,744	34,541(円),000	(円),940
합계 342,196	합계 185,714(円),060	(円),543

지주(地主)는 일본인 128명, 청국인 4명으로 총 132명이다. 그리고 10,000㎡ 이상을 소유한 자는 13명이고, 10,000㎡ 미만이지만 5,000㎡ 이상을 소유한 자는 21명, 5,000㎡ 미만의 땅을 소유한 자는 98명이다.

조계지구의 면적은 이와 같지만, 이것이 군산 전체 시가(市街)라고 속단하는 것은 오류이다. 근래 일본인의 발전에 따라서 조계로 이어질 수 있는 지구는 경작지[田圃], 구릉을 가리지 않고 개척되어 조계는 하나의 시가를 형성했고, 개척지의 면적은 무려 조계의 절반에 가깝다(시가도 참조). 더구나 밀집한 조선인[邦人] 마을인 죽동(竹洞), 경포(京浦) 등에서 잡거하는 경우도 또한 적지 않다.

시가(市街)

시가는 평면도에 보이는 것처럼 빈정(濱町), 본정통(本町通), 낭화정(浪花町), 전주통(全州通), 대화정(大和町), 욱정(旭町), 행정(幸町), 서정(曙町), 서빈정(西濱町), 금정(錦町), 천산정(淺山町), 명치정통(明治町通), 강호정(江戶町), 노정(蘆町), 영정(榮町), 횡전정(横田町), 우전정(隅田町), 천대전정(千代田町), 산수정(山手町) 등이다. 그 가운데 빈정 이하 천산정에 이르는 11개소는 조계지구 안쪽이며, 명치정통은 조계와 그 지구 밖과의 경계선이다. 각 시가 중에서 가장 잘 발달된 곳이 전주통 및 본정통으로, 이곳이 군산시가에서 상업의 중심이다. 본항처럼 도시 구획이 가지런한 곳은 우리나라 다른 곳에서 그 비교할 바를 찾을 수 없으며, 이는 실로 본항 시가의 특색이다.

부근 조선인 마을은 신창동(新昌洞), 신흥동(新興洞), 개복동(開福洞), 구동복(九福洞), 대정동(大井洞), 죽동(竹洞), 장재리(長財里), 경포(京浦) 등이 있다. 그 가운데 신창, 신흥 두 마을은 조계 서부의 남쪽에 있는 명월산(明月山) 기슭에 위치하며, 다른 마을은 조계의 동쪽 끝부터 남쪽으로 이어져있다. 장재동(長財洞)은 장시가 열려서 본 부(府)의 조선인 마을 중에 가장 번성한 한 곳이며, 부치(府治)도 바로 그 부근에 있다. 그리고 이들 여러 마을은 대개 본항 개항 후에 발흥했던 것과 관련한다.

호구(戶口)는 명치 41년 말의 통계를 보면 다음과 같다.

지구	일본인			청국인			한국인			계	
	호수	남	여	호수	남	여	호수	남	여	호수	인구
조계지구내	616	1,216	1,049	26	95	2	-	-	-	642	2,362
부근잡거지	288	535	539	24	61	1	859	1,708	1,288	1,171	4,132
합계 (민단지역내)	904	1,751	1,588	50	156	3	859	1,708	1,288	1,813	6,494

본항에는 일・청 양국인 외에는 기타 외국인 거류자가 없다. 본항의 동쪽 임피군(臨陂郡)에 속한 구암리(龜岩里)에 미국인의 포교에 종사하는 자가 있고, 그 호수는 7호(戶)로 인구는 남자가 6명, 여자가 8명, 총 14명이다.

이와 같이 본항에서 거류민은 일본인이 대부분이다. 이 때문에 본항 조계는 각국 조계이지만, 전부 일본의 전관 조계와 다름이 없다. 그리고 일본인의 발전은 이 땅의 발전을 의미하는 것이다. 다음과 같이 개항 첫해 이래 본항 및 부근, 즉 민단(民團) 지역 내부의 그 호구 통계를 통해 진전되는 상황을 살펴보자.

연별(年別)	호수(戶數)	인구		
		남	여	합계
명치 32년	72	158	98	256
명치 33년	131	255	167	422
명치 34년	171	278	195	473
명치 35년	187	352	217	569
명치 36년	302	757	498	1,255
명치 37년	361	701	561	1,262
명치 38년	421	908	712	1,620
명치 39년	569	1,120	930	2,050
명치 40년	724	1,478	1,226	2,704
명치 41년	904	1,751	1,588	3,339
명치 42년	902	1,832	1,611	3,443

앞의 표는 일본인 거류민단(居留民團)[83] 지역 내 호구(戶口)를 통계한 것이다. 그리고 그 지역은 북방 금강(錦江)을 경계로 하고 동서남의 삼면은 조계(租界)의 구획선으로부터 각 주위 10리를 경계로 한다. 그럼에도 그 대다수는 조계와 연결되어 있는 시가에 거주하고 그밖에 정주(定住)하는 사람이 아직 많지 않다. 농사를 지으면서 인근 마을에 논밭을 소유하고 있는 사람들도 그 대부분은 시내에 거주한다.

일본인의 자치기관

일본인의 자치기관(自治機關)은 군산항이 개방된 해인 명치(明治) 32년(1899) 12월 일본민회(日本民會)를 조직한 것을 기원으로 하고 있으나 당시에는 단지 유력자(有力者)가 모여 협의해 공공사무를 처리하는 데 그쳤다. 후에 명치 34년(1901) 2월에 이르러 민회 규칙을 협정해 의원을 선출하고 민회사무소(民會事務所)를 설치해 이사[理事者]를 두어 이때부터 기구가 약간 갖추어지기는 하였으나 여전히 의사기관(議事

83) 조선 내 일본인 거류지는 자체적인 부과금으로 세수를 확보해 공공의 영조물을 갖추고, 학교, 병원, 도로, 제방 등 공공사업을 경영하고 있어 유사 공법인의 형식을 이미 갖추고 있었다. 이외에도 거류지에는 자치기관으로 행정기관인 거류민역소와 의결기관인 거류민회를 두고 있었다. 그리고 거류지라는 것은 식민지와 마찬가지로 이주 목적으로 온 사람들로 구성되었으며 조선의 거류지는 일본의 일부분인 것과 같은 것으로 보았다(박양신, 『재한일본인 거류민단의 성립과 해체 -러일전쟁 이후 일본인 거류지의 발전과 식민지 통치기반의 형성-』, 아시아문화연구, 2011, p.2).

機關)과 집행기관(執行機關)의 혼동을 피할 수 없었으며 그 후 명치 39년(1906) 2월 일본민회(日本民會)를 일본민역소(日本民役所)로, 이사(理事)를 민장(民長)으로 고치고 의사기관과 집행기관을 완전히 분별해 모든 기관을 조금 상황을 개혁할 것을 요구하며 그 해 민단법(民團法)의 시행[84]과 함께 지금의 민단을 조직하기에 이르렀고, 현재 민단장(民團長)은 사카가미 사다노부(坂上貞信)[85]이다.

각국거류지회(各國居留地會)

거류지회는 이사청(理事廳) 내에 있으며 거류지는 각국 조계라 할지라도 전혀 일본의 전관지(專管地)와 다를 것이 없으므로 그 회두(會頭) 의원과 같은 것은 개항 초기부터 일본인만으로 조직되었으며 현재의 의원은 아마노 기노스케(天野喜之助)[86], 모리 도키요시(森常吉)였으며 회두는 아마노 기노스케(天野喜之助)였다. 거류지회에 있어서 재원(財源)으로 중요한 것은 지조(地租)이며 명치 41년도에 있어서 그 수입은 13,534원 60전이다. 거류지회 사업개요를 보면 개항 첫해, 즉 명치 32년부터 명치 41년도(1908)에 이르는 지조 수입은 60,045원 61전이며 이밖에 지조 연체[怠納] 이자가 있다. 토지사용료 및 기타 수입금 12,032원 92전 3리(厘)에 이르고 따라서 이를 합산하면 72,078원 53전 3리이며, 이는 개항 첫해부터 이전 10여 년간 경상부(經常部)에

---

84) 이 법의 시행으로 인해 전국 12개소에 일본인 거류민단이 성립되었으며 거류민단은 통감부의 보호 하에 민단체의 발행을 통해 교육, 위생, 토목사업 등을 확장하여 도시의 인프라를 확대했다. 하지만 거류민단은 일본의 한국병합 후 총독부의 지방제도 개편과 맞물려 부제(府制)로 통합됨으로써 해체의 수순을 밟게 된다(박양신, 『재한일본인 거류민단의 성립과 해체-러일전쟁 이후 일본인 거류지의 발전과 식민지 통치기반의 형성-』, 아시아문화연구, 2011, p.2).

85) 사카가미 사다노부는 야마구치현 출신으로 1906년 군산에 정착했다. 사카가미는 군단거류민단 민장을 역임하면서 군산 내 각종 현안 사업과 지역개발 사업에 매진하는 한편 군산을 근거로 선남권업주식회사를 설립해 경영했고, 국유 미산지와 광산에도 투자했다. 1910년대 중반부터는 군산과 경부선을 잇는 경편철도 부설도 계획했다. 1920년 제14회 중의원 총선거에 출마해 야마구치현 대의사로 제국의회에 입성한 사카가미는 조선 문제를 중심으로 의정활동을 전개했는데 그 중 군산항 수축 문제를 해결하는 데 열의를 보였으며 중의원 내에서 대표적인 '조선통(朝鮮通)의원'으로 분류되었다. 그는 조선 거주 일본인의 목소리를 제국의회로 전달해 식민정책에 이러한 목소리가 반영될 수 있도록 했으며 조선의 실정에 근거한 식민정책의 수립 방향을 제시했다(하지영, 1920년대 전반기 군산의 일본인 坂上貞信의 제국의회 진출과 활동, 석당논총 81권, 2021.).

86) 아마노 기노스케는 목포 영사관 군산부관의 주임으로 서기관으로 부임했으며 합방 후에는 군산부윤을 맡았다.

속하는 총수입이라고 한다. 기타 임시부(臨時部)에 속하는 것으로 토지경매대금 및 기타 수입은 같은 10년간 178,717원 81전 9리에 이른다. 그러므로 경상(經常), 임시(臨時) 두 개를 합산해 전체 수입은 250,789원 25전 2리이다. 또한 지출을 보면 같은 연도에 총 242,128원 44전 1리이며 그 지출의 주요 항목은 사무 소비, 한국 정부에 납부하는 지조(地租), 경찰비(警察費), 경비비(警備費), 위생비(衛生費), 토목비(土木費), 건축비(建築費) 등이며 이 순서가 곧 지출이 높은 순서이다.

관서에는 이사청(理事廳)[87], 세관서(稅關署), 경찰서(警察署), 우편국(郵便局), 구재판소(區裁判所), 옥구부청(沃溝府廳)[88], 재무서(財務署) 등이 있었다.

이사청(理事廳)

이사청(理事廳)의 위치는 강변의 작은 언덕의 남쪽에 있으며 작은 언덕은 북정현(北亭峴)이라 불리며 나무가 무성하고 경관이 뛰어난 구역이다. 그러나 시가지의 발전과 이사청의 신축에 따라 그 남쪽을 개척하거나 풍치(風致)를 훼손하는 경우가 적지 않다. 그 언덕은 개항 당시부터 일본 영사관을 설치한 곳으로 지금의 이사청은 그 터에 신축한 것이다. 이곳 일본 영사관은 개항과 동시에 목포(木浦) 영사관의 분관으로 설치되었으며, 이후 계속 독립영사관으로 설치되지 못하였는데 명치 39년 2월에 영사분관을 고쳐 이사청으로 삼아 오늘에 이른다. 그런데 그 관할구역은 전라북도와 충청남도의 일원에 이르며 현 이사관은 아마노 기노스케(天野喜之助)라고 하며 명치 42년(1909) 2월에 임명되었다.

87) 통감부의 직무를 분담하기 위해 각지에 놓인 기구로 1905년 11월 27일 제 2차 한일협약이 체결되면서 한국 각 개항장과 일본국 정부의 필요한 곳에 이사청이 놓았으며 부산, 마산, 군산, 목포, 경성, 인천, 평양 등에 있었다. 이사관은 통감의 지휘감독을 맡아 그동안 영사관이 담당한 업무를 이어받았다.(「統監府及理事庁官制中改正」勅令第295号′ 1907年9月19日 (『官報』第7270号′ 1907年9月20日))

88) 조선시대에는 옥구현(沃溝縣)이었으나 1895년 갑오개혁의 일환으로 추진된 행정개편으로 옥구군이 되었다. 그리고 이후 1899년 군산의 개항과 더불어 옥구부로 승격하고 옥구 부윤은 옥구항 감리를 겸임했다. 그러나 1903년 부윤과 감리를 따로 임명하면서부터는 다시 군이 되었고, 을사늑약 이후 군산에 이사청이 설립되고 감리서가 폐지되면서 옥구군은 다시 옥구부로 승격되었다. 그리고 대한제국이 일제에 의해 합병된 후 일제는 군산항의 수탈기지로서의 경제적 가치에 주목하면서 옥구부를 군산부로 개칭하고 부청을 군산항의 조계지에 설치했다.

옥구부청(沃溝府廳)

옥구부청(沃溝府廳)은 조계의 남동방향 10리(4km) 쯤에 있는데 군산개항과 함께 감리소(監理所)로 개설되었는데 이사청 설치와 동시에 옥구부로 바꾸어 일반 행정사무를 처리하기에 이르렀다.

교육기관(教育機關)

교육기관으로는 군산거류민단(群山居留民團)이 세운 군산일반고등소학교, 같은 부소속의 유치원(幼稚園), 군산야학회(群山夜學會) 등이 있다. 일반고등소학교는 명치 32년(1899) 5월에 창립해 작년 명치 42년 5월 현재, 학생 수 391명이며 유치원은 명치 42년 4월에 창립되었고 그 해 5월 당시 원아는 45명이었다. 야학회는 유지자(有志者)가 설립한 곳으로 그 창립은 명치 41년(1908) 9월이다. 군산소학교 교사(校舍)의 일부를 차용해 영어와 한국어를 가르치고 기타 인근 마을에서 조선인 아동을 교육하는 곳은 군산공립보통학교(群山公立普通學校)[89], 사립금호학교(私立今湖學校)[90], 영명중학교(永明中學校)[91] 등이 있으며 공립보통학교는 광무(光武) 10년 4월에 창립되었는데, 작년 5월 당시 학생은 남자 233명, 여자 32명, 금호학교는 융희(隆熙) 원년에 창립되었는데, 이 역시 작년 5월 당시 학생 58명이었으며 영명중학교는 미국선교사가 구암리(龜岩里)에 설립한 것이며 학생 수는 16명이다.

---

89) 대한제국이 군산지역에 설립한 옥구항 공립 소학교를 일제 통감부가 폐쇄하고, 군산의숙을 개조해 설립한 첫 번째 보통학교이다. 한국의 초등 교육을 식민지 교육 기관으로 변화시키려고 했으며 개인적으로 국한된 도덕을 양성하고 규율을 체질화해 순량화한 인간을 양성하는데 주력했다. 일본어와 저급한 실업 교육을 중심으로 가르쳤다.

90) 국권회복을 위한 자강운동의 일환으로 설립되었으며 당시에 선각적인 지식인들이 학교의 교육을 담당했다. 전라북도 지역의 대표적인 중등 교육기관으로서 많은 인재를 양성하였으며 졸업생들은 이후의 학업을 위해 일본으로 유학을 가기도 했다.

91) 1903년 감리교(監理教) 윌리엄 린튼 선교사와 부인 샬롯 위더스푼 벨이 공주읍 중동 318번지 현 기독교 사회관 자리에 학교를 열러 수명의 남녀 학생을 모아 가르치기 시작한 것이 영명학교의 출발이었다. 수업료 면제는 물론 교과서, 학용품의 무료제공, 용돈 제동 등 특전을 베풀며 학생을 확보하려 했으며 유관순을 발탁해 교육시키기도 했다.

위생기관(衛生機關)

위생기관의 설비는 아직 충분하지 않지만 민단(民團)이 세운 군산병원(群山病院), 기타 민간병원 두세 곳이 있으며 풍토병(風土病)으로는 말라리아[麻刺里亞熱]이라는 것이 많으나 지난 10여 년간의 통계를 보면 환자가 많은 것은 소화기병(消化器病)이고, 그 다음은 호흡기병(呼吸器病), 외과(外科), 생식기병(生殖器病) 등이며 각기병(脚氣病)은 이곳에서 발생하는 일이 거의 없다. 전염병(傳染病)은 적리(赤痢)[92], 장티푸스[腸窒扶斯], 천연두(天然痘), 디프테리아[實布垤里亞] 등이 해마다 발생하기는 하지만 아주 소수이며 유행이 매우 맹렬했던 적이 전혀 없다. 아마도 풍토가 좋기 때문일 것이다.

식수[飮料水]

식수가 부족하고 수질이 불량한 것이 이곳의 큰 결점이다. 거류민들은 그 식수를 겨우 십여 개의 우물에 의존해 살고 있는 상황이다. 게다가 매년 어기(漁期)에 접어들면 일본 어선이 많이 모여들고 그들이 모두 그 음용수를 여기서 공급받기 때문에 매년 6~7월 경에 이르면 말라서 결핍되는 것이 상례이다. 거류지회(居留地會)는 급수에 힘써 그 경영에서 명치 40년도까지 우물을 판 것이 시내에 23개소, 시외 1개소, 합계 24개소이다. 수도 포설(布設)은 이곳에 있어서 눈앞에 있는 급무(急務)에 속하지만 거류지회 혹은 민단(民團)의 경영으로서는 실행이 용이하지 않다. 거류지회는 구체적인 성안(成案)을 마련하였으나 착수하는 데 이루지는 못했다고 한다.

기후(氣候)

기후는 온화(溫和)하면서도 한서(寒暑)는 혹열(酷熱)하다. 봄가을의 두 계절이 짧고 또한 사계절을 통틀어 기온(氣溫)의 변화가 뚜렷하다. 우기(雨期)는 대체로 6~7월이지만 때로는 8월에 내리는 경우가 있고 강수일수가 적고 건조하며 첫서리는 10월

---

92) 급성 전영병인 이질(痢疾)의 한 가지로 열대, 아열대, 온대에 많으며 적리균이 섞인 음식물을 먹으면 생기는 대장의 질병이다.

초순에 내리고 마지막 서리는 4월에도 내린다. 눈은 11월 말부터 이듬해 3월에 걸쳐 내리지만 양은 많지 않다. 엄동에 이르면, 강물이 결빙(結氷)되지만 통선(通船)을 방해하는 데 이르지 않는다. 융희 2년의 평균 최고 기온은 화씨(華氏) 97도였고 평균 최저 기온은 23도였다, 같은 해 중에 매월의 강우 일수 및 강우량을 나타내면 다음과 같다.

1월	4회	30.8	5월	7회	97.5	9월	6회	48.8
2월	1회	10.7	6월	6회	124.7	10월	4회	29.4
3월	4회	17.2	7월	12회	235.1	11월	4회	11.4
4월	9회	58.1	8월	7회	151.8	12월	3회	14.1

바람은 날씨가 맑고 화창하면 오전에는 동풍(東風), 오후에는 서풍(西風)이 분다. 1년 중 최다 풍향은 6~9월에 이르는 사이는 남서풍이고 10월부터 다음 해 3월에 이르는 동안은 북풍(北風)이다. 단 3월에서 4~5월에 이를 무렵은 바람의 방향이 바뀌는 시기로 풍향(風向)이 일정하지 않은 것이 서해안[西岸]에서는 일반적이라고 한다.

교통(交通)

교통은 바다와 육지 모두 편리하며 육로(陸路)는 시가 동남쪽을 기점(基点)으로 임피군[93]에 속하는 신창진(新倉津)[94]에 나와서 만경・익산・김제의 여러 군을 거쳐 전주읍(全州邑)에 이르는 것을 전주가도(全州街道) 또는 군산가도(群山街道)라고 부르는데 그 연장(延長)은 120리이다. 융희 원년(隆熙元年)[95] 정부(政府)는 개수(改

93) 임파군(臨坡郡) : 임피군(臨陂郡)을 잘못 표기한 듯하다. 색인에서도 임파군으로 기재한 사례가 있다. 임피군(臨陂郡)은 지금의 전라북도 군산시 동부 지역에 있었던 행정 구역이다. 1914년 옥구군에 통폐합되었다.

94) 신창진(新倉津) : 조선시대 주요 나루터로 만경(김제)과 임피(군산)를 잇는 나루이며 동시에 전주 대장촌(익산 춘포면)으로 이어지는 뱃길이었다. '신창진'은 조운(뱃길을 따라 곡물을 운송)과 어업을 위해 범선(돛단배)과 어선이 분주하게 드나들었다고 전해진다. 만경강(萬頃江)을 건너는 다리, 만경교는 지금도 새창이다리로 불리고 있다.

95) 융희원년(隆熙元年) : 1907년, 융희는 대한제국 순종 때의 연호로 1907년에서 1910년까지 4년 동안 사용되었다.

修) 공사에 착수하였고 이미 준공하기에 이르러 차마(車馬)가 통행할 수 있게 되었고, 여객의 왕래가 대단히 빈번하며, 매일 마차를 왕복하는 사람이 있다. 이 항구에서 철도를 이용하려면 강경(江景)을 거쳐 경부선(京釜線) 대전역(大田驛)으로 가는 것이 편리하다고 한다.

강경・대전역 사이는 110리이며 도로가 평탄하다. 호남철도(湖南鐵道)는 대전을 분기점으로 하는데 다시 갈라져서 본 항에 이르는 지선(支線)을 설치할 계획이라고 한다. 해당 철도가 준공되면 이 항구는 한층 더 발전할 것이다.

금강(錦江)의 수운(水運)에 의지해야 하는 수상 교통(交通)은 강경(江景)에 이르는 약 25해리[浬]인데, 석유발동기선인 군강환(群江丸)·진항환(進航丸) 두 척으로 매일 왕복하는 선편이 있다. 왕복할 때는 조석(潮汐)을 이용하기 때문에 의외로 빠른 속도이며 약 3시간 반이면 도착한다.

두 지역 간 운임은 여객 1인당 편도는 50전(錢), 곡물(穀物)은 1석(石)[96] 당 12전, 잡화(雜貨)는 1개 8전이다. 그 밖에 일본형 범선(帆船) 및 한선(韓船)으로 왕래하는 선편이 있고, 그 운임은 여객 1인당 30전, 곡물 1석(石) 5전, 잡화 1개에 4~5전이며 근(斤)[97] 취급과 관련된 것은 각 100근에 7~10전, 재(才) 취급과 관련된 것은 1재(才)[98]에 1전(錢) 5리(厘)이다.

군산(群山) 강경(江景) 땅 두 곳 사이는 금강의 수운(水運)에 이로움이 많기는 하지만 범선(帆船)의 적재량(積載量)은 500석을 한도로 한다.

강경에서 상류(上流)인 부강역(芙江驛)까지는 약 45해리(浬)[99]라고 한다. 평저(平

96) 석(石) : 석, 섬, 10말(곡물·액체의 용량 단위, 약 180리터). 일본에서 통용되는 1석의 기준은 1669년에 에도 막부가 정함. '고쿠다카- 토지의 생산력을 쌀 수확량으로 표시하는 근세 일본의 토지 표기 방법' 단위의 기준이 되는 석 단위는 이쪽이고, 한반도에도 구한말에 일본의 압력으로 일본의 석 단위를 채택하여 일제강점기는 물론 광복 이후로도 널리 사용한다.

97) 근(斤) : 무게의 단위. 한 근은 고기나 한약재의 무게를 잴 때는 600그램에 해당하고, 과일이나 채소 따위의 무게를 잴 때는 한 관의 10분의 1로 375그램에 해당한다.

98) 재(才) : 길이의 단위. 원석을 작업 현장에서 잘라내고 매매할 때 사용하는 석재의 치수 단위로서 절(切)이라고도 함. 재(才) 또는 절(切)은 동일하게 1평방척을 말하며 0.0278m^3에 해당된다. 목재 체적단위로 1 치각 12자 길이(1치×1치×12자).

99) 리(浬) : 해리(海里: 거리의 단위. 1해리는 1,852미터에 해당)

底)의 배는 소항(遡航)[100] 할 수 있기는 하지만, 조석간만의 영향이 있는 것은 강경으로부터 약 10해리에 불과하므로, 소항할 경우에는 곤란을 각오해야 한다. 그렇지만 출수(出水)[101]를 타고 강을 내려오면 바람이 상쾌하고 곳곳에 풍경을 감상할 만한 곳이 있다. 특히 부강(芙江)과 공주(公州) 사이는 가장 경치가 뛰어난 곳이 많다. 그 중에서 창벽(蒼壁)[102]이라고 하는 곳은 그 이름 그대로 깎아지른 절벽이 십수 길이고, 그 중간 쯤은 잡목이 무성하여 마치 그림을 보는 것 같아서, 예로부터 금강 연안 기슭에서 제일가는 경승지로 이름난 곳이다.

근래 부강에 거주하고 있는 중조운송점(中條運送店)[103]은 부강・공주 간의 운항을, 또 강경에 거주하는 마쯔나가 아무개(松永某)는 강경・공주간의 운항을 개시하였는데 그 성적이 제법 괜찮다고 한다. 그러나 모두 작은 배여서 장거리 운항을 감당할 수 없다.

해운(海運)

해운은 오사카상선회사[大阪商船會社][104]의 정기선(定期船) 월 8회, 부정기선 8회, 사가현(佐賀県)에서 보조(補助)하는 하카타 기선회사[博多汽船, 하카타항운(주)]의 정기선 월 2회, 오사카의 아마가사키기선회사[尼崎汽船]의 부정기선 월 2회, 목포에 거주하는 후쿠다 유조(福田有造)가 경영하는 연안항행선(沿岸航行船)은 월 3회 항구에 들어오는데 인천 사이의 직항 및 어청도(於青島)를 경유하는 부정기선이다.

작년에 왕래한 여객 중 입항(入港)은 8,650여 명이고 출항(出港)은 7,700여 명이었다. 다만, 모두 기선(汽船)의 숫자이며 한선 또는 어선(漁船)을 수단(手段)으로 왕래한 것은 계산하지 않았다.

---

100) 소항(遡航) : 배로 강을 거슬러 올라감.
101) 출수(出水) : 하천 따위의 물이 불음[넘침], 홍수.
102) 취중창벽(就中蒼壁) : 금강가의 층암 절벽. 조선의 문장가 서거정이 그의 시에서 중국에는 적벽(赤壁)이 있고 조선에는 창벽(蒼壁)이 있다고 칭찬함.
103) 중조운송점(中條運送店) : 합자회사(合資會社)로 경성부 길야정 1丁目 91에 1923년 세움.
104) 오사카상선회사[大阪商船會社] : 1884년에 출범하였다. 출범당시 본사는 오사카[大阪]에 두고 나가사키[長崎] 등 6개의 지점을 개설하였다. 1890년 봄 오사카상선주식회사는 부산에 지점을 설치하였다. 1890년 7월부터 오사카와 부산 사이에 기선 1척을 정기 운항시켰으며, 1893년에는 오사카-인천 항로를 개설하였다.

본항과 오사카・고베・시모노세키 간 오사카상선회사[大阪商船會社]의 화물운임을 표시하면 아래와 같다.

품목	단위	阪神(厘)	關門(厘)	품목	단위	阪神(厘)	關門(厘)
일등품	재(才)	160	160	청주 반말통	1개	390	390
이등품	재	140	140	맥주, 술, 장유, 기름, 병 4타(打)들이	1개	450	450
삼등품	재	90	90	탄산수	1개	220	180
원가 계산	100원	600	600	미소[105], 장유, 절임, 식초 4말통	1개	500	500
백동화・금은화・지폐 및 유가증권 5천원 미만	100원	500	500	동 반말통	동	300	300
동 5천원 이상 2만5천원 이하	100원	400	400	동 작은통[樽][106]	동	170	170
동 2만5천원 이상 5만원 이하	100원	350	350	설탕	100근(일본)	260	200
동 5만원 이상 10만원 이하	100원	300	300	금속제품(양철・못 등)	동	350	350
동 10만원 이상	100원	250	250	도자기	1개	-	240
소하물 1재 이하	-	300	300	가마니 30매 묶음 12재 건(建)	재	70	60
동 2재 이하	-	400	400	다타미(二合) 5재 5분 건(建)	1개	90	90
동 3재 이하	-	500	500	목재	1톤 1재	3600	3600
곡물	100석	5000	5000	시멘트 400봉 입(入)	1개	800	800
밀가루	1개	80	80	산류(酸類)	동	1150	1150
방적사 20파(把)들이	1개	800	800	석유	재	90	90
동 40파들이	1개	1200	1200	유리병, 하등 도자기, 솥, 솥뚜껑 등	1재	90 85	-
청주 4말통	1개	650	650	구리, 놋쇠, 납, 아연, 함석판	100근(일본)	375	-

비고(備考) : 일등품은 1재(才)의 원가(原價) 25원 이상의 것(30원 미만) ▲ 이등품은 동 2원 이상 25원 이하의 것 ▲ 삼등품은 동 2원 이하의 것, 원가로 계산하는 경우는 30원 이상의 물품, 동화(銅貨)는 일등품에 준(準)한다.

105) 미증(味噌) : 일본 된장인 미소.
106) 준(樽) : (술·간장 등을 넣어 두는 크고 둥글며 뚜껑이 있는) 나무 통.

통신기관

통신기관은 개항된 해(1899년) 11월, 일본 정부의 목포우편국 출장소가 개설되었으나, 각 개항장 및 해외에 대한 통신사무를 취급하는 데 그치고 내지의 통신 및 전보와 같은 경우는 한국 정부의 전보사(電報司)가 취급하였다.

광무 9년(명치 38년)[107] 합동연락취극서(合同聯絡取極書)[108]가 성립되면서 통신사무는 모두 일본 우편국이 관장하게 되었다. 현재 그 기관은 조계에 있는 군산우편국 이외에, 조계 바깥의 대정동에 우편소가 있다. 군산우편국은 관리사무 분장국으로, 그 관할구역은 전라북도 및 충청남도 일원으로 이사진의 관할구역과 일치한다.

우편

우편물의 집배는 시내는 매일 3회, 접속지역 즉 거류민단지역 내에 매일 1회 이루어지며, 그 이외의 전주읍 및 강경에도 매일 1회, 충청남도 홍산읍 방면에는 3일에 1회, 만경을 경유하여 김제지방에는 월 20회 상호 체송한다.

전신 · 전화

전신선은 전주(全州) 방면으로 가는 것과 강경(江景) 방면으로 가는 것이 있다. 전화는 융희 원년(1907) 4월부터 통화를 개시하였으며, 작년 4월에 시내선을 연장하여 그 거리가 220리 10정 41간 남짓에 이르며 가입자는 130명을 헤아린다. 시외 통화구역은 전주(全州) 강경(江景) 논산(論山)의 세 곳이라고 한다.

상업기관

상업기관으로는 일본인 상공회의소 및 기타 각종 동업조합이 있다. 상업회의소는 거류민단 사무소와 나란히 건축되어 있으며, 현재 정회원 12명이고 회장[會頭]은 모리 쓰네키치(森常吉), 부회장은 아베 에이타로(安部榮太郎)이다. 본항에 있는 은행, 각

---

107) 광무 9년(명치 38년): 1905년
108) 대한제국의 통신기관 관리 등을 일본에 위임한다는 내용의 문서이다.

회사, 조합, 각 공장 등 다음과 같다.

한국은행출장소, 제십팔은행지점, 군산창고주식회사, 군산해산주식회사, 군산통상합자회사, 후지모토[藤本]합자회사출장소, 오사카[大阪]상선회사군산취급점, 군산부선(浮船)회사, 군산일보주식회사, 군산극장주식회사, 극장명치좌(明治座), 군산금융조합, 군산신용조합, 군산수출상조합, 군산마쯔하코[松函]석유조합, 군산미곡화물중립(中立)조합, 군산농사조합, 조선해수산조합군산지부, 군산정미소, 누노이・마도키와 정미소[布井・門脇籾摺所], 가네카마(金釜)철공장.

수출상조합

수출상조합은 미곡 수출 무역상들의 기관으로 그 창립 시기는 명치 37년 10월 1일이다. 창립 당시에는 미곡 중개를 업으로 하는 자도 조합원이었으나 지금은 이를 배제하고 순전히 수출 무역업자들만으로 조합을 조직하는 것으로 바뀌었다. 현재 조장은 다나베 히로시(田邊浩)이고 평의원은 12명이다. 미곡은 원래 본항의 주된 무역품이며, 그 성쇠는 곧 본항의 성쇠이다. 본 조합은 본항의 유력한 기구인 동시에 수출용 미곡의 품질을 높이는 데 그 공로가 적다고 할 수 없다.

농사조합

농사조합은 농사 경영자의 조합으로 그 창립 시기는 명치 37년(1904) 5월 15일이다. 본 조합의 주된 목적은 조합에 토지대장을 비치하여 조합원이 매수한 토지를 (조합)에 등록함으로써 이중매매 등의 위험을 예방하고, 각자의 이익을 보호하는 데 있다. 「토지증명규칙(土地證明規則)」이 발표되기 이전에는 자위(自衛)상 실로 필요한 기관이기도 하였다. 창립 이래 작년 5월에 이르기까지 조합원의 수매지로 그 대장에 등록된 것은 논 172,940마지기[斗落], 밭 25,960 마지기, 산림 176필지, 갈대밭 11,200마지기이다. 현재 조합원은 188명이고, 조합 임원은 조합장 다나베 히로시[田邊浩] 외에 12명의 평의원이다. 그리고 조합은 군산이사청 관할구역을 그 지역으로 한다.

군산이사청의 조사(명치 42년 5월 조사)에 의한 일본인 농사 경영자의 소유 경지의 통계는 다음과 같다.

(단위: 町)

구별	논[水田]	밭[畑]	기타	합계
전라북도	12,847	986	130	13,963
충청남도	798	566	-	1,364
계	13,645	1,552	130	15,327

또한 50정보(町步) 이상을 소유한 자를 열거하면 다음과 같다.

면적(단위 町步)	원적	성명	면적	원적	성명
2,358	東京	大倉喜八郎	465	廣島	眞田茂吉
1,050	青森	東山農場	462	熊本	宮埼佳太郎
856	熊本	細川護成	447	岐阜	大橋與一
753	德島	藤井寬太郎	401	福岡	桝富安左右門
519	石川	農業株式會社	360	山口	島谷八十八
475	京都	楠田義達	339	新潟	川埼藤太郎
304	山口	中柴下吉	144	長崎	松永安左工門
260	東京	杉甲一郎	130	長崎	川本準作
250	山口	小林澄	128	和歌山	吉田永二郎
245	大阪	本山彦一	124	山口	金子圭介
230	福岡	荒巻源治	120	福島	室原重福
230	三重	前田恒太郎	115	兵庫	牛場卓藏
224	三重	大森五郎吉	103	大阪	岩下清周
217	兵庫	兒島大吉	103	熊本	木庭璞也
179	長崎	熊本利平	100	長崎	大池忠助
171	廣島	藤田俊一	100	愛知	佐分愼一郎
164	兵庫	田中長三郎	98	群馬	高久敏南
154	熊本	今村市次郎	97	和歌山	林瀧太郎
91	山口	井上工一	55	岡山	西原金藏
89	熊本	甲斐只雄	54	熊本	細川清若
84	大阪	藤本清兵衛	53	岐阜	淺野國三郎
80	新潟	相川藤平	51	熊本	益田安雄
66	熊本	橋本央	50	山口	笠井建次郎
59	廣島	本田松次郎			

조선해수산조합(朝鮮海水産組合)

조선해수산조합 지부는 빈정통(濱町通)[109] 해안(海岸)에 있다. 순찰용[巡邏用]으로 일본형 범선 1척이 있는데 항상 근해를 순찰하고 어업자의 편의를 도모한다. 다만 그 순찰 구역은 군산 이사청(理事廳) 관할 구역의 연안(沿岸)이라고 한다. 지부 직원으로는 지부장(支部長), 기수(技手), 촉탁의(囑託醫), 서기(書記) 등이 있다.

무역(貿易)

무역의 동향[大勢]은 융희 2년(1908)의 통계(統系)에서 보면 출입하는 선박의 총수는 1,375척, 312,629톤이며, 외국무역선이 768척, 301,761톤이다. 이것을 같은 해 목포항의 출입 선박 수에 비교하면 총수에 있어서 793척, 136,253톤이 적다.[110] 그 내역(內譯)은 아래와 같다.

군산항 출입선박

구별		입항			출항			합계		
		외국 무역선	연안 무역선	계	외국 무역선	연안 무역선	계	외국 무역선	연안 무역선	계
기선(汽船)	척	259	232	491	258	235	493	517	467	984
	톤	147,340	3,964	151,304	146,562	4,017	150,579	293,902	7,981	301,883
범선(帆船)	척	37	2	39	35	2	37	72	4	76
	톤	2,522	92	2,614	2,401	92	2,493	4,923	184	5,107
정크선(戎克)	척	89	65	154	90	71	161	179	136	315
	톤	1,365	1,348	2,713	1,571	1,355	2,926	2,936	2,703	5,639
계	척	385	299	684	383	308	691	768	607	1,375
	톤	151,227	5,404	156,631	150,534	5,464	155,998	301,761	10,868	312,629

109) 군산의 내항에 위치한다. 일본어로 읽을 때는 '하마마치도리'이다.
110) 목포항의 출입 선박 총수는 2,168척, 448,882톤(외국무역은 1,020척, 420,073톤 · 연안무역은 1,148척, 28,809톤)이다〈『韓國水産誌』 3輯, 136~137쪽 표〉

다음으로, 동년 무역 금액[價額] 총계는 4,107,525원이며, 외국무역은 수출액 1,833,392원, 수입액 973,442원이다. 연안무역은 이출액 368,622원, 이입액 932,069원이다. 이것을 동년 목포의 무역액과 비교하면 총금액은 1,461,903원이고 수출액 972,660원, 수입액 314,340원, 이출액 75,876원, 이입액 98,526원을 초과한다.[111] 이 비교는 단지 군산, 목포 두 항구의 비교에 그치지 않고, 금강과 영산강 두 유역 일대의 생산력 및 구매력의 우열을 보여주는 것이다. 아래에 무역 연표로 그 개요를 표시한다.

111) 『한국수산지』 3집에는 목포항의 무역 총액은 2,646,123원이며, 외국무역은 수출액 860,732, 수입액 659,102, 합계 1,519,834원이고, 연안무역은 이출액 292,746, 이입액 833,543원 합계 1,126,289원이다(『韓國水產誌』 3輯, 138~142쪽 표; 『한국수산지Ⅲ-1』 이근우 역, 209~211쪽.), 원문대로 기록하였다.

외국무역

〈제1표 외국무역〉

(단위 엔円)

수출(輸出)		수입(輸入)	
종목	금액[價額]	종목	금액[價額]
내국품	**1,817,025**	곡물 및 종자	1,475
곡물류	1,753,863	수산물	8,313
-쌀	1,647,113	-식염(食鹽)	1,644
-보리·밀[大小麥]	3,199	-염장어[鹹魚]	3,043
-콩·팥[大小豆]	89,880	-다시마[昆布]	694
-기타 곡물	13,671	-건어물[乾魚]	898
수산물	248	-생선 통조림[魚鑵詰]	1,867
-선어(鮮魚)	8	-생선기름 및 고래기름	3
-건어물[乾魚]	42	-기타 수산물	164
-염장어[鹹魚]	162	음식물	55,138
-부레[魚肚]	36	설탕 및 사탕류[糖菓類]	40,947
음식물	159	주류(酒類)	38,523
피모각아류(皮毛角牙類)	51,478	피모골각류(皮毛骨角類)	297
약재 및 염료·도료(塗料)	1,827	약재·화학재 및 제약	7,321
유류 및 밀랍[油及蠟]	1,416	유류 및 밀랍[油及蠟]	3,061
생면(生綿)	117	염료·물감 및 도료[染料·彩料及塗料]	3,336
금속 및 금속제품	960	밧줄(絲縷繩索) 및 밧줄재료	72,778
기타 각종 물품	6,957	면포(綿布)	257,031
외국품	**16,367**	모포(毛布)	2,065
콩류(豆類)	5	견포(絹布)	820
음식물	47	각종 포백 및 포백제품	17,080
약재 및 제약	45	의복 및 부속품	23,127
밧줄(絲縷繩索) 및 밧줄재료	84	종이 및 종이제품[紙製品]	23,474
포백(布帛) 및 포백제품	360	광물(鑛物) 및 광석(礦石)	3,679
의복 및 부속품	418	금속	25,904
종이 및 종이제품[紙製品]	378	금속제품	31,435
금속 및 금속제품	226	차량·선박 및 각종 기계	13,639
차량·선박 및 각종 기계	1,706	담배[煙草]	27,510
기타 각종 물품	13,098	기타 각종 물품	316,489
계	**1,833,392**	**계**	**973,442**
총계			**2,806,834**

연안무역

〈제2표 연안무역〉

(단위 엔円)

이출(移出)		이입(移入)	
종목	금액[價額]	종목	금액[價額]
내국품	**305,212**	**내국품**	**189,508**
곡물류	153,928	곡물류	5,627
-쌀	153,555	-쌀	2,046
-밀[小麥]	346	-보리, 밀[大小麥]	3,255
-콩류[豆類]	27	-콩류[豆類]	326
수산물	3,088	수산물	124,659
-생건염어(生乾鹽魚)	2,573	-생건염어(生乾鹽魚)	95,261
-명태어(明太魚)	15	-명태어(明太魚)	26,883
-해조(海藻)	500	-부레[魚肚]	611
음식물류	276	-해삼(海蔘)[112]	73
약재	514	-해조(海藻)	1,781
면포	817	-식염(食鹽)	50
마포(麻布) 및 갈포(葛布)	102,068	주류·간장[醬油] 및 된장[味噌]	1,948
담배[煙草]	205	각종 면포·마포(麻布) 및 갈포(葛布)	11,979
종이	27,813	담배[煙草]	2,398
목재 및 널빤지[板]	3,192	목재·널빤지[板]및 제품	399
기타 각종 물품	13,311	기타 각종 물품	42,498
외국품	63,410	외국품	742,561
생건염어(生乾鹽魚)	370	식염(食鹽)	612
음식물류	12,631	음식물류	15,856
주류(酒類)	3,157	주류(酒類)	11,344
약재 및 염도료[染塗料)	1,264	약재 및 염도료[染塗料)	24,574
유류 및 밀랍[油及蠟]	1,176	석유·기계유 및 밀랍[石油機械油及蠟]	46,422
밧줄(絲縷繩索) 및 밧줄재료	619	밧줄(絲縷繩索) 및 밧줄재료	2,040
포백(布帛) 및 포백제품	11,669	시팅(シーチング)[113]	127,430
의복 및 부속품	1,327	생옥양목·쇄옥양목[生晒金巾]	166,234
담배[煙草]	4,226	기타 포백 및 포백제품	146,731
금속 및 금속제품	1,637	담배[煙草]	32,434
기타 각종 물품	25,334	기타 각종 물품	168,884
계	**368,622**	**계**	**932,069**
총계			**1,300,691**

앞의 두 표를 보면 수출과 이출 모두 금액이 큰 것은 곡물이며, 수출에서 1,753,863원, 이출에서 153,928원의 큰 금액에 달한다. 본항의 무역은 대부분 곡물, 특히 미곡(米穀)이 차지[支配]하는 것을 알 수 있다. 아래에 중요 내국산품(內國產品)의 수출액에 관하여 개항 이후 연도별[累年] 통계를 표시한다.

내국산 중요수출품 가액 연도별 비교표[內國產重要輸出品價額累年比較表]

종별 / 연도	쌀		콩		참깨[荏子]		소가죽	
	수량(擔)	가액(円)	수량(擔)	가액(円)	수량(斤)	가액(円)	수량(斤)	가액(円)
1899(광무 3년)	32,391	106,607	2,097	5,449	-	-	38,102	7,935
1900(동 4년)	91,447	275,240	22,154	46,507	258,200	12,747,3	94,625	23,745
1901(동 5년)	77,728	212,732	7,555	14,530	85,083	,415	90,656	23,977
1902(동 6년)	69,322	266,017	2,041	3,805	1,144	66	139,317	32,788
1903(동 7년)	186,976	760,368	11,774	35,405	18,965	1,555	221,493	55,832
1904(동 8년)	67,299	274,913	170,480	526,180	20,707	1,656	237,540	74,219
1905(동 9년)	48,908	177,034	82,190	75,197	136	11	219,438	91,447
1906(동 10년)	107,162	428,332	32,649	84,148	2,800	157	147,300	62,170
1907(융희 1년)	422,127	1,678,392	29,596	84,350	400	28	160,500	69,966
1908(동 2년)	418,206	1,647,113	22,656	89,689	299,612	12,658	211,055	51,231
1909(동 3년)	547,120	1,789,779	39,323	77,659	778,829	30,987	364,731	100,940

위의 여러 가지 표를 통해서 군산항의 무역 내용을 대략적으로 살펴보기에는 충분할 것이다. 그러므로 또한 외국무역의 가액에 대해서 개항 이래 연간통계를 제시하여 군산항 무역의 성쇠[消長]를 살펴보자.

112) 원문에는 '海參'으로 표기되어 있다.
113) 영문 sheeting으로 침대·좌석 따위에 까는 평직(平織)의 목면이다.

외국 무역가액 연도별 비교표[外國貿易價額累年比較表]

연도	수출품 가액(円)	수입품 가액(円)	합계(円)
1899(광무 3년)	8,000	4,000	12,000
1900(동 4년)	75,000	19,000	94,000
1901(동 5년)	259,000	76,000	335,000
1902(동 6년)	311,000	103,000	414,000
1903(동 7년)	842,000	411,000	1,253,000
1904(동 8년)	417,000	595,000	1,012,000
1905(동 9년)	363,000	363,000	726,000
1906(동 10년)	645,000	490,000	1,135,000
1907(융희 1년)	1,925,000	915,000	2,830,000
1908(동 2년)	1,833,000	974,000	2,807,000
1909(동 3년)	2,049,000	913,000	2,962,000

앞의 두 개 표는 군산항 발전의 정황을 잘 보여주고 있다. 그 외국무역은 해마다 순조롭게 진보하고 있었음에도 불구하고, 명치 36년(1903)부터 동 38년(1905)에 걸쳐서 갑자기 감소한 것은 러일전쟁의 영향이고, 동 40년(1907) 이래 단번에 크게 급증한 것은 전후 일본인의 발전에 기인한 것임을 누구라도 수긍할 것이다. 그리고 그 연안무역에 있어서는 이출은 감소한 것에 반해서 이입은 늘어난 것은 일본인용 잡화 등의 수요가 증가한 것에 기인한다.

연안무역 가액 연도별 비교표[沿岸貿易價額累年比較表]

연도	移出額(円)	移入額(円)	합계(円)
1899(광무 3년)	176,000	287,000	462,000[114]
1900 (동 4년)	458,000	528,000	896,000[115]
1901 (동 5년)	482,000	478,000	960,000
1902 (동 6년)	523,000	360,000	893,000[116]
1903 (동 7년)	587,000	632,000	1,219,000
1904 (동 8년)	535,000	746,000	1,281,000
1905 (동 9년)	858,000	735,000	1,594,000[117]
1906 (동 10년)	920,000	793,000	1,713,000
1907(융희 1년)	244,000	992,000	1,236,000
1908 (동 2년)	369,000	932,000	1,301,000
1909 (동 3년)	331,000	875,000	1,206,000

군산항의 경우에 외국무역은 다른 항과 동일하게 수출입 모두 일본이 주가 되고 있으며, 기타 외국 수입품은 영국 미국 독일 등과 다소 관계를 가지기는 하지만 매우 적다. 그리고 그 연안무역에 대해서는 이출입 모두 인천과 부산이 주가 되나, 외국품 즉 일본품은 주로 부산으로부터, 내국품은 인천으로부터 이입되는 것이 많다. 아래 표는 융희 2년(1908) 동안에 대한 연안무역의 가격을 항구별로 표시한 것이다.

114) 이출액과 이입액을 합하면 463,000이다. 원문대로 기록하였다.
115) 이출액과 이입액을 합하면 986,000이다. 원문대로 기록하였다.
116) 이출액과 이입액을 합하면 883,000이다. 원문대로 기록하였다.
117) 이출액과 이입액을 합하면 1,593,000이다. 원문대로 기록하였다.

이출항별표(移出港別表)

항별(港別)	외국품 이출액(円)	내국품 이출액(円)	합계(円)
인천(仁川)	14,025	190,473	204,498
경성(京城)	-	20	20
강경(江景)	8,067	552	8,619
목포(木浦)	5,557	16,354	21,911
줄포(茁蒲)	27,275	1,412	28,687
우도(牛島)	64	-	64
부산(釜山)	6,583	89,947	96,530
마산포(馬山浦)	927	1,520	2,447
진남포(鎭南浦)	480	4,069	4,549
원산(元山)	350	825	1,175
청진(淸津)	75	40	115
총계	63,403	305,212	368,615

이입항별표(移入港別表)

항별(港別)	외국품 이입액(円)	내국품 이입액(円)	합계(円)
인천(仁川)	15,232	659,751	674,983
강경(江景)	781	3,071	3,852
목포(木浦)	14,312	4,645	18,957
줄포(茁蒲)	6,897	6,998	13,895
부안(扶安)	166	-	166
부산(釜山)	105,397	67,284	172,681
마산포(馬山浦)	781	326	1,107
진남포(鎭南浦)	37	120	157
원산(元山)	45,905	266	46,171
성진(城津)	-	100	100
총계	189,508	742,561	932,069

군산항 무역의 개요를 이미 설명한 바와 같이, 그 성쇠는 전적으로 농산물의 풍흉과 서로 관련되어 있다. 이처럼 각 항 모두 그 경향이 같기는 하지만, 본항의 경우에 특히 심하다는 사실을 확인할 수 있다. 무릇 군산항은 농가와의 관계가 직접적이기 때문이다. 그래서 매년 시장이 활기를 띠는 것은 미곡의 출하시기 즉 10월부터 다음해 3월에 이르는 사이이다. 그 기간에는 각지로부터 물품을 실어 나르면서 미곡이 부두에 산처럼 쌓이고 선박의 출입이 빈번하며, 시가에는 내외를 가리지 않고, 왕래하는 사람이 많아져, 일본인과 한국인을 불문하고 구매력이 증진되어 금리가 폭등하고 또한 금융도 활발해져서 마찬가지로 상업의 번성함[殷賑]도 극에 이른다. 기타 시기에 시가가 활황을 띠는 것은 봄부터 초여름 무렵과 우란분(盂蘭盆)[118] 전이라고 한다. 다만 봄부터 초여름에 이르는 무렵은 근해의 도미(鯛)와 기타 어업에 유리한 계절[漁季]이므로 일본인 어부가 와서 어업하는 일이 아주 많으며, 그들이 본항을 근거지로 삼기 때문이다. 그렇지만 그들로 본항의 명맥을 유지하기에 충분하지 않으며, 본항 경제계의 근간은 어디까지나 미곡무역이라고 한다.

군산항에 운송되는 미곡은 개항 이래 근년에 이르기까지 부근으로부터 수레나 말 또는 인력[人肩]으로 수송되는 것 외에 금강(錦江) 유역 부강(芙江)으로부터 강을 내려와 공주(公州) 논산(論山) 강경(江景) 등 기타 포구로부터 오는 것뿐이었다. 그러나 지금은 크게 그 범위가 확장되어 만경(萬頃)[119] 및 부안(扶安, 혹은 東津江이라고도 한다) 두 강의 연안 각 포구 및 북쪽으로는 충남의 광천(廣川) 지방, 남쪽으로는 줄포 지방으로부터 배로 운송하는 경우가 적지 않다. 그리고 그 비율은 금강 연안 100분의 80, 만경・부안 두 강 연안 및 줄포・광천 지방으로부터 오는 것은 100분의 20이다.

기타 대두는 부강 지방 즉, 금강 중류 연안으로부터 오는 것이 가장 많고, 충남의 여러 군 및 군산항 부근으로부터 오는 것은 매우 적다. 대개 본도의 땅은 논이 많고, 밭이 적기 때문이다. 다만 충남 광천 지방은 그 생산이 제법 많고, 특히 광천대두라고 칭하며 품질이 좋은 것으로 유명하지만, 이 지방의 산품은 주로 인천에 수송되며 군산

118) 일본에서 음력 7월 15일에 지옥이나 아귀의 세계에서 고통받고 있는 영혼을 구제하기 위해 삼보(三寶)에 공양하는 날이다. 우리의 추석을 일본의 우란분과 유사한 것으로 파악한 듯하다.

119) 전라북도 김제 지역의 옛 지명이다.

항으로 오는 양은 적다.

소가죽은 전주 공주 강경 지방으로부터 오는 것이 많다. 그중에서도 공주산이 품질이 좋다고 하며, 전주산은 품질이 떨어지는 것으로 취급한다. 대개 어느 쪽이나 원래 품질에 있어서 현격한 차이가 없지만, 전주산은 간사한 수단을 부린 것이 많다고 한다(무게를 증가시키기 위해 소금물을 뿌린다고 한다). 소가죽은 추석[盂蘭盆] 이후에 나오는 것이 대체로 좋다고 하는데, 이를 분피(盆皮) 또는 월견피(月見皮) 등으로 부르며, 거래하는 상인들 사이에서 매우 높게 평가받는다고 한다.

군산항에 있어서 창고업은 아직 유치한 수준을 벗어나지 못한 상태이다. 완전한 창고는 겨우 세관지서 부속창고 1동(140평)이 있을 뿐이다. 영업자의 창고는 오사와 도쥬로(大澤藤十郎)[120] 소유의 창고 10동, 헛간[戶前][121] 13곳(총 460여 평), 군산창고주식회사 소유 1동과 헛간 2곳이 있다. 모두 목조 단층 아연판 지붕 또는 기와지붕으로 만들어 겨우 비와 눈을 막을 수 있는데 그친다. 창고대여료[倉敷料]는 전자는 미곡(米穀) 1석[叺]이 1개월에 3전, 가마니[繩叺] 1개(個)[122]는 1개월에 6전, 명태 1개[123] 1개월에 3전이고, 후자는 미곡 1석, 밀가루[米利堅粉][124] 1자루[袋], 가마니 1개 등은 1개월에 각 6전이며 명태 1개는 1개월에 3전이다. 그리고 전자는 입고화물에 대해 화재보험(火災保險)을 들고 안 들고는 화주(貨主)의 선택이지만, 후자의 경우에는 입고할 때 모두 보험에 가입한다. 다만 그 보험은 명치화재보험주식회사와 특약을 맺는 것이다.

금융기관은 전에 이미 여러 회사 중에 열거했듯이 한국은행출장소(韓國銀行出張所), 제십팔은행지점(第十八銀行支店)[125]이 있을 뿐이다. 한국은행출장소는 목포 등

---

120) 명치 40년 5월에 설립된 군산상공회의소의 초대 회두이다.

121) 지붕만 있고 벽이 없는 헛간 형태의 창고를 말한다.

122) 원문에 기록된 1個는 어떤 단위인지 분명하지 않다.

123) 주석 122)와 같다.

124) 정제한 밀가루를 말한다. 米利堅은 아메리카를 뜻한다.

125) 본점은 일본 나가사키에 있었으며 1890년 인천에서 처음 문을 열었다. 군산지점은 1907년 설립한 7번째 지점이다. 주요 업무는 높은 이자를 붙여 돈을 빌려주는 고리대금업이었으며, 당시 한국의 농민을 비롯한 지주들의 토지를 담보로 돈을 빌려주고 상환기간 내에 갚지 못하면 토지를 빼앗았다. 광복 후에는 대한통운 군산지점으로 사용하다가, 2008년 2월 28일 등록문화재 제372호로 지정되어 보수공사를 거친 후, 2013년 군산근대미술관으로 개관되었다.

에서와 마찬가지로 제일은행출장소(第一銀行出張所)의 후신이다. 각 항구의 예에 준하여 과거 3년간의 예금・대출금액 및 대출금 종류별 등을 표시하면 다음과 같다.

제1표 은행예금 종류별 3개년 비교(제일은행출장소/십팔은행지점)-(단위:円)

연도 \ 종별		정기	당좌(當座)[126]	소액당좌[小口當座]	기타	소계	관공금(官公金)	합계
명치41년	총액	136,267	5,149,914	241,927	138,869	5,666,977	141,887	5,808,864
	연말현재액	49,987	147,092	40,088	16,646	253,813	12,793	266,606
명치40년	총액	61,417	5,004,687	298,448	120,029	5,484,582	222,975	5,707,557
	연말현재액	29,681	207,913	38,842	6,832	283,268	53,486	336,754
명치39년	총액	145,985	3,334,485	327,253	138,118	3,956,841	--	3,996,841
	연말현재액	28,813	170,668	32,745	11,903	244,129	--	244,129

제2표 은행대출금 종류별 3개년 비교(제일은행출장소/십팔은행지점)-(단위:円)

연도 \ 종별		대출금	당좌예금대월(當座預金貸越)[127]	할인어음[割引手形]	하위체[128]어음[荷爲替手形]	합계
명치41년	총액	1,200,888	4,915,197	1,969,848	2,234,684	10,320,617
	연말현재액	155,048	124,983	225,731	248,629	754,391
명치40년	총액	989,326	5,477,927	1,485,987	2,078,311	10,031,551
	연말현재액	185,801	91,974	326,146	220,073	713,994
명치39년	총액	565,171	2,?03,238	743,242	1,315,987	5,427,638
	연말현재액	25,319	109,226	76,702	130,436	341,683

126) 예금자가 수표를 발행하면 은행이 어느 때나 예금액으로 그 수표에 대한 지급을 하도록 되어 있는 예금.

127) 은행의 대부(貸付) 방법 중 하나로 은행이 당좌예금 거래처에 대하여 일정한 기간과 금액을 한도로 해 당좌 예금의 잔액 이상으로 수표를 발행하여도 지급에 응하는 일.

128) 하위체(荷爲替) 어음의 준말로 격지매매의 매도인이 매매의 목적물에 관한 운송증권을 담보로 첨부해 은행 또는 자기를 수취인, 매수인을 지급인으로 하여 발행하는 환어음. 대금채권의 추심이나 할인을 은행에 의뢰하기 위한 것. 현재는 쓰이지 않는 방식이며, 환매증서와 비슷하다.

제3표 은행대출금 담보별(제일은행출장소/십팔은행지점-(단위:円)

	부동산	상품	유가증권	신용(信用)	기타	합계
명치41년	58,293	373,641	160,896	145,944	15,617	754,391
명치40년	61,614	390,151	92,969	163,752	5,908	713,994
명치39년	18,140	152,794	95,439	2,557	72,750	341,680

다음으로 명치 41년 중 2가지를 취급한 송금환[送金爲替], 기타 어음 수불금을 구역별로 구분해 표시하면 다음과 같다.

은행환 수불금표[**銀行爲替受拂高表**]-(단위:円)

구분		국내			일본			기타	계		합계
은행명		제일은행 출장소	십팔은 행지점	계	제일은행 출장소	십팔은행 지점	계	제일은행 출장소	제일은행 출장소	십팔은행 지점	
수입	송금환	803,723	567,100	1,370,823	670,006	143,830	813,836	927,469	2,401,198	710,930	3,112,128
	하위체	4,522	132,425	136,947	150,433	92,207	242,640	100,881	255,836	224,632	480,468
	대금취립	213,486	136,541	350,027	208,460	199,762	408,222	262,935	684,881	336,303	1,021,184
불출 拂出	송금환	419,966	107,069	527,035	217,191	73,137	290,328	321,549	958,706	180,206	1,138,912
	하위체	62,183	78,520	140,703	1,300,819	515,259	1,816,078	747,881	2,110,883	593,779	2,704,662
	대금취립	82,587	46,159	128,746	115,881	60,906	176,787	110,017	308,485	107,065	415,590
합계	수입	1,021,731	836,066	1,857,797	1,028,899	435,799	1,464,698	1,291,285	3,341,915	1,271,865	4,613,780
	불출	564,736	231,748	796,484	1,633,891	649,302	2,283,193	1,179,447	3,378,074	881,050	4,259,124

군산항에서 금융기관이 바쁜 시기는 10월부터 3월에 이르는 6개월간으로 특히 10~11월에 가장 바쁘고, 그 밖의 기간 즉 4~9월에 이르는 6개월간은 시장이 잠잠해지는 동시에 자금의 수요[需用]도 거의 없어서 매우 한산하다.

금리는 최근에 최고 3전 5리, 최저 3전이며 개항 첫해부터 작년에 이르는 보통 대차(貸借)의 이자율[129]을 비교하면 다음과 같다.

129) 할푼리의 단위에 따라서 소숫점 이하로 기록하였다(2割1分9厘일 경우 .219)

군산거류지 창설 이후 각 연도 금리고저표

연도	은행 금리(割分厘)		민간 금리(割分厘)	
명치32년(광무3년) 1899년	-	-	.6	.48
동 33년(동 4년)	-	-	.6	.48
동 34년(동 5년)	-	-	.6	.48
동 35년(동 6년)	.219	.2	.6	.48
동 36년(동 7년)	.18	.12	.48	.42
동 37년(동 8년)	.18	.12	.48	.42
동 38년(동 9년)	.146	.12	.48	.42
동 39년(동 10년)	.146	.12	.36	.3
동 40년(융희 원년)	.125	.113	.36	.3
동 41년(동 2년)	.125	.109.6	.36	.24

어업(漁業)

본항 근해는 도미 붉바리[赤魚] 준치 달강어[火魚] 가자미 가오리 조기 갈치 삼치 상어 농어 뱀장어 및 기타 각종 생선이 풍부하다. 특히 본항의 수로 입구에 있는 죽도(竹島) 근해는 도미가 많이 나는 어장으로 잘 알려진 곳이다. 본항의 근해 즉 앞에서 말한 죽도를 중심으로, 남쪽 지도군(智島郡)[130]에 속하는 칠산탄(七山灘)・위도(蝟島)[131] 근해에서 북쪽으로 충남 오천군(鰲川郡)[132]에 속하는 녹도(鹿島)[133] 근해에 이르는 사이에서, 해마다 일본어선이 어획하는 수산물은 대략 350,000~400,000원에 달할 것이라고 이전부터 말해 왔다. 그러나 이는 어디까지나 어림짐작에 불과하지만, 그 어선 수 및 어선당 어획량[漁獲高]을 고려하여 추산해 보면 지나친 억측은 아닌 듯하

---

130) 지도군(智島郡)은 전라남도 서쪽에 위치한 섬이며 1896년 2월 신설 당시는 전주부에 있었는데 이해 8월 전라남도 지도군으로 개편되었다가, 1914년 4월 1일 무안군에 흡수되었다.

131) 위도(蝟島)는 전라북도 부안군 위도면에 딸린 섬으로, 면적 11.14km, 해안선 길이 36km이다. 섬의 생김새가 고슴도치와 닮았다 하여 '고슴도치 위(蝟)'자를 써서 이런 이름이 붙었다.

132) 오천(鰲川)은 천수만 양쪽 하단이 자라 모양과 같고, 양쪽에서 천수만(淺水灣)을 지켜주는 중간을 빗물이 흐른다고 하여 자라오(鰲) 자와 내천(川) 자를 합하여 오천(鰲川)이라 부르기 시작하였다고 전해진다.

133) 녹도(鹿島)는 섬의 생김새가 마치 사슴이 고개는 서쪽으로 뿔은 동쪽에 두고 드러누워 있는 것 같아서 불려진 이름이라고 한다. 녹도는 면적 0.89㎢, 해안선 길이는 4km이며, 국내 유일하게 금주령이 내려진 섬이다.

다. 그 구역에 있어서 조선 어부[邦人漁夫]의 어획량은 추산하기 어려우나, 칠산탄의 조기 어업이 번성함은 말할 나위도 없고, 갈치 가오리 민어 및 기타 어획량도 대단히 많으므로, 근해와 연안을 통틀어 일본 어부의 어획 이상에 달할 것은 분명한 사실이다. 더구나 금강 연안에는 본항 이외에도 공주(公州) 정산(定山) 부여(扶餘) 석성(石城) 논산(論山) 강경(江景) 황산(黃山) 용안(龍安) 웅포(熊浦) 나포(羅浦) 임천(林川) 한산(韓山) 서천(舒川) 등의 집산지(集散地)가 적지 않으므로 1년간의 어류 집산액은 적어도 200,000원을 내려가지는 않을 것이다. 그러므로 본항의 무역항으로서 가치가 있는 동시에 수산 경영에 있어서도 또한 대단한 가치를 가진다고 한다. 일본어선의 어획물 중 내지에서 온 배가 어획한 것은 대부분 염장해서 모선으로 직접 본국으로 수송하며, 이 지역의 시장으로 나가는 것은 극히 일부와 정주(定住)하고 있는 어부가 어획한 것에 그친다. 무릇 이 지역에서 일본인이 경영하는 어시장은 아직 그 판로(販路)가 매우 좁아서 다량 입하(入荷)하더라도 조선인 객주에게 방매를 맡길 수밖에 없는 불리함이 있기 때문이다.

이곳 어시장의 연혁 및 개황 등은 이미 제1권[第一輯]에서 약술하였는데, 최근에 이르러서야 활기를 띠고 있기는 하지만 그 1년의 매상액[水揚高][134]은 겨우 40,000원 정도에 그쳐, 부산 어시장의 1개월간 매상액에도 못 미치는 상태이다. 이처럼 부진한 것은 경영 방법 및 그 밖의 여러 사정도 있을 것이지만 요컨대 교통이 편리하지 않은 점에 기인하는 측면이 있다. 강 연안 각 시읍(市邑)에 공급되는 어류는 대부분 조선인 객주 또는 출매선(出買船)에 의한 것이고, 군산 어시장을 경유하는 것은 강경(江景)과 같이 일본인이 다수 거주하고 또한 군산과 교통이 빈번한 지역에 그친다. 각 시군에 있어서 1년 어류 집산액은 통계로 확인할 수 있는 것은 아니지만, 장시(場市)의 상황 등을 고려하여 추산하면 공주 15,000원, 정산 4,000원, 부여(은산) 8,000원, 논산 20,000원, 강경 68,000원, 황산 20,000원 용안 3,000원, 웅포 5,000원, 나포 5,000원, 본항 근처의 경시(京市) 및 장재시(長財市)[135] 20,000원, 임천(林川) 6,000원, 한산(韓山) 7,000

134) 수양고(水揚高) : 잡은 물고기를 배나 뭍에 올린 양이라는 뜻으로 어획량에 해당한다. 한편 영업 매상이라는 뜻도 있다. 여기서는 수매가격인지 판매가격인지 분명하지 않다. 매상액으로 번역해 두었다.

원, 서천(길산장[136]) 등 포함) 6,000원 정도일 것이다.

군산항은 이처럼 수산업의 경영상 편리한 위치에 있기는 하지만, 이 지역에 거주하는 일본인의 어업은 활발하지 않아서 어업을 영위하는 사람은 경포(京浦)・구암리(龜岩里) 및 기타 인근을 합쳐 겨우 20여 호를 헤아리는 데 그친다. 단, 경포리에서는 중선(中船)[137]을 가지고 칠산탄 또는 예천군에 속하는 녹도 부근 바다로 출어하여 조기 및 갈치 어업에 종사하는 사람이 있다.

일본어선이 이 지역에 기항하는 경우는 대단히 많지만, 현재 정주(定住)하고 있는 어부는 겨우 35호(남 57명, 여 48명)에 지나지 않는다. 그 대부분은 후쿠오카현(福岡縣) 및 사가현(佐賀縣)[138]의 이주민이고 그 외는 구마모토현(熊本縣)과 오이타현(大分縣)의 독립 이주자이다. 후쿠오카현이 경영하는 어민의 사택은 조계(租界)의 서빈(西濱)[139] 및 그 맞은편인 충청남도 서천군에 속하는 용당(龍堂)[140]에 있으며, 서빈

135) 장재시(長財市) : 조선인 시장인 장재시장은 1915년 2월 개설하고 부(府)에서 관리하다가 1918년 '군산시장'이라 개칭하였다. 시장개설 전 이 지역은 옥구군 미면 장재리에 속한 조선인 마을이었다. 장재리(藏財里)는 조선 시대 지명으로 1914년 둔율리 일부를 병합, '장재동'이라 하였다. 당시 장재동은 지금의 대명동·평화동·신영동·중앙로2가 일부를 아우르고 있었다. 장재시장은 국내 최초로 개설된 신작로(전군도로)와 접하고 있었고, 기차역도 지척에 있었다. 또한, 도로를 경계로 시외버스터미널과도 마주하고 있어 유동 인구가 많았다. 조선인 동네임에도 부근에 공설목욕탕, 공설이발관, 공설질옥(공설전당포) 등이 자리하였고, 조선인이 운영하는 여관과 여인숙도 많았다.

136) 길산장(吉山場) : 길산리 비교적 낮은 산과 들로 이루어진 길(吉)한 땅이라 하여 길산리(吉山里)라고 하였다. 길산장은 부여에서 홍산, 한산, 길산으로 연결되는 포구장(浦口場)으로 어물도 취급하는 주요한 장시였다. 1910년, 보부상단(褓負商團)은 흩어지고 교통과 통신의 발달로 점차 사양화되었다. 길산장은 보부상과 관계없이 일제강점기에 미곡(米穀)을 집산하여 군산으로 운송했던 집하장(集荷場)으로 번성하기도 했다.

137) 중선(中船) : 돛대는 둘이지만 앞의 이물대가 조금 작은 중간 크기의 배. 조선 시대에, 대선(大船)보다 작은 배를 이르던 말. 경기도에서는 네 발에서 다섯 발 반까지, 전라도에서는 두 발에서 네 발까지의 배를 일렀다.

138) 사가현(佐賀縣) : 일본 규슈(九州) 북동 해안 지역에 있는 현(縣). 현청 소재지는 사가(佐賀). 대륙 문화의 수입 기지로서 곳곳에 야요이(彌生)·고훈(古墳) 시대의 유적이 분포한다. 이 현은 해안의 넓은 지역을 차지하여 옛날부터 벼농사가 특히 발달했다. 고등어와 정어리의 어획량이 많았다.

139) 서빈(西濱) : 내항 부근의 공식 지명이 빈정(濱町), 이곳을 중심으로 오른쪽은 동빈정(東濱町), 왼쪽은 서빈정(西濱町)이라고 했다. 빈정은 1917년 제작된 군산부 지도에 서빈정(지금의 해망동)과 함께 등장하기 시작한다. 옥구군 경포리에 속했던 죽성 포구(째보 선창)는 1932년 군산부

에 있는 어사(漁舍)는 7호 73평짜리 1동, 14호 56평짜리 1동으로 명치 38년에 창설되었다. 사가현이 경영하는 것은 앞에서 언급하였듯이 본 항의 동쪽 경포리(京浦里)141)에 있다. 그 어민의 사택은 7호 52평짜리 1동에 불과하지만 사가현은 어민의 사택과 나란히 출어단사무소(出漁團事務所)를 설치하였고 감독원을 고정배치하였다. 그 밖에 대안인 장암리에는 나가사키현(長埼縣)의 근거지가 있다. 개야도(開也島)142)에도 예정지가 있어, 각 현 모두 정주하고 있는 어부가 많지 않지만, 후일 호남철도가 완성되어 육로교통이 편리하게 열리게 되면 어민이 증가할 것은 물론 근해어업도 한층 발전이 될 것이다.

군산항에 기항하는 통어선(通漁船)의 대다수는 안강망(鮟鱇網)143) 및 도미 주낙[延繩]144), 삼치 유망어선(鰆流網漁船)145)인데, 안강망 어선은 후쿠오카, 나가사키, 야마구치 등에서 오는 것이 많고, 주낙 방식으로 잡는 곳은 구마모토・가가와・나가사키이며, 삼치 유망은 가가와・후쿠오카・사가 등 각 현에서 오는 것이 많고, 본항 정주

에 편입되면서 '동빈정(금암동)'이란 지명을 얻는다.

140) 용당(龍堂) : 지금의 원수2리 용당산 아래의 마을이 용당리이며 이곳에 있는 용당진, 또는 용당포는 서천에서 가장 큰 포구였다. 예로부터 군산을 오가는 나룻배가 있었으며 1960년대 초까지 도선장이 있었다.

141) 경포리(京浦里) : 경포는 '서울 京'에 '浦'는 '개'이므로 우리말 발음으로 '서울개'라 했던 것. 이후 설개→설애(슬애)→서래 등으로 어원이 변이되어 오늘에 이른다. 소설 〈탁류〉에서는 '스래'로 나온다. 옛 노인들은 경포천 서쪽(중동)은 '안스래', 동쪽(경암동)은 '바깥스래'라 하였다. 지금의 중동로터리 부근까지 고깃배가 드나들었으나 1960년대 후반에 매립되었다.

142) 개야도(開也島) : 개야도는 금강이 서해와 만나 바다로 빠져드는 군산항의 입구에 있다. 조선시대에는 개야소도(開也召島)라 하여 충청남도 서천군에 속하였으나, 1914년 행정구역 통폐합으로 전라북도 옥구군 미면에 편입되었다가 1995년 군산시와 옥구군의 통합으로 군산시에 속하게 되었다. 높은 봉우리가 없고 구릉으로 이루어져 마치 이끼가 피어나는 모양과 흡사하다고 하여 개야도라 하였다. 육지와 가깝고 논밭이 넓어 누구나 섬에 들어오면 잘 살 수 있다는 뜻에서 개야도라 했다는 유래도 있다.

143) 안강망(鮟鱇網) : 안강망은 일본에서 유래한 것으로 안강은 일본어로 아귀를 뜻하며, 어구 자체가 아귀와 같이 움직이지 않고 입만을 크게 벌려 고기를 잡아먹는 것과 흡사하다 해서 붙여진 명칭이다. 1898년에 한 일본 어업 경영자가 전라남도 칠산탄(七山灘)에서 안강망을 사용하기 시작한 것이 그 효시라고 한다. 우리나라 재래식 어망인 중선망(中船網)과 어법이 유사하다. 따라서 이것이 처음 보급될 때 우리나라 사람들은 이를 '일중선(日中船)'이라고 불렀다고 한다.

144) 연승(延繩) : 주낙, 일정한 간격으로 미끼를 끼운 여러 개의 낚시를 매달아 수중에 늘어뜨린 긴 줄

145) 유망(流網) : 고기의 통로인 수류(水流)를 횡단하여 그물을 쳐서, 그물 구멍에 고기가 끼거나 물리게 하여 잡는 고기잡이 그물, 회유(回遊)하는 물고기를 잡을 때 쓴다.

어부는 모두 안강망을 주로 하며 도미 주낙 및 외줄낚시를 한다. 또한 금강에서 준치 숭어와 뱀장어를 잡는다.

금강에서 어획되고 있는 물고기는 준치 숭어 및 뱀장어 외에 민어 농어 감성돔 붕어 뱅어 잔새우 등이 있으며 그중 장어잡이는 주로 일본 어부가 많이 종사한다. 어획물은 바닷길로 인천을 거쳐 경성지방에 수출되는 것이 적지 않다. 금강에서 사용되는 어구(漁具)는 유망, 저류망(低流網)146), 주낙147), 죽주목(竹駐木)148), 투망, 범석(泛席)149), 펫헤이150) 등이 있고, 주낙은 군산 서쪽 강 하구에서 사용하는데, 주로 도미를 잡는다. 어구는 유망과 저류망도 강 하구 즉, 군산 부근에 설치하며, 강 상류에서 사용하는 것은 아니다. 유망으로 잡을 수 있는 것은 주로 준치로, 군산의 동쪽 죽성리에서는 때때로 많은 물고기를 잡는 것을 볼 수 있다. 조수를 이용하여 그물을 내리는데 어기는 5~6월 무렵이다. 저류망으로는 주로 민어 숭어 농어 등을 잡는데 이 또한 상당한 양을 어획하는 경우가 있다.

---

146) 저류망(低流網) : 저인망(底引網)・쌍끌이・깡끌이라고 부르는 그물 혹은 그것을 사용한 어업방식을 말한다. 배에 그물을 매달아 바닷속을 끌고 다니며 수산물을 쓸어담는 구조의 어망이다. 저인망을 이용한 어업을 트롤링(Trawling)이라고 한다.

147) 연주(延綢) : 海洋開発論文集 Vol.6 1990年6月「不規則波浪下の延縄式養殖施設の動的応答」, 내용으로 延綢施設が設置されるようになってきている° 연승(延繩)과 같은 의미로 생각되어, 주낙으로 번역해 두었다.

148) 죽주목(竹駐木) : 대는 약 3m 되는 대나무 두 개를 교차시켜 엮은 후 그물을 채운 것이며 개펄에 닿는 끝 부분은 미끄러짐이 좋게 구부린다. 이 어구는 간단하여 혼자 운반하고 작업하기도 쉽다

149) 범석(泛席) : 들망, 그물을 수중에 펼쳐 놓고 대상 생물이 그물 위에 모이면 그물을 들어 올려 잡는 것으로 들망 어업 또는 부망(敷網) 어업이라 한다.

150) 원문에 ぺっへい로 기록되어 있는데 어떤 어구인지 알 수 없다.

제6절 임피군(臨陂郡)

개관

연혁

임피군(臨陂郡)은 본래 백제의 요산군(尿山郡)이다. 신라가 지금 이름으로 고쳐서 현으로 삼았다. 고려를 거쳐 본조에 이르렀고, 건양(建陽)151)의 개혁으로 군(郡)으로 삼아서 지금에 이른다.

경역

동쪽으로는 함열과 익산 두 군에 접하고 서쪽 옥구부152)(沃溝府)에 접하고, 북쪽으로는 금강에 접하고, 남쪽으로는 만경강이 만경군과 경계를 이룬다.

지세

지역 내에는 낮은 구릉이 오르내리지만 대체로 평탄하며, 특히 만경강을 따라 이어지는 일대는 이른바 전주평야의 일부로 비옥한 논이 넓게 펼쳐져 있어 도내의 대표적인 경작지에 해당한다.

산악으로 이름이 있는 것은 병산(莔山) 오성산(五聖山) 취성산(鷲城山) 공주산(公州山) 등이 있으나 모두 낮은 산이며, 그중 가장 높은 것으로 취성산(鷲城山)153)이 있는데, 그 높이가 1,000피트에 미치지 못한다.

---

151) 건양(建陽): 을미사변 이후, 김홍집 내각이 태양력 사용을 채택하면서 제정한 연호로 1895년 11월 15일에 제정되었고, 시행시기는 1896년이다.

152) 옥구부(沃溝府): 개항기 군산 지역에 설치되었던 행정 구역. 1914년 부·군·면 통폐합이 시행되어 임피군의 13개 면과 함열군 일부를 비롯하여 전라남도의 고군산군도, 충청남도의 개야도·죽도·연도·어청도, 부안의 비안도 등이 옥구군에 병합되어 10개 면(개정면·구읍면·나포면·대야면·미면·서수면·성산면·옥산면·임피면·회현면)으로 편제되었다.

153) 취성산(鷲城山): 전라북도 군산시 나포면 부곡리에서 임피면 축산리까지 뻗어있는 산. 해발 고도 219m.

임피읍

임피읍은 피산(陂山) 또는 취성(鷲城) 등으로 불린다. 군의 중부에서 약간 동쪽으로 치우쳐 있으며, 호수 약 300여 호, 인구 1,000여 명이고, 군청 이외에 우체소와 순찰소가 있다. 서쪽으로 군산, 동쪽으로 함열읍까지 모두 30리라고 한다. 장시는 음력 매 2・7일에 열리며, 집산품은 쌀 마포(麻布) 소금(鹽) 어류 연초 자리 등이고 한 달 집산 금액이 12,000여 원에 달한다고 한다.

교통

군내 도로는 대체로 평탄하여 차마(車馬)가 지나가기에 지장이 없고, 특히 그 남단에는 군산에서 전주에 이르는 가도가 개통되어 교통이 제법 편리하다. 만경강 하구에 있는 신창진(新滄津)[154]은 예로부터 본군 요진(要津)의 하나로 알려져 상선의 왕래가 잦다.

통신

통신은 오직 군읍에 우체소가 있을 뿐이고 군산 또는 함열읍에서 한 달에 15회 체송하는 데 그치지만 군산과의 왕래가 빈번해서 심한 불편을 느끼지 않는다. 우편물은 경성까지 3~4일이면 도착한다.

농산물

농산물은 쌀 보리 콩을 주로 하고, 그 밖에 담배 채소 등이 있으며, 공예품으로는 돗자리[莞蓆]와 포백(布帛) 등이 있다. 이러한 물품들은 농한기 때 만드는 물품인데 포백은 특히 북부지방에서 많이 생산된다.

수산물은 조기 삼치[鰆] 도미 갈치[大刀魚] 민어[鮸] 준치 감성돔[黑鯛] 숭어[鯔] 농어[鱸] 뱅어[白魚] 잉어 붕어 잔새우 굴 등으로, 주로 금강과 그 하구에서 생산되는 것이다.

---

154) 신창진(新滄津): 군산으로 가는 길목에 있는 나루터로 일본인들이 김제평야에서 나는 쌀을 가져가기 위해 만듦.

구획

본 군을 나누어 13면으로 삼았고, 비록 바다에 접한 곳은 없지만 만경강에 접한 곳은 남이면 및 남사면, 금강에 접한 곳은 서사면 북일면 북삼면이다. 만경강 연안은 바다와 거리가 다소 멀고 해안선이 짧아, 비록 어업지로서 명성이 높지 않으나, 남사면의 동쪽 끝에 있는 신창진(新倉津)은 대안(對岸)에 있는 만경군의 신창진(新倉津)과 함께 예로부터 상업이 번창한 주요항구이자 수산물 매매지이며, 금강 연안의 구암 석포 서포 나포 등은 유명한 요충지로서 모두 군산시와 선박의 왕래가 빈번하고 어업도 활발히 이루어지고 있다.

구암리

구암리(龜岩里)는 본군(本郡)의 북서쪽 모퉁이에 있고, 서사면(西四面)에 속한다. 군산에서 10리 남짓 떨어져 있고, 민가 46호가 있으며. 인근 언덕 위에 미국 선교사가 거주하고 있는 곳이 많으며, 포교와 함께 교육 의료 등에 종사하고 있다. 군산에 왕복하는 소형 상선 5척이 있어 물자의 수송에 종사한다.

석포리

석포리(石浦里, **셕포리**)는 구암의 동쪽 20리에 있으며, 북일면(北一面)에 속하고, 월포(月浦)라고 칭하기도 한다. 남쪽에 작은 언덕이 있어 취성산(鷲城山)이라 하며, 20여 호의 민가가 있고, 어업에 종사하는 사람이 많으며, 준치 유망[鰣流網][155]이 활발하게 이루어지고, 구암에서 이 마을로 오는 길목에 옥포(玉浦) 요동(堯洞) 성동(聖洞) 등이 있지만 배를 대기에 불편하다.

서포리

서포리(西浦里, **셔포리**)는 석포의 동쪽에 접하여 하북면(下北面)에 속한다. 군읍과

---

155) 유망(流網): 통로(通路)인 수류(水流)를 횡단하여 그물을 쳐서, 그물 구멍에 고기가 끼거나 물리게 하여 잡는, 물고기잡이의 한 방식

거리는 약 20리이다. 인가가 85호가 있고, 중선(中船) 및 주목(駐木) 어업을 하며, 일본인이 이곳에 거주하며 농사를 짓는 사람이 있다.

나포리

나포리(羅浦里, **라포리**)는 서포의 동쪽 10리 남짓 되는 곳에 있고, 북삼면(北三面)에 속하며, 인가 100여 호가 있는 금강 연안의 큰 마을이다. 함열군 웅포(熊浦)와 함께 예로부터 이름난 곳이며, 농업과 상업은 제법 번성하지만 어업은 대단히 부진하다. 순사주재소가 있으며, 이곳에 일본인이 3호 9명이 거주하고 있다.

제7절 함열군(咸悅郡)

개관

연혁

함열군(咸悅郡)은 본래 백제의 감물아현(甘勿阿縣)이었는데, 신라가 지금의 이름으로 고쳐서 임피군(臨陂郡)에 속하게 하였고, 고려가 전주(全州)에 예속시켰다. 조선 태종 9년 용안현(龍安縣)과 합하여 안열현(安悅縣)이라 칭하였고, 16년 후에 다시 함열(咸悅)로 고쳤고, 후에 군으로 삼았다.[156]

경역

북동쪽으로는 용안부(龍安部)에, 동쪽으로는 여산(礪山) 익산(益山) 두 개의 군에,

156) 익산: 함라는 익산의 북서부 지역에 있으면서 금강을 끼고 있다. 백제시대에는 감물아현(甘勿阿縣)이었고 백제가 멸망한 이후에는 노산(魯山)으로 바뀌었다가 신라 경덕왕 때 함열이라는 지명을 사용한다. 함라는 조선시대 함열현의 관아가 있던 곳으로 1895년(고종 32)에는 함열군으로 바뀐다. 일제강점기인 1914년 행정구역 개편 때 함열군이 폐지되고 옥구군과 익산군에 병합되었다.

남서쪽은 임피군(臨陂郡)에 접하고, 서북 일대는 금강에 면한다. 중앙에는 함라산(咸羅山)이 솟아 지맥이 남북으로 뻗어있으나, 정상은 겨우 776피트에 불과하다, 지형적으로 남동쪽으로 낮게 하강하고, 서쪽 강기슭에 평지가 점점이 있다. 북쪽 용안군(龍安郡)과 경계를 이루는 한 작은 물줄기가 있어 금강으로 흘러들어가며 그 연안에 논이 많다. 금강 연안은 갯벌이 넓게 퇴적되어 적당한 정박지가 없다. 다만 서쪽 끝 임피군에 접한 웅포(熊浦)가 있어서 배를 대기 다소 편하다. 군내의 함열읍(咸悅邑) 황등(黃登) 웅포(熊浦) 등에 일본인 거주자가 총 23호 52명이 있다.

함열읍

함열읍(咸悅邑)은 군의 서쪽 임피읍 경계에 치우쳐 있는데, 임피읍(監陵邑)과 30리, 용안읍(龍安邑)과 20리, 군산(群山)까지 60리, 강경(江景)과 40리이다. 옛 이름을 함라(咸羅)라 하였다, 북쪽으로 함라산[157](咸羅山)이 솟아있는데 그 경치가 뛰어난 곳이다, 군아 이외에 재무서, 우편취급소, 순사주재소 등이 있다. 인가가 약 300여 호가 있는 다소 번화한 도회지이며, 일본인이 4호, 6명이 살고 있다. 이곳에서는 음력 매 1・6일에 시장을 여는데 매우 성대하며, 그 외 웅포(熊浦)에서 매 1・6일, 황등(黃登)에서 매 5・10일에 시장이 열린다.

교통

인근 여러 읍으로 통하는 도로는 대체로 험악하지 않다. 금강의 수운도 다소 편하고 서쪽의 웅포와 북쪽의 성당에 선박의 기항이 끊이지 않으며, 특히 웅포는 건너편 한산군 신성(新城)에 이르는 나루로서 왕래가 빈번하다.

통신

통신은 강경에서 용안(龍安)을 거쳐 군읍까지 한 달 15회, 군읍에서 임피읍까지 역시 한 달 15회 체송이 이루어지고, 경성까지 우편물은 3~4일에 도착한다.

157) 함라산: 전라북도 익산시의 함라면 함열리와 웅포면 웅포리의 경계에 있는 산

농산물

농산물은 쌀, 보리, 콩 등이 주를 이룬다. 수산물은 숭어, 뱅어, 잉어 잔새우 등이지만 그 생산량이 아주 많지는 않다.

구획

본 군은 군내(郡內), 동일(東一), 동이(東二), 동삼(東三), 동사(東四), 남일(南一), 남이(南二), 서일(西一), 서이(西二), 북일(北一), 북이면(北二面)으로 나누었는데, 그중 강에 연한 곳은 서일, 서이, 북일 북이의 4면이다. 연안은 대부분 사퇴(沙堆)이므로 수운의 편리함이 적고 어업도 활발하지 않다. 겨우 서이면에 있는 웅포와 북이면에 있는 성당은 두 곳 모두 다소 배를 대기에 적합하다.

웅포

웅포(熊浦)는 서이면의 북서쪽 모퉁이에 있고 금강에 접하며, 함열읍에서 서쪽으로 10리 떨어져 있는데, 함라산 남쪽의 작은 언덕인 척치(尺峙)를 사이에 두고 있을 뿐이다, 예로부터 군읍의 출입구로 유명한 요충지이며, 상웅・중웅・하웅의 세 마을로 나뉜다. 남쪽으로 해창포(海倉浦), 동쪽으로 오류동(五柳洞), 북쪽으로 판포(板浦)가 있다. 근래에 사퇴가 점점 확장되어 배를 대기 불편해지면서, 10여 년 전만 해도 인가가 약 400여 호가 있어 강경과 함께 나란히 번성한 지역으로 일컬어졌으나, 지금은 크게 쇠퇴하여 250여 호 인구가 1,000여 명이 되었다. 음력 매 1・6일에 이곳에 장이 서고 시황(市況)은 다소 활발하며, 상거래는 주로 미곡중개업이다. 어업에 종사하는 자는 적고 단지 주목망(駐木網)[158]을 사용하여 4~10월까지 민어 숭어 농어 등을 어획하는 자가 있을 뿐이며, 거주하는 일본인은 4호 6명이다.

---

158) 주목망(駐木網): 긴 원추형의 낭망(囊網) 또는 대망(袋網)을 지주와 닻으로 고정시켜 조류를 따라 내왕하는 어류가 어망 속에 들어오는 것을 기다려 잡는 재래식 어망

성당리

성당리(聖堂里, 성단리)는 북이면의 북동쪽 모퉁이에 있으며, 작은 하천을 사이에 두고 용안군과 접해 있고, 인근에는 논과 밭이 멀리까지 펼쳐져 있다. 인가는 60여 호가 있는데, 농업이 번성하고 어업에 종사하는 사람이 적으며, 뱅어(白魚), 잔새우[小鰕] 등을 생산한다. 뱅어는 2~3월 사이, 잔새우는 5~9월까지 어획하며, 어획물은 강경(江景) 웅포(熊浦) 함열(咸悅) 등의 시장으로 출하한다.

제8절 용안군(龍安郡)

개관

연혁

용안군(龍安郡)은 원래 함열현의 일부였으나, 고려 충숙왕 8년에 이곳을 나누어 한 현으로 삼으면서, 처음으로 용안(龍安)이라고 불렀다. 조선 태종 9년에 다시 함열현에 합하였다가, 5년 뒤에 다시 나누어 용안현으로 삼았고, 건양 원년에 군으로 삼았다.

경역

서쪽은 함열군에, 남동쪽은 여산군에 접하고, 북쪽으로는 금강을 사이에 두고 충청남도 임천군과 마주본다. 지세가 대체로 평탄하며, 중앙에서 조금 서쪽으로 치우쳐서 무학산이 솟아 있기는 하지만, 높이가 겨우 315피트에 불과하다. 산맥은 북으로 달려서 금강 연안에 이른다. 작은 하천이 하나 있어서, 군의 중앙평야를 관류하며, 하류는 무학산의 동쪽 기슭을 따라서 금강으로 들어간다. 이 평야가 곧 유명한 미곡 생산지이다. 금강 연안의 서부는 사퇴로 뒤덮여있으나 동부는 물이 다소 깊으며 용두(龍頭) 부근은 배를 대기에 편리하다.

용안읍

용안읍(龍安邑, 룡안읍)은 군의 서부에 있는 무학산 기슭에 있는데, 칠성(七城)이라고도 부른다. 군아 이외에 우편소, 순사주재소, 보통학교 등이 있다. 인가는 약 400호이고 일본인이 2호 4명이 거주하고 있다.

교통

군읍에서 서쪽으로 통하는 도로가 있다. 군산 및 강경으로 통하는 도로는 대체로 평탄하지만, 익산 및 여산으로 통하는 도로는 좋지 않다. 수로 교통은 연안에 용두가 있는데 오히려 이웃 군(郡)의 강경을 이용하는 것이 편리하다고 한다. 강경까지 20리, 함열까지 20리이다. 우편물은 매월 15회에 강경으로부터 도착한다.

농업이 활발하여 쌀 보리 콩 기타 잡곡을 생산한다. 수산물은 대단히 적으며, 쌀은 품질이 좋은 것으로 유명하다.

구획

본군은 5면으로 나뉜다. 그 중 금강에 면하는 것은 북면뿐이다. 연안에 난포(蘭浦)·용두 등이 있는데, 난포는 함열군의 경계에서 가깝고 성당리에 접해 있다. 용두는 본군의 북동쪽 여산군에 접한 작은 강 하구에 있다. 선박을 대기에 제법 편리하며, 특히 미곡 반출 시기에는 배들의 출입이 가장 빈번하다.

제9절 여산군(礪山郡)

개관

연혁

여산군(礪山郡)은 본래 백제의 지량초현(只良肖縣) 및 개야산현(開也山縣) 땅이다.

지량초현은 신라 때 여량(礪良)이라고 하고 덕은군(德殷郡, 지금의 은진군)의 영현으로 삼았으나, 고려에 이르러 전주에 소속시켰다. 개야산현은 신라 때 야산(野山)이라고 하고 금마군(金馬郡, 지금의 익산군)의 영현으로 삼았다. 고려가 이를 낭산(朗山)으로 고쳐 전주에 소속시켰다. 조선 공정왕(정종) 2년에 두 현을 합하여 한 현으로 만들고 처음으로 여산이라고 불렀다. 세종 18년에 군으로 만들고 충청도 소관으로 옮겼다가, 8년 뒤에 다시 전라도에 예속시켰다.

경역

서쪽은 용안군에, 동쪽은 고산군에, 남쪽은 익산군에, 북동쪽은 충청남도 은진군에 접하며, 북쪽 일부는 금강에 면한다. 동쪽에 이어져 있는 축령(杻嶺) 고덕산(高德山) 옥등산(沃燈山) 등의 지맥이 남쪽에 모여있고, 지세는 북쪽에서 낮아진다. 군내의 호구는 약 4,500호, 20,000여 명이다. 일본인이 21호 84명이 거주하고 있고, 외국인이 10호 13명이 있는데, 청국인이 가장 많다.

여산읍

여산읍(礪山邑)은 군의 남서쪽에 있으며, 군아 이외에 우체소 순사주재소 등이 있다. 일본인이 2호 4명이 거주하고 있다. 공주・전주 사이의 가도에 해당하며, 강경까지 35리, 전주까지 80리이다. 이곳과 황산포에서 매월 시장이 열리지만 시황이 활발하지 않다.

교통

육로는 그다지 편리하지 않지만, 황산포 및 강경의 수운을 통해서 다소 도움을 받을 수 있다. 전주로부터 매일 1회 우편물이 도착한다.

물산

물산은 쌀을 주로 하고 그 밖에 보리 콩 등의 농산물과 축산물 및 사금(砂金) 등이 있다. 수산물은 용안군과 같으며, 그 종류 및 생산량은 아주 적다.

구획

본군은 11면으로 나뉜다. 그 중 금강에 면한 것은 북일면(北一面)뿐이다. 북일면은 군의 가장 북부에 있으며, 서쪽으로 용안군에, 동쪽으로 은진군에 접한다. 연안에는 황산포가 있는데, 제법 번화한 나루로서, 인구는 180여 호, 700여 명이다. 일본인이 8호, 37명이 거주하고 있고, 청국인도 5호 9명이 있다. 미곡의 반출 시기에는 선박의 출입이 빈번하다. 음력 매 2·7일에 이곳에서 시장이 열린다.

제5장 충청도

개관

연혁

충청도(忠淸道)는 옛 마한(馬韓) 지역이다. 삼국시대에는 백제(百濟)가 그 대부분을 차지하였다. 고구려(高句麗)는 그 북동쪽 일부의 땅을 차지하였지만, 신라(新羅)가 그 세력이 왕성한 때에는 이를 모두 아울렀다. 고려(高麗)가 일어나서 전국을 통일하고 성종 14년(995)에 영토[境土]를 나누어 10도로 하고 양주(楊州)와 광주(廣州, 둘 다 지금의 경기도에 속한다)의 주현(州縣)을 관내도(關內道)[1]라 하였다. 충주(忠州)와 청주(淸州) 등의 주현을 중원도(中原道)[2]라 하였고, 공주(公州)와 운주(運州) 등의 주현을 하남도(河南道)[3]라 하였다가, 후에 합쳐서 양광충청주도(楊廣忠淸州道)라 칭

---

1) 관내도는 고려 성종 때 시행된 10도(道)의 하나로서 지금의 경기도 및 황해도 일대에 해당하는 행정구역이다. 신라 9주(州)의 하나인 한주(漢州)의 영역을 토대로 편성되었다. 82개의 현(縣)을 두고 이를 29개의 주(州)로 조직하였다. 동도(東道)와 서도(西道)로 나뉘었으며, 현종대 이후 동도는 계수관(界首官) 광주목(廣州牧) 관할이 되고, 서도는 서해도(西海道)로 이어졌다. [네이버 지식백과] 관내도 [關內道] (한국민족문화대백과, 한국학중앙연구원)

2) 중원도는 고려 성종 때 시행된 10도(十道)의 하나로, 지금의 충청북도를 중심으로 충청남도 · 강원도 · 경상북도 일부에 걸쳐 편성된 행정구역이다. 신라 9주(九州)의 하나인 삭주(朔州)를 토대로 하였지만 영역이 대폭 조정되었다. 관내에 42개 현(縣)을 두고 이를 13개의 주(州)로 편제하였다. 1018년(현종 9)에 지방제도 개편으로 계수관(界首官)이 설치되면서 대체로 충주목(忠州牧), 청주목(淸州牧), 상주목(尙州牧)에 나누어 속하였다. [네이버 지식백과] 중원도 [中原道] (한국민족문화대백과, 한국학중앙연구원)

3) 하남도는 고려시대, 성종 때 시행된 10도(十道)의 하나로, 지금의 충청남도 일대에 해당하는 행

하였으나(예종 원년, 1106) 다시 나누어 2도로 하였다가(명종 원년, 1171), 다시 합쳐서 양광도(楊廣道)라 불렀다(충숙왕 원년, 1314). 그 후 공민왕 5년(1356)에 다시 지금의 이름 즉 충청도라고 칭하기에 이르렀다. 조선 태조가 고려를 이어받아 통치하면서, 4년(1395) 양주와 광주에 속한 군현을 떼어 경기도로 삼고, 충주 청주 홍주(洪州) 등에 속한 군현은 전례에 따라 충청도라고 칭하였다, 그 후 도명(道名)을 변경하는 일은 없었으나 정종[恭靖王] 원년(1399) 영월군(寧越郡)을 떼어 강원도로 옮기고, 이를 대신하여 강원도의 영춘현(永春縣)을 충청도에 편입시켰다. 태종 13년(1413) 여주(驪州), 안성(安城), 음죽(陰竹)[4], 양성(陽城)[5], 양지(陽智)[6] 등의 군현을 떼어 경기도로 옮기고, 이와 동시에 경상도에 속하던 옥천(沃川), 황간(黃澗)[7], 영동(永同), 청산(靑山)[8], 보은(報恩) 등의 군현을 충청도에 소속시켰다. 이후 도내에서 군현의 폐합(廢合)은 있었으나, 도의 경역(境域)에는 변화가 없었다. 근대에 이르러 건양 원년(1896)에 지방제도의 혁신과 함께 남북을 2도로 나누었는데, 북도는 18군을, 남도는 37군을 거느리게 되어 지금에 이른다.

위치(位置)·경역(境域)

충청도의 땅은 북위 35도 59분에서 37도 30분, 동경 126도 38분에서 128도 37분 사이에 위치하여, 북쪽은 경기・강원의 2도, 동쪽은 경상도, 남쪽은 전라도와 접한다. 서쪽 일대는 바다에 면해 있으며, 그 연해에서는 북쪽은 아산만(牙山灣)이 경기도와 경계를 이루고, 남쪽은 금강이 전라북도와 경계를 이룬다. 소속된 섬은 적지 않으나

정구역이다. 신라 9주(九州)의 하나인 웅주(熊州)의 영역을 토대로 편성되었다. 관내에 34개 현(縣)을 두고 이를 11개의 주(州)로 편제하였다. 1018년(현종 9)에 실시된 지방제도 개편으로 계수관(界首官)이 설치되면서 대체로 청주목(淸州牧) 관할이 되었다. [네이버 지식백과] 하남도[河南道] (한국민족문화대백과, 한국학중앙연구원)

4) 현재 경기도 이천(利川)의 옛 지명.
5) 현재 경기도 안성시 양성면 일대.
6) 현재 경기도 용인시 양지면 일대.
7) 황간(黃澗)의 오기이다.(태종실록 26권, 태종 13년 9월 10일 병술 4번째 기사) 황간은 현재 충청북도 영동군 황간면 일대.
8) 현재 충청북도 옥천군 청산면 일대.

면적이 큰 것은 안면도(安眠島) 하나뿐이다. 도의 경계선을 해상으로 연장하면, 북쪽 아산만 안쪽으로부터 그 하구에 떠 있는 한 개의 작은 섬인 풍도(豊嶋)의 남쪽을 지나서 남쪽으로 내려오면서 연안에 접근한다. 안면도의 서남 끝으로부터 서쪽 외해(外海)로 나와서 외연열도(外烟列島), 어청도(於靑島), 십이동파도(十二東波島)[9] 등을 포괄(包括)하여 금강 하구의 남쪽 수로[南水道]를 지난다. 금강을 거슬러 올라가 강경과 황산(黃山)의 경계를 따라 흐르는 얕은 여울로 들어가면, 곧 강경은 충청도의 은진군(恩津郡)에, 황산은 전라북도의 용안군(龍安郡)에 속하게 된다.

크기

충청도 전체의 크기[廣袤][10]는 동서로 최대 약 560리(220km), 남북으로 최대 350리(137.5km)이며, 그 면적은 대략 100,000방리(方里)에 달할 것이다. 이것을 남북 양도(兩道)로 나누었는데, 남도는 52,700방리이고 북도는 47,400방리이다.

남북양도계(南北兩道界)

남북 양도의 경계를 이루는 것은 차령산맥(車嶺山脈)이다. 차령산맥은 충청도의 거의 중앙을 구불구불 남북으로 굽이친다. 그리고 그 동쪽은 북도이고 서쪽은 남도가 된다. 북도의 북쪽은 경기·강원 2도에, 동쪽은 경상도에, 남쪽은 전라북도에 접한다. 서쪽은 앞에서 본 바와 같이 남도와 경계를 이루기 때문에 사방의 경계[四境]가 모두 여러 도에 의해 에워싸여 있고 해안이 없다. 이는 전국 13도 중 단지 충청북도에만 해당된다. 남북 양도는 모두 똑같이 산악과 구릉의 기복이 이어지고 있으나 또한 비교적 넓은 평야를 가지고 있다. 그렇기는 하지만 북도의 동쪽은 경상북도와 경계로 고봉(高峰)이 줄지어 솟아 있고 그 지맥(支脈)이 종횡으로 뻗어있기 때문에, 남도와 비교하면 산지(山地)가 많고 평야가 아주 적다. 남도는 북쪽은 경기도, 남쪽은 전라북도에 접하고, 북서쪽 끝은 제법 멀리 서해로 돌출[凸出]하여 북쪽 황해도(黃海道)와 마주하고 강화만(江華灣)의 남쪽

9) 십이속파도(十二東波島)는 십이동파도(十二東波島)의 오기로 보인다. 전라북도 군산시 옥도면 연도리, 군산 외항 서쪽 38km 떨어져 있는 12개의 섬들이다.

10) 광(廣)은 동서(東西)를, 무(袤)는 남북(南北)을 뜻하며, 넓이, 면적(面積)을 말한다.

을 이룬다. 이를 서산반도(瑞山半島) 또는 태안반도(泰安半島)라고 한다.

산악(山岳)

산악 중에서 높고 험한 것은 동쪽으로 경상북도 경계에 조령(鳥嶺), 천왕봉(天王峯), 속리산(俗離山), 추풍령(秋風嶺), 황악산(黃嶽山), 삼도봉(三道峰)이 있다. 또한 중부에 서운산(瑞雲山), 대화산(大華山), 무성산(武盛山), 계룡산(鷄龍山)이 있다. 연안으로 이어져 있는 것으로 중왕산(衆王山), 가야산(伽倻山), 월산(月山), 오서산(烏棲山), 성주산(聖住山), 백월산(白月山), 아미산(峨眉山) 등이 있다.

조령은 경북 문경(聞慶)의 북서쪽에 우뚝 솟은 준봉(峻峰)으로서 부산으로부터 경성(京城, 서울)으로 통하는 도로[街道]의 난관(難關)으로 알려진 곳이다. 그리고 조령은 또한 울창한 숲이 있는 것으로도 유명하다. 그 삼림은 제실(帝室) 소유의 산림[御料林]으로서 폭 10리(4km), 길이 40리(16km)에 이른다. 소나무가 우거져서 하늘을 가리며, 전국적으로 드물게 볼 수 있는 곳이다. ▲ 속리산은 보은읍(報恩邑)의 동쪽 30리(12km)에 있다. 산마루[巓]가 9개의 봉우리로 이루어져 있어서 또한 구봉산(九峯山)이라고 부른다. 낙동강과 금강, 남한강의 지류인 달천(達川) 등의 분수령(分水嶺)이 된다. ▲ 추풍령은 경부철도(京釜鐵道) 선로를 따라 황간(黃澗)의 동쪽에 우뚝 솟아 있는데, 전라북도와의 도계(道界)를 이루는 노령산맥(蘆嶺山脈)이 바로 추풍령과 이어져 서쪽으로 뻗어 나간다. ▲ 삼도봉은 동남쪽 끝에 위치해 충청도와 경상도, 전라도의 3도에 걸쳐 있어서 붙여진 이름이다. 서운산은 충청남도 직산(稷山)의 동남쪽 충청북도 경계에 솟은 봉우리로서, 유명한 직산금광(稷山金鑛)이 바로 이 산에 있다. 직산읍 부근에서 천안읍(天安邑) 근방에 이르는 일대는 도처에 사금장(砂金場)이 있어 삼남(三南)[11] 제일의 금 산출지[產金地]이다. ▲ 계룡산은 공주의 동남쪽 40리에 있는 충청남도 제일의 고봉(高峰)이다, 계룡산에도 또한 소나무가 매우 무성해 충청남도 유일의 삼림지라고 불리는 곳이다. 산 속에는 사찰[寺院]이 많은데 이 중에 규모가 크면서 또한 유명한 것을 동학사(東鶴寺)라고 한다. 그 외 중왕산은 당진(唐津)・면천(沔川) 두 읍

11) 충청도, 전라도, 경상도 세 지방을 통틀어 이르는 말.

의 사이에, 가야산은 덕산(德山)・해미(海美) 두 읍의 사이에, 월산은 홍주읍(洪州邑)의 서남쪽에, 오서산(烏棲山)은 보령읍(保寧邑)의 북동쪽에, 성주산은 보령읍의 남동쪽이자 남포읍(藍浦邑)의 북동쪽에, 백월산은 청양읍(靑陽邑)의 남쪽에, 아미산은 남포읍의 동쪽이자 홍산(鴻山)의 서쪽에, 각각 우뚝 솟아 있으며 모두 시냇물의 수원지이다. 그렇지만 이들 여러 산은 모두 민둥산[禿山]으로 수목이 푸르른 곳은 없다.

하천(河川)

충청도에서 이름있는 산악은 앞에서 본 바와 같아서, 봉우리들이 대체로 남북으로 나란히 뻗어 나간다. 그러므로 계류(溪流)도 역시 같이 대체로 남북으로 통하는데, 북쪽으로 흐르는 것은 한강의 남쪽 지류로 합쳐지거나 아산만(牙山灣)으로 들어가고, 남쪽으로 흐르는 것은 금강으로 집중된다.

한강의 남쪽 지류는 북동쪽인 강원도의 정선(旌善)・영월(寧越)을 지나서 남쪽으로 내려와서, 충청도의 영춘(永春)을 지나 단양(丹陽)에 이르러 서북쪽으로 방향을 바꾸어 청풍(淸風)을 거쳐서 충주(忠州)의 북쪽을 통과해 경기도로 들어간다. 그 지류로 달천(達川)과 청미천(淸美川)이 있다. ▲ 달천은 덕천(德川) 또는 달천(獺川)이라고도 부른다. 속리산의 북쪽 기슭이 수원인데 북쪽으로 흐르며, 서쪽 청안(淸安) 부근에서 오는 물 및 동쪽 조령에서 발원하는 여러 물이 모여든다. 괴산(槐山)의 동쪽을 지나 충주의 서쪽으로 한강에 합류하게 된다. 달천은 장대하지 않지만, 유역(流域)에는 기름진 평야가 넓게 펼쳐져 있는데, 관개(灌漑)에 크게 유리한 점이 있다. ▲ 청미천은 음성(陰城) 부근의 이어진 산줄기에서 발원하여 북동쪽으로 흘러 남흥(南興) 부근으로 와서 한강으로 들어간다. 이것 또한 기름진 평야를 지나므로 관개용수로서 이로움이 적지 않다.

금강은 멀리 경상・전라도 경계인 육십령(六十嶺)에서 발원해서, 전라북도의 마이산(馬耳山, 진안鎭安 부근에 있다), 유령(杻嶺, 용담龍潭의 서쪽에 있다), 장등산[12](長登山, 전라북도의 동쪽 경상도 경계에 있다) 등 여러 산에서 발원한 물이 합해져 북쪽을 향해 굽이쳐 흐른다. 전라북도 금산(錦山)[13]의 동쪽을 지나서 충청도로 온다.

12) 어디인지 알 수 없다.

영동(永同)[14] 부근에서 황악(黃岳)과 추풍령 등에서 발원한 시냇물이 흘러 들어온다. 서북쪽으로 흐르다가 북동쪽에 있는 속리산(구봉산) 등에서 발원하는 청산천(青山川)이 합류하면 강의 폭은 점점 커지며 비로소 금강이라고 부른다. 부강(芙江)의 서쪽, 즉 연기(燕岐) 부근에서 작천(鵲川, 동진東津이라고도 부른다)이 합쳐진다. 공주(公州)의 북쪽을 지나서 금강천(金剛川)이 들어오고, 강경(江景)에 이르면 논산천(論山川)이 합류한다. 서쪽으로 흐름이 바뀌면서 전라북도와의 경계를 이루고, 군산에 이르면 바다로 들어간다. 군산 거류지는 전라북도에 속하는 왼쪽 기슭에 위치한다. 그 대안 즉 충청도의 서천군(舒川郡)에 속하는 용당(龍堂)이라는 어촌 마을이 있어서, 금강의 하류는 용당강(龍堂江)이라고 부른다. 또한 금강은 공주의 하류에서 백마강(白馬江), 임천군(林川郡)에서 장엄강(場嚴江), 강경 부근에서 진강(鎭江) 등으로 불린다. 그렇지만 지금은 금강(錦江)이라는 이름이 제일 넓게 사용되기에 이르렀다. 금강은 전국 5대강의 하나로서 그 유역은 760리(304km)가 넘는다. 배[舟楫][15]를 사용하기에 편리한 유역도 300여 리(120km)에 이른다. 게다가 그 연안은 기름진 땅이 펼쳐져 있어서 농업 생산이 풍부하여, 넉넉하고 풍성한 시읍(市邑)이 적지 않다. 따라서 백화(百貨)의 집산 규모 또한 대단히 크다. 수운[航運]의 대체적인 상황은 이미 군산항에서 설명한 바이다. 앞에서 언급한 각 지류 중에 작천은 다른 말로 청주천(淸州川) 또는 동진(東津)이라 한다. 작천은 수원(水源)이 경기도의 죽산군(竹山郡)이며, 남쪽으로 흘러 충청북도의 진천(鎭川)·청안(淸安)·청주(淸州)의 여러 군을 통과한다. 유역은 겨우 140리(56km)에 불과해도, 그 연안은 충청도 제일의 쌀 산지로서 그 이름이 매우 저명하다.

---

13) 1895년 6월 23일 23부제로 개편되면서 진산군(현 진산면, 추부면, 복수면 일대.)과 함께 충청도 공주부에 편입되었다. 그러다가 이듬해 13도제로 개편되면서 1896년 8월 4일 칙령 제36호에 따라 전라북도에 편입되었다. 그러다 1914년 3월 1일 부로 진산군이 금산군에 통합되었다. 그 후 1962년 12월 12일 서울특별시, 도, 군, 구의 관할구역 변경에 관한 법률(법률 제 1172호)에 의한 행정구역 개편에 따라 원 소속인 충청남도로 되돌아왔다.

14) 원문에는 永田으로 되어 있으나 충청북도 영동(永同)의 오기로 생각된다. 영동 부근에는 금강으로 합류하는 영동천, 초강천이 있다.

15) 주즙(舟楫)은 배와 삿대라는 뜻이며 통틀어 배를 말한다.

아산만(牙山灣)으로 흘러드는 하천

아산만으로 흘러드는 하천은 곡교천(曲橋川)·예산천(禮山川) 및 금마천(金馬川)이다. 곡교천은 온양군을 지나 북쪽으로 흐르다가 곡교리(曲橋里)에 이르러서, 서쪽으로 흐름을 바꾸어 아산만에 들어간다. 그 유역은 겨우 80리(36km)에 불과하여도 20~30리 사이는 조석간만(潮汐干滿)의 영향을 받기 때문에, 이를 이용하면 작은 배가 통행할 수 있다. ▲ 예산천은 남포군(藍浦郡)의 오서산(烏栖山)에서 발원해 동북쪽으로 흘러 금마천과 합쳐진다. 곡교천 하구 서쪽에서 아산만으로 들어간다. ▲ 금마천은 홍주군(洪州郡)의 월산(月山)에서 발원해 동쪽으로 흘러서 홍주의 북쪽에 이르면 동북쪽으로 흐름이 바뀌고, 서평(西坪) 부근에서 예산천에 합류한다. 유역은 전자는 80리(36km), 후자는 70리(28km)에 불과하여도 이 또한 조석의 영향을 받으므로, 이를 이용하여 하구부터 약 30리(12km) 사이에는 작은 배로 거슬러 올라갈 수 있다. 관개(灌漑)와 운수(運輸)에 모두 이로운 바가 적지 않다.

주요 평지

충청도의 주요 평지는 작천 연안의 평지, 금마천 및 예산천 연안의 평지, 강경 및 논산(論山)[16] 부근의 평지, 신계성(新溪城) 및 대전[太田][17] 부근의 평지, 홍산천(鴻山川) 및 곡교천 연안의 평지, 서천읍(舒川邑) 및 길산장(吉山場) 부근의 평지, 남한강

16) 논산(論山)의 오기로 보인다.

17) 태전(太田)이라는 이름은 『조선왕조실록』에 의하면 고종 43년(1906)에 「...直到公州之太田...」(2월 3일 양력 1번째 기사) 나오고, 조소앙의 『유방집(遺芳集)』(1933) 「송병선(宋秉璿, 1836~1905) 전」에 「...다음 날 아침에 떼밀려 기차에 실려 강제로 공주(公州) 태전역(太田驛)으로 갔다」라고 나온다.

대전(大田)은 고종 31년(1894)에 「...分巡連山′鎭岑, 回到公州′大田地...」(10월 9일 일자 2번째 기사)에 나온다. 또한 『신증동국여지승람』(1530)에는 「 대전천(大田川) 유성현 동쪽 25리에 있다」, 『동국여지지』(1656)에 「대전천(大田川) 유성 폐현 동쪽 25리에 있다. 금산군(錦山郡) 경계에서 발원하여 북쪽으로 흘러 회덕현 서쪽에 이르러 갑천에 들어간다」라고 나온다. 그리고 대전우체국의 역사를 보면 1904년 6월 1일 태전우편수취소로 개소하였다가 1908년 4월 1일 태전우편국을 대전우편국으로 개칭하게 된다. 대전역도 개통 당시에는 태전역이었으나 후에 대전역으로 변경된 것으로 보인다. 조선시대까지 "대전", "한밭"으로 불리다가 조선시대 말부터 일본이 들어오면서 "한밭"이라는 우리말 지명에 대한 한자 지명으로 고쳐 쓸 때 생긴 연유로 이후에 잠시 혼용된 것으로 보인다. 현재 쓰는 대전으로 통일한다.

및 달천 연안의 평지, 안성천(安城川) 연안의 평지, 아산 부근, 유성장(儒城場) 부근 및 나성(羅城) 부근의 평지 등이다. 그 이외에 금강의 상류 보은 부근 및 독고천(毒古川) 연안, 서산(瑞山) 및 태안(泰安) 2읍 부근에도 또한 제법 넓은 평지가 있다.

작천(鵲川) 연안의 평지

작천의 유역은 앞에서 이미 언급한 바 있다. 충청남도의 연기(燕岐) 부근에서 충청북도의 청주를 지나 청안・진천 2군에 이르는 사이의 연안에 길고 큰 평지가 형성되어 있다. 청주평야(淸州平野)라고 부르는 것으로, 그 면적이 약 11,000여 정보(33,000,000평)에 달한다. 작천 및 그 이외의 시냇물[細流]로 물을 댈 수 있으며 토지도 비옥해서 곡물이 잘 익는다. 예로부터 충청도 제일의 쌀산지로 일컬어져 온 곳이다.

금마천(金馬川) 및 예산천(禮山川) 연안의 평지

금마천 및 예산천 연안의 평지는 신창(新昌) 예산(禮山) 홍주(洪州) 덕산(德山) 면천(沔川) 및 아산에 걸치는 것으로서 충청남도 제일의 쌀산지이다. 그 면적은 약 20,800정보(62,400,000평)인데, 그중에 금마천 연안 및 그 부근에 있는 것이 약 14.120여 정보(42,360,000평). 예산천 연안 및 그 부근에 있는 것이 약 6,670여 정보(20,010,000여 평)이다. 토질이 비옥하지만 북부 즉 하구 부근에 있는 것은 관개의 편리가 부족하여 가뭄의 피해도 적지 않게 입는다. 또한 조수가 20~30리 사이까지 거슬러 올라와서 그 피해를 입기도 하지만, 운수의 이로움도 역시 적지 않다.

강경 및 논산 연안의 평지

강경 및 논산 부근의 평지는 강경에서 논산에 이르는 20여 리(8km)에 이어지는 것으로서 그 면적은 6,340여 정보(19,020,000여 평)라고 한다. 거의 논이고 밭은 전체 경지의 겨우 1할(割)에 불과하다. 논산 부근은 물을 충분히 이용하기 어렵지만, 강경에서는 관개용수가 제법 풍부하다.

신계성(新溪城) 및 대전[太田] 부근의 평지

신계성 및 대전 부근의 평지는 경부 철도선로를 따라 대전역으로부터 서쪽은 상평(上坪) 부근에, 북쪽은 충청북도의 회덕군(懷德郡) 평촌(坪村)에 이르는 사이에 이어지는 것으로서, 그 면적은 대략 7,100여 정보(2,130,000여 평)에 달할 것이다. 이 지역은 회덕천(懷德川)의 지류를 이용한 관개가 편리하지만 아직 충분하지는 않다. 이 평지의 경우는 수운(水運)은 이롭지 않지만 대전역에 접해 있어서 육상의 운수는 매우 편리하다.

홍산천(鴻山川) 연안의 평지

홍산천 연안의 평지는 대략 5,500정보(16,500,000평)에 달한다. 그렇지만 이미 개간한 땅[既墾地]이 약 4,650정보(13,950,000평) 정도이고 그 나머지는 개간되지 않은 벌판이다. 관개의 이로움도 적어서 논이 3, 밭이 7의 비율이다.

곡교천(曲橋川) 연안의 평지

곡교천 연안의 평지는 아산 신창 온양 천안의 4군에 걸쳐 있으며, 그 면적은 약 4,700여 정보(1,410,000평)이다. 논밭이 서로 반반이다. 그래서 논은 시냇물 사이에, 밭은 연안의 고지대에 많다. 논의 관개에는 주로 곡교천의 물을 끌어와 사용하며, 바닷물이 하구에서부터 약 20리(8km) 되는 장구포(長口浦) 부근까지 거슬러 올라가지만, 염해(鹽害)의 피해는 하구 부근에 그친다. 운수는 그 상류 동부에 있어서는 천안역(天安驛), 하류 연안 즉 서부에 있어서는 강을 오고 가는 배를 이용해 아산만으로 가는 방법이 편리하다.

서천읍(舒川邑) 및 길산장(吉山場) 부근의 평지

서천읍 및 길산장 부근의 평지는 그 대부분이 서천군에 속한다. 면적은 대략 5,000정보(15,000,000평)이다. 서천군은 관개용수가 비교적 풍부해서 논이 많다. 이 평지를 남북으로 관통하는 금강의 한 지류는 길산장 부근까지 해수의 영향을 받는다. 따라서 관개수는 전부 그 상류로부터 끌어와 사용한다.

충주평야(忠州平野)

남한강 및 달천 연안의 평지는 충주평야라고도 부르는 것으로서 면적이 대략 1,800정보(5,400,000평)에 달한다. 충청북도에 있어서는 청주평야에 버금가는 넓고 비옥한 땅이다. 그렇지만 밭이 많고 논은 적어서 그 주요 농산물은 보리이다. 운수(運輸)는 남한강을 이용하면 편리하다.

안성천(安城川) 연안의 및 아산(牙山) 부근의 평지

기타 안성천 연안의 평지는 평택(平澤) 평지인데 전체 면적이 약 2,900정보(8,700,000평)에 달한다. ▲ 아산 부근의 평지는 전체 면적이 약 2,500정보(7,500,00평) 정도가 될 것이다. 모두 논과 밭이 반반이고 운수에 편리하다.

유성장(儒城場) 부근 및 나성(羅城) 부근의 평지

▲ 유성장 부근 및 평지는 그 일부는 공주군(公州郡)에, 다른 일부는 진잠군(鎭岑郡)에 속한다. 전체 면적은 약 2,800여 정보(8,400,000평)이다. 평지를 흐르는 하천은 하천 바닥이 높아서 관개에 편리하다. 게다가 이 평지의 중앙으로부터 금강까지 약 30리(12km), 대전역까지 25리(10km)이므로 운수도 또한 편리하다고 한다. ▲ 나성(羅城) 부근의 평지는 금강 연안의 일부로서 나성을 중심으로 한다. 전체 면적은 약 3,400정보(10,200,000평)이다. 나성은 공주로부터 강을 거슬러 올라가면 약 40리(16km)이다. 그러므로 부강・연기・공주 어느 곳이나 멀지 않아서 교통이 편리하고, 특히 금강은 평지의 중앙을 관통하기 때문에 수운의 이로움도 아주 크다.

보은(報恩) 부근의 평지

▲ 보은 부근의 평지는 금강의 상류 즉 충청북도인 보은군에 속하는 평지를 총칭하는 것으로서 그 면적은 약 2,000정보(6,000,000평)에 달할 것이다. 지질은 양호하며, 금

강의 상류는 평지의 중앙을 관통하지만 수량은 충분하지 않다. 주요 작물은 쌀 보리 콩 등이다.

독고천(毒古川) 연안의 평지

▲ 독고천 연안의 평지는 아산만의 남쪽을 이루는 당진군(唐津郡) 안에 있는 큰 평지로서 남북 30여 리(12km)로 이어지는 대상(帶狀)[18]을 이룬다. 그 면적은 약 1,500여 정보(4,500,000평)이고 논이 6, 밭이 4의 비율이다. 논은 대체로 강물을 끌어와 사용하며 관개용수가 부족하지 않다. 해수의 피해도 또한 극히 적다. 주요 작물은 쌀 및 보리・콩이며, 독고천의 하구 부근 북창포(北倉浦)에는 범선이 끊이지 않고 출입하기 때문에 운수에 편하다.

서산(瑞山) 및 태안(泰安) 부근의 평지

▲ 서산 부근 및 태안 부근의 평지는 모두 반도에 있다. 전자는 논이 4, 밭이 6의 비율이고 전체 면적은 대략 700정보(2,100,000평)이다. 끌어와 사용할 수 있는 물길이 없어서 관개용수는 빗물에 의존한다. 따라서 가뭄의 피해도 아주 잦다. 후자는 그 면적이 약 400정보(1,200,000평)일 것이다. 마찬가지로 관개는 천수(天水)에 의존하기 때문에 논이 적고 밭이 많다.

충청도의 주요 평지는 대개 앞에서 살펴본 바와 같이 대부분은 서부 즉 충청남도에 위치하고, 충청북도에는 적다. 그렇지만 청주평야는 충청도 제일의 쌀산지이며 청주라는 이름은 실로 충청도산(忠淸道産) 쌀의 대명사로 삼기에 충분하다고 한다,

경지면적(耕地面積)

충청도의 경지면적은 정확한 통계를 얻을 수 없으나, 여러 가지의 방법을 통해서 조사된 것을 보면 그 사유지[民有地]에 속하는 것은 대략 다음과 같다.

---

18) 좁고 길게 되어 띠와 같이 생긴 모양.

구별	논	밭
남도	60,924結54負2束	27,064結15負1束
북도	23,354.27.9	23,005.85.5
합계	84,278.82.1	50,070.00.6

각 도의 사례에 의거하여 앞의 표를 일본의 단별[反別]로 환산하면 다음과 같다.

구별	논	밭	합계
남도	105,571町 89畝	54,354町 81畝	159,926町 70畝
북도	40,472.96	46,191.75	86,664.71
합계	146,044.85	100,546.56	246,591.41

다시 또 관유지(官有地) 즉, 탁지부(度支部)[19] 소관 경지의 면적을 보면 다음과 같다.

구별	논	밭	합계
남도	4,077町 17畝	7,571町 89畝	11,649町 06畝
북도	1,226.53	2,277.84	3,504.37
합계	5,303.70	9,849.73	15,153.43

위의 사유지와 관유지 두 표를 전부 계산해 보면 남도에 있어서는 논 109,649정보[町] 6무(畝), 밭 61,926정보 7단보[反][20]이고, 북도에 있어서는 논 41,699정보 4단보 9무, 밭 48,469정보 5단보 9무이다. 남도는 논이 많고 밭이 적지만, 북도는 남도와 반대이다. 그러나 도 전체로는 논이 151,348정보 5단보 5무이고, 밭이 110,396정보 2단보 9무이므로, 논의 면적이 여전히 큰 것을 알 수 있다. 이를 전라도의 논 289,318정보 6단보 1무, 밭 142,762정보 4무와 비교해 보면 현저하게 적다는 것을 알 수 있을 것이다. 무릇 본도의 땅은 그 전체 면적이 협소하기 때문이라고 한다.

19) 조선 말기 재무행정을 관장하던 중앙관서이다.
20) 反은 段步 즉 10畝 즉 300평을 뜻한다.

해안의 지세

해안의 지세는 앞에서 보았던 오서산(烏栖山)을 중심으로 산맥이 남북으로 펼쳐져 〈남쪽으로는 성주산(聖住山) 만수산(萬壽山) 주렴산(珠簾山) 장기봉(將基峰)이 되고, 서천에 이르러 바다에 맞닥뜨린다. 북쪽으로는 월산(月山) 가야산(伽倻山)이 되어, 결성・해미 2군의 배후로 이어지고, 서쪽으로 꺾여 당진・서산 2군의 중간을 관통하여 도비(搗飛)・팔봉(八峰) 두 산을 일으키고, 지맥(支脈)은 태안반도를 종횡하여 바다로 들어간다〉. 1,000피트[呎][21] 이상, 2,400~2,500피트[22]에 달하는 봉우리를 일으켜서 마치 병풍을 친 것처럼 내륙과 경계를 이룬다. 그러므로 육로의 교통을 차단시키는 것은 물론이고, 그 산맥이 대개 연안과 10~20리밖에 떨어져 있지 않다. 그러므로 앞에서 이미 말한 것처럼 이 구간의 하천은 모두 다 작은 시냇물에 불과하여 배가 다닐 수 없다.

해안산맥 중 오천(鰲川) 이남의 산맥은 대체로 헐벗은 민둥산이지만, 결성 이북에 있는 산맥은 소나무 또는 잡목이 무성하여 멀리서 바라다보면 검게 보이는 경우도 적지 않다. 특히 태안반도 및 안면도(安眠島)에는 경치가 빼어난 곳이 많아 마치 일본의 마을을 방불케 하는 곳이 있다.

해안선

본도 연안에서 남쪽의 금강구(錦江口)부터 북쪽의 아산만(牙山灣) 가장 안쪽에 이르는 사이는 그 거리가 짧지만 비교적 굴절이 많아서, 해안선의 연장은 대략 300여 해리(약 555km)에 달할 것이다. 그러나 그 요입부(凹入部)는 이퇴(泥堆)가 넓게 펼쳐져 있고, 특히 조석간만의 차가 크기 때문에, 만조시에는 바닷물이 출렁거리는 해면이었다가도 간조시에는 넓디넓어서 끝이 없는 갯벌[干潟泥堆地]로 변한다. 선박의 출입이 자유롭거나 또는 선박을 대기에 편한 항만은 거의 전무한 형세이다.

---

21) 약 304m.
22) 약 730~760m.

요입

요입(凹入)이 큰 곳은 천수만[淺水海灣]으로, 사장포(沙長浦)라고도 부른다. 태안반도와 안면도가 서쪽을 둘러싸서 만들어진 만은 물이 얕지 않고, 만의 어귀에 원산도(元山島) 효자도(孝子島) 및 기타 작은 섬들이 흩어져 있으며, 또한 만의 어귀 곳곳에 얕은 여울[淺灘]이 적지 않다. 특히 조석간만이 큰 동시에 만의 어귀 부근은 조류가 급격하므로 조류를 이용하지 않으면 출입이 매우 곤란하다.

만의 어귀 동쪽 즉 육지 연안에 2개의 작은 만이 나란히 있다. 북쪽은 오천오(鰲川澳)이고, 남쪽은 보령포(保寧浦)이다. 오천오의 배후 즉 동쪽에서 높이 구름까지 치솟은 것은 오서산인데, 두 개의 만은 그 지맥에 의해 구분된다.

오천오를 얼마 들어가지 않아서, 그 남쪽에 마을이 있다. 본래 수사영(水師營)을 두었던 곳이기 때문에 이를 지명으로 사용한다. 이곳은 본도 연안 중에서 제법 좋은 포구라고 한다. 천수만의 연안은 모두 다 토사가 퇴적되어 선박을 댈 만한 곳은 이곳 수영(水營)이 유일하다.

그 북쪽에 있는 만안은 중앙에 도비산(搗飛山)이 웅크리고 있어서 작은 반도를 이루면서, 동서의 2개의 만을 형성한다. 두 만은 광대한 간석만이고 각각 좁은 물길이 통할 뿐이다. 그 동만(東灣)의 동쪽 일대는 어살을 매우 활발하게 건설한다.

보령포 남쪽의 작은 만입(灣入)은 갑암포(甲岩浦)[23]이고, 다시 그 남쪽에 있는 좁고 깊은 요입(凹入)은 곧 베챠만[ベーチャー灣][24]이다. 이 만의 남쪽을 이루는 곳은 비인군(庇仁郡)이 관할하는 곳으로 반도를 이루고, 그 끝이 남쪽으로 구부러져 넓게 열린 만을 형성한다. 이를 비인만(庇仁灣)이라고 부르고, 이 만의 서쪽을 에워싸는 갑각[岬端]을 동백정갑(冬柏亭岬)이라 부른다.

태안반도의 서쪽 즉 외양에 면하는 연안에는 남쪽을 바라보는 남해포(南海浦)[25]를

---

23) 충청남도 보령시 남포군 삼현리의 매립지에 해당한다. 남포방조제를 쌓아서 농경지로 변모하였다.
24) 충청남도 보령시 웅천읍 소황리와 서천군 서면 부사리 사이에 있던 만으로, 현재는 방조제를 쌓아 부사호와 농경지로 변모하였다.
25) 충청남도 태안군 근흥면 용신리 앞 바다를 말한다.

비롯하여 북서쪽으로 열려 있으며 인천항로의 동쪽에 위치하는 가로림만 및 기타 2~3개의 작은 만이 있지만, 모두 갯벌[泥堆]이 펼쳐져 있고 만내에는 구불구불 흐르는 물길이 통할 뿐이므로 포구로 들어가기 매우 곤란하다. 가로림만[カロリン灣] 안에는 크고 작은 섬들이 흩어져 있는데, 그중에서도 큰 것을 고파도(古波島)라고 한다. 섬의 북동쪽에 마을이 있는데, 이 지방의 집산지 중 하나이며 선박을 대기에 다소 편리하다. 가을과 겨울철에 콩 및 기타 곡류를 출하하는 시기에 이르면, 인천으로부터 부정기적으로 기선이 기항할 때가 있다.

태안반도 바깥에 있는 포구 중에서도 특히 좋은 곳은 가의도(賈誼島) 동쪽에 떠 있는 신진도(新津島)가 감싸고 있는 작은 만의 어귀에 위치한 안흥진(安興鎭)이라고 한다. 이곳도 역시 꽤 오랫동안 수군만호의 진을 설치했던 곳이며, 지명도 그 이름을 딴 것이다. 이곳은 인천과 군산 사이를 다니는 범선의 항로 중에서 가장 멀리 돌출된 곳으로, 왕래하는 선박이 순풍을 기다리거나 또는 밀물을 기다리기 위해 기항하는 일이 많다. 이곳 역시 본도의 요진(要津) 중 하나로 꼽을 수 있다. 조선해수산조합(朝鮮海水産組合)[26]은 일찍이 이곳에 출장소를 설치했다.

도서

본도에 속한 도서는 그 수가 적지 않지만, 면적이 넓은 곳은 안면도 하나뿐이다. 그러나 군산항 바깥의 연도(烟島)・개야도(開也島)・죽도(竹島), 또한 멀리 앞바다[沖合]에 떠 있는 어청도(於靑島)와 그 북동쪽에 무리지어 있는 외연열도(外烟列島), 그 동쪽으로 안면도의 남서쪽에 흩어져 있는 녹도(鹿島)・고도(孤島) 등 여러 섬은 모두 어업상 이름이 알려진 곳이다. 그중에서 죽도와 어청도 같은 섬은 가장 널리 일본인 사이에 알려져 있으며, 특히 어청도는 일본 어부들이 금비라석(金比羅石, 긴삐라이시)이라고 부르는 섬으로, 서해항로의 중요한 곳에 위치하고 있어서 내외 선박의 기항이 많다. 최근 일본 어부가 이 섬에 이주하여 번성한 어촌을 이루었다. 조선해수산조합의 출장소

26) 1902년 4월 1일 공포된 「외국영해수산조합법」에 의해 조선 어장을 영업 구역으로 활동하는 일본 어민의 보호・감독 및 어업 근거지 건설을 위해 설치된 일본인 어업조합이다.

가 있고, 인천으로부터 기선이 정기적으로 왕복한다. 다른 여러 섬의 경우에도 해안의 경사가 급해서 대륙 연안처럼 갯벌이 드러나지 않으므로, 선박이 출입하고 정박하기에 편리한 장소가 적지 않다.

조류

연해에서 조류는 대체로 창조류(漲潮流)가 북쪽으로, 낙조류(落潮流)가 남쪽으로 흐른다. 속도는 대략 1.5~2노트이나, 물길이 좁아지는 곳에서는 3노트 이상에 이른다. 다만 천수만 어귀 같은 곳은 4.5~6노트에 달한다.

최근 간행된 「해도(海圖)」에 의거하여 각지에서의 조석 시각 및 높낮이 정도를 보면 다음과 같다.

지명	삭망고조	대조승	소조승	소조차
어청도(於青島)	3시 3분	$19\frac{3}{4}$피트	$13\frac{1}{2}$피트	$7\frac{1}{2}$피트
외연도 정박지(錨地)	3시 27분	20피트	$13\frac{1}{4}$피트	$6\frac{1}{2}$피트
죽도(竹島)	3시 57분	$23\frac{1}{4}$피트	16피트	$8\frac{3}{4}$피트
소도(蔬島, 沙長浦口)	3시 47분	$24\frac{3}{4}$피트	17피트	$9\frac{1}{4}$피트
검조도(檢潮島, 沙長浦澳)	3시 54분	$26\frac{3}{4}$피트	$18\frac{1}{2}$피트	$10\frac{1}{2}$피트
아산 정박지(錨地)	4시 30분	28피트	-	-
마산항(馬山港)	4시 51분	30피트	22피트	-

기후

기후는 동부 산지와 서부 연안이 다소 차이가 있기는 하지만, 대체로 온화하며 추위와 더위가 모두 혹독하지 않다. 본도에는 기상관측소가 설치되지 않아서 기상 전반을 정밀하게 표시할 수 없지만, 중부에 있어서는 경성・대구 연해에 있어서는 인천・목포의 기상을 생각하면 대체로 충분히 예상할 수 있을 것이다.

교통

본도의 중앙에는 경부철도(京釜鐵道)[27]가 종관(縱貫)하고, 북쪽으로는 남한강과 그 지류, 남쪽으로는 금강과 그 지류가 흐른다. 서북쪽으로는 아산만(牙山灣)[28]이 깊숙이 만입(灣入)되어 있다. 이러한 조건 때문에 운수와 교통의 이점이 매우 크다. 본도의 경부선 정차역을 차례로 열거하면 성환(成歡)[29] 천안(天安) 소정리(小井里)[30] 전의(全義)[31] 조치원(鳥致院)[32] 부강(芙江)[33] 신탄진(新灘津)[34] 대전[太田] 증약(增若)[35] 옥천(沃川) 이원(伊院)[36] 심천(深川)[37] 영동(永同)[38] 황간(黃澗) 추풍령(秋風嶺) 등이다.

각 역은 모두 교통의 요충지이지만 그 중 조치원은 동쪽으로 45리 거리에 북도의 수부(首府)인 청주(淸州), 서남쪽으로 70리에는 남도의 수부인 공주(公州)가 중요하다(조치원의 서남쪽 20리에 연기燕岐[39]가 있는데, 연기 또한 이 지방의 주요한 집산지이며, 공주는 연기 서남쪽 50리에 있다). 대전은 서남쪽으로 145리에 강경(江景)[40]이 있다(대전의 서남쪽으로 60리에 연산連山[41]이 있고, 연산의 서남쪽으로 55리에는 은

---

27) 대한제국기에 부설되었으며 서울과 부산을 이어주는 총길이 444.5km의 복선 철도로 1880년 중반부터 이를 건설하기 위해 지형탐사를 시작한 일제는 1896년 경부철도주식회사를 설립하고 1904년 12월 7일에 완공되었으며 1905년 1월 1일에 전 구간을 개통하였다.

28) 경기도(京畿道) 서남단(西南端) 사이에 위치한 좁고 긴 만

29) 충남 천원군(天原郡)의 한 읍으로 청일전쟁의 싸움터 중 하나이다.

30) 조선 후기에 마을 앞에 소나무가 정자처럼 서 있어서 송정(松亭)으로 불리다가 소정(蘇井)이 되었으며 충청남도 전의군 북면의 지역이다.

31) 충청남도 연기군(燕岐郡) 전의면 지역으로 본래는 백제의 구지현(仇知縣)이었으며 신라 경덕왕(景德王) 때 금지현(金池縣)으로 개칭되었으며 고려 때 전의현이 되었다.

32) 충청남도 연기군의 군청 고재지 읍으로 충청북도 문호(門戶)를 이루는 교통의 요충(要衝) 경부선의 요역(要驛)으로 충북선의 분기점이며 물자의 집산이 많다.

33) 충청북도 청원군 부용면(芙蓉面) 금강 상류지역에 있었던 금강 수운의 가항 종점으로 수운에 이용되었던 하항(河港)이었던 까닭에 충청 내륙지방으로 들어가는 관문적 역할을 했다.

34) 충청남도 대덕군의 한 읍이다.

35) 군북면 증약리로 불리던 마을이다.

36) 충청북도 옥천군에 있는 면이다.

37) 경기도 가평군 서부에 있는 면이다.

38) 충청북도 영동군이다.

39) 지금의 충청남도 연기군(燕岐郡) 지역으로 백제의 두잉지현(豆仍只縣)이라는 곳이었으며 신라 경덕왕 때 연기현으로 고쳤다.

40) 충청남도 논산시에 있는 읍.

41) 지금의 충청남도 논산군 연산면 지역에 있으며 본래 박제의 황등야산군(黃等也山郡)이었으며 신라 경덕왕 때 황산군(黃山郡)으로 고쳤으며 고려 초에 연산으로 고쳤다.

진恩津[42]이 있으며 은진의 서쪽으로 30리에는 강경이 있다). 또한 두 역은 모두 부근이 평지이자 본도의 주요 쌀 생산지이므로, 시가지가 부유하다. 일본인 거주자도 적지 않으며 각종 물품의 집산(集散)도 아주 많다.

호남선의 분기점을 두고 대전과 조치원 두 지역 거주민들이 다투었으나, 공사(工事) 관계상 대전으로 결정되어 머지않아 공사가 시작될 것이라고 한다. 호남선은 강경을 거쳐 전라북도로 들어가서 그 간선은 목포에 이르고, 별도로 지선을 군산까지 부설한다는 계획이다. 호남선의 계획이 이와 같으므로 충청도를 통과하는 선로는 겨우 대전에서 강경에 이르는 140여 리 사이에 불과하므로, 누릴 수 있는 이익은 그다지 크지 않다.

만일 조치원을 기점으로 해 동쪽의 청주, 서쪽의 연기・공주・노성(魯城)[43]・논산 등을 거쳐 강경에 이르는 사이에 경편철도(輕便鐵道)가 설치된다면, 교통이 편리해져서 이 지방의 발전을 촉진할 수 있을 뿐 아니라, 경편철도 경영자도 또한 반드시 이익을 얻을 수 있을 것이다. 청주・공주 양 지역이 남북 양도의 중심지라는 사실이 변하지 않는다면, 이 두 지역을 연결하는 경편철도를 계획하려는 사람이 있다고 한다. 청주가 번영하게 된 것은 북도의 수부이기 때문만이 아니라, 그 토지[44]는 충청도 제일의 옥야(沃野)에 위치하여 농산물이 풍부하기 때문이다. 더욱이 북동쪽으로 청안(淸安)[45]・음성(陰城)[46]・충주(忠州)・제천(堤川)을 거쳐 강원도 동부의 수부인 강릉(江陵)에 이르는 도로가 있다. 강릉과 척량산맥(脊梁山脈)[47]의 서쪽에 있는 각 읍과 연결하는 것은 이 도로 이외에도 평창에서 원주를 거쳐 경기도의 여주(驪州)로 와서, 이천(利川)・양지(陽智)[48]・용인(龍仁)을 거쳐 수원(水原)에 이르는 것이 있기는 하지만, 평창

42) 충청남도 논산 지역의 옛 지명으로 덕은(德恩)과 시진(市津)의 두 현이 합쳐서 생긴 것이다. 덕은군은 본래 백제의 덕근군(德近郡)이었는데 신라 경덕왕 때 덕은(德殷)으로 고쳤으며 시진현은 본래 백제의 가지내(加知奈)였는데 신라 경덕왕이 시진으로 고쳤다.

43) 충청남도 논산 지역의 옛 지명으로 본래 백제의 열야산현(熱也山縣)이었는데 당나라가 점령해 노산주로 고쳤으며 신라 경덕왕 때 이산(尼山)으로 고쳐 웅주(熊州)의 영현(領縣)으로 하였으며 1018년 공주(公州)로 예속되었다.

44) 원문에는 그 밖에[其他]로 기록하였지만 정오표에 따라서 그 토지[其地]로 정정하였다.

45) 지금의 충청북도 괴산군 청안면 지역에 있으며 조선 태종 5년 청당현(淸塘縣)과 도안현(道安縣)을 합하여 청안현이라 하였으며 고종 32년에 군으로 승격되었다가 괴산군에 편입되었다.

46) 충청북도 북서단에 있는 군

47) 어떤 지역에 있어서 가장 주요한 분수계(分水界)를 이루는 산맥을 이르는 말

에서 본도의 제천으로 와서 충주·청주를 거쳐 조치원에 이르는 도로가 양호하다. 그러므로 장래에 경철이 놓이게 되는 날이 있다면, 청주·조치원의 발전은 물론 본도의 교통을 이롭게 하고 산업의 발전을 촉진하는 데 실로 큰 도움이 될 것이다. ▲ 천안역도 동쪽으로 목천(木川)[49]·진천(鎭川), 서쪽으로는 온양(溫陽)[50]·아산(牙山)·신창(新昌)[51]·예산(禮山)·홍주(洪州)[52]에 이르는 도로의 연결선으로 저명한 온양온천의 소재지인 온천리(溫泉里)는 역에서 서남쪽으로 35리 거리에 있다. 이 사이에 마차의 왕래가 있기는 하나 역시 경철을 계획하고 있다. ▲ 본도의 도로를 대체로 말하자면 북쪽 도로는 산지에 속하지만 그 폭이 넓고 경사가 심하지 않아 마차가 지나가기에 충분하며, 이에 반해서 남쪽 도로는 평지와 구릉지로 이루어져 있지만, 그 폭이 좁고 대체로 불량하여 마차의 왕래를 감당할 수 없는 곳이 많다. 특히 그 해안에 위치한 여러 읍, 즉 서천(舒川)·홍산(鴻山)[53]·비인(庇仁)[54]·남포(藍浦)[55]·보령(保寧)·

---

48) 지금의 경기도 용인시 내사면(內四面) 지역에 있었으며 본래 수주(水州)의 양량부곡(陽良部曲)이었는데 조선 정종 원년(1399)에 양지현으로 승격시켰고, 고종 32년(1895)에 군으로 승격시켰다가 1914년에 용인군에 편입되었다.

49) 충청남도 천안시 중앙에 있는 읍

50) 충청남도 아산 지역에 있었던 지명으로 백제시대에는 탕정(湯井)이었으며 문무왕 때에는 탕정주(湯井州)로 승격시켰다가 신문왕 때에는 군으로 격하시켜 웅주(熊州)에 예속시켰다. 조선 건국 후에는 태종 때에 신창(新昌)과 병합해 온창(溫昌)이라 개칭하였다가 1416년에 나누어서 온수라 하고 현감을 두었으며 1442년에는 온양군으로 승격시켰다. 그리고 19세기에 공주부 온양군으로 개편되었다가 다음해 충청남도 온양군이 되었다. 그리고 온양, 아산, 신창을 통합해 아산군이 되었다.

51) 충청남도 아산군 신창면 지역에 있었던 현으로 본래 백제의 굴직현(屈直縣)이었는데 신라 경덕왕 때 기량현(祁梁縣)으로 고쳤고, 고려 초기에는 신창현으로 개칭하였다. 조선 태종 때에는 온수현(溫水縣)과 함해 온창이라 하였다가 다시 분리했다. 고종 32년에 군으로 승격되었다가 1914년 아산군에 편입되었다.

52) 충청남도 홍성지역의 옛 지명으로 본래 고려의 운주(運州)로 공민왕 때 목으로 승격되었다. 조선 세조 때에는 진(鎭)을 두었으며 현종 때 홍양현으로 강등되었다가 행정구역개편 때 홍성군에 병합되었다.

53) 충청남도 부여군(扶餘郡) 홍산면(鴻山面) 지역에 있었으며 본래 백제의 대산현(大山縣)이었는데 신라 경덕왕 때 한산현(翰山縣)으로 고쳐서 가림군(嘉林郡)에 붙였고, 고종에 군으로 승격시켰다가 1914년에 부여군에 편입되었다.

54) 충청남도 서천군(舒川郡) 비인면(庇仁面) 지역에 있었으며 본래 백제의 비중현(比衆縣)이었는데 당이 점령했을 때에는 빈문현(賓汶縣)으로 고쳤다가 신라 경덕왕 때 비인현으로 개칭했고 조선 고종에 군으로 삼았다가 서천군으로 병합되었다.

55) 충청남도 보령시 남부에 있었던 행정구역으로 백제의 사포현(寺浦縣)이었는데 신라 경덕왕 때 남포로 고쳐 서림둔(西林郡)의 영현(領縣)이 되었다. 고종 때 충청남도 남포군이 되었다가 1914년

결성(結城)[56]・해미(海美)[57]・서산(瑞山) 등을 연결하는 도로는 비탈길로서 험악한 장소가 적지 않다. 각 역과 각 주요지 간의 거리는 대체로 다음과 같다.

각 역 사이 거리 및 운임표(단위 : 哩/円)

추풍령															
5.2/.18	황간														
14.6/.45	9.6/.30	영동													
21.6/.66	16.4/.51	6.8/.21	심천												
27.2/.84	22.0/.66	12.4/.39	5.6/.18	이원											
34.0/1.02	28.8/.87	19.2/.60	12.4/.39	6.8/.21	옥천										
37.1/1.14	31.9/.96	22.3/.69	15.5/.48	9.9/.30	3.1/.12	증약									
44.6/1.35	39.4/1.20	29.8/.90	23.0/.69	17.4/.54	10.6/.33	7.5/.24	대전								
53.4/1.60	48.2/1.47	38.6/1.17	31.8/.96	26.2/.81	19.4/.60	16.3/.27	8.8/.27	신탄진							
61.2/1.80	56.0/1.65	46.4/1.41	39.6/1.20	34.0/1.02	27.2/.84	24.1/.75	16.6/.51	7.8/.24	부강						
67.7/1.95	62.5/1.63	52.9/1.58	46.1/1.41	40.5/1.23	33.7/1.02	30.6/.93	23.1/.72	14.3/.45	6.5/.21	조치원					
76.8/2.18	71.6/2.05	62.0/1.80	55.2/1.65	49.6/1.50	42.8/1.29	39.7/1.20	32.2/.99	23.4/.72	15.6/.48	9.1/.30	전의				
81.5/2.30	76.3/2.18	66.7/1.93	59.9/1.75	54.3/1.63	47.5/1.44	44.4/1.35	36.9/1.11	28.1/.87	20.3/.63	13.8/.42	4.7/.15	소정리			
88.1/2.48	82.9/2.33	73.3/2.10	66.5/1.78	54.1/1.63	51.0/1.53	43.5/1.32	34.7/1.05	26.9/.81	20.4/.63	20.4/.63	11.3/.36	6.6/.21	천안		
95.8/2.65	90.6/2.53	81.0/2.28	74.2/2.13	68.6/1.98	61.8/1.80	58.7/1.73	51.2/1.55	42.4/1.29	34.6/1.05	28.1/.87	19.0/.57	14.3/.45	7.7/.24	성환	
101.6/2.79	96.4/2.68	86.8/2.43	80.0/2.25	74.4/2.13	67.6/1.95	64.5/1.88	57.0/1.68	48.2/1.47	40.4/1.23	33.9/1.02	24.8/.75	20.1/.63	13.5/.42	5.8/.18	평택

보령군에 통폐합되었다.

56) 지금의 충청남도 홍성군(洪城郡) 결성면(結城面) 지역에 있었으며 본래 백제의 결기현(結己縣)이었는데 신라 경덕왕 때 결성군으로 고쳤다가 고려 현종에 운주에 붙였으며 명종 때 결성으로 고쳤다. 고종 때 군으로 승격시켰다가 1913년에 홍성군에 편입되었다.

57) 충청남도 서산군(瑞山郡) 해미면(海美面) 지역에 있었으며 조선 태종 때 정해현(貞海縣)과 여미현(餘美縣)을 합해 고친 이름으로 고종 때 군으로 승격시켜다가 1914년 서산군에 편입시켰다.

도착역 / 출발역	대전(哩/円)	조치원(哩/円)
대구(大邱)	92.8/2.58	115.9/3.07
부산(釜山)	170.3/4,17	193.5/4.53
수원(水原)	78.1/2.23	55.0/1.63
경성(京城)	103.9/2.83	80.8/2.28

주요지역 사이 이정표(단위:里町)

지명	이정58)	지명	이정	지명	이정	지명	이정
서천-군산	30.00	홍주-대흥	30.00	온천리-아산	20.18	강경-석성	2.18
서천-홍산	40.00	홍주-예산	50.00	온천리-천안	30.18	석성-부여	2.18
홍산-비인	50.00	홍주-덕산	30.00	천안-목천	40.00	부여-규암리	0.21
홍산-규암리	50.10	홍주-해미	40.00	목천-진천	50.18	강경-은진	3.00
홍산-남포	60.00	해미-서산	30.00	천안-성환	20.00	강경-연산	5.18
남포-보령	40.00	서산-태안	30.00	성환-직산	10.00	연산-대전	6.00
남포-오천	50.00	서산-면천	50.00	직산-금광	0.18	대전-회덕	1.29
오천-결성	30.00	면천-덕산	30.00	성환-둔포	20.12	회덕-진잠	3.18
홍주-보령	60.00	면천-강진	20.00	군산-강경	24마일	강경-논산	2.18
홍주-결성	30.00	예산-신창	40.00	한산-임천	3.00	논산-노성	2.18
홍주-춘양	50.00	신창-온천리	10.27	임천-강경	2.18	노성-공주	5.00
공주-정산	40.00	조치원-청주	40.18	충주-제천	10.34	보은-회인	3.00
공주-청양	50.00	청주-청안	50.18	제천-영춘	7.00	보은-옥천	6.22
공주-연기	50.00	청안-음성	50.00	충주-청풍	6.00	보은-청산	5.00
연기-조치원	20.00	음성-괴산	60.00	청풍-단양	6.00		
조치원-전의	30.00	음성-충주	60.00	부강-문의	3.12		

본도의 연안은 해안산맥으로 내륙과의 교통이 단절되어 있고, 또 양호한 항만이 없어서 해운의 이점을 누릴 수 있는 곳이 많지 않다. 금강(錦江)은 하구에서 약 70리 떨어진 부강(芙江)에 이르기까지 뱃길의 편리함이 있어 강변의 지역은 그 이점을 누릴 수 있는 곳이 많고, 그 이외에 아산만에 접한 연안 각지도 마찬가지이며, 동일한 만 안으로 흘러 들어가는 예산천(禮山川) 및 안성천(安城川)에 접한 각지도 역시 뱃길에 의지해 이익을 얻는 것이 적지 않다. 본도 연안에서 기선(汽船)이 기항하는 곳은 아산만의 둔포(屯

58) 거리 단위 里의 경우 일본의 1리는 한국 10리를 말한다. 한국의 단위로 환산하여 기록하였다.

浦), 아산만의 남쪽 연안에 있는 돈곶(頓串)[59] · 부리포(富里浦)[60] · 한진(漢津)[61], 태안반도의 가로림만에 떠 있는 고파도(古波島)[62], 같은 반도의 남서쪽 끝의 안흥진(安興鎭)[63], 얕은 해만의 수영(水營), 천수만에 떠 있는 어청도(於淸島)[64] 등이다. 어청도를 제외하고는 각지 모두 대두 등 곡물 반출 시기에 가끔씩 입진하지만 평상시에는 기항하지 않는다.

통신은 그 기관을 각 역 또는 각 읍 기타 주요지에 설치하게 했으며 특히 본도의 지역은 전과 같이 경부철도가 그 중앙을 관통하는 관계로 이를 경상, 전라 양도에 걸쳐서 전도를 통하여 편의를 받을 수 있는 지역이 많으며 그 기관 소재지 및 취급사무 등을 표시하면 왼쪽과 같다.

	남도	북도
우편국	강경 대전 홍주 공주	충주 청주
우편전신(郵便電信) · 우편(郵便) 취급소	연산(郵 · 電 · 話) 홍산(郵 · 電 한글 제외) 정산(郵 · 電 · 話) 남포 면천(郵 · 電 · 話) 서산 아산 예산(郵 · 電 한글 제외) 천안(郵 · 電 · 話) 전의	진천 괴산 보은(郵 · 電 · 話) 옥천(郵 · 電 · 話) 제천(郵 · 電 · 話) 영동 강화(郵 · 電)
전신취급소(電信取扱所)	성환 조치원 대전 천안	추풍령 부강 영동 옥천
우편소(郵便所)	논산(郵 · 電 · 話) 규암리 어청도 성환(郵 · 電 · 話) 조치원(郵 · 電) 직산금광 둔포 온천리	추풍령 부강
우체소(郵遞所)	진령 노성 석성 부여 비인 서천 임천 청양 대흥 은진 결성 오천 보령 당진 해미 태안 한산 덕산 신창 괴산 목천 연기 회덕	문의 단양 영춘 청풍 연풍 음성 청안 회인 청산 회인 청산 심천[65]

59) 현재 당진시 우강면(牛江面)의 옛 지명 중 하나로 1413년에 비방면(菲芳面) 돈곶리(頓串里)라는 지명이었다.
60) 현재 당진시 우강면(牛江面) 강문리에 위치하며 범근내포라고 전해 온다.
61) 충청남도 당진시 송악읍에 속하는 법정리이다.
62) 충청남도 서산시 팔봉면 고파도리에 속하는 섬으로 수산업의 중심지이다.
63) 충청남도 태안군 근흥면 정죽리에 설치한 진으로 태안군 근흥면 정죽히의 안흥성 내에 설치한 진영이다.
64) 전라북도 군산시 고군산군도에 속하는 섬으로 바다가 푸르고 맑다고 해서 어청도라 부른다.

호구(戶口)

본도의 호구를 최근의 조사에서 보면 남도 152,685호 859,101명, 북도 120,771호 528,954명으로 합계 273,456호 1,388,055명이다. 그 대부분은 농민으로서 상업에 종사하는 경우도 적지만 고기잡이를 전업으로 하는 것은 매우 적고, 또한 딸린 섬도 적고 연안의 상태도 살펴본 바와 같이 어업의 발달을 도울 만한 것이 없다. 본도는 예로부터 양반과 유생이 많이 거주하였고, 과거에는 묘당(廟堂)[66]의 인재 대다수가 본도 출신이라고 할 정도였다. 그리고 지금도 이러한 사람들이 많이 거주하고 있는데, 이는 다른 여러 도에서 볼 수 없는 바이다. 그러므로 저절로 일반 백성을 감화(感化)시켜 학문을 숭상하는 기풍이 왕성하지만, 동시에 실업(實業)[67]에 종사하는 것을 천히 여기는 경향이 강하다. 또한 풍류를 좋아하며 풍속이 화려한 경향이 있다.

만약에 남북 양도가 서로 다른 점을 지적해 보면 남도 사람은 장사를 잘하고 성품이 교활하다. 북도 사람은 비교적 순박하고 순종적인데, 어쩌면 이것은 지세 및 교통이 편리하고 불편함에서 유래할 수 있는 자연의 결과라고 할 수 있다.

일본인 호구

본도에 주거하는 일본인은 남도의 1,986호 6,115명, 북도는 840호 2,195명이며 아우르면 2,826호 8,310명이라고 한다. 그 집단 거주지는 남도에서는 강경 공주 논산 및 경부선의 선로[沿路], 즉 대전 조치원 그 밖의 각 역이라고 한다. 북도에서는 청주 충주 제천 및 철도 상의 각 역이라고 한다. 지금 명치 43년(1910) 5월 말, 현재 조사에 따라 각 지역별 호구를 표시하면 다음과 같다.

---

65) 원문에 受渡場이라고 하였다. 단순히 우편물을 접수하고 건네주는 곳이라는 뜻이다.
66) 묘당(廟堂) : 종묘와 명당을 같이 부르는 말로 조선시대에는 의정부를 지칭하기도 하였다.
67) 실업(實業) : 농업 상업 공업 수산업과 같은 생산 제작 판매 등을 하는 사업을 말한다.

일본인 거주지 및 호구(1) 충청남도

이사청별	지 명	호 수	인 구		
			남	여	계
군산	한산군	7	12	9	21
	서천군 읍내	12	16	12	28
	비인도 읍내	2	2	2	4
	동 서면	1	1		1
	홍산군 읍내	28	44	35	79
	동 부여두	3	6	9	15
	동 해안읍	1	3	1	4
	동 외산읍	3	3	2	5
	남포군	11	14	8	22
	동 일세촌	7	15	10	25
	동 규암리	12	16	14	30
	동 일광촌	4	9	9	18
	남포군 어을리	3	8	3	11
	동 삼산리	1	1		1
	공주군 읍내	316	520	459	979
	동 안두면	1	1		1
	동 장척면	2	4	4	8
	동 정안면	3	2	1	3
	동 우정면	4	4	1	5
	동 명탄면	11	17	22	39
	동 양야리면	9	17	8	25
	동 신상면	6	6	8	14
	논산군 읍내	6	8	3	11
	보령군	12	16	8	24
	오천군 외연도	2	4	5	9
	동 기타	1	1		1
	은진군 읍내	3	4	1	5
	동 강경	183	342	321	663
	동 논산	34	62	54	116
	임천군 읍내	1	1	1	2
	동 대동면	4	7	4	11
	동 남산면	1		1	1
	동 내동면	1	1	1	2
	석성군 읍내	2	3		3

	동 현내면	2	5		5
	노성군 읍내	2	2	1	3
	동 논산	8	17	10	27
	동 하도면	2	2		2
	부여군 읍내	7	10	2	12
	연산군	26	52	29	81
	정산군 읍내	8	7	7	14
	계	**752**	**1,265**	**1,065**	**2,330**
인천	오천군 어청도	46	105	68	173
	결성군	9	17	8	25
	홍주군	45	62	62	124
	해미군	1	1		1
	태안군	9	9	3	12
	서산군	30	36	32	68
	당진군	4	5	3	8
	면천군	17	20	15	35
	아산군	30	44	26	70
	신창군	5	8	4	12
	예산군	30	50	40	90
	덕산군	5	7	5	12
	대흥군	1	4	2	6
	청양군	5	8	1	9
	온양군	34	45	47	92
	계	**271**	**421**	**316**	**737**
경성	회덕군 대전	517	935[68)	752	1,687
	동 신탄진	23	37	23	60
	전의군 조치원	105	227	176	403
	동 기타	37	48	50	98
	연기군	5	5	4	9
	직산군	110	173	139	312
	목천군	8	12	10	22
	천안군 성환	49	97	63	160
	동 기타	109	145	152	297
	계	**963**	**1,679**	**1,369**	**3,048**
합계		**1,986**	**3,365**	**2,750**	**6,115**

68) 원문에는 535로 기록되어 있으나 인구합계에서 여성 752명을 제하면 남성 935명이 된다. 이 수치

일본인 거주지 및 호구(2) 충청북도

이사청별	지 명	호 수	인 구		
			남	여	계
대구	영동군	99	172	168	340
	황간군	89	135	114	249
	청산군	14	18	7	25
	계	202	325	289	614
경성	옥천군	64	101	74	175
	보은군	25	27	20	47
	회인군	5	7	6	13
	문의군 부강	46	74	64	138
	동기타	47	76	57	133
	청주군	235	374	278	652
	청안군	10	11	7	18
	연풍군	9	9	3	12
	단양군	7	7	4	11
	괴산군	18	22	21	43
	진산군	27	34	28	62
	음성군	24	24	15	39
	충주군	74	86	75	161
	청풍군	7	7	2	9
	제천군	33	37	21	58
	영춘군	7	8	2	10
	계	**638**	**904**	**677**	**1,581**
합계		**840**	**1,229**	**966**	**2,195**

이와 같이 그 집단지에서는 자치단체를 조직하였고, 부근에 흩어져 있는 사람도 적지 않게 이에 가입하였다. 다시 그 단체 및 지역·호구 등을 표시하면 다음과 같다.

계산이 전술했던 일본인 호구내역과 일치하므로 남성 인구를 935명으로 기록하였다.

이사청별	명칭	거류지 구역	호수	인구		
				남	여	계
군산	강경일본인회	은진군 강경	183	342	321	663
	규암리학교조합	부여군 규암리 및 부근 일원	29	-	-	86
	공주일본인회	공주부내 전부	316	520	459	979
	논산일본인회	은진군 논산, 노성군 논산 부근 1리 이내	42	79	64	143
대구	추풍령학교조합	황간군 황천 일원	41	-	-	119
	영동학교조합	영동군 군내면 일원	83	-	-	296
인천	예산일본인회	예산군내 읍내 신예원관동	21	36	23	59
	서산학교조합	서산군읍 및 부근 1리 이내	28	-	-	67
	어청도학교조합	오천군 어청도 일원	46	-	-	173
경성	대전거류민총대역장	대전역에서 십팔정 사방지역	517	935	752	1687
	조치원거류민총대역장	청주군 서부 일원 연기군 북부 일원	108	230	147	377
	부강일본인회	부강 및 동 부근	50	84	68	152

교육

본도는 이미 언급한 바와 같이 예로부터 학문을 숭상하는 기풍이 강한 동시에 나라 안에서 교육이 가장 잘 보급된 곳이다. 그러나 과거의 교육은 실용과는 거리가 먼 것이 전국적으로 일반적인 상황이다. 현재 학부(學部)에 소속된 관립 보통학교는, 남도에서는 공주 홍주 강경 온양 은진, 북도에서는 청주 충주 황간에 있다. 현재 학생 수는 적어도 80명, 많은 경우는 170~180명 되는 곳이 있다. ▲ 사립학교는 그 수가 적지 않으나 대부분 일본어·측량술 등을 주요과목으로 하며 보통학(普通學)의 대요를 가르치는 곳이 아니므로, 구식 초등교육에 그치고 한 곳도 완전하지 않다. 각 군의 학교 이름을 제시해보면, 남도의 경우 공주에 명화(明化) 금성(錦城) 경기지회(京畿支會)[69] 신명(新明) 흥예(興藝) 대사(大社) 원명(元明) 홍산(鴻山) 대평(大坪) 각 학교, 홍주(洪州)에 홍명(洪明) 덕명(德明) 호남(湖南) 세 학교, 한산에 진취(進就) 한영(韓英) 기산(棋山) 세 학교, 서천에 서창학교(舒昌學校), 면천에 면양(沔陽) 문괴(汶塊) 두 학교, 덕산에 명신(明新) 기산(岐山) 두 학교, 서산에 서흥(瑞興) 덕흥(德興) 풍전(豐田) 세

69) 학교 이름인지 분명하지 않다.

학교, 임천에 정법(政法) 천흥(天興) 남산(南山) 동흥(東興) 네 학교, 홍산에 한흥(翰興) 반산(盤山) 두 학교, 은진에 논산(論山) 은진(恩津) 반곡(盤谷) 환명(喚明) 성덕(城德) 후곡(後谷) 진명(進明) 일곱 학교, 대흥에 흥명학교(興明學校), 정산에 열성(悅城) 성명(誠明) 두 학교, 회덕에 대아(大雅) 사도측량(私道測量) 가동측량(嘉東測量) 세 학교, 연산에 배양(培養) 동창(東昌) 구명(求明) 보명(普明) 선명(善明) 교영(敎英) 찬명(粲明) 화성(化成) 광명(廣明) 아홉 학교, 노성(魯城)에 보인(輔仁) 화산(花山) 보명(普明) 용산(龍山) 명석(明析) 다섯 학교, 석성(石城)에 석양(石陽) 삼산(三山) 광동(光東) 세 학교, 남포에 명달(明達) 청출(青出) 두 학교, 예산에 배영(培英) 보명(普明) 두 학교, 아산에 일신(日新) 조성(朝星) 희함(熙咸) 대동(大東) 덕의(德懿) 다섯 학교, 청양에 청무(青武), 부여에 흥명(興明), 비인(庇仁)에 인창(仁昌), 보령에 신명(新明), 해미에 전암(傳岩), 신창에 신민(新民), 전의에 대동(大東) 등의 여러 학교가 있다. 북도의 경우는, 청주에 보성(普城) 야소(耶蘇) 두 학교, 충주에 돈명(敦明), 괴산에 측량(測量) 보명(普明) 명륜(明倫) 세 학교, 보은에 완명(完明) 광흥(廣興) 광명측량(光明測量) 세 학교, 청풍에 개명(開明) 석명(石明) 두 학교, 단양에 익산(益山), 청산(青山)에 신명(新明), 영동에 위명(偉明), 옥천에 창명(彰明), 황간에 측량(測量), 음성에 광명(光明), 제천에 박명(博明) 등의 여러 학교가 있다. 한 학교의 학생수는 많게는 100명이 넘는 경우가 없지 않지만, 적은 경우는 5~6명에 불과한 경우도 있다. 그래서 도 전체를 평균하면 한 학교의 학생은 30명 내외이고, 남도에서는 약 4,000명, 북도에서는 약 1,200여 명일 것이다.

행정구획

행정구획은 남도에 37군, 북도에 18군이 있다. 남도의 관찰도는 공주, 북도의 관찰도는 청주에 있다. 그 소속 군명은 다음과 같다.

남도(37군)

공주군(公州郡) 연기군(燕岐郡) 진잠군(鎭岑郡) 회덕군(懷德郡) 연산군(連山郡) 노성군(魯城郡) 은진군(恩津郡) 석성군(石城郡) 부여군(扶餘郡) 정산군(定山郡) 임천군(林川郡) 한산군(韓山郡) 홍산군(鴻山郡) 서천군(舒川郡) 비인군(庇仁郡) 남포군(藍浦郡) 보령군(保寧郡) 오천군(鰲川郡) 결성군(結城郡) 해미군(海美郡) 서산군(瑞山郡) 태안군(泰安郡) 당진군(唐津郡) 면천군(沔川郡) 덕산군(德山郡) 홍주군(洪州郡) 청양군(靑陽郡) 대흥군(大興郡) 예산군(禮山郡) 온양군(溫陽郡) 신창군(新昌郡) 아산군(牙山郡) 평택군(平澤郡) 직산군(稷山郡) 천안군(天安郡) 목천군(木川郡) 전의군(全義郡)

북도(18군)

청주군(淸州郡) 청안군(淸安郡) 괴산군(槐山郡) 음성군(陰城郡) 충주군(忠州郡) 청풍군(淸風郡) 단양군(丹陽郡) 제천군(堤川郡) 영춘군(永春郡) 연풍군(延豐郡) 진천군(鎭川郡) 보은군(報恩郡) 회인군(懷仁郡) 청산군(靑山郡) 황간군(黃澗郡) 영동군(永同郡) 옥천군(沃川郡) 문의군(文義郡)

앞에서 제시한 군 중에서 경부철도 선로에 연한 것은, 남도에 있어서는 평택·직산·천안·전의·연기이고, 북도에 있어서는 문의·회인·옥천·영동·황간이다. 그리고 바다에 면한 군은 서천·비인·남포·보령·오천·결성·해미·서산·태안·당진·면천·신창·아산·평택 등인데 모두 남도에 속하며, 수산의 이로움을 누리고 있다. 그밖에 강에 면한 군으로서 다소 수산과 관계가 있는 군을 나열하면, 금강 좌안에 있는 부여·석성·은진, 우안에 있는 정산·임천·한산이다.

본도에 속한 지역은 경성 인천 군산 대구의 각 이사청이 이를 나누어 관할한다. 각 이사청의 소관 지역은 다음과 같다.

경성이사청	평택 직산 천안 목천 전의 연기 회덕(이상 남도), 문의 옥천 충주 제천 청풍 단양 영춘 괴산 연풍 음성 진천 청주 청안 보은 회인(이상 북도)
인천이사청	당진 면천 덕산 태안 서산 해미 홍주 결성 아산 신창 예산 대흥 청양 온양(이상 남도)
군산이사청	서천 한산 임천 석성 노성 연산 은진 공주 정산 진잠 부여 홍산 비인 남포 오천 보령(이상 남도)
대구이사청	청산 황간 영동(이상 북도)

재판소

재판 관할은 본도 전체가 경성 공소원(控訴院) 소관이며, 지방재판소는 공주, 지방재판소 지소는 청주에 있다. 그 소속 구재판소(區裁判所)는 다음과 같다.

지방재판소	구재판소
공주	공주 대전 강경 홍산 홍주 면천 천안
청주(지소)	청주 영동 충주 제천

경찰서 및 순사주재소

경찰서는 남도에는 공주 및 9개소, 북도에서는 청주 및 기타 5개소에 있다. 각 경찰서 및 소속 순사주재소는 다음과 같다.

남도

경찰서	소속 순사주재소
공주	광정(廣亭) 석송정(石松亭)
홍주	대흥(大興) 결성(結城) 광천(廣川)
홍산	비인(庇仁) 서천(舒川) 어청도(於靑島)
보령	오천(鰲川)
서산	태안(泰安) 해미(海美) 중성(中城) 안면도(安眠島)
강경	석성(石城) 한산(韓山) 은진(恩津) 논산(論山)
대전	신탄진(新灘津)
당진	천리(天里) 산전리(山前里)
아산	둔포(屯浦) 온양(溫陽) 온천리(温泉里) 삼거리(三巨里) 신창(新昌)

북도

경찰서 소속 순사주재소

청주　세강(細江) 청안(清安) 부강(芙江) 문의(文義)
음성　신주막(新酒幕)
영동　황간(黃澗)
괴산　칠성암(七星巖)

재무감독국 및 재무서

재무감독국은 공주에 있다. 원래 남도는 전주 재무감독국, 북도는 대구 재무감독국의 소관이었는데, 후에 한성 재무감독국의 지국(支局)을 공주에 설치하고 전도를 관할하기에 이르렀다. 다시 작년 3월에 독립된 재무감독국으로 승격되었는데, 소속 재무서는 다음과 같다.

도명	재무서명	관할구역	재무서명	관할구역
남도	공주 정산 석성 홍산 서천 홍주 덕산 면천 전의 직산	공주 정산 청양 석성 부여 홍산 서천 비인 홍주 결성 덕산 해미 면천 당진 전의 연기 직산 평택	대전 강경 연산 한산 남포 예산 서산 천안 아산	회덕 은진 노성 연산 진잠 한산 임천 남포 보령 오천 예산 대흥 서산 태안 천안 목천 아산 온양 신창
북도	충주 괴산 청주 보은 옥천	충주 청풍 괴산 연풍 청주 문의 보은 회인 청산 옥천	음성 제천 진천 영동	음성 제천 단양 영춘 진천 청안 영동 황간

본도에는 개항장이 한 곳도 없다. 해안은 인천세관 및 군산세관 지서의 중간에 위치하며, 거리도 또한 길지 않다. 더욱이 선박 출입이 빈번한 항만도 없으므로 감시서는 한 곳도 설치하지 않았다. 그리고 본도 각군 중에서 세관감시구역에 속한 곳은 남도의 여러 군인데, 그 중 군산지서에 속하는 여러 군은 이미 전라도의 개관에서 언급한 바 있다. 그러나 일람의 편의를 위해서 인천의 직할구역과 함께 다시 수록하고자 한다.

현황은 다음과 같다.

명칭	인천세관	군산지서
관할구역	충청남도 : 홍주군 면천군 서산군 덕산군 태안군 온양군 대흥군 평택군 정산군 청양군 결성군 해미군 당진군 신창군 예산군 연기군 아산군 직산군 천안군 목천군 오천군	충청남도 : 보령군 남포군 비인군 서천군 홍산군 임천군 한산군 부여군 석성군 공주군 노성군 은진군 진잠군 연산군 전의군 회덕군

물산

물산은 농산물이 주를 이룬다. 그 밖에 광산물 및 수산물도 적지 않지만, 아직 조선인이 영위하는 일이라 발달을 보기에 이르지 못했다. 농산물 중에서 중요한 것은 쌀 보리 콩 및 기타 잡곡이고, 특용농산물에는 모시 연초 면화가 주요하다. 이들 농산물의 연간 생산량은 정확한 통계를 얻을 수 없지만, 쌀 보리 콩의 세 가지 품목에 대하여 종래에 추산해 온 바를 나타내면 다음과 같다.

단위 : 석(石)

종별	남도	북도	계
쌀	568,923	208,717	777,640
보리	171,622	236,634	408,256
콩	79,303	52,108	131,411

이들 농산물 산지는 앞에서 제시한 주요 평지이지만, 여기에서 다시 언급하고자 한다. 연초의 주산지는 남도에서는 천안 전의 청양 각 군, 북도에서는 보은 회인 진천 괴산 각 군이다. 삼베와 모시[痲]는 남도의 당진 보령 남포 임천 홍산 부여 석성의 각 군이고, 북도에서는 모든 군의 생산량이 적다. 남도의 주산지 중 당진 보령 남포는 대마(大痲)를 주로 하고, 임천 이하의 각 군은 모시[苧痲]를 주로 한다. 면화도 또한 남도에 있어서는 상당한 양이 생산되지만, 북도에서는 적다. 그 주산지는 남도에서는 부여 석성 공주 연기 회덕 각 군이고, 북도에서는 문의 옥천 두 군이라고 한다.

광물 중 금속 광물로는 금광 사금 은 납 등이 있고, 비금속 광물로는 흑연이 있다. 그중 금광 및 사금은 각지에 분포하며, 곳곳에서 과거의 갱도 모습을 볼 수 있다. 특히 저명한 것은 직산군에 속하는 서운산(瑞雲山)의 금광 및 그 서쪽 기슭 골짜기 사이에 있는 사금광이며, (채광)허가지도 적지 않다. 각 군에서 산출되는 광물 종류를 정리해 보면 다음과 같다.

도별	지명	광물 종류
남도	평택군	금광 사금
	천안군	금광 사금
	직산군	금광 사금
	해미군	은광
	정산군	연광(鉛鑛)
	청양군	연광 사금
	아산군	금광 사금
	전의군	금은광 사금
	신창군	흑연광(黑鉛鑛)
	홍주군	사금
북도	청산군	흑연광
	충주군	금광 사금
	목천군	금광 사금
	회덕군	흑연광
	공주군	금광 사금
	청주군	금광 사금
	진천군	금광 사금
	연풍군	사금
	청안군	금광
	황간군	흑연광 사금
	음성군	금은광 사금
	문의군	금광 사금
	옥천군	흑연광
	보은군	흑연광
	영동군	흑연광
	단양군	흑연광

삼림

삼림은 이미 언급한 것처럼 북도의 조령[70])이 으뜸이고, 남도의 계룡산에도 우뚝 솟은 소나무가 울창한 숲을 이룬 곳이 있지만 그 구역이 크지는 않다. 그 밖에 남도 연안의 북부에서 푸른 잡목을 볼 수 있을 뿐이다. 그러나 조령의 삼림은 충청도 제일의 삼림일 뿐만 아니라, 영서 지방에서 보기 드문 곳이다.

수산물

수산물은 남해안·서해안 전체가 그런 것처럼 대단히 풍부하며, 그 종류도 또한 큰 차이가 없다. 중요 어류의 어장 및 어기는 대체로 다음과 같다.

도미

도미는 본도 연해의 도처에서 어획되는데, 그 중에서 주요한 어장은 죽도(竹島)·연도(烟島) 근해, 보령만 내 및 그 근해, 용도(龍島)·녹도(鹿島)·호도(狐島)의 서쪽 10리 부근 및 외연도 주위 3~4정(町)에서 10리 거리의 앞바다이다. 이를 개괄해서 말하자면, 북쪽은 용도·녹도 및 호도부터 서쪽으로는 외연열도·어청도, 남쪽은 동파도 및 격음열도[71])에 의하여 둘러싸인 바다로, 일본 어부들 사이에서 죽도(竹島) 어장이라고 불리는 것이다. ▲ 어기는 봄가을 두 계절인데, 봄철은 대개 팔십팔야 이전부터 40여 일간이고, 가을에는 8~10월에 이르는 3개월이다. 그러나 봄철 어기에는 통상적으로 먼저 죽도 근해에서 잡기 시작하여 점차 북쪽으로 나아가 외연열도 근해를 거쳐, 녹도 및 호도 근해로 옮긴다. 가을철에는 연안 부근보다 오히려 앞바다 쪽에서 잡히는 것이 많으며, 어청도와 외연열도 근해에서는 겨울철에도 계속 어획이 이루어져 거의 1년내내 잡을 수 있다. ▲ 어구는 일본과 조선인이 모두 보통 주낙을 사용하지만, 일본어부는 안강망으로 혼획하는 경우도 적지 않다.

---

70) 원문에는 烏嶺으로 되어 있으나 鳥嶺의 잘못이다.
71) 고군산군도를 가리킨다.

삼치

삼치는 남쪽으로 전라도에 속하는 위도부터 북쪽으로 녹도에 이르는 광활한 바다에서 어획하는데 수심이 6~10심이고 바닥은 모래와 진흙이 반반이어서, 유망을 사용하기에 아주 적합하여 서해에서 비교할 곳이 없는 좋은 어장이다. 그래서 일본 유망어선이 고기 잡으러 많이 와서, 한 때는 대단히 활발하였다. 그러나 안강망 어업자들이 증가하면서 조업을 방해하여 어업의 이익이 종전과 같지 않아서 점차 쇠퇴하고 있기는 하지만, 지금도 여전히 해마다 7~8척 내지 10척이 오고 있어서, 서해에서 중요한 어업의 하나라는 지위를 잃지 않았다. 삼치 어업은 지금도 조선인 어부들이 종사하는 일이 없으며, 주로 일본 어부가 어획하는 것이다. ▲ 삼치는 음력 정월 경부터 늦가을까지 쭉 어획할 수 있지만, 성어기는 팔십팔야 전부터 40여 일간이어서, 도미의 봄어기와 동일한 시기이다. ▲ 어구는 주로 유망을 사용하며 때로는 어살과 설망(設網) 또는 예망(曳網)으로 다른 물고기와 함께 혼획하는 경우도 있다.

가오리

가오리는 흰가오리와 노랑가오리 두 종류가 있지만 그중 흰가오리가 풍부하며, 두 종류 모두 연해 도처에서 어획된다. 그리고 가장 양호한 어장은 어청도의 서쪽 앞바다 일대라고 한다. ▲ 어기는 정월부터 3월에 이르는 사이가 흰가오리의 어기이고, 6~7월 경이 노랑가오리의 어기라고 한다. 어기 초 즉 정월 경에는 가장 먼 앞바다에서 시작하여 점차 연안으로 접근하는 것이 통례라고 한다. 가오리는 일본과 조선의 어부를 가리지 않고 활발하게 어획하지만, 특히 조선인 어부가 대단히 활발하게 어획한다. ▲ 어구는 일본 조선 어부 모두 주낙이나 민낚시만을 사용하지만, 흰가오리는 일찍이 일본어부가 민낚시를 사용하였다가 실패한 이래로, 지금은 오로지 주낙만을 사용한다. ▲ 주낙은 밤에 사용한다. 그리고 특히 간조 때 어획이 많으며, 낚시에 잡히는 시간은 일몰 후부터 동틀 무렵이다. ▲ 봄・여름철에 연안에서 어살로 어획하는 경우도 종종 있다.

조기

조기에는 백조기(보구치)와 참조기 두 종류가 있다. 어장은 유명한 전라도의 칠산탄부터 충청도 연해 일대에 이르지만, 충청도에 있어서 그중 주요산지를 열거하면, 금강 입구 즉 죽도 연도 근해 및 그 북쪽의 마량리에 이르는 사이, 보령만 내외, 천수해만 내외, 태안반도의 남단과 안면도 사이의 해협 즉 백사수도(白沙水道) 등이다. ▲ 어기는 4~5월 두 달 및 6월 말부터 8월 중순에 이르는 사이지만, 4~5월 경은 오로지 참조기이고, 6월 말부터 8월 중순은 주로 백조기라고 한다. 즉 참조기가 먼저 오고 뒤에 백조기가 오는 것 같다. 대체로 어기는 앞에서 말한 바와 같지만, 각 어장마다 다를 뿐 아니라 당연히 다소 빠르고 늦은 차이가 있다. ▲ 어구는 일본 어부는 안강망을, 조선인 어부는 중선을 주로 사용하지만, 자망 또는 외줄낚시를 비롯해서 주목과 어살 등으로 어획하는 경우도 또한 대단히 많다. ▲ 안강망 및 중선은 모두 조류를 이용하는 것이고 그 어장도 또한 동일한 장소를 선택한다. 앞에서 말한 어장은 모두 조기의 어장이며, 그물을 설치할 때는 특히 갯벌 사이의 좁은 물길을 선택한다.

복어

복어는 전 연안 도처에서 어획된다. 복어는 일본 어부가 어획하는 양이 많지만, 조선인 어부 또한 대단히 활발하게 어획한다. 분명히 충청도 연해의 중요 어업의 하나에 해당한다. ▲ 어기는 봄가을 두 철인데, 봄철에는 3~4월, 가을철은 8~ 9 월 경이라고 한다. 봄철이 가장 활발하며, 흰가오리 어기의 중반부터 잡기 시작한다.

갈치

갈치 또한 전 연안 도처에서 어획되지만 그중에서도 죽도와 연도 근해, 외연열도 및 녹도・호도가 주요 어장이다. ▲ 어기는 4~10월에 이르지만, 성어기는 6월 말부터 7월 중순이다. 그러나 어장에 따라서는 다소 차이가 있을 수밖에 없다. ▲ 어구는 일본어부는 안강망, 조선어부는 주목망 및 중선을 주로 사용하지만, 외줄낚시나 주낙도 사용한다. 그리고 어살로 어획하는 경우도 또한 적지 않다.

상어

종류는 돔발상어[劍鱶, つのさめ], 별상어[星鱶], 악상어[眞鱶], 괭이상어[ねこさめ, さざえわり], 톱상어[のこぎり], 흉상어[つまぐろ, めじろ], 범상어[わにふか], 귀상어[しゅもく] 등 여러 종류가 있지만, 많이 잡히는 것은 돔발상어이고, 별상어도 적지 않다. 연해 도처에서 잡히지만 주요 어장은 어청도 외연열도 녹도 호도 각 근해에서 가의도에 이르는 앞바다라고 한다. ▲ 어구는 보통 상어주낙을 사용하지만, 가오리주낙, 도미낚시를 응용하거나 또는 다른 어종을 잡을 때 혼획하는 경우가 있다.

농어

농어는 연안 도처의 하구 또는 만 안에서 어획되지만, 주된 어장은 금강 하구와 서천군 장암리 근해, 남포만 및 보령만 안팎, 오천오(鰲川澳) 안팎, 안면도 앞바다, 백사수도(白沙水道) 등이며, 그중에서 금강 하구가 가장 유명하다. ▲ 어기는 초여름 경부터 늦가을에 이르지만, 금강 하구에서는 7~8월, 백사수도에서는 8~10월, 외연열도 근해에서는 7~10월, 남포만 안팎에서는 늦봄부터 여름철에 이르는 등, 각 어장에 따라서 다소의 차이가 있다. ▲ 어구는 주낙, 지예망, 외줄낚시 등을 사용한다. 그 밖에 어살 주목으로 다른 고기와 혼획하는 경우도 물론 있다.

충청도 연해에서 중요한 어종은 앞에서 언급한 몇 종류에 불과하지만, 그 밖에 준치 달강어 민어 감성돔 가자미 넙치 서대 조기 송어 정어리 전갱이[鰺] 학꽁치 갯장어 뱀장어 방어[魴] 밴댕이[さっぱ] 낙지 오징어 해삼 잔새우 잉어 붕어 뱅어 등의 어획도 또한 적지 않다. ▲ 정어리가 가장 많이 잡히는 곳은 어청도이며, 이 섬의 정박지가 곧 정어리 지예망의 좋은 어장이다. ▲ 학꽁치가 많이 나는 곳은 외연열도 연해라고 한다. 인천을 거쳐 경성의 시장에 나가는 것은 대체로 이곳에서 생산된 것이다. ▲ 갯장어는 연안도처에 서식하며 또한 그 크기도 대단히 큰 것이 있지만, 안면도 남단 이남에서 금강 하구에 이르는 사이에서는 조선인 어부 이외에 일본인 어부가 어획에 종사하는 일은 적다. 그러나 가의도 이북의 연해에 있어서는 인천을 근거지로 하는 일본 갯장어 낚시 어선이 잡으러 오는 경우가 있다. ▲ 잔새우는 금강 하구 보령만구 남포만구 오천오 천수해만 백사수도 부근 등을 주요 어장으로 하며, 궁선으로 많이 잡는다. ▲ 뱀댕이는 특히 천수해만에서 많이 잡힌다. ▲ 또한 조개류로는 대합 바지락 맛 홍합 전복 국자가리비[板屋貝] 함박조개[姥貝][72] 국자가리비[板屋貝] 굴 꼬막[あかがひ] 고둥[ばいがい] 등이 있으나, 대합 바지락 맛 이외에는 생산량이 많지 않다. ▲ 주요 해조류로는 미역 풀가사리[海蘿] 김 우뭇가사리[石花菜]가 있다. 그중에서 생산량이 많은 것은 미역이다. 그러나 도서 이외에 육지 연안에 착생하는 것은 양이 적으므로 전체적으로 그 생산량이 많지 않다.

연안에서 생산되는 식염도 또한 적지 않다. 그 주요 산지는 면천 당진 남포 보령 결성 등의 각 군 연안이며, 염전은 197정보 33묘보(畝步)이고, 1년의 생산량은 대략 8,592,000여 근에 달할 것이다.

제1절 은진군(恩津郡)

개관

연혁

은진군(恩津郡)은 조선 태종 6년에 덕은(德恩)과 시진(市津)의 두 현을 합하여 덕은감무(監務)를 두었는데, 세종 원년에 다시 은진(恩津)이라고 부르게 되었다. 후에 군으로 삼아서 지금에 이른다(덕은현은 백제의 덕근군, 신라의 덕은군德殷郡이다. 고려 때 덕은(德恩)으로 개칭하였다. 시진현은 백제 때 가지내현加知奈縣 또는 신포현薪浦縣이라고 불렸던 곳이다. 신라 때 시진이라고 하였고 고려를 거쳐 조선에 이른다).

경역

남쪽은 전라도의 고산 및 여산 두 군에, 동쪽으로는 연산군에, 북쪽으로는 노성 및

72) 원문에는 姨貝로 되어 있으나, 姥貝의 오기로 보인다.

석성 두 군에 접하며, 서쪽으로는 금강에 면하며, 그 대안은 곧 임천군이다.

지세

남쪽으로 전라도와 경계에는 산악이 이어져 있어서 구릉이 오르내리지만, 대개 낮은 구릉이고 평탄하다. 군의 거의 중앙에 큰 평지가 이어져 금강 연안에 이른다. 바로 이곳이 충청도 굴지의 비옥한 평야인 이른바 논산 및 강경 평지이다. 이 평지를 관통하는 작은 물길이 있는데, 논산과 강경을 거쳐 금강으로 들어간다. 그래서 논산천 또는 강경천이라고 부른다. 이 물길은 짧고 작으며 수량(水量)이 적지만, 금강의 회합점부터 강경을 거쳐 논산에 이르는 사이에 작은 배가 통항할 수 있다. 그래서 관개에 이로운 동시에 운수에도 적잖이 편리하다.

교통

군내의 도로는 아직 개수되지 않았으나 지형이 평탄하고 경사진 길이 적기 때문에 차마의 통행을 방해하지 않는다. 동쪽으로 연산을 거쳐 대전역, 북동쪽으로 노성을 거쳐 충청남도의 수부(首府)인 공주까지 멀지 않다. 특히 서쪽은 금강에 면해 있기 때문에 운수와 교통이 모두 편리하다. 만약 호남철도가 개통되는 날에는 그 이익을 크게 누릴 수 있을 것은 물론이고, 동시에 본군을 비롯해서 이웃한 연산과 노성도 함께 현저한 발전을 보기에 이를 것이다. 현재의 교통 관련 사항은 논산 및 강경에서 언급하기로 하고 여기에서는 생략하고자 한다.

호구

군내의 호구는 4,030호 18,030여 명이라고 한다. 이외에 일본인 219호 784명(명치 43년 5월 현재), 청국인 약 30호 150여 명, 프랑스인 1호 1명, 영국인 1호 1명이 있다. 주민의 대다수는 농민이지만 본군에는 상업에 종사하는 사람도 비교적 많다. 무릇 강경 논산과 같은 유명한 집산지가 있기 때문이다. 일본인 및 청국인은 모두 상업을 영위하는 사람이 많지만, 농업을 경영하는 사람도 적지 않다. 그 밖의 외국인은 종교인으로 포교에 종사하는 사람들이다. 그리고 일본인과 청국인 대다수는 강경에 집단으로 거주하고 있으며, 다른 곳에 거주하는 사람은 아직 많지 않다.

물산

군의 중요한 산물은 농산물이며 그중에서 쌀이 중심이고 보리 콩 및 잡곡도 또한 적지 않다. 또한 과일로는 대추 밤 감 등이 난다. 수산물은 그 생산량이 매우 적으며, 강경을 근거지로 하는 일본인 어부가 어획하는 뱀장어[鰻] 생산량이 제법 많을 뿐이다. 본군을 여기에서 언급한 것은 수산물의 집산이 많은 중요 시장이 있기 때문이다.

본군에서 중요한 시읍은 강경 논산 은진 세 곳이다. 은진은 예로부터 군치의 소재지였기 때문에 발달하기에 이르렀지만, 상업상으로 가치가 있는 곳은 아니다. 그러나 강경 및 논산의 경우는 모두 건치 연혁이 없지만, 부근에 농산물이 풍부하고 또한 교통 요지에 위치하고 있어서 상업적인 이유로 발달하게 되었다. 이 두 곳은 군 내의 중요 집산지일 뿐만 아니라 실로 충청도에서도 유수한 시장이다. 근래에 일본인 거주자도 날로 증가하자 점점 발전하게 되었고, 미래에도 또한 유망할 것으로 기대해도 좋을 것이다. 이들 시읍의 개황은 다음과 같다.

은진읍

전라도 남해안의 순천으로부터 남원 전주 및 충청도의 공주 등 각 시읍을 거쳐 경성에 이르는 간선도로에 면해 있고 거의 군의 중앙에 위치하고 있기는 하지만, 주변 일대가 구릉지이고 평지가 협소하므로 시가지가 발달할 여지가 없다. 더욱이 북쪽 15리에 논산이 있고, 서쪽 10리쯤에 강경이 있다. 이 두 곳은 모두 넓고 비옥한 평야를 끼고 있으면서 각각 요충지에 위치하고 있어서 각종 물품의 집산에 적당한 곳이다. 그래서 본군의 상업은 모두 이 두 곳으로 흡수되어 버리는 경향이 있다. 그러므로 이곳은 오래도록 군치의 소재지였고 최근에 군아 이외에 재무서와 순사주재소 등이 설치되기에 이르렀으나, 통신기관은 우체소뿐이고 일본 상인 거주자도 아직 2~3호에 불과한 상태이다. 이곳에서 간선도로를 따라 북쪽으로 30정 정도 나아가면 서쪽에 관촉리(灌燭里)가 있다. 그 서쪽 언덕에 절이 자리하고 있는데, 이를 관촉사(灌燭寺)라고 한다. 고려의 유물로 유명한 미륵상이 곧 이 절의 경내에 있다. 불상은 높이 4장 남짓이고 화강암으로 만들어졌는데, 국내에서 가장 큰 불상으로 알려져 있다. 그래서 이 지방을 통과하는 여행객으로서 이 불상을 찾지 않는 사람이 없다. 이곳에서 죽암리(竹岩里)를 거쳐 논산에 이르는 마을길이 있는데, 그 사이는 30정이 되지 않으며 또한 평탄하다.

논산

논산은 화지면(花枝面)에 속하며, 은진읍에서 북쪽으로 15리 떨어진 노성군의 경계에 있다. 시가는 금강의 지류 중 하나인 논산천의 남북 양기슭에 걸쳐 있다. 남쪽 기슭은 본군의 땅이고, 북쪽 기슭은 곧 노성군에 속한 땅이다. 그래서 시가지도 또한 두 군에 각각 속해 있다. 양쪽 기슭을 연결하기 위해서 다리를 놓았는데, 이를 논호교(論湖橋)라고 한다. 바로 이 다리가 과거의 시진교(市津橋)이다. 다리는 석조이며 그 규모는 이 지방에서 보기 드문 것이다. 금강의 조석 간만은 이 부근까지 영향을 준다. 그래서 이를 이용하면 작은 배는 이 다리 아래까지 오르내릴 수 있어서, 운수의 이로움이 많다.

논산천

논산천은 원래 두 줄기가 있는데, 하나는 북쪽의 계룡산 및 그 연봉에서 발원하여, 이 지역을 종관하는 간선도로와 나란히 남쪽으로 흘러 노성읍의 동쪽을 통과한 다음 서쪽으로 꺾인다. 여기에 논산 평지를 만든 다음 논산에 이르러 남쪽 지류와 합류한다. 남쪽 줄기는 곧 전라도의 고산군(高山郡)에 발원하여 북서쪽으로 흘러 종관 간선도로를 횡단한 다음 북쪽 지류와 함께 논산 평지를 이룬 다음, 논산에 이르러 북쪽 지류와 만난다. 논산보다 하류는 강폭이 점점 넓어지며 강경에 이르러 금강으로 들어간다.

논산 장시

논산은 이처럼 크고 비옥한 평야를 끼고 있고 또한 하천이 흐르므로 수운이 편리하다. 그래서 이곳 평지 일대의 물산을 반출하기 위해서는 반드시 이곳을 통과한다. 그래서 이곳이 발전하게 된 것이다. 논산은 실제로 본군 일원만이 아니라, 북쪽의 노성, 동쪽의 연산・진령, 서쪽의 석성 등 여러 군 일대에서 대표적인 백화의 집산지이다. ▲ 이곳 장시는 음력 매 3・8일에 열린다. 시장에 모여드는 사람은 많을 때는 10,000명이고 적을 때도 5,000명 아래로 내려가지 않는다. 그 활발한 모습은 본도의 다른 곳과 비교할 수가 없다. 시가지 안팎은 흰옷을 입은 사람들의 행렬이 끊임없이 이어진다. 만약 높은 곳에 올라가서 멀리서 이를 바라본다면, 그 흰 모습은 마치 눈이 쌓인 것처럼 보여서 대단한 장관을 이룰 것이다. 따라서 시장의 집산액도 또한 아주 커서, 한 장시 평균이 14,000여 원이고, 한 달에 87,300여 원, 1년을 통틀어 1,047,100여 원에 이른다고 한다. 이와 같은 시황은 본도 중에서 논산이 유일하다. ▲ 집산물 중 주된 것은 쌀 및 기타 잡곡, 면포, 옥양목, 마포, 연초, 어류, 식염, 소가죽, 도자기, 철물, 놋그릇, 잡화 등이며, 그 중에서 액수가 큰 것은 쌀과 소가죽이라고 한다. 특히 이곳에서는 우시장이 활발하다. 개시는 물론 같은 날이지만 장소는 시가지의 한 모퉁이를 골라서 따로 한 구역을 이루고 있다. 그 거래량이 대단히 많아서 실로 전국에서도 드물게 보는 곳이므로, 농업이 활발한 곳임을 충분히 상상할 수 있다. 이곳 시장의 거래총액이 거액에 이르는 이유는, 한편으로 이곳 우시장이 활발한 것이 기인하는 바가 적지 않다.

주요물산

부근 생산물 중 주된 것은 쌀과 그 밖의 잡곡이다. 쌀의 생산량은 100,000석, 콩 20,000석, 보리 5,000석, 들깨 4,000석 정도일 것이다. 그리고 대부분은 이곳에 모이며 논산천을 내려가 군산항으로 이송하는 경우가 절반이 넘는다.

주요 이입품

이입품으로서 집산액이 많은 것은 목면, 옥양목, 방적, 석유(石油), 연초, 도자기, 해산물 등이다. 그리고 이들 물품은 주로 군산 및 인천에서 이송된 것이다. 이입 해산물 중에서 중요한 품목과 수량을 대략 계산하면, 명태 200태(駄), 조기 105,000마리, 백하젓갈 270~280 항아리 남짓이고, 식염은 20,000석 남짓에 이른다고 한다. 이들 물품은 논산천을 이용하여 직접 작은 배로 이입하는 경우도 많지만, 강경 상인의 손을 통해서 오는 경우도 또한 적지 않다.

호구

호구는 최근의 조사를 보면 조선인 약 1,000호 3,800명, 일본인 34호 116명, 청국인 8호 25명이다. 조선인은 대부분 농업 및 사업을 영위하며, 일본인도 또한 상당수가 상업에 종사하며 농업을 영위하는 자는 겨우 3호가 있을 뿐이다. 그리고 청국인은 모두 자국산 비단 목면 옥양목 및 잡화를 판매한다.

일본인은 자치단체로 일본인회를 조직하였으나 거주자가 소수이므로 단체는 아직 아무런 시설을 갖추는 데 이르지 못하였다.

교통 및 통신

논산에서 인근 시읍에 이르는 거리는, 북쪽으로 공주까지 90리이고 그 사이에 노성읍이 있는데 그곳까지는 25리이다. 동쪽으로 대전역까지는 약 110리이며 그 사이에 연산읍이 있는데 그곳까지는 35리이다. 서쪽으로 석성읍까지는 20리, 그밖에 강경 및 은진까지 거리는 앞에서 언급한 바와 같다. 서쪽으로 강경, 북쪽으로 공주에 이르는 사이의 도로는 개수가 완료되어 차마의 왕래가 자유롭다.

통신은 우편소가 있으며, 전신은 처음부터 장거리전화도 취급하였는데, 통화지역은 강경 군산 전주 등으로 대단히 편리하다. 순사주재소와 헌병분견소가 있다. 조선인 아동의 교육기관으로 논산학교가 있다.

논산은 상업지이지만 또한 농업지로서도 전도가 유망한 면이 있다. 현재 일본인 정주자는 앞에서 제시한 바와 같으며, 농업을 영위하는 경우는 불과 3호에 불과하다. 그러나 동양척식회사는 경영의 일환으로 농민 300명을 이식할 계획이라고 한다. 설령 이 계획이 실행되지 못한다고 하더라도, 호남철도가 개통된다면 독립농사경영자가 이주할 것은 분명하다. 그 시기에 이르면 이 지역의 발전도 현저해질 것이다.

논산 부근의 지가

논산의 지가는 택지 1평당 최고 5원 최저 2원이고, 경작지는 1마지기 최고 20원 최저 3원 평균 11~12원이라고 한다. 택지는 의외로 저렴하지 않다.

논산에서 동쪽으로 20리쯤 되는 곳에 마구평(馬九坪)이라고 하는 인가, 5~6호에 불과한 작은 마을이 있다. 그리고 그 부근에 넓은 황무지가 있는데 원래는 좋은 논이었으나 한해와 수해가 거듭되어 이처럼 황폐하기에 이르렀다고 한다. 그 부근에는 과거에 관개용 저수지의 자취도 남아 있다. 이에 복구하기 위하여 작년에 연산수리조합을 조직하게 되어, 정부는 보조금 35,000원을 지출하고 공주재무감독국으로 하여금 공사 감독하도록 하여 활발하게 공사 중이라고 한다. 만약 이 공사가 완공된다면 260여 정보의 경작지를 확실하게 얻을 수 있다고 한다.

강경

강경(江景)은 강경(江鏡)이라고도 쓴다. 금포면에 속하여, 금강의 왼쪽 기슭 즉 논산천과 회합점의 동쪽 기슭에 있다. 과거에는 신포(薪浦) 또는 금포(金浦)라고 하던 곳이 곧 이 부근인데, 이곳은 금강 연안에서 그중 유명한 집산지였다.

부근 일대는 평지이며, 단지 남쪽으로 전라북도 용안군 지역에서 낮은 구릉이 이어진 것을 볼 수 있을 뿐이다. 이 평지는 이른바 강경평지인데, 북동쪽 노산천에 연하는 일대는 논산평지로 이어지며, 정동쪽은 은진 부근 즉 간선도로까지 이른다. 남동쪽은 도 경계를 넘어서 전라북도인 용안군의 평지로 이어진다. 논산평지보다 면적이 광대하고 토질 또한 비옥하며 관개도 편리하여, 경지의 거의 대부분이 논이고 본도에서 손꼽을 만한 쌀 산지이다.

강경의 지형

부근 일대는 넓은 평지이고 그 평지 주변을 흐르는 물길은 모두 이 지역 부근에 모여서 금강으로 흘러 들어간다. 그래서 이 지역은 사방이 물길로 둘러싸여 있고, 또한 지대로 낮아서 습윤(濕潤)하므로 건강에 적합한 곳은 아니다.

시가에는 인가가 매우 밀집되어 있으나 구획은 대단히 불규칙하다. 근래 일본 거주자가 증가하면서 점차 개선되고 있으나, 길이 좁고 또한 굴절이 심한 것은 변함이 없다.

시가의 서북쪽 강기슭에 작은 언덕이 있는데, 옥녀봉(玉女峰)이라고 한다. 부근에 오래된 나무들이 높이 솟아 있고 그 사이로 기암괴석이 이곳저곳에 자리잡고 있어 제법 빼어난 경관을 이룬다. 더욱이 언덕에 올라서 사방을 내려다보면, 북쪽 동쪽 남쪽 일대가 모두 평야이므로 전망이 좋고, 서쪽은 금강이 넘실넘실 흐르고 있는데 그 끝이 보이지 않아서, 저절로 마음이 상쾌해진다.

시가의 남쪽에 작고 가는 물길이 있으며, 이것이 전라북도와 경계를 이룬다. 그 남쪽 즉 강경 시가의 서남쪽 모퉁이에 언덕이 하나 있는데 이 언덕의 남쪽 기슭에 있는 마을이 황산(黃山)이다. 강경으로 오는 제법 큰 배들은 모두 이곳에 정박한다. 황산은 전라북도에 속하지만 강경과 거의 한 시가지를 이룬다. 더욱이 이 일대는 지대가 제법 높고 건조하여 강경에 비하면 건강에 적합한 지역이고, 또한 배를 대기에도 편리하다. 호남선 정거장 위치를 두고 강경과 황산에 거주하는 일본인이 서로 다투는 중이라고 한다. 과연 어느 쪽으로 결정될지 알 수 없다.

강경의 기후

기후는 대체로 온화하지만, 군산과 비교하면 추위와 더위 모두 심하다. 논산천과 부근의 작은 물길은 12월 하순부터 3월에 이르는 사이에 결빙되지만, 수운을 방해하는 시기는 아주 추운 때로 겨우 30여 일에 불과하다.

식수

식수는 우물을 사용하는 경우가 많다. 수량이 대단히 많기는 하지만 수질이 좋지 않으며 위생에 적합하지 않다. 금강의 흐르는 물을 퍼올리기도 하지만 항상 혼탁하고 맑은 때가 없으므로 여과할 필요가 있다. 급수시설이야말로 이 지역에서 가장 시급한 과제이다. 이곳에 있는 일본인회는 여러 가지로 연구한 결과, 비상수단으로 부근에서 발견한 계곡물을 공급하고 있다. 항구적인 대책으로 남쪽 30리 정도 떨어진 익산군에 속하는 계곡물을 끌어와서 사용하려고 계획 중이다. 주변의 계곡물의 수량은 1,000명 내외에게 공급할 수 있을 정도이지만, 익산군의 계곡물은 계획대로 이루어진다면 약 10,000명에게 공급할 수 있다고 한다. 그런데 계획대로 토관(土管)을 설치하기 위해선 공사비가 대략 30,000원 정도가 필요하다고 한다. 현재 강경에서 일본인의 활동이 뚜렷하게 발전하고 있으므로, 호남철도 개통까지 해당 시설은 이 지방에 반드시 갖추어야 할 요건이다.

이 지역에 일본인이 거주하기에 이른 것은 가장 오랜 역사를 가지고 있다. 무릇 군산항 개항 이전에는 이곳만이 금강 연안 일대에서 유일한 백화의 집산지였기 때문이다. 이곳에서 처음 거주하게 된 것은 실로 지금부터 20여 년 전 즉 명치 22~23년 경이었다. 그 후 명치 27년에 동학농민운동[동학당(東學黨)의 난]이 일어나고 이어서 갑오년 전쟁 즉 청일전쟁이 벌어지자 이곳에 거주하던 사람들이 모두 일시적으로 이곳을 떠났다. 그 후 명치 28년에 이르러 인천에 거주하던 쇼야상점[庄野商店]이 지금의 천단정(川端町)에 그 지점을 설치하고 무역업을 개시하였다. 이래로 이주자가 해마다 늘어났고, 특히 러일전쟁 후 4~5년 사이에 급증하면서 현재와 같이 번영하기에 이르렀다. 그리고 근래 증가한 호구는 일본인에 그치지 않고, 조선인 및 청국인도 마찬가지이다. 다음에 과거 3년간 인구 이동의 상황을 제시하였다.

연도	일본인		한국인		청국인		프랑스인	
	호수	인구	호수	인구	호수	인구	호수	인구
명치 39년 말	110	412	불상	동	26	95	-	-
동 40년 말	133	475	835	4,300	31	113	1	1
동 41년 말	152	586	929	4,402	31	111	1	1
동 42년 말	169	592	1,130	4,500	32	130	1	1
동 43년 말	183	663	불상	동	동	동	1	1

강경은 비옥한 평야의 한쪽 끝에 위치하여, 농산물이 풍부하고 또한 수륙의 교통이 편리하다. 그래서 인구는 해마다 증가하고 있고 상업도 날로 발전하고 있다. 시가지가 번성한 것이 금강 연안 각 지역 중에서 군산에 버금갈 뿐만 아니라, 상업이 활발한 것도

또한 도 전체에서 두세 번째이다. 이곳의 상업구역 일부는 군산 개항과 동시에 이전된 것인데, 군산이 개항됨으로써 이 지역의 발전이 크게 촉진되었다. 이 지역의 현황은 실로 군산항과 떼려야 뗄 수 없는 밀접한 관계에 있다고 해야 할 것이다.

이곳의 장시는 상시(上市)와 하시(下市) 두 곳이 있다. 상시는 음력 매 4일, 하시는 매 9일에 개시한다. 두 시장을 아울러 한 달에 6회 개시하며, 장날마다 모여드는 사람은 사오천명 내지 칠팔천명이며, 추석이나 설날 전에는 만사오천명에 이른다. 백화의 집산이 활발하여 예로부터 대구 평양과 더불어 전국 3대 시장으로 일컬어지던 곳이다. 시장에 나오는 물품 종류는 식료품 및 일용 도구류, 피복류 및 그 재료인데, 그 중에서 집산량이 많은 것은 콩 팥 잡곡 면포 옥양목 방적사 연초 주류 어류 식염 석유 도기 철물류 등이라고 한다. 공주재무감독국은 명치 41년에 이곳 장시의 집산액을 대략적으로 계산하였는데, 상시는 한 장시에 7,000원, 1개월에 21,000원, 연간 252,000원 ▲ 하시는 한 장시에 8,700여 원, 1개월에 26,130여 원, 연간 313,590여 원이었다고 한다. 지금 이에 의거하여 상하 두 시장의 연간 집산액을 합산하면, 565,590여 원이다. 그 액수가 대단히 크기는 하지만 이를 논산시장의 1년 집산액 1,047,160여 원과 비교하면 대단히 적다고 느끼지 않을 수 없다.

이곳 시장은 예로부터 전국에서 유명하였는데도 지금은 그 집산액이 논산에도 미치지 못하고 대전보다도 적다. 단순히 집산액의 순위로 보면, 도 전체에서 세 번째인데, 분명히 경부철도가 완전히 개통되면서 그 집산구역이 축소된 결과이다. 그렇지만 반드시 이 지역의 상업이 퇴보한 것은 아니다. 이 지역의 인구는 앞에서 제시한 바와 같이 해마다 증가하고 있으며, 상업도 융성하여 날로 진보하고 있다. 무역도 지난 2~3년간 뚜렷하게 발달해 온 것이 사실이다. 일본인회가 조사한 과거 3년간의 이출입 대조표를 제시함으로써, 이 지역 상업의 상황이 어떠한지를 살펴볼 수 있는 자료로 삼고자 한다.

구분	명치 39년	명치 40년	명치 41년
이출금액	860,942	1,114,790	1,657,690
이입금액	736,202	1,057,017	1,547,862
합계	1,597,144	2,171,807	3,205,552

다시 전항 중에 명치 41년의 이출입 금액 내역을 표시하면 다음과 같다.

이출부(移出部)

<table>
<tr><th>품목</th><th>일본 상인 취급액</th><th>청국 상인 취급액</th><th>한국 상인 취급액</th><th>합계</th></tr>
<tr><td>쌀</td><td>893,850</td><td>59,812</td><td>340,000</td><td>1,293,662</td></tr>
<tr><td>벼[籾]</td><td>-</td><td>-</td><td>60,000</td><td>60,000</td></tr>
<tr><td>보리</td><td rowspan="2">15,000</td><td rowspan="2">1,508</td><td>4,820</td><td rowspan="2">23,128</td></tr>
<tr><td>밀</td><td>1,800</td></tr>
<tr><td>콩</td><td>62,000</td><td>-</td><td>32,000</td><td>94,000</td></tr>
<tr><td>팥</td><td>-</td><td>-</td><td>4,100</td><td>4,100</td></tr>
<tr><td>담배</td><td>-</td><td>-</td><td>32,000</td><td>32,000</td></tr>
<tr><td>들깨</td><td>50,325</td><td>-</td><td>10,000</td><td>60,325</td></tr>
<tr><td>누룩[麯]</td><td>-</td><td>-</td><td>7,200</td><td>7,200</td></tr>
<tr><td>흰모시</td><td>-</td><td>-</td><td>8,200</td><td>8,200</td></tr>
<tr><td>생모시</td><td>-</td><td>-</td><td>10,000</td><td>10,000</td></tr>
<tr><td>소가죽</td><td>42,000</td><td>1,575</td><td>20,000</td><td>63,575</td></tr>
<tr><td>계란</td><td>-</td><td>-</td><td>500</td><td>500</td></tr>
<tr><td>합계</td><td>1,063,175</td><td>62,895</td><td>530,620</td><td>1,656,690[73]</td></tr>
</table>

이입부(移入部)

품목	일본 상인 취급액	청국 상인 취급액	한국 상인 취급액	합계
옥양목[金巾]	121,500	98,000	-	219,500
목면	-	90,000	21,600	111,600
양사[洋紗(, 寒冷紗)][74]	-	-	10,800	10,800
양목[洋木]	-	-	18,000	18,000
견포(絹布)	-	12,000	15,000	27,000
마포(麻布)	-	-	22,500	22,500
빔실[撚絲[75]]	82,800	-	-	82,800
방적사	78,750	13,000	25,200	116,950
일본 옷감[吳服太物]	5,400	-	-	5,400
제량태[濟涼太][76]	-	-	1,800	1,800

73) 원문에는 1,657,690으로 기록되어 있으나 수치계산에 따랐다.

석유	32,602	5,000	1,210	38,812
성냥[燐寸]	10,890	-	-	10,890
철기(냄비 솥류)	9,750	-	2,700	12,450
고추[苦椒]	-	-	1,500	1,500
도기	42,200	-		42,200
유리류[硝子類]	4,020	-	-	4,020
목재	6,000	-	8,200	14,200
땔감	-	-	6,000	6,000
다나미[疊建類]	1,800	-	-	1,800
가마니 및 새끼줄[叺及繩]	7,800	-	-	7,800
종이류	3,600	-	-	3,600
약품	9,750	-	1,800	11,550
인삼	-	-	3,200	3,200
권련초(卷煙草)	18,711	-	-	18,711
각련초(刻煙草)[77]	900	-	-	900
살담배[市草][78]	-	-	5,200	5,200
설탕	18,975	-	-	18,975
간장	1,688	-	-	1,688
식초	150	-	-	150
된장	600	-	-	600
일본술	6,630	-	-	6,630
밀가루[米利堅粉]	3,937	-	-	3,937
국수[素麪]	7,200	-	-	7,200
과자	639	-	-	639
팥	-	-	21,000	21,000
참기름	-	-	5,400	5,400
생강	-	-	350	350
과일	2,250	-	-	2,250
곶감	-	-	1,900	1,900
홍시	-	-	1,800	1,800
대추	-	-	500	500
밤	-	-	800	800
통조림	900	-	-	900
돼지	-	-	900	900
소	-	-	15,000	15,000
닭	-	-	1,200	1,200
생건어[生乾魚]	45,000	-	-	45,000

건어	-	-	11,250	11,250
염어	-	-	360	360
선어[鮮魚]	-	-	18,750	18,750
조기	-	-	75,000	75,000
명태	-	-	35,000	35,000
청어	-	-	5,400	5,400
고등어	-	-	5,400	5,400
백하	-	-	2,700	2,700
해삼	-	-	2,250	2,250
전복	-	-	5,400	5,400
김	-	-	17,250	17,250
감태[毛海水][79]	-	-	3,600	3,600
미역	-	-	22,500	22,500
식염	-	-	300,000	300,000
잡화	67,500	39,500	-	107,000
합계	**591,942**	**257,500**	**698,420**	**1,547,862**

앞에서 제시한 바와 같이 이출품으로서 중요한 것은 쌀과 기타 잡곡이다. 쌀은 대부분 일본 상인이 취급하고, 잡곡은 조선 상인이 취급하는 경우가 많다. 이들 물품은 대개 은진군 및 석성 노성 연산 부여 정산 공주 홍산 임천 여산 용안 등의 각 군에서 생산된 것이다. 일본 상인이 취급하는 것은 대부분 군산으로 나가고 그곳에서 다시 일본 또는 인천 등 기타지역으로 수송된다. 조선 상인이 취급하는 것은 고군산군도 나주군도 및 제주도 등으로 수송되는 것이 많다.

이입품 중에서 금액이 큰 것은 일본산 제품이고, 그 다음이 내국산 제품이며, 청국산 제품은 극히 적다. 일본산 제품으로 조선인을 대상으로 하는 것은 옥양목 방적사 석유 성냥 도기 철물류 설탕 연초 및 기타 잡화이다. 도기는 주로 규슈지방에서 직접 수입되는 것도 있지만, 그 밖에 인천과 군산에 거주하는 일본 상인의 손을 거쳐 이입되는 것이

74) 가는 면사로 거칠게 짠 천, 모기장・커튼 등의 용도로 쓰인 천.
75) 몇 가닥의 실을 꼬아서 만든 실
76) 제주도에서 만든 품질이 낮은 갓.
77) 말아 피우거나 대통에 담아서 피우도록 썰어놓은 담배.
78) 원문에는 柴草로 되어있으나 품질이 낮고 굵게 썬 살담배의 한자 市草로 기록하였다.
79) 毛海水가 무엇인지 정확하게 알 수 없으나, 충청지역의 특산품, 감태로 번역해 둠.

일반적이다. ▲ 청국산은 목면 견포(絹布) 잡화류인데, 주로 상해 지방에서 인천 군산에 거주하는 청국 상인의 손을 거쳐서 온다. 종전에는 이들 잡화 이외에도 옥양목 목면 등의 이입은 주로 청국 상인이 취급하는 것이었지만, 러일전쟁 이후 일본인 이주자가 증가하면서 자연히 상권이 일본인 손으로 옮겨가서, 현재와 같은 상황에 이르렀다. ▲ 이입 내국산 제품 중 중요한 것은 식염이고, 그 다음이 어류와 해조 등이며, 그 밖에 육산물로 마포(麻布)가 있다. 그리고 식염을 주로 태안 및 나주산이고, 어류는 명태를 제외하고 나머지는 본도 및 전라도 연해에서 생산된 것이다. 해조는 진도 완도 제주도산이고, 마포는 나주산이다. 이들 여러 물품 중에서 명태는 일본 상인의 손을 거치는 것이 있지만, 그 밖의 물품은 조선인 객주가 취급하는 것이다.

이곳에서는 식염을 활발하게 취급하고 있는데, 이는 다른 지방에서 보기 드문 일이다. 식염 중개상 30호 정도가 있는데, 수운에 편리한 부두 근처 땅(이곳에 일본인의 천단정이 있다)을 골라서 따로 한 구역을 이루고 있다. 한 호마다 1년 판매액이 2,000~3,000원에 이른다고 한다. 그러므로 각 호를 합산하면 60,000~90,000원에 달할 것이다. 그러므로 식염은 실로 이 지역 창고업자가 취급하는 물품 중에서 중요한 것이고, 매년 입고・출고 모두 20,000석 내외에 이른다고 한다. 판로는 대단히 넓어서 본군 내는 물론이고 용안 임천 정산 부여 석성 각지에 이르며, 또한 군산에 거주하는 일본인 간장양조자에게도 공급하는 경우가 있다. 현재 상황은 이와 같지만, 경부선 철도가 완전히 개통되기 전에는 대전 공주 및 그 동북쪽에 있는 각 군도 또한 이곳의 상업 구역이었다고 한다. 이를 통해서 보면 왕년에 식염 판매업의 성대함을 상상하고도 남는다. 호남선이 준공되면 그 판로에 변동이 있을 것인데, 확장될지 축소될지는 오로지 업자들의 수완에 달려 있다.

태안염은 소금알이 잘고 가벼우며 그 질이 좋아서 판매하기 좋다. 작년 이래로 전 집산액의 7할은 태안염이다. 가격은 다소 차이가 있지만 6말 들이 95전, 4말 8되 들이 80전, 4말 들이 70전이 기준이며, 포장은 짚으로 만든 가마니로 한다. ▲ 나주염은 질이 태안염에 떨어지지 않지만 이 지역의 판로가 축소되면서 이입량도 감소하기에 이르렀다. 포장은 태안염과 마찬가지로 짚가마니이며, 7말 2되에서 7말 5되 들이가 1원 20전 내지 1원 40전 정도이다.

식염의 판매가 가장 호황을 이루는 것은 김치를 담그는 철인 10~12월 경, 된장・간장을 담그는 때 즉 2~3월 경, 조기의 성어기 즉 4~5월 경이라고 한다.

금융

금융은 2~3년 전까지는 설치된 기관이 없었고, 두세 명의 금융업자가 융통해 주기를 기다릴 수밖에 없는 상태였으므로, 금리도 대단히 높았다. 보통 1개월 이자가 4~5푼 내지 5~6푼이었는데도 대출받기가 곤란하였다. 근래에는 자금이 제법 넉넉해졌고 금리도 날로 떨어지고 있는 추세이다. 중요 기관을 열거하면, 한호농공은행(韓湖農工銀行), 한성공동창고회사(漢城共同倉庫會社) 강경출장소, 토좌권업합자회사(土佐勸業合資會社) 강경 지점, 강경신탁주식회사(江景信託株式會社), 강경지방금융조합(江景地方金融組合) 등이라고 한다.

한호농공은행은 동산 및 부동산을 담보로 하여 대출한다. 그 이율은 100원 당 하루 최저 4전 최고 6전이다. ▲ 이곳 한성공동창고회사 출장소의 대출자금은 63,000원이고, 담보물은 쌀 콩 식염을 주로 한다. 대출이율은 100원 당 하루 최저 2전 8리, 최고 5전 3리이다. ▲ 토좌권업합자회사의 자본금은 230,000원이며, 이곳 지점의 자금은 약 50,000원이라고 한다. 그 대출이율은 1개월에 2~3푼이다. ▲ 강경신탁주식회사는 자금 10,000원이고 대출이율은 100원에 하루 6~10전이며, 1년 대출액은 합계 100,000원에 이른다고 한다. ▲ 강경지방금융조합은 자금 10,000원이고 대출이율은 100원에 하루 4전 5리, 조선인은 5~6전이며, 1년의 대출액은 일본인 사이에서 약 30,000원, 조선인 사이에서 약 120,000원 합계 150,000원 정도에 달한다고 한다.

이처럼 금융이 활발한 것은 상업이 융성한 까닭이며, 상업이 융성한 것은 물론 부근의 농산물이 풍부한 데서 기인한 것이다. 일본인은 이곳을 근거지로 농사 경영에 종사하는 경우가 적지 않다. 그 농장의 명칭 및 위치를 열거하면 다음과 같다.

일본인이 경영하는 농장

명칭	위치	명칭	위치
개천농장(芥川農場)	은진군 강경	소림농장(小林農場)	연산군 마구평
판상농장(坂上農場)	동	영진농장(永津農場)	동
부영농장(富永農場)	부여군 부여	천야농장(淺野農場	여산군 신당
황권농장(荒卷農場)	연산군 마구평	정상농장(井上農場)	동
말영농장(末永農場)	동	권업회농장(勸業會農場)	부여군 규암리

부근에 있는 경작지의 매매 가격은 1단보에 상등 논 62원, 중등 37원, 하등 15원 정도이고, 밭은 상등 12원, 하등 5원 정도이다. 다만 여산·노성·석성·부여·용안 등의 여러 군에서는 상등 논 25~37원 정도이고, 중등 밭 이하는 이에 준하여 점차 가격이 하락한다.

강경의 일본인회가 조사한 바에 따르면 그 매매가격과 소작료 수확 등을 표시하면 다음과 같다.

종별 및 등급		1단보 가격 (円)	소작료	1단보 수확	지대(地代)에 대한 1년수익[收利] (割)
논	상등	62.500	2.000 石	5.000 石	1.118
	중등	37.500	1.350	4.000	1.260
	하등	15.000	.665	2.000	1.552
밭	특등	50.000	8.000 円		
	상등	12.000	.500	1.500 石	2.080
	중등	9.000	.350	1.200	1.944
	하등	5.000	.200	.600	2.000

비고 : 표의 소작료 및 수확량은 일본 되로 환산한 것이다. 수익 비율을 계산할 때는 벼 1석당 3원 50전, 콩 5원으로 보고, 지조는 1단보 평균 최고 80전, 최저 26전으로 계산한다.
소작법은 인가가 조밀한 장소에서는 타작법(打作法, 수확량을 절반으로 나누는 방식)을 적용하지만, 그 밖의 지역은 구조법(購租法, 수확철에 실제로 작황을 조사하여 소작료를 정하는 방법으로 대개 수확량의 $\frac{1}{3}$이라고 한다)에 의한다. 이 지방의 논은 2.5마지기, 밭은 4마지기를 1단보로 간주하여 환산하면 큰 차이가 없다.

이곳에서 일반적으로 거래되는 현미 1석의 가격은 일본인회가 조사한 바에 따르면 다음과 같다.

	명치 38년	동 39년	동 40년	동 41년
최고(円)	10.200	10.800	12.000	8.200
최저(円)	8.400	8.600	8.500	7.500

교통

교통은 수륙 모두 제법 편리하다. 육로로 북쪽 논산 노성을 거쳐 충청남도의 수부인 공주까지 100리 남짓한 사이는 도로의 정비가 이루어져 차마의 왕래가 자유롭다. 남쪽으로 여산 익산을 거쳐 전북의 수부인 전주까지는 115리이고, 용안・함열・임피를 거쳐 군산까지는 100리 남짓인데, 이들 도로도 머지않아 정비될 것이라고 한다. 북동쪽으로 은진・연산을 거쳐 대전역까지 약 120리인데, 군산에서 경부선으로 연결하는 경우에는 이 도로가 가장 가까운 길이라고 한다. 호남선은 대전에서 분기하여 이곳을 통과할 계획이지만, 정거장은 강경이 될지 황산이 될지 아직 알 수 없다. 그러나 준공하게 되면 두 지역 모두 분명히 철로의 이익을 크게 누리게 될 것이다.

이곳에서 부근 각읍에 이르는 이정에 대해서는 헌병대에서 실측한 것을 보면 다음과 같다. 다만 이 이정은 이곳 헌병분견소를 기점으로 하여 각지의 헌병분견소에 이르는 거리이다.

지역	이정	지역	이정	지역	이정
은진군	20리 10정	대전	110리 30정	익산	40리 28정
논산	20리 16정	공주	100리 10정	전주	110리 12정
노성	40리 32정	부여	40리 27정	함열	40리 8정
군산	100리 10정	입포(笠浦)	40리 31정		

육상의 운수 교통기관은 차마 짐꾼[擔軍] 가마[轎] 인력 등이다. 그 요금은 대체로 다음과 같다.

종류	요금(圓 / 厘)	종류	요금
짐꾼	10리 / .100리	가마 2명 들기	10리 / .700리
말	10리 / .300리	가마 4명 들기	10리 / 1.200리
인력거	10리 / .400리		

수운에는 금강 및 논산천이 크게 도움이 된다. 논산천은 조석을 이용할 필요가 있기는 하지만 조석을 타고 오르내리면 짧은 시간 안에 이동할 수 있다. 금강은 강경보다 하류인 군산 사이에서는 석유발동기선이 매일 왕래할 뿐만 아니라, 일본형 배와 조선식 배도 빈번하게 왕래한다. 현재 왕래하는 석유발동기선은 군산환(19톤), 진항환(進航丸, 17.43톤) 두 척이 있다. 운임은 승객 1인당 50전이고 곡물은 1석에 12전, 잡화는 1개에 8전이다. ▲ 일본형 배와 조선식 배의 운임은 승객 1인당 30전, 곡물 1석에 5전, 잡화는 1개에 4~5전, 무게로 매기는 것은 100근에 7~10전, 부피로 따지는 것은 1재(才)에 1전 5리이다. ▲ 강경보다 상류는 부강까지 수운을 이용할 수 있는데, 현재 이곳에서 왕래하는 범위는 공주까지 150~160리 사이라고 한다. 이 사이는 강 바닥이 얕고 또한 곳곳에 모래톱이 있어서 물길이 대단히 복잡하고 항행하기 어렵다. 내려갈 때는 순풍을 타고 하루만에 도달할 수 있지만, 거슬러 올라갈 때는 이틀이 걸려도 도착하지 못하는 경우도 있다. 최근에 강경에 거주하는 일본인이 흘수가 얕은 특수한 작은 석유발동기선으로서 이 사이의 운항을 시작하였는데, 결과가 대단히 좋다고 한다.

통신

통신은 교통과 마찬가지로 편리하다. 이곳의 기관으로는 우편국이 있고, 우편 이외에 전신 전화를 취급한다. 전화가입자는 현재 40명 정도이고 시가(市街) 통화지역은 군산 논산 전주 등이다.

교육

교육은 상당히 보급되어 있다. 기관으로는 조선인 아동을 교육하는 곳으로 학부(學部)가 직할하는 공립보통학교가 있다. 명치 39년에 창립하여 현재 재학 아동이 210여 명이다. 일본 아동을 교육하는 곳으로 강경일본회가 설립한 심상고등소학교가 있다. 명치 38년 4월에 개교하여 현재 학생 70여 명이 있고, 정교원 2명이 있다.

문고(文庫)

이곳에는 유지들이 모여서 설립한 문고가 있는데, 강경문고라고 한다. 신문 잡지 이외에는 소장한 장서가 많지 않지만, 이러한 설비는 다른 지역에서 보기 드문 곳으로, 이곳 주민들의 취미를 충분히 엿볼 수 있다.

관공서로는 우편국 이외에 경찰서 헌병분견소 및 일본인회가 있다. 이곳의 경찰서는 본도의 개관에서 언급한 바와 같이, 본군 석성 임천 한산의 4군과 노성군의 일부를 관할한다. 순사주재소는 은진 논산 석성 임천 한산에 배치되어 있고, 일본인회는 군산 개항 당시부터 설립된 것으로, 도로 정비 및 교량 가설 및 기타 시설에 대하여 전력을 다하여, 볼 만한 업적이 적지 않다.

제2절 석성군(石城郡)

개관

연혁

석성군(石城郡)은 원래 백제의 진악산현(珍惡山縣)인데, 신라가 조석산(朝石山)이라고 부르고 부여군의 영현으로 삼았다. 고려 때 비로소 지금의 이름으로 불렀다. 조선에 이르러 이산현(尼山縣, 현재의 석성군 일부)과 합하여 이성현(尼城縣)을 두었으나 얼마 지나지 않아 다시 나누어 한 현으로 삼았다. 후에 군으로 삼아 지금에 이른다.

경역 및 지세

동쪽은 노성군에, 남쪽은 은진군에, 북쪽은 부여군에 접하고, 서쪽은 금강에 면한다. 지세는 평탄하며, 작은 하천이 관류하여 금강으로 들어간다. 연안은 잘 개간되어 있고 논이 많다.

연안

군의 연안은 금강 가운데 얕은 모래톱이 제법 많지만, 평소에는 수심이 2~5심에 달하는 곳도 있다. 상류는 강폭이 점점 좁아지고 물살도 또한 급하다.

석성읍

석성읍은 화잠산의 남쪽 기슭에 위치하며, 군 서쪽의 현내면에 있다. 석성은 석산(石山)이라고도 한다. 군아 이외에 재무서 우체소 순사주재소가 있다. 강경까지 25리, 부여까지 30리, 공주까지 70리이다. 호구는 약 200호에 1,000명이 되지 않는다. 강경이 가장 가깝고 왕래도 빈번하며, 일상적인 물자는 모두 강경에 의지한다. 따라서 자연히 이곳의 상업은 발달하지 못하였다.

교통

군읍을 중심으로 강경·논산·부여 및 대안인 임천으로 가는 도로가 있다. 이것이 본군의 주요 도로라고 한다. 모두 평탄하지만 양호하지는 않다. 봉두정리(鳳頭亭里)와 창리(倉里) 등에는 조선배가 출입할 수 있기 때문에 수운의 이로움이 없지는 않다.

통신

통신은 강경 및 홍산 사이의 우편선로에 해당하여 매일 1회 체송이 있기는 하지만,

군읍에 우체소가 설치되어 있을 뿐이기 때문에 아직 그 편리함을 누릴 수 없다.

물산

물산은 농산물을 중심이고, 그중 중요한 것은 쌀 보리 콩 팥 및 잡곡 등이다. 소도 또한 다소 반출되며, 수산은 대단히 적어서 1년 생산량이 겨우 300~400원에 그친다.

장시

읍하 및 창리 두 곳에 장시가 있는데, 읍하는 매 2・7일, 창리는 매 5・10일에 개시하며, 집산물품은 미곡 및 수산물을 주로 한다.

구획 및 강 연안 마을

군 전체를 구획하여 9면으로 나누었다. 금강 연안에 병촌면(甁村面) 우곤면(牛昆面) 현내면(縣內面) 북면(北面)의 네 면이 있다. 북쪽 지역은 북면이고, 남쪽으로 은진군에 접하는 곳은 병촌면이다. 강 연안 마을로는 병촌면에 불암리(佛岩里)와 개척(蓋尺) 등이 있고 ▲ 현내면에는 창리(倉里) 포사리(浦沙里) 봉두정리 등이 있다. 그중 봉두정리는 호수 약 50호 인구 240명이고 어업자는 2호 7명이 있다. 어선 1척과 예망 4장(張)을 가지고 숭어 웅어[葺魚][80] 잉어 은어 등을 어획한다. ▲ 북면에는 염창(鹽倉) 및 노하리(路下里)가 있는데, 노하리는 호수 40호이고 인구는 150명이며, 어업자는 2호 9명이 있다. 이곳 또한 어선 2척을 가지고 예망을 사용하여 숭어 웅어[葦魚] 잉어 은어 등을 잡는다.

금강 연안 마을의 어업은 이처럼 작은 규모로 농사를 짓는 사람들의 부업에 불과하다. 그러나 강경에 거주하는 일본 어부는 뱀장어 긁기 어업을 목적으로 본군 연안을 다니면서 조업한 결과 상당한 이익을 얻었다고 한다.

---

80) 원문에는 葺魚로 되어 있지만 葦魚의 오기로 생각된다. 웅어로 번역해 두었다.

제3절 부여군(扶餘郡)

개관

연혁

원래 백제의 소부리군(所夫里郡) 일명 사자군(泗沘郡)이다. 백제 성왕이 웅천(熊川)에서 이곳으로 천도하여 남부여(南扶餘)라고 하였다. 의자왕 때 신라가 당의 힘을 빌어 이를 멸한 후에 이 땅을 잠식하였다. 경덕왕 때 지금으로 이름으로 고쳤고 고려를 거쳐 지금에 이른다.

경역

동쪽은 노성군에 남쪽은 석성군에 서쪽은 홍산군에 북쪽은 정산군에 접하고, 금강이 그 중앙을 관류한다. 금강은 북쪽으로부터 와서, 본군에 들어와 반원형을 그리고 서쪽으로 나간다. 그리고 강물은 서쪽 경계를 따라서 흐르기 때문에 마을은 주로 그 연안에 있다. 양쪽 기슭에 모두 흘러들어 오는 지류가 있지만 대개 작은 물길에 불과하다. 다만 청양군에서 나와서 정산군을 지나 금강에 합류하는 금강천(琴江川)은 제법 크며, 이 강과 지류 연안에는 평지가 적지 않다.

부여읍

부여읍은 군의 중앙에서 조금 서쪽으로 치우쳐서 금강의 동쪽 기슭에 있는데, 여주(餘州)라고 부른다. 군아 이외에 우체소 순사주재소 등이 있다. 일본인 3호 11명이 거주하고 있다. 부근은 풍경이 좋기로 유명하며 부여팔경이라고 부른다.

교통 및 통신

정산·공주·홍산·석성 등의 여러 지역으로 통하는 도로가 있는데 제법 양호하다. 홍산까지는 55리, 석성까지는 25리, 공주까지는 70리, 정산까지는 35리이다. 수로는 금강에만 의지하지만 위치가 마침 그 중류에 있기 때문에, 아래위로 수운이 편리하다. 서안에 있는 규암리 및 구교진(舊校津)은 본군의 중요한 나루이며, 특히 규암리에는 강경 부강 사이를 항행하는 발동기선이 기항한다. 또한 이곳에는 우편소가 있는데 군읍의 우체소와 더불어, 강경 홍산 사이 노선에 해당하여 매일 1회 체송이 이루어진다.

장시

은산(恩山)에 시장이 있는데, 음력 매 1·6일에 개시한다. 집산 화물은 잡곡 주물(鑄物) 모시[苧麻] 누룩[麴子] 등이고, 집산지역은 정산 홍산 임천의 각 지역이라고 하며 대단히 성대하다.

구획 및 강에 연한 면

본군을 나누어 읍내(邑內) 대방(大方) 초촌(草村) 몽도(蒙道) 도성(道城) 공동(公洞) 방생(方生) 가좌(加佐) 천을(淺乙) 송당(松堂)으로 삼았다. 각 면은 대개 강에 면해 있지만, 어업이 제법 활발한 곳은 천을면 및 도성면에 있는 두세 마을뿐이다.

호암리

호암리(虎岩里)는 본군의 북단에 있으며 도성면에 속한다. 인가는 약 50호 인구는 약 200명이며, 저류망(低流網)을 이용하여 모래무지[沙魚] 은어 잉어 등을 어획하는 경우가 있고 어획물은 은산으로 보낸다.

규암리

규암리(窺岩里)는 금강 연안에 있는 유명한 나루 중 하나로, 천을면에 속한다. 군읍에서 남동쪽으로 10리 남짓 떨어져 있으며, 강경 공주 사이 도로의 중앙에 위치한다. 인가 약 60호 인구 300명 남짓이고, 일본인도 6호 15명이 거주하며, 우편소 순사주재소 등이 있다. 주민은 농업을 주로 하지만 어업에 종사하는 사람도 또한 제법 많으며, 저류망 예망 및 투망 등을 이용하여 잉어 붕어 숭어 은어 모래무지 및 기타 잡어를 어획한다. 어획물은 은산 및 강경으로 보낸다.

돌리포

돌리포(乭里浦)는 규암리의 하류에 있으며, 인가 약 50호 인구 200여 명이다. 어업의 상황은 규암리와 같으며, 주로 앞에 있는 합탄(蛤灘)에 나가서 조업하고, 어획물은 은산으로 보낸다.

제4절 임천군(林川郡)

개관

연혁

임천군(林川郡)은 원래 백제의 가림군(加林郡)이었는데, 신라가 가림(嘉林)으로 고쳤고, 고려는 임주(林州)라고 불렀다. 조선 초에 부로 삼았으나, 태종 13년 지금의 이름으로 고치고 군으로 삼았다.

경역

북쪽은 부여군, 서쪽은 홍산 및 한산 두 군에 접하고, 북동쪽에서 남쪽에 이르는 일대는 금강에 면하며, 석성 은진 여산 용안의 여러 군을 마주 본다. 군 전체에 산과 구릉이 오르내리고 평지가 부족하다. 금강으로 흘러들어 가는 작은 하천들이 있지만 대부분 작은 물줄기여서 수운의 편리함은 없다. 그 중 제법 큰 것은 부여군의 경계를 이루는 장암강(場巖江)이다. 이 강이 금강과 합류하는 곳에서 큰 삼각주를 이룬다. 이곳에 일본인이 농장을 운영하고 있는데 일세촌(日勢村)이라고 한다.

금강의 북동부에는 바닷물이 거슬러 올라오는 곳이 없고, 남부에서는 다소 그 영향을 받고 또한 수심이 깊어서 수산물이 풍부하다. 강 가운데 곳곳에 얕은 여울이 있지만 선박의 통항을 방해하지 않으며, 배를 대기에 편리한 곳도 적지 않다.

임천읍

임천읍은 군의 중앙에 있으며, 북서쪽에 금성산(錦城山) 고성산(固城山) 성흥산(聖興山)을 등지고 있다. 군아 이외에 우체소 순사주재소 등이 있으며, 음력 매 5・10일에 이곳에서 시장이 열린다. 집산 물품으로는 쌀 보리 콩 팥 면포 모시 어류 소금 미역 연초 기타 잡화이며, 집산 지역은 부근의 여러 군이다. 입포(笠浦)에서도 또한 음력 매 4・9일에 시장이 열린다.

입포는 예로부터 유명한 주요 나루로서 그 시장 또한 대단히 성대하다. 그러나 부근에 군산 강경 논산 등의 큰 시장이 위치하고 있기 때문에 다소 그 영향을 받지 않을 수 없다. 이곳에서 다른 곳으로 반출되는 주요 물품은 미곡인데 선편으로 강경 및 군산으로 보내고, 이입품은 절인 생선과 해조가 주를 이룬다. 일본인 또한 와서 어획물을 판매하고 있다.

교통

군읍에서 부근의 여러 읍으로 통하는 도로가 있으며, 하천에는 교량을 가설하여 교통이 제법 편리하지만, 한산 및 홍산으로 통하는 길은 매우 험악하다. 군읍에서 공주까지는 100리, 석성까지는 20리, 홍산 및 한산까지는 30리, 강경까지는 25리이다. 수로 교통은 대단히 편리하며 선박이 항상 오르내리며, 대동면(大洞面) 입포는 그 주요한 기항지이다.

본군을 나누어 21면으로 삼았는데, 그중 강에 면한 것은 북변(北邊) 내동(內洞) 남산(南山) 백암(白岩) 인의(仁義) 세도(世道) 초동(草洞) 두곡(豆谷) 동변(東邊) 지곡(紙谷) 대동(大洞) 상지(上芝) 12면이다. 그러나 어업을 행하는 곳은 백암면의 반호리(頒湖里), 인의면의 회화정(檜花亭), 세도면의 가양리(佳陽里), 동변면의 칠산리(七山里), 지곡면의 송정리(松亭里), 대동면의 입포, 상지면의 포촌리(浦村里) 등이라고 한다.

반호리

반호리는 본군의 동부에 있으며, 인가 104호, 어선 6척이 있으며 유망을 사용하여 숭어 잉어 붕어 등을 어획하고, 어획물은 강경이나 임천으로 보낸다.

회화정리

회화정리(檜花亭里) 또는 회정리(檜亭里)라고도 하며, 인가 약 20호가 있는 작은 마을이지만, 투망을 이용하여 어업에 종사하는 사람이 많고, 어획물은 강경 및 임천으로 보낸다.

가양리

가양리는 강경과 마주보는 돌각에 있다. 인가 70여 호가 있는데, 어업에 종사하는 사람이 많다. 유망(流網), 장망(張網) 등을 사용하여 숭어를 주로 잡으며, 그 밖의 잡어도 어획한다. 어획물 판매지는 앞에서 언급한 어촌과 같다.

제5절 한산군(韓山郡)

개관

연혁

한산군(韓山郡)은 원래 백제의 마산현(馬山縣)이었는데, 신라가 가림군(嘉林郡)의 영현으로 삼았다. 고려가 비로소 지금의 이름으로 고쳤으나 그대로 가림군의 영현으로 삼았다. 조선 태종 13년에 한산군으로 삼았고, 지금에 이른다.

경역 및 지세

북동은 임천군에, 북서는 금산군에, 남서는 서천군에 접하고, 남동쪽은 금강을 사이에 두고 전라도의 함열 및 임피 두 군과 마주본다. 군 안은 대개 구릉이 오르내리며, 남서쪽 서천군에 접한 곳에서 다소 광활한 평지를 볼 수 있다. 금강으로 흘러들어가는 하천으로 제법 큰 것은 아포천(芽浦川)뿐이다.

장시

한산읍은 군의 거의 중앙에 있으며, 북서쪽으로 작은 구릉을 등지고 있다. 군아 이외에 재무서 순사주재소 우체소 등이 있으며, 음력 매 1·6일에 이곳에서 장이 열린다. 하북면(下北面) 신시(新市)에서도 또한 매 3·8일에 장이 열린다. 모두 주요 집산 물품은 미곡 모시 건염어 연초 등이다.

교통 통신

교통은 수로가 가장 편리하며, 금강을 오르내리는 선박이 연안 각지에 기항한다. 육로는 평탄하지 않으며, 홍산까지 40리, 임천까지 30리, 서천까지 30리, 공주까지 130리이다. 강경에서 군읍으로 매월 15회 우편물이 체송된다.

물산

물산은 쌀 보리 콩 팥 모시 및 기타 농산물을 주로 한다. 본군의 특산품은 모시인데, 과거에는 전국적으로 유명하였으나, 그 원료는 대개 전라북도의 여러 군에 의지한다. 1년 생산액은 30,000필이고 가격은 약 130,000원이다. 수산물로는 뱅어 숭어 농어 기타 담수 어류이다. 뱅어는 본군의 특산물로 유명하지만, 대부분 다른 군의 어업자들이 어획한 것이다. 주요 어장은 신화포(新和浦)이며 2~3월까지 범석(泛席)으로 어획한다(범석은 중선과 같은 구조의 어구로, 상부의 폭은 1척 7촌, 하부의 폭은 3촌, 길이 15길의 망지 32매를 주머니 형으로 이어붙인 다음, 직경 2푼 정도의 밧줄에 붙인 것이다. 주머니 입구의 둘레는 9길, 말단에 이르러서는 1길, 길이는 15길로 한다. 이를 사용하기에 만조 때가 좋다고 한다).

구획

본군을 나누어 9면으로 삼았는데, 강구에 면하는 것은 동하(東下) 남하(南下) 남상(南上) 3면이라고 한다. 동하면은 동단에 위치하여 연안에 신성(新成) 신후(新厚) 죽산(竹山) 등이 있다. 남하면은 동하면의 서쪽에 접하며 기포(岐浦) 대촌(大村) 포원(浦元) 등이 있다. 남상면은 남하면의 서쪽에 접하는데, 망월진(望月津) 신아포(新芽浦) 선소(船所) 등이 있다. 주민은 대개 농업을 영위하며, 어업에 종사하는 사람은 대단히 드물다.

제6절 서천군(舒川郡)

개관

연혁

원래 백제의 설림군(舌林郡)인데 신라 경덕왕이 서림군(西林郡)으로 고쳤다. 고려 현종 9년에 이를 가림현에 소속시켰고, 후에 감무를 두었다. 조선 태종 13년 지금의 이름으로 고치고 군으로 삼아 지금에 이른다.

경역

충청도의 남단에 있으며, 북방은 비인·홍산 두 군에 접하고, 동쪽은 길산천(吉山川)이 한산군과 경계를 이루고, 남쪽은 금강 하류인 용당강(龍堂江)을 사이에 두고 전라북도 옥구군과 마주보며, 서쪽 일대는 바다에 면한다.

지세

북쪽 비인군의 동쪽에 솟아있는 장기봉(將基峰)의 한 지맥이 남하하여 해안을 달리지만 본군에 들어와서는 낮은 구릉으로 변하며, 전체로 산악이 높고 험한 것은 없다.

그래서 지세는 대체로 완사지 또는 평지이다. 특히 동쪽으로 한산군과의 경계를 따라 흐르는 금강의 지류인 길산천 연안에는 넓고 비옥한 평야가 펼쳐져 있는데 거의 끝을 볼 수 없다. 이것이 곧 서천 및 길산장 평지이다. 이 평지의 대부분은 본군에 속하고, 한산군에 속하는 것은 좁다. 본군은 이처럼 지세가 낮은 구릉과 평지가 많고 산악이 많지 않다. 따라서 농산물이 풍부하며 특히 쌀 생산이 많은 것으로 본도의 바다에 면한 여러 군 중 으뜸이다.

연안

연안은 금강에 면한 지역에서는 제법 수심이 있고 선박을 댈 수 있는 장소가 없지 않으나, 금강 하구 이북의 외해에 면한 지역은 모두 갯벌이 0.5~1해리 앞바다까지 펼쳐져 있어서 자연히 좋은 항만을 형성하는 데 이르지 못했다.

서천읍

서천읍은 서쪽 연안에서 약 20리, 군산의 대안인 용당에서 북서쪽으로 30리 떨어진 곳에 있다. 군아 이외에 순사주재소 재무서 우체소 등이 설치되어 있으며, 일본 상인도 또한 거주하는 사람이 있다. 군산항에서 멀리 떨어져 있지 않고, 용당에 이르는 사이의 도로도 평탄하므로 왕래하기에 편리하다. 이곳에서 북쪽 홍산읍까지 40리는 모두 우편선로이다.

교통

군의 지세는 앞에서 본 바와 같이 대체로 평탄하지만, 도로는 용당에서 읍하를 거쳐 홍산에 이르는 것을 제외하면 대체로 좁고 또한 굴곡이 심하여 좋지 않다. 그러나 금강의 지류인 길산천은 조석을 이용하면 멀리 내륙에 위치한 길산장까지 작은 배로 오르내릴 수 있다. 이 평지 일대의 농산물은 길산천을 통해서 반출하여 군산까지 운반하는 것이 편리하다.

장시

장시는 서천읍 및 길산포에 있다. 읍시의 개시는 음력 매 2・7일이지만 부근에 유명한 길산장이 있다. 또한 군산항에서 가깝기 때문에 자연히 이 시장에 모여드는 사람은 적고, 그 집산액도 한 장시에 100~500원에 불과하다고 한다. 길산포는 금강의 지류 길산천 양쪽 기슭에 각각 위치하고 있는데, 왼쪽 기슭은 본군이고 오른쪽 기슭은 한산군이다. 이 강은 앞에서 본 바와 같이 수운의 편리함이 있고, 또한 이곳이 평지에 위치하여 부근에 마을이 많다. 그래서 길산장이 읍장보다 갑절이나 활발하다. 길산장은 음력 매 4・9일에 개시하며, 그 집산 구역은 본군이 3할, 한산군이 7할이다.

물산

물산 중 주요한 것은 쌀 보리 콩 팥 삼베 연초 및 어패류이다. 어패류 중 중요한 것은, 조기 도미 갈치 가오리 가자미 넙치 농어 숭어 뱅어 젓새우[眞鰕][81] 대합 바지락 맛 굴 등이다. 본군 근해에 회유 또는 서식하는 물고기가 풍부하지만, 그 산액은 아직 많지 않다.

어업 개황(槪況)

어업은 어살을 주로 하며, 주목・휘라・자망 등을 다소 행할 뿐이다. 패류 채취의 경우는 오로지 부녀자들이 이에 종사할 뿐이다. 그러나 패류는 겨울철을 제외하고 부녀자들이 항상 채취한다. 군산시장에서 매매되는 굴 및 기타 패류는 대부분 이들이 공급하는 것이다. 패류가 가장 많이 서식하는 곳도 금강 하구부터 북상하여 약 20리 연안이라고 한다. 그 사이는 폭 17~18정 내지 10리에 이르는 간출 사퇴로 무한하리만큼 풍부한 갯벌이다. 금강하구에서는 농어 숭어 젓새우가 제법 많이 나는데, 젓새우는 5~9월에 이르는 사이에 가장 많이 잡힌다. 또한 금강 하구에서는 일본 어부 및 외래 어부가 가오리를 주로 하면서 가자미 넙치 등을 어획하는 경우가 있다. 어기는 3월 중순부터 6월에 이르는 사이이다. 초기에는 가자미 및 흰가오리를 주로 하고 계절이 진행됨에 따라서 노랑가오리만 잡으며, 어장도 또한 점차 남쪽으로 이동한다.

남부면(南部面) 정가리(丁加里)에는 종래 제염업을 영위하는 사람이 있었으나, 최근에 연료가 부족해지면서, 수지가 맞지 않아 휴업하게 되었다.

---

81) 젓새우는 糖蝦 白蝦 細蝦 紫蝦라고도 한다.

구획

본군은 11면으로 나뉘는데, 동부(東部) 및 마길(馬吉) 두 면은 금강에, 남부(南部) 및 서부(西部) 두 면은 외해에 면한다.

동부면(東部面)

남쪽은 금강에 연하고 동쪽은 길산천이 한산군과 경계를 이루고, 남서쪽은 마길면에, 서쪽은 남부면에, 북쪽으로는 서부・판산(板山) 두 면에 접한다. 본군 평지의 절반 이상은 이 면의 땅이며, 농업이 활발한 곳이다. 그래서 금강에 면하여 망월(望月) 및 두세 마을이 있으나, 어업은 여가에 숭어 뱅어 굴을 잡는 데 그친다. 이를 생업으로 하는 사람은 없다.

마길면(馬吉面)

동부면의 서쪽에 위치하며 그 남쪽은 금강에 면하고, 북서쪽은 남부면과 서로 만난다. 본면에 속하는 강에 면한 마을로는 신리(新里) 위포(胃浦) 용당(龍堂) 등이 있다. 본면의 형세는 대체로 동부면과 다른 점이 없고, 이들 마을의 주민도 어업을 전업으로 하는 사람은 대단히 드물다. 다만 용당에는 다소 어업을 영위하는 사람이 있는데, 용당의 개황은 다음과 같다.

용당

용당(龍堂, **룡당**) 또는 용당(龍塘)이라고도 쓴다. 군산 거류지와 마주보며 도선장이 있다. 북쪽은 서천읍까지 30리이고 도로가 평탄하다. 이 도로는 단지 서천군에 이르는 데 그치지 않고, 서천읍을 거쳐 홍산 남포 보령 등의 연안 여러 읍 및 홍산읍에서 동쪽으로 갈라져서 부여군에 속하는 규암리 등에 이르는 주요한 도로이다. 그래서 여객이 항상 끊이지 않으며 또한 군산 거류지 사이에도 왕복이 지극히 빈번하다. 이곳은 앞기슭에 군산 시장을 끼고 있고 또한 외해로 출어하기에 아주 불편하다고 할 수 있는 정도는 아니다. 그래서 후쿠오카현[福岡縣]은 어민 이주근거지로 선정하였고, 이미 상주하는 사람이 있다. 주민은 원래 농업을 주로 하고 어업을 영위하는 사람은 거의 없었으나 일본 어부가 정주한 이래로 통어선(通漁船)[82]도 적지 않게 왕래하므로, 자연히 종업자로 고용되거나 스스로 어업을 경영하여 외해로 출어하는 사람도 생겨나기에 이르렀다. 금강의 어채물은 앞에서 본 바와 거의 같고, 외해로 출어하는 경우는 칠산탄 등의 조기 또는 가오리를 목적으로 한다.

남부면(南部面)

마길면의 서쪽에 있으며 북쪽으로는 서부면에 접하고, 그 연안은 금강 하구에서 북상하여 외해에 면한다. 그러나 일대에 사니퇴가 펼쳐져 있으며, 특히 그 앞바다에는 금강 하구 중앙의 대사퇴(大沙堆, 동서 약 25리, 남북 10리 남짓에 이른다)가 먼바다까지 이어져 있다. 그 안에는 유부도(有父島, 甲島) 을도(乙島) 정도(丁島) 술도(戌島)가 들어 있으며, 또한 대사퇴의 북쪽에는 금강으로 들어가는 이른바 북수도(北水道)의 북쪽을 이루는 사퇴가 육지 연안의 간출 사퇴와 연결되어, 개야도(開也島)까지 이어져 있다. 따라서 한 곳도 선박의 출입이 편리한 포구가 없다. 그러나 대사퇴에서 패류가 많이 생산되는데, 앞에서 이미 군의 개관에서 언급한 바와 같다. 연안에 장암리(長岩里) 항리(項里) 홍산(鴻山) 솔리(率里) 백사(白沙) 등의 마을이 있으며, 그 중에서 어업이 활발하게 이루어지는 곳은 장암리이다. 그 개황은 다음과 같다.

장암리

장암리는 본면의 남단에 있으며, 뒤로는 후망산(後望山)을 등지고 앞으로는 금강에 면하고 군산의 봉수봉(烽燧峯)을 마주 본다. 서쪽으로는 전망산(前望山)이 돌출하여 서쪽의 작은 만을 이룬다. 만 안은 폭 2정 내외이고 간조 때는 바닥이 드러나기 때문에 선박의 출입이 편리하지 않다. 앞바다의 암초에 괘등입표(挂燈立標)가 있다. 부근의

82) 일본에서 직접 한반도 연한에 고기를 잡으러 오는 배를 말한다. 조선에 정주하고 있는 어부와 대비시킨 것이다.

조류는 썰물은 서쪽으로 밀물은 동쪽 내륙을 향해서 흐른다. 속력은 급격하여 2해리 남짓에 이른다.

후망산의 줄기에서 그 기슭에 걸쳐서 인가가 있는데, 전망산 기슭에 있는 몇 호가 합하여 하나의 마을을 이룬다. 나가사키현[長崎縣]은 이곳을 어민이주지로 선정하였으나 아직 이주자가 오지는 않았다. 북쪽으로 소월리(小月里)로 이어지는 경작지가 있는데, 면적은 동서 6~7정, 남북 24~25정에 이른다. 산이 있기는 하지만 소나무가 드문드문 자랄 뿐이어서 수목이 드물다. 고원(高原)이 있는데, 전망산에 있는 것은 해발 211피트, 남북 3~4정 동서 8~9정이고, 후망산에 있는 것은 해발 268피트, 동서 3~4정 남북 약 10정이다. 인가가 약 50호 있으나 부자는 없고 농업과 어업을 겸하여 겨우 입에 풀칠을 하는 데 불과하다.

위치가 금강에 면하여 바로 바다로 이어지므로, 해운은 비교적 편리하고 육로도 또한 험악하지 않다. 조금 정비를 하면 수레가 지나다기에 어렵지 않을 것이다. 용당 도선장까지는 약 5리이고, 서천까지는 20리 떨어져 있다.

수산물은 뱅어 준치 숭어 조기 갈치 도미 농어 가오리 문절망둑[沙魚] 뱀장어[鰻] 굴 바지락 대합 등이고, 뱅어는 국망(掬網) 및 어살, 준치는 외줄낚시, 조기 및 갈치는 주목망, 가오리 및 도미는 주낙을 사용하여 어획한다.

서부면(西部面)

남쪽은 남부면에 북쪽은 장구천(長久川)을 사이에 두고 비인군에 접한다. 연안 일대는 사니퇴로 덮여있는 점에서 남부면과 다르지 않다. 그래서 양호한 항만이 없고, 어업 또한 대단히 부진하다. 연안에는 금포(金浦) 산소(山所) 죽산(竹山) 와석(臥石) 동지(冬之) 노항(蘆項)이 있다. 와석 및 노항은 제법 어업으로 알려져 있다.

와석리

와석리(臥石里, 와셕리)는 서천읍에서 서쪽으로 10리에 있다. 동쪽에서 오는 작은 산줄기가 구불구불 이어져서 마을 북쪽을 감싼 다음 남서쪽으로 7~8정 정도 돌출하면서 바다로 들어간다. 그 남쪽 기슭은 작은 천입만(淺入灣)을 이룬다. 연안은 멀리까지 얕으며 간만의 차이는 1장 5~6척 내지 2장 남짓에 이른다. 그리고 20여 정 바깥으로 나가지 않으면 간조선에 도달할 수 없다. 간조 때에는 조류의 흐름이 대단히 급격하며 금강에서 토출되는 물은 이 마을의 앞기슭을 지나 북쪽에 있는 마량리 돌각을 향하여 달린다. 이와 반대로 만조 때에는 남류하여 금강 입구로 들어간다.

부근에는 100마지기 남짓한 밭 말고는 논이나 산림이 없다. 인가는 26호가 있으며, 어업에 종사하는 사람이 많다. 이업은 조기 자망, 상어 자망 및 어살을 주로 한다.

조기 자망은 두 가닥으로 꼰[二子撚] 삼실[麻絲]로 만들며, 그물눈은 2~2.5촌목, 폭 2.5길, 길이 400길로 한다. 갈나무[83]의 뿌리로 염색한다. 망지(網地)는 전라도 무장 및 부안 지방에서 짠 것을 구입하는데, 1통 가격은 약 100관문이다. 어선 한 척에 어부 12~13명이 승선하여 이 그물을 사용한다. 어장은 3월 하순부터 4월 하순까지는 칠산탄, 4월 하순부터 5월 하순까지는 파실해[パシル海]라고 한다. 한 어기 사이의 어획량은 1척당 100~200관문이며, 한 번의 어획에서 많을 때는 10,000마리가 넘지만 평균 4,000~5,000마리이다.

상어자망은 두 가닥으로 꼰 직경 2푼 5리 정도의 마사(麻絲)로 만들며, 그물눈은 1척, 폭은 5~6길, 길이는 500~600길이다. 사용법은 조기 자망과 큰 차이가 없고, 어장은 연도 부근에서 마량리 사이이며, 어기는 5월이라고 한다.

어살은 당리(堂里)의 전면, 육지에서 17~18정 내지 15리 정도 떨어진 곳에 설치하며, 3~7월 사이에 갈치 및 조기를 주로 하고 기타 서대 도미 숭어 가오리 작은 상어 돗돔[石投魚] 및 기타 잡어 낙지 등을 어획한다. 어획량은 몇 년 전에는 한 어기 사이에 1,000원 이상에 이른 적도 있었으나, 근년에는 200~300원이 보통이고, 풍어라도 500원을 넘는 일은 없다. 이 마을 연안의 어살 어장은 8곳이 있으며, 한 어살의 판매가격은 30~50원이 보통이다.

어획물은 대개 생선인 채로 판매한다. 칠산탄에서 잡은 조기는 전주 부안 법성포 군산 강경 웅포 기타 각지로 보내거나, 황해 평안 연안에서 온 출매선에 매도하는 경우가

83) 떡갈나무 굴피나무 등의 껍질로 그물을 염색할 때 사용한다.

있다. 전자는 대체로 그 지역의 중개상의 손을 거쳐 매매되는데, 중개상의 구전은 1할이다. 후자는 출매선에 직접 매도하기 때문에 구전이 필요없다. 그러나 여러 가지 사정이 있어서 전자에 의하는 경우가 많고, 출매선은 종래에는 조선인들 사이에서만 거래가 이루어졌으나, 근년 일본인이 이에 종사하는 경우가 점점 증가하여 석유발동기선 및 작은 기선을 사용하는 사람이 나타나기에 이르렀다. 이 마을 앞 연안에서 어획한 상어 조기 및 기타 어류는 어업자가 직접 서천 판교 및 곡산포 등의 시장에 보내거나, 해당 지방에서 온 시장 상인에게 매도하는 경우가 있다. 가격은 조기 1마리 3~4리 내지 6~7리이고 상어는 큰 것은 한 마리에 15~30전, 작은 것은 10~15전이다.

노항리

노항리(蘆項里, 로항리)는 와석리의 북쪽에 있으며, 인가는 27호이다. 대개 어업에 종사하며, 어살 및 정선(碇船)을 이용하여 조기 및 기타 잡어를 어획한다. 어획물은 논산 및 강경으로 보낸다.

제7절 비인군(庇仁郡)

개관

연혁

원래 백제의 비중현(比衆縣)이었는데, 신라가 비인(庇仁)으로 고치고 서림군(西林郡)의 영현으로 삼았다. 고려 현종 9년에 이를 가림현(嘉林縣)에 소속시켰으며, 조선에서도 그대로 현으로 두었다가 후에 군으로 삼아 오늘에 이른다.

경역

남쪽은 장구천(長久川)이 서천군과 경계를 이루고, 북쪽은 장포천(長浦川)을 사이에 두고 남포군과 접하며, 서쪽은 바다에 면하고, 북동쪽은 주렴산(珠簾山)과 장기봉(將基峯) 등의 준봉이 솟아있다. 그 산맥이 두 줄기로 나뉘어, 하나는 남쪽 서천군으로 이어져 충남 중앙의 비옥한 평야와 경계를 이루고, 하나는 서쪽으로 오르내리며 달리다가 마량반도(馬梁半島)가 된다. 갑단이 남쪽으로 꺾여 천입만을 이루는데, 이것을 비인만(庇仁灣)이라고 한다. 만의 동단을 월하포(月下浦)라고 하고, 그 중앙을 도둔포(都屯浦), 그 서단을 마량리(馬梁里)라고 한다. 마량리는 본도 제일의 양항이다. 또한 본군의 남단에는 서천군 와석리(臥石里)의 돌각과 내다리(內多里)에 의해 형성된 장구만이 있다. 만 입구는 남북 약 20정이고 만 안 일대는 간출사퇴이며, 그 중앙으로 겨우 장구천의 가는 물줄기가 흐른다. 만조시에 만 입구의 수심은 8~9척 내지 1장 2~3척이며, 뱅어 붕장어 쏙 낙지 대합 바지락 맛 등이 난다. 주위에 내다 여정(餘丁) 장구 등의 마을이 있다. 여정리와 장구리 사이에 동서 약 15정, 남북 약 10정에 이르는 평탄한 황무지가 있는데, 토질은 적색 점토가 섞여 있다. 장구리 뒤에서 송동에 이르는 약 25정 사이는 소나무가 무성하여 풍경이 훌륭하다.

하천

하천으로 큰 것은 없고, 남쪽 지역의 경계를 구획하는 장구천(長久川)과 장포천(長浦川)이 있지만 유역은 30리 내외에 불과하다. 경지는 제법 많으며 또한 해안선이 길기 때문에 어염의 이익도 적지 않다. 연안에는 좋은 어장이 있기 때문에 일본 어선의 왕래가 빈번하며 특히 여름철에 많다. 도미 조기 갈치 등을 어획한다.

읍치

비인읍은 장기봉 산줄기의 서쪽 끝에 있다. 서천읍에서 북서쪽으로 30리 되는 곳에 있으며 삼면이 구릉으로 둘러싸여 있으며, 북쪽으로 신촌에 이르는 약 10정 사이가 평탄하고 논을 볼 수 있으며 밭도 또한 많다. 읍의 일부는 바다에 면하여 염전이 있다. 기후는 군산에 비하면 다소 온난하다. 인가 70호가 있으며 대개 농업을 영위한다. 군아 이외에 순사주재소 우체소 등이 있다.

비인군회라는 것이 있는데, 이는 본군의 특유한 자치기관으로 달리 사례를 볼 수 없다. 회장은 전 군수였던 사람이 맡고, 매월 1회(8일) 반드시 회의를 열어 교육 위생 기타 공공사업에 관하여 협의한다. 따로 규약을 정하지는 않았으나, 매회 다수가 출석하며, 각종 사항을 의결하고 착착 이를 실행한다. 이 군회의 보조로 성립된 인창학교(仁昌學校)가 있다. 광무 10년 즉 명치 39년에 창설된 것으로, 당초에는 보조액이 정해지지 않았으나 후에 1개월 50원으로 확정되었고, 일본인을 초빙하여 일어보통학 등의 수업을 담당토록 하였다. 또한 송두리(松頭里)에 분교를 설치하고 본교의 우등생으로 하여금 교대로 출장토록 하여 수업을 맡는다. 양쪽 모두 성적이 양호하며 학교의 운세가 융성한 상황이다.

군내의 경지는 논이 약 30,000마지기, 밭이 약 20,000마지기이며, 가격은 한 마지기당, 논은 상등 20~30원, 중등 약 15원, 하등 약 10원이며, 밭은 상등 약 10원, 하등 3~4원이다.

장시

비인읍 및 판교리에 시장이 있다. ▲ 비인시장은 음력 매 3・8일에 열리며, 12월 및 8월이 최성기이고, 1~2월 및 농사일이 바쁜 시기에는 한산하다. 취급 품목은 목면 및 옥양목류가 가장 많고, 그 액수는 1개월에 약 300~400단(段)[84]이다. 쌀 및 잡곡류는 계절에 따라서 증감이 있지만 매번 반드시 출하된다. 어류는 3~5월에 이르는 3개월 사이가 가장 많으며, 갈치 조기 및 도미는 장이 열릴 때마다 반드시 보인다. ▲ 판교시장은 음력 매 5・10일에 열리며, 집산 품목은 대단히 많다. 각 시장에 보이는 수입품 및 이입품 중 주요한 것은 백금건(白金巾)[85] 마포(麻布) 목면류 성냥 석유 명태 미역 등이다.

주산물

본군의 주산물 종류 및 1년간 생산액은 대개 다음과 같다.

---

84) 포백의 단위로 나라와 시대마다 차이가 있었으나, 여기에서는 일본 근대의 계량 단위로 폭 9촌 5푼 길이 2장(丈) 이상을 표준으로 한다. 1丈은 10척 즉 3.03m이다.
85) 카나킨[金巾]은 포르투갈어 canequim이라는 뜻이고 올이 가늘고 얇은 면포를 말한다.

품목	수량	금액(円)	품목	수량	금액(円)
쌀	20,000 石	160,000	소	300 頭	1,500
보리	2,000 石	15,000	식염	2000 石	7,500
콩	1,500 石	7,500	어류(魚類)		15,000
팥	100 石	800			
연초	2,000 連	400	**합계**	-	207,700

본군은 6면으로 나뉜다. 그중 바다에 면한 것은 일방면(一方面) 군내면(郡內面) 서면(西面) 세 면이다. 군내면에는 쌍도(雙島), 서면에는 모도(茅島)가 소속되어 있다.

일방면(一方面)

북쪽은 군내면에 남쪽은 서부면에 접하고, 서쪽은 바다에 면한다. 연안에 깊은 만입이 있기는 하지만, 갯벌이 넓게 펼쳐져 있어서 선박의 출입이 편리하지 못하다. 장구(長久) 여정(餘丁) 내다(內多) 외다(外多) 장진(長津) 포성(浦城) 등의 마을이 있다. 여정과 장구 사이에는 광활한 황무지가 있다. 또한 장구 부근에는 소나무숲이 있는데 풍경이 대단히 훌륭하다. 어업은 일반적으로 활발하지 않지만, 뱅어 붕장어 쏙 낙지 대합 바지락 맛 등이 난다.

군내면(郡內面)

남쪽은 일방면에 북쪽은 서면에 접하고, 서쪽은 바다에 면한다. 내륙은 대개 평탄하며 그 중앙에 바다에 접해서 비인읍이 있다. 연안 일대는 갯벌이며, 선박의 출입이 편리하지 않다. 어촌으로 주요한 것은 고도(姑島) 동선(東船) 서선(西船) 사단(社丹) 등이다.

고도리

고도리는 본면의 남단에 있으며, 구릉을 사이에 두고 일방면 외다리와 이웃한다. 앞 연안이 만입을 이루지는 않으나 그 왼쪽에 암초가 가로놓여 있어서 남쪽에서 오는 파도를 막아주므로 배를 대기에 제법 편리하다. 인가 30호가 있으며, 어업에 종사하는 사람이 많다.

서선리

서선리(西船里, 셔선리)는 송두(松頭)라고도 하며, 비인읍에서 남서쪽 5리 떨어진 해안에 있다. 부근의 지세가 평탄하고 구릉이 없으며, 동쪽 신촌 및 비인읍 방면에서 이어지는 논이 있다. 서쪽은 월하포와 갯벌을 끼고 마주 보는데, 그 사이는 13~14정이다. 또한 이웃한 마을인 사단 사이에 작은 만이 있다. 만의 크기는 동서 약 3정, 남북도 거의 그와 같으며, 만 입구는 불과 50간 정도이다. 남서안에서 약 10정 떨어진 갯벌 속에 높이 100여 척의 두 암초가 있는데, 이를 수로의 목표로 삼는다.

연안 일대가 기슭으로부터 약 20정 사이는 갯벌이 펼쳐져 있고, 그 나머지도 역시 멀리까지 얕아서 마량리 돌각까지 20리 사이는 수심이 겨우 3심에 불과하다. 그러나 간만의 차이가 대단히 커서 실로 1장 2~3척 내지 2장에 이르기 때문에 만조 때에는 수심이 2~4심으로 늘어난다. 그 차이가 가장 큰 때는 6~7월 두 달이다. 조류의 방향은 간조 때에는 남동쪽에서 와서 마량반도에 충돌하여 남서쪽으로 급하게 흐르고, 만조 때에는 북서쪽에서 남동쪽을 향한다.

인가 약 70호가 있으며, 동선 및 고도와 합산하면 130여 호이다. 제염업이 가장 활발하지만 어업에 종사하는 사람도 또한 대단히 많다. 생계 수준은 중간이며, 1호 5명 가족이 1년의 생계비로 150~200원이 필요하다고 한다.

물자는 다른 마을과 마찬가지로 주로 비인시장 및 판교시장에서 공급받는다. 식수는 비인읍에서 내려오는 계곡물을 사용한다. 하구에서 2~3정 거슬러 올라가면 물이 대단히 맑고 차다. 마을 안에 우물도 2~3곳이 있지만 소금기를 품고 있어 양호하지 않다.

연안에는 어살어장 2곳이 있으며, 어기는 4월 상순부터 5월 중순까지라고 한다. 5월 이후 10월 경까지는 어류는 여전히 내유하지만 풍파가 심하여 조업이 대단히 곤란하다. 어획물은 갈치 조기를 주로 하고 도미 서대 정어리 숭어 가오리 새우 및 잡어를 혼획한다. 어획량은 한 어장에서 한 번에 10원 내외가 보통인데, 풍어가 들면 200~300원 이상 되는 경우도 있다. 숭어는 또한 자망으로 어획하는 경우도 있다. 또한 연안에 육지와 접해서 돌살을 설치하여, 작은 정어리・잔새우 및 잡어를 어획하기도 한다. 긴맛 맛 대합 바지락도 대단히 많이 나지만 마을 사람들은 자급하는 데 그치고 아직 판매를 목적으로 채취에 종사하는 경우는 없다. 갯벌 도처에 낙지가 나는데, 10~12월 사이가 특히 많다. 이를 채취하여 도미 낚시 어선에 판매하는데, 가격은 계절에 따라 일정하지 않지만 길이 5촌 정도 10마리가 10전 내외인 것이 보통이라고 한다. 그밖에 뱀장어[鰻] 문절망둑 피라미[鰷] 메기 붕어 미꾸라지 등 담수어류가 잡히지만 문절망둑을 제외하고는 식용으로 사용하는 경우는 드물다.

어획물은 어기 때에는 비인 및 기타 지방에서 오는 중매인에게 매도하는 것이 보통이지만, 풍어 때에는 어업자가 직접 배를 마련하여 강경 군산 기타 시장에 수송하여 중개상을 끼고 판매하는 경우가 있다. 중개상의 구전은 1할이 보통이지만, 어가가 저렴하여 손실이 클 때는 협의해서 낮추는 경우도 있다.

염업을 영위하는 5조(組)가 있는데, 1조가 소유한 염전 면적은 약 8마지기이고 총계 40마지기이다. 이 마을과 부근 마을 주민의 공동사업이며 1조는 8명으로 이루어지며, 실제 조업하는 사람은 5명이다. 제염 시기는 봄 가을 두 철이고, 봄철에는 2~5월, 가을철에는 9~11월이라고 한다. 그러나 근년 연료가 부족하여 가격이 저렴하지 않기 때문에 계속 조업할 수가 없게 되었다. 자연히 생산액은 해마다 감소하는 추세에 있다. 수익은 하루 제염량으로 추측해보면 대단히 큰 것 같으나, 염전의 구조와 설비 등이 불완전하기 때문에 1회의 제염을 마치면, 소금가마의 청소, 소금 원액의 추출 등에 약 20일이 소요되며, 1년의 생산액은 1가마 당 50가마니 즉 35석, 금액으로는 50원에 불과하다고 한다.

서면(西面)

남쪽은 군내면에, 북쪽은 남포군에 접하며, 그 중앙은 서쪽을 향한다. 연안은 굴곡과 만입을 이루는 큰 반도가 돌출되어 있고, 그 좌우에 두 만을 가지고 있다. 북쪽에 있는 것을 베이쟈[ベイジャー]만이라고 하는데 거의 전체가 갯벌로 뒤덮여 있다. 남쪽에 있는 것은 비인만이라고 하는데, 간석이 넓게 펼쳐져 있고 멀리까지 물이 얕지만, 어선을 정박하는 데 편리한 양항이다. 근해에 좋은 어장이 있어서 일반적으로 어업이 제법 활발하다.

월하포

월하포(月下浦)는 마량반도의 허리 부분에 있는 동서 3정, 남북 2정의 작은 만에 있다. 연안은 평평한 모래 사장이고 멀리까지 얕아서, 간조선은 약 10정되는 곳에 있다. 그 부근에 암초가 많아서, 항해에 주의를 요한다. 동쪽의 송두리와 마주보는데, 그 사이는 약 12정인데, 사니로 이루어진 갯벌이다. 긴맛 맛 대합 낙지 쏙 등이 난다. 토지가 좁아서 경지가 적으며, 논 약 80~90마지기, 밭 100여 마지기에 불과하다. 다소의 황무지가 있지만 그중 양호한 것은 이미 개간되어 남은 땅이 적다. 인가 29호가 모래 언덕에 모여 있다.

1~3월까지는 동풍이 많고, 4~7월까지는 남풍이 많으며, 때로 북풍이 분다. 8~9월 두 달은 서풍이 많고, 10~12월까지는 북풍이 많다. 풍파가 가장 격렬한 것은 남풍이 불 때이며, 이 시기에는 어선이 난파되는 경우가 많다. 특히 6~7월이 가장 심하다. 조류는 밀물 때는 서쪽에서 오고, 썰물 때는 남동쪽으로 간다.

어업은 주낙 어살 및 자망을 주로 한다. 주낙은 그 구조가 일본 것과 큰 차이가 없으나, 다만 조금 대형일 뿐이다. 어선은 이 지역으로 출어했던 일본인으로부터 물려받은 도미 낚시어선을 사용하는 사람이 있다. 어업도 또한 그들로부터 전습받은 것이다. 1척의 어선에 5명이 타고 주낙 약 10발을 사용한다. 1발에 낚시바늘 10~12개를 달며, 미끼는 오로지 쏙을 사용하여 도미를 주로 잡는다. 그 밖에 감성돔 가자미 민어 복어 작은 상어 등을 어획한다. 쏙은 부근의 갯벌에서 많이 나므로 마을 사람들이 이를 미끼용으로 채취한다. 어업자는 이를 구입 사용하는 것이 보통이지만, 때로는 직접 채취하는 경우도 있다. 가격은 2말(1말은 일본의 7되) 당 1원 50전 내외이다. 어기는 봄가을 두 철인데, 봄철에는 4~5월 두 달, 가을철은 8~10월 세 달이라고 한다. 어장은 연도의 앞바다 서쪽 약 20~30리 사이, 수심 10~15심되는 곳이다. 날씨가 좋은 날에는 이른 아침에 출어하여 저녁 무렵에 마을로 돌아온다. 어획량은 때에 따라서 풍흉이 있으나, 1회에 30~40마리 내지 70~80마리가 보통이라고 한다. 풍어 때에는 120~130마리를 잡는 경우도 있다. 이익의 분배방법은 어획량으로부터 식료 기타 어기 중 어선에 필요한 잡비를 공제하고, 그 잔액을 7등분한 다음, 선두(船頭)가 3등분을 가지고 나머지 4등분은 각 어부에게 균분한다. 선두는 곧 자본주이다. 어부는 때로는 급료를 받고 고용되는 경우도 있는데, 나이나 기능의 숙달 정도에 따라서 다소 차이가 있으나, 식료를 지급하고 1개월에 약 10원이 통례라고 한다.

어살은 갈치 복어 등을 주로 어획한다. 어장은 전면의 간조선 부근의 모래바닥인 지역인데, 5곳이 있지만 대부분은 쉬고 있고, 매년 계속하는 곳은 1곳뿐이다. 어기는 봄철은 4~5월 두 달, 가을철은 8~11월에 이르는 4달이다. 그러나 근년에는 어황이 좋지 않아서 가을철에는 휴업한다. 영업 방법은 세 사람이 공동으로 각자 자본금을 균등하게 갹출하고, 어획량도 또한 균등하게 분배한다. 자본금에 해마다 차이가 있을 수밖에 없는데 어살의 건설에 필요한 재료의 일부를 전년도에 사용한 것을 쓰기 때문이다. 대규모 어살의 경우는 간조 때에도 여전히 깊이 1~2심 내지 3~4심 되는 곳에 건설하며, 비용은 약 100원이 필요한 경우가 있다. 어장은 일정한 소유자가 있어서 1곳이 약 10원의 시세로 매매된다.

자망은 주로 숭어를 어획하는 것으로 마을 안에 4통이 있다. 직경 3리, 두가닥으로 꼬은 삼실[麻絲]로 만들며, 막매듭[蛙股] 1촌 7푼, 그물눈 8푼, 폭 4척, 길이 150길이다. 뜸[浮子][86]은 길이 5푼, 폭 2푼, 두께 2분 정도의 나무껍질로 만드는데, 1길에 40개를 단다. 발돌[沈子][87]은 지름 1푼 7~8리 내지 2푼 정도의 작은 돌로 만들며, 한 길에 약 150개를 단다. 한 통의 가격은 약 80원이다. 이를 사용할 때는 1척의 어선에 3명이 타고, 밀물 때 조류를 가로질러 부설하는 것이 좋다고 한다. 어장은 연안에서 물이 멀리까지 얕으면서 바닷물이 혼탁한 장소이다. 어기는 11월부터 다음해 2월에 이르는 4개월 간이지만, 실제로 출어하는 것은 30~40일에 불과하다. 어획량은 일정하지 않지만, 어황이 좋을 때는 (한 물때에) 50~60마리이고, 한 어기 사이의 어획량은 70~80원 내지 100원을 넘지 않는다고 한다. 영업 방법은 도미낚시어업과 동일하다.

---

86) 그물이 위쪽으로 지탱할 수 있도록 발줄에 부착한다.
87) 그물이 가라앉도록 발줄에 묶는 어망추를 말한다.

황무지

월하포에서 도둔포 사이에 약 30여 정 남북 3~5정에 이르는 평야가 있다. 7~8년 전에는 울창한 소나무숲이었으나 현재는 한 그루도 남아 있지 않으며, 오로지 잡초[茅茨]만 무성하다. 이곳은 원래 경성의 어떤 양반이 나라로부터 받은 땅이었으나 소나무를 벌채한 후에는 방치하고 있다고 한다.

도둔포

도둔포(都屯浦)는 도호포(都湖浦) 또는 도호포(跳湖浦)라고 부르며, 예로부터 바다를 지키는 역할[串戍]을 하는 곳이어서 절제사가 병사를 나누어 이곳을 지키게 하였으며, 후에 고쳐서 어기에는 경성에서 병력을 보내어 해적에 대비한 곳이다. 비인읍에서 서쪽으로 약 25리 떨어져 있으며, 월하포에서 약 10리 남짓 떨어져 있다. 서와 동 두 방향은 구릉으로 둘러싸여 있고, 북동 및 동쪽은 앞에서 말한 황무지 및 갯벌에 접하며, 비인만의 중앙에 위치한다. 앞 연안은 물이 얕지만 서쪽은 마량리의 갑각으로 동쪽은 월하포의 갑각으로 둘러싸여 있어서, 월하포 이동의 여러 마을과 비교하면, 다소 경사를 이루어 갯벌이 적기 때문에 이 지역 부근에 있어서는 배를 댈 수 있는 장소로 제법 양호하다. 조석의 차이는 소조 때 1장 내외, 대조 때 약 2장이고, 조류의 속력은 월하포에 비하여 다소 급하다. 풍향은 겨울 아침에는 서풍인데 점차 북풍으로 바뀐다. 여름철에는 남풍이 많고 드물게 동풍이 이는 경우가 있다.

지역이 협소하며 구릉 사이에 논 약 40마지기, 밭 약 200마지기가 있다. 논은 때로 바닷물의 피해를 입는 경우가 있기 때문에 한 마지기의 수확은 10되 즉 일본 단위로 7말이다. 밭은 보리농사를 주로 하며 한 마지기의 수확은 7되, 일본 단위로 약 4말 9되라고 한다. 가격은 비교적 비싸서, 논 1마지기가 15~20원, 밭은 한 마지기에 2~3원이다.

인가 183호가 있으며, 농업에 종사하는 사람은 적고 대개 어업으로 생계를 영위한다. 그리고 어업은 봄철에 주로 하는 것이므로, 다른 계절에는 생계를 유지하는 데 어려움을 겪는다. 이런 경우에는 부근의 농가로부터 봄철 어획을 담보로 하여 쌀과 보리를 차입한다. 이러한 상황이기 때문에 주민들이 전체적으로 빈곤하여 어업 자본은 대부분 다른 마을에서 융통한다.

마을 안에는 4곳의 우물이 있는데, 소금기가 있어서 수질이 양호하지 않다. 또한 그 양이 적어서 겨울 봄철에는 때로 고갈되어 식수 부족을 겪게 된다.

어업은 자망 및 어살을 주로 하며, 어느 쪽이나 주로 조기를 어획한다. 또한 주목을 쓰는 경우도 있지만 드물며, 어선 12척이 있다.

자망 즉 정선은 조기 이외에 도미 민어 복어 등을 어획하는 것이며, 어장은 칠산탄을 주로 하고 죽도 근해가 다음이다. 어기는 3월 상순부터 4월 상순에 이르는 약 1개월이며, 1척의 어선에 22명이 승선하여 출어한다. 승선원은 통상 보합법에 의하여 일을 하게 되지만, 인원이 부족한 때는 급료로 고용하는 경우도 있다. 이런 경우에는 식료를 지급하고 1개월에 약 5원이다. 어획은 해에 따라서 같지 않지만, 한 어기 사이에 1척이 5만 마리, 금액으로 300원이 보통이라고 한다. 어획물은 법성포 강경 줄포 등으로 보내며, 중개상에게 판매를 위탁한다. 구전은 1할 내지 8푼이지만, 어장에서는 1할 8푼이다. 중매인에게 매도할 때는 따로 구전은 따로 필요하지 않지만 가격은 다소 저렴하다. 어업자의 이익 분배법은 7:3의 비율로, 어획량의 3할은 선주에게 7할은 종업자들이 균등하게 배분한다.

어살은 전면의 멀리까지 얕은 바다 가운데 설치하는 것으로, 건방렴 5개소, 석방렴 5개소가 있다. 지반이 암석이므로 나무 기둥을 세우기 어렵다. 어기는 음력 3월 중순부터 5월에 이르는 2개월이 최성기이고 9월 경에 끝난다. 3월은 조기를 주로 하고 갈치를 혼획하며, 5월에는 갈치를 주로 하고 조기 및 정어리 넙치 민어 숭어 복어 농어 등을 혼획한다. 갈치는 길이 약 2척 5촌 정도가 많다. 건방렴을 새로 설치하는 비용은 약 180원이 필요하지만, 다음해부터는 나무 기둥은 썩은 것만 보충하는 데 그치므로 매년 10원의 자금으로 충분하다. 어장의 매매 가격은 30~40원이다. 석방렴은 마을의 노인들과 어린이의 오락으로 경영하는 것이며, 잡어를 어획하여 자급하는 식료로 사용할 뿐이다.

도둔포에서 동쪽으로 월하포 배후에 있는 주교리(舟橋里)까지 약 10리 사이에 면적 약 350정보의 갯벌이 있다. 이 갯벌은 입구가 북쪽으로 열린 큰 만이며 바닥은 이토(泥土)이지만 만 입구로 갈수록 가는 모래가 섞여 있으며, 만 바깥 약 5리 사이는 백사퇴(白

沙堆)이다. 만 입구는 겨우 4~5정이지만, 안은 넓고 그 중앙에 주교리로부터 나와서 북류하는 한 줄기 수로가 있다. 만 안에서 낙지 쏙 대합 맛 긴맛 등이 난다.

마량리

마량리는 비인만의 서단 동백정갑의 안쪽 약 4정 거리에 있다. 만 입구는 약 2.5정의 반월형을 이룬다. 남쪽은 약 4정, 서쪽은 폭이 불과 2정~4정되는 구릉과 들을 사이에 두고 외해에 접한다. 만 안은 수심이 깊고 간조시에도 여전히 1~2심이다. 그러나 남쪽과 동쪽은 막아주는 것이 없어서 남풍 및 서풍 때에는 배를 대기에 안전하지 않다. 해안 기슭은 굵은 알이 섞인 가는 모래여서 건조장으로 적합하지만, 지역이 협소하고 동백정 서안에는 암초와 암서가 흩어져 있기 때문에 항행에 대단히 주의할 필요가 있다.

조류는 밀물 때는 서쪽에서 와서 이 마을의 돌각에 부닥치면서 남북 두 갈래로 나뉘어 하나는 비인 서천의 연안을 거쳐 금강으로 들어가고, 하나는 남포 보령 오천 연안을 지나서 사장포(沙長浦)에 이른다. 썰물 때에는 동일한 경로를 반대로 나아가 서쪽으로 간다.

토지가 협소하여 논이 불과 5마지기, 밭이 120~130마지기가 있을 뿐이다. 그리고 부근은 거의 완전히 개척되어 남은 땅이 없다. 논은 빗물에 의존할 수밖에 없어서 관개의 편리함이 없다. 가물 때에는 수확이 전혀 없는 경우도 있다. 우물이 2곳 있지만 소금기를 띠고 있으며 그 양 또한 적다.

주민은 주로 어업으로 생계를 유지하지만, 근래 어황이 좋지 않아서 곤궁해진 탓에 이미 다른 마을로 이주하는 사람이 속출하고 해가 갈수록 쇠퇴해 가고 있는 중이다.

주목 외줄낚시 석방렴 등을 행하는데, 주목은 주로 조기를 어획하는 것이다. 망지 및 일체의 비용은 약 600원이 필요하며, 원료인 삼은 남포에서 공급받는다. 어선은 어깨폭 1장 남짓이며, 1척에 22명이 승선한다. 승선원은 급료로 고용될 때는 식료를 지급받고 1개월에 3~5원이다. 어장은 어기에 따라서 다르지만, 3~4월 중순까지는 칠산탄, 4월 중순~5월까지는 죽도 근해, 6~7월까지는 연평열도 및 평안도 대화도 부근으로 출어한다. 칠산탄에서 어획하는 양은 1척이 약 100,000마리, 금액은 400~500원이다. 한 어기 중 수익금의 7할에 해당하고, 나머지 3할은 다른 두 어장에서 어획한다. 어획물은 근해의 어장에서는 어장에서 직접 매매하거나 줄포 법성포 강경 입포 웅포 등으로 보내어 판매한다. 연평열도에 있어서는 안주 및 부근의 시장으로 판매한다. 이익 분배법은 전체 수입에서 식료 및 기타 잡비를 공제한 금액을 반으로 나누어, 절반은 선주가 가져가고 절반은 승선원에게 배당한다.

외줄낚시도 또한 주로 조기를 어획하는 것인데, 어구는 2개의 낚시바늘이 달린 천칭 형태이다. 1척의 어선에 4~6명이 승신하여 출어한다. 어장은 연도와 마량리 사이이며, 어기는 4~5월 두달 간이라고 한다. 어장이 가깝기 때문에 하루 사이에 왕복하는 것이 일반적이지만 날씨가 고요할 때는 해상에서 하룻밤을 지새는 경우도 있다. 미끼는 쏙이나 낚지를 사용하지만 쏙을 주로 한다. 쏙은 한 사발에 15~25전이고, 낙지는 100몬메(약 400g) 정도 1마리에 25전이다. 1척이 한 번 출어할 때 쏙 두세 사발이 필요하다. 어획량은 1인당 60~70마리, 한 척은 300~400마리가 보통이다. 어획물은 백조기를 주로 하고 드물게 참조기 종류도 혼획된다. 또한 도미 복어 작은 상어 등을 혼획한다.

조기 낚시와 동일한 어구와 어선을 사용하여, 같은 어장에서 갈치를 어획하는 경우도 있다. 어기는 7~8월 두 달간이며, 미끼는 생선 토막을 쓴다. 어획량은 한 사람이 하루에 약 40마리, 1척에 200마리가 보통이라고 한다.

석방렴은 이 마을에 2곳이 있는데, 겨울철에는 정어리와 상어, 다른 계절에는 잡어를 어획하는 데 그친다.

어업 자본은 6월 경부터 남포 비인 서천 등의 부유한 사람 혹은 상인으로부터 1년을 기한으로 무담보로 차입하는 것이 일반적이다. 이자는 연 4할이다.

본도 남부 연안에 있는 항만은 모두 멀리까지 얕아서 양호한 것이 없으나, 오직 마량리는 그 지형이 좋지 않지만 수심이 깊은 점에서 이 지역에서 유일한 양항이다. 또한 군산 강경 및 금강 연안의 여러 마을과 남포 보령 오천 광천 포만(浦灣) 등의 여러 마을 중간에 있으며, 전면에는 죽도 어청도 칠산탄 등의 어장을 끼고 있다. 그 위치가 마침 어선의 출입과 상선의 기항에 편리하다. 이곳에서 부근의 각 마을 및 어장에 이르는 이정은 다음과 같다.

지명	육로(里)	해로(浬)	지명	육로(里)	해로(浬)
군산	80리	9해리	현천	130	25
비인	30	-	오천	120	19
판교	50	-	안면도		16
홍산	80	-	어청도		30
남포	80	10	칠산탄어장(위도)		40
대천장시	95	16	죽도어장		7~8마일 이내, 가장 가까운 곳은 7~8정
보령	115	-	연도		

본군과 남포군의 경계에 큰 간출만이 있는데 베이쟈만이라고 한다. 남쪽은 마량리반도의 서쪽 끝에 있는 구수리(九秀里)의 돌각이 바다로 들어가 자치(雌雉) 광암(廣巖) 두 암초를 만들고, 북쪽은 남포군 독동(獨洞) 연안에서 암초가 돌출하여 그 남은 줄기가 바다 속으로 들락날락하며 여러 개의 암초를 만든다. 이 사이는 수심이 2.5~6심이고 바닥이 이토(泥土) 또는 이각(泥殼)이며, 남서 및 북서풍을 피할 수 있다. 만 안으로 들어가면 세 개의 작은 만으로 나뉜다. ▲ 그 남쪽에 있는 만은 입구가 북쪽으로 열려 있고 동서로 확장되며, 남쪽의 만 안은 지협을 사이에 두고 비인만과 접한다. ▲ 중간에 있는 것은 입구가 북서쪽으로 열려 있고 남동쪽으로 만입한다. 만 입구는 약 1해리, 깊이 약 15리, 폭 12~13정 내지 27~28정, 면적 약 320정보, 바닥은 사토이다. 중앙에 비인 남포 두 군의 경계를 이루며 바다로 들어가는 작은 물길이 흐른다. 그리고 남쪽 연안은 마량리반도의 허리 부분에 해당하며, 구릉이 오르내리지만 경지가 많고, 신기(新基) 동화(東和) 장포(長浦) 등이 있다. 북쪽 연안에는 내동(萊洞) 실산(實山) 석치(石峙) 등이 있다. 만 안인 장포 및 동화 부근에는 염전이 있다. 장포에서 10여 정 떨어진 곳에 대천리(大川里)가 있는데, 음력 매 4·9일에 장이 열리는데, 본군 중에서 큰 시장이다. 또한 장포에서 15리 떨어진 주렴산의 산록인 간치(艮峙)에는 매 1·6일에 작은 시장이 열린다. ▲ 북쪽에 있는 만입은 입구가 남서쪽으로 열려 있으며, 북동

쪽으로 요입된다. 만 입구는 겨우 100간 내외이고, 깊이는 30여 정, 폭 8~9정, 면적 230~240정, 바닥은 사니(沙泥)이다. 중앙에 제법 큰 물길이 흐르며, 만 안에는 원장포(阮長浦)와 광암리(廣岩里) 등이 있다. 중부 및 북부의 두 만은 만 입구가 합쳐져 하나가 된다. 그 폭은 남북 14정 정도이고 중앙에 작은 섬이 있다. 이곳에서 만 바깥에 이르는 약 2해리 사이는 광활한 사퇴이다. 중부와 북부에서 오는 물길은 이곳에서 한 줄기를 이루며 외해로 들어간다.

이 만은 곳곳에서 낙지와 쏙이 나며, 여름과 가을철에는 낚시어선이 와서 이를 끊임없이 요구한다. 그 밖에 대합 맛 긴맛이 난다.

제8절 남포군(藍浦郡)

개관

연혁

원래 백제의 사포(寺浦)였는데, 신라가 지금의 이름으로 고쳐 서림군의 영현으로 삼았다. 고려 현종 9년에 옮겨서 가림현에 속하게 하였다. 우왕 때 왜구 때문에 주민이 흩어졌으나 공양왕 2년에 비로소 진성(鎭城)을 두고 유망한 백성을 불러 모았다. 조선 세조 12년에 현으로 삼았다가 후에 군으로 삼았다.

경역 및 지세

북동쪽 및 남동쪽은 청양・홍산 두 군에 접하고, 북쪽은 대천이 보령군과 경계를 이루고, 서쪽은 바다에 면한다. 군내에는 보령 성주의 여러 봉우리가 이어져 오르내리는데, 해발 1,000~1,500피트에 달하는 것이 있다. 그래서 해안 이외에는 평지가 드물고 산간계곡에 협소한 경지를 볼 수 있을 뿐이다. 산림은 곳곳에 겨우 소나무가 드문드문 자라는 데 그치므로, 땔감이 부족하다.

연안

연안에는 두 큰 만이 있는데, 북쪽에 있는 것은 갑암포(甲岩浦), 남쪽을 베이쟈만이라고 한다. 모두 간출만이고 사퇴가 이어져 있다. 그래서 선박의 출입과 정박이 불편하다. 그러나 조석을 이용하면 작은 배의 왕래는 자유롭다.

남포읍

남포읍은 군의 북쪽에 있는데, 갑암포의 만 안에서 멀리 떨어져 있지 않다. 군산까지 100리, 보령까지 30리, 대천리까지 20리, 홍산까지 60리, 비인까지 50리이다. 인가는 약 30호이며, 그 밖에 일본인이 거주하며 상업에 종사하는 사람이 있다. 군아 이외에 우편소 순사주재소 등이 있다.

장시

군내의 물자는 대부분 보령군의 대천시장 및 남포군의 대천시장에 의지한다. 이 두 시장은 군내 남부의 집산지이다. 남포읍은 북동쪽 30리인 판교시장도 또한 대단히 성대하다. 마치령(馬峙嶺) 이동의 일부는 그 집산구역에 속한다. 대천은 음력 매 3・8일, 판교는 매 5・10일에 장이 열린다.

주요생산물

주요한 생산물은 쌀 보리 콩 팥 연초 등의 농산물이며, 수산물로는 조기 갈치 도미 가오리 농어 숭어 상어 대구 뱅어 조개류 등이 있다. 그 밖에 삼치와 다랑어가 나지만, 여름철에는 종종 다른 물고기와 함께 혼획될 뿐이다.

조기

조기는 본군의 중요 어류로서 도미의 종어기(終漁期)인 5월 초순부터 9월에 이르는 약 5개월[88] 사이는 권자망(卷刺網) 또는 저자망(底刺網)을 사용하여 이를 어획한다.

그 밖의 시기에는 어살로 이를 어획한다. 무릇 연중 근해에 서식하는 종류는 다음과 같다.

갈치

갈치는 조기 다음가는 중요 어류이며 어살 및 외줄낚시로 어획한다. 어기는 2월에서 6~7월까지라고 한다.

도미

도미는 3월 하순부터 5월까지 주낙 및 자망으로 어획한다. 또 어살로 다른 물고기와 함께 혼획하는 경우가 있다.

가오리

가오리는 흰가오리와 노랑가오리 두 종류가 가장 많고, 연중 근해에서 서식한다. 겨울철 11월부터 3월에 이르는 사이는 어청도에서, 3월부터 이후 여름철에 이르는 사이는 연안 하구 및 충남 경기 연안 또는 인천 방면 연안에서 주낙 및 민낚시를 사용하여 어획한다. 종종 자망 어살 주목망 등에 잡히는 경우도 있다.

농어

농어는 봄철 끝부터 여름에 이르는 사이에 가장 많고, 가을철에도 볼 수 있다. 앞 연안부터 안면도 근해에서 주낙 및 어살을 사용하여 어획한다.

숭어

숭어는 주로 겨울철에 자망 권망 및 지예망을 사용하여 어획한다. 또한 봄철에는 어살에 잡힌다. 어장은 연안 하구 및 만안이라고 한다.

88) 원문에는 9개월로 되어 있으나, 5개월의 오기로 생각된다.

상어

상어는 작은 상어가 주를 이루며, 괭이상어 별상어[つのじ] 톱상어 등이 뒤를 잇는다. 그 밖에도 또한 몇 종류가 있다. 조기철 사이에도 다른 고기와 함께 혼획된다.

대구

대구는 1~3월에 이르는 사이에 연안에 내유하는 경우가 있다. 어청도 부근에 특히 많으며, 상어와 함께 주낙을 사용하여 어획한다.

뱅어

뱅어는 4월 상순부터 하순에 이르는 약 3주간, 석방렴 및 어살로 어획한다. 어장은 연안 및 하구라고 한다.

패류

패류는 바지락을 주로 하고 그 밖에 대합 맛 긴맛 등이 있다. 연중 서식하지만 채취시기는 바지락은 5월 하순부터 7월까지, 맛과 긴맛은 10~11월 경이라고 한다. 긴맛은 크기가 아주 큰 것이다.

구획 및 바다에 면한 면

본군은 9면으로 나뉜다. 그중 바다에 면한 것은 습의(習衣) 웅천(熊川) 신안(新安) 북내(北內) 네 면이다. 연안에 석치리(石峙里) 방축동(方築洞) 광암리(廣岩里) 오수(午水) 독산(獨山, 獨洞) 관동(冠洞) 실산리(實山里) 송촌(松村) 원장포(阮長浦) 소황리(小篁里) 무창리(武昌里) 용두(龍頭) 방묵리(方墨里) 양아교(梁牙橋) 평촌(平村) 제석동(帝錫洞) 조척리(造尺里) 삼현리(三賢里) 신대등(新岱等)이 있는데, 어업이 제법 활발한 곳은 독산리 소황리 용두리 및 조척리이다.

독산리

독산리는 마량의 북쪽 약 6해리에 있으며, 웅천면 연안의 중앙에 위치한다. 갯벌이 작지만 만입된 것이 얕고 풍파를 막아주는 것이 없어서 배를 대기에 불편하다. 그러나 외해에서 가깝기 때문에 어업상 좋은 위치를 차지하고 있다. 북쪽으로 8~9정 되는 바다 가운데 가로놓여 있는 석당도(石堂島) 사이의 수도는 조류가 급격하여 속도가 2~3해리에 이른다. 마을은 해안으로 이어진 구릉 안쪽에 있는데, 세 방향으로 평야가 이어진다. 인가는 약 30호가 있는데 어업에 종사하는 사람도 적지 않다. 어선이 3척 있으며 주낙을 사용하여, 조기 민어 도미 준치 등을 어획한다. 어구 및 어선 모두 일본식이며, 연중 쉼없이 조업하는데, 봄철에는 이 마을 앞바다에서 죽도 부근 사이에 도미와 준치를, 가을에는 인천 앞바다에 이르러 민어를, 겨울철에는 어청도 부근에서 조기를 어획한다. 자금은 부근의 자산가로부터 공급받는 경우가 있으며, 또한 인천 어시장으로부터 선수금[仕込]을 받기도 한다.

소황리

소황리는 독산에서 약 11정 떨어져 있으며, 연안은 갯벌이며 만입된 곳이 없다. 인가는 46호이며, 주로 농업에 종사한다. 어살어장 2개소, 석방렴 5개소가 있다.

용두리

용두리(龍頭里, **룡두리**)는 남포에서 20리 떨어져 있으며, 동북쪽 및 남쪽은 산맥이 경계를 이루고, 서쪽은 바다에 면하는데 겨우 활모양을 이루나 갯벌이 이어져 있다. 인가는 약 30호가 있으며, 주로 농업에 종사한다. 전면의 갯벌에 석방렴 1개소 및 이 마을의 북쪽 약 6정되는 곳에 둘레 약 10정 정도의 죽도 연안에 어살 1개소가 있다. 이 마을은 석재 산지로 채석장이 해안에 있어서 운반에 편리하다. 석재는 녹색을 띄며 그 질이 양호하여 주로 비석으로 사용된다.

이 마을의 배후에 북동쪽으로 요입된 간출만이 있다. 만 입구는 20~30칸, 깊이는 약 7~8정, 폭 4정 정도, 만 안에 신두(新頭) 양림(陽林) 등이 있다. 만 연안은 모래진흙이며 염전이 있다.

갑암포

베이쟈만의 북쪽에 접한 큰 만으로 남포만(藍浦灣)이라고도 한다. 죽도와 갑암리 갑각이 만 입구를 이루는데, 그 사이는 약 20정이다. 동쪽으로 약 34정 만입하며, 폭은 넓은 곳이 약 30정, 좁은 곳도 20정이 넘는다. 만 안에 둘레 15~16정의 작은 섬이 있다. 만 안은 전부 갯벌이고 만 바깥 또한 사퇴가 펼쳐져 있고 여러 개의 간출암이 있기 때문에 항행이 불편하다. 이 때문에 연안에 양아교(梁牙橋) 평촌(平村) 회전리(會田里) 소달리(小達里) 의항리(蟻項里) 제석리(帝錫里) 삼현리(三賢里) 신대리(新袋里) 등이 있지만 어업이 아주 부진하다. 바닥이 사니이며 맛 긴맛 바지락 대합 등이 생산되고 만 안에는 염전이 있다.

평촌・회전 및 조척리(造尺里)는 만의 북동 연안에 있다. 평촌은 호수 18호, 회전은 호수 47호, 조척리는 호수 30호이며, 연안 항운 등에 종사하는 사람과 주목망을 사용하는 사람이 있다. 소달리 및 의항리는 만 안에 있는데, 모두 인가 10여 호의 작은 마을로 농업을 주로 하지만 염업에 종사하는 사람도 있다. 제석동은 북쪽 연안에 있는데, 인가 60여 호이고 농사를 주로 하며 또한 염업에 종사한다. 삼현리는 북안의 중앙 돌각에 있는데 인가 57호이고 농업 및 염업에 종사한다. 신대리는 삼현리의 배후에 있는 돌각이 전면을 막아주어 양호한 만 모양을 이룬다. 호수 30여 호이고 농업을 주로 하고 어업을 겸한다.

제9절 보령군(保寧郡)

개관

연혁

보령군(保寧郡)은 원래 백제의 신촌현(新村縣)이었는데, 신라가 이를 신읍(新邑)으로 고쳐서 결성군(潔城郡)의 영현으로 삼았다. 고려 초에 지금의 이름으로 고쳤고, 현종 9년에 운주(運州)에 예속시켰다. 예종 원년 감무를 두었고, 조선 태종 13년에 현으로 삼았으며, 건양 원년에 군이 되었다.

경역 및 지세

남쪽은 신대천이 남포군과 경계를 이루며, 북쪽은 오천군에 접한다. 동쪽에는 성주산(聖住山)이 우뚝 솟아 청양군과 경계를 이룬다. 그 정상은 날카롭게 돌출되어 멀리서 봐도 뚜렷하다. 산줄기가 북으로 달려 오서산(烏棲山)으로 이어지고, 지맥은 서쪽에서 갈라져 바다에 이른다. 하천은 대천(大川) 및 오천(鰲川)을 제외하면 유역이 10리가 되지 않는 계천이 서쪽으로 흘러 보령포만으로 들어가는 것이 있을 뿐이다. 지세는 북쪽으로 갈수록 평탄하며 비옥한 평야로 이어진다.

남쪽의 군입리(軍入里)에서 북쪽의 송도(松島)에 이르는 약 3.5해리[89] 사이는 동쪽으로 만입한 것이 약 5해리에 이르는 큰 간출만이 있다. 이를 보령포라고 한다. 송도의 북쪽에는 2해리 정도 만입한 좁고 긴 작은 만이 있어서 오천군과 경계를 이룬다. 본군은 사장포의 만 입구에 해당하며, 도서 암초 사퇴 등이 많고 조류가 급격하다.

보령읍

보령읍은 군의 거의 중앙에 있으며, 과거에는 신읍(新邑)이라고 하였다. 군아 이외에 순사주재소 우체소 보통학교 등이 있다.

---

89) 원문에는 마일(哩)로 기록되어 있으나 정오표에 따라서 해리(浬)로 정정하였다.

보령포의 만안에서 대천의 하구를 불과 수 정 거슬러 올라간 연안에 대천리(大川里)가 있는데, 선박의 출입과 정박이 편리하여, 군산 및 여러 항구와의 교통이 끊이지 않는다. 인가는 60여 호가 있으며, 주민은 농업과 상업을 영위하는 사람이 많다. 또한 일본인이 거주하면서 상업에 종사하는 사람이 있으며, 제법 번성한 읍이다. 이곳에서 음력 매 1・6일에 시장이 열린다. 집산 물품은 옥양목 목면류 모시 소 건어물류 김 미역 쌀 콩 팥 식염 선어 땔감류 및 잡화이며, 한 장시의 집산액은 약 3,000원이고 1개월 6회의 총액은 18,000~20,000원에 이른다. 장이 설 때마다 모여드는 사람은 약 3,000명에 달한다. 옥양목과 목면류는 수입품 중 가장 많은 액수를 차지하며, 미역은 제주도에서 이입되고, 김은 어청도에서 생산된다. 선어는 4~6월까지 3개월간 가장 많으며, 그 금액은 한 장시에 1,000원 이상에 이른다. 조기가 으뜸이고 갈치가 뒤를 잇는다.

생산물

생산물은 쌀, 콩 등의 농산물을 주로 하며, 수산물에는 조기 갈치 도미 농어 숭어 민어 돗돔 가오리 뱅어 상어 새우 맛 긴맛 바지락 대합 굴 등이다. 패류는 연중 서식하고 있지만 이를 가장 활발하게 채취하는 시기는 3~4월 사이이다. 그중 가장 많은 곳은 산고내리(散古乃里) 외포(外浦) 및 족실리(足實里) 부근이며, 굴은 군입리와 송도(松島) 부근에서 서식하지만 크기가 작고 생산량도 많지 않다. 또한 연안 각지에 염전이 있는데 제염량은 상당히 많다.

구획

본군은 7면으로 나뉘는데, 바다에 면한 것은 장척(長尺) 간라(干羅) 목충(木忠) 주포(周浦)[90] 청소(青所) 5면이다. 그러나 주포와 간라 2면을 제외하면 모두 만 안에 있고 대개 갯벌로 덮혀 있다. 그래서 어업은 어살을 주로 하며, 그 밖에 도처에서 조개류를 채취하는 것을 볼 수 있을 뿐이다. 주요 어촌의 정황은 다음과 같다.

---

90) 원문에는 月浦라고 되어 있으나 周浦의 오기로 생각된다.

군입리

군입리는 보령포 만구의 남쪽 돌각에 있으며, 간라면에 속한다. 배후에 구릉과 들을 등지고 있으며, 전면에는 사퇴가 펼쳐져 있다. 조류는 사장포 수도의 여파를 받아서 제법 급하다. 인가는 20여 호가 있는데 주로 어업에 종사한다. 토지가 협소하여 논은 없고 겨우 어느 정도의 밭이 있으나, 1호가 2~3마지기를 보유하고 있는데 불과하다. 어업은 어살 및 주낙을 주로 하며, 어살어장이 2곳 있다. 주낙은 조기를 어획하는 것으로 칠산탄 연평열도 및 평안도 연해를 어장으로 한다. 그 밖에 만안에서 조개류를 채취한다.

산고내리

산고내리(散古乃里, 산고늬리)는 보령만의 북쪽, 봉화산의 남쪽 기슭에 있는데, 주포면에 속한다. 후방의 하창리(下倉里)와 마주보며 작은 만을 형성하는데 전면은 사빈이 이어져 있다. 인가는 60여 호가 있는데 농업과 어업에 종사한다. 어살어장 6곳, 조기주낙선 1척, 조기그물 1조가 있다. 어살어장은 송도의 남쪽 기슭에서 만 입구 중앙에 이른 간출선 지역이며 바닥은 사니이다. 송도에서 남동쪽으로 약 17~18정 떨어진 곳에 죽도라고 하는 작은 섬이 있는데, 죽도에서 안쪽 대안에 이르는 사이는 이퇴가 이어져 있고, 그 바깥 남서쪽을 향하여 암초의 맥이 돌출하여 사장포 수도로 들어간다.

송도

송도는 보령포만 북안의 서쪽 끝, 사장포구의 동쪽인 간출 이퇴 속에 있는 작은 섬으로, 효자도(孝子島) 동단인 육몽덕(陸蒙德)에서 동쪽으로 20정 떨어져 있다. 둘레가 겨우 30정 정도이며, 섬 안은 상송(上松) 하송(下松) 두 마을로 나뉜다. 인가는 15호 인구는 약 60명이 있는데 오로지 어업에 종사한다. 주요한 어업은 도미 민어 조기 가오리 준치 등의 주낙 및 어살 등이다.

제10절 오천군(鰲川郡)

개관

연혁

오천군(鰲川郡)은 원래 결성과 보령 두 군의 관할지역이었으나, 건양개혁 때 이 지역을 나누어 새롭게 군을 설치하고 이를 오천이라고 이름하였다. 그리고 편의상 남도 연해에 흩어져 있는 작은 도서를 모두 그 소관으로 귀속시킴으로써 지금에 이른다.

경역

본군은 사장포만의 동쪽 일부의 땅으로서, 북쪽은 결성군만을 사이에 두고 결성군과 이어지고, 남동쪽은 보령군과 만나고, 서쪽은 사장포만을 사이에 두고 태안군에 속하는 안면도와 마주 본다. 소속 도서가 대단히 많은데, 사장포만 입구에 떠 있는 모든 섬은 물론 서쪽으로 외연열도부터 서쪽 앞바다에 떠 있는 어청도, 남쪽으로 금강 하구 바깥에 떠 있는 연도 개야도 죽도도 모두 이 군의 소관이다. 그래서 군의 면적은 광대하지 않으나, 그 경역선은 대단히 길다.

지세

사장포만 입구에서 조금 들어오면 오른쪽에 깊이 쑥 들어간 곳이 있는데 이를 오천오(鰲川澳)라고 한다. 오천오는 바다로부터 북동쪽을 향하여 6해리 남짓 구불하게 들어가 있으며, 그 양안은 본군의 땅이고 군의 주요부라고 한다. 오천오가 끝나는 곳 동남쪽에 우뚝 솟아 있는 것이 연안에서 가장 높은 오서산이다. 이 산 줄기가 남서쪽으로 달려 보령읍의 동쪽을 지나 보령포로 들어간다. 이 산줄기와 나란히 사장포만 입구의 동각까지 도달하는 것이 있는데, 이 산줄기는 해발 500~600피트에 불과하지만, 오천오의 남쪽에서 본군 일대를 종횡으로 달려 평지가 없다. 오천오의 북쪽 땅은 구릉이 오르내리지만 험준한 것은 많지 않다. 그리고 그 동쪽에는 다소의 평지가 있으나, 본군의 경지는 경사지 또는 구릉 사이에 있는 좁고 긴 땅이어서 광활한 것은 없다.

연안

본군의 육지 연안은 보령포의 북쪽 즉 사장포구의 동각(東角) 부근에서 북상하여, 사장포만 안의 동쪽 결성만에 이르는 사이이므로, 거리가 길지 않다. 그러나 만입이 비교적 많고, 특히 오천오와 같이 깊은 만이 있어서 해안선은 비교적 크고 길다. 각 만입된 곳은 모두 간석만이지만 염전 혹은 조개양식지로서 전망이 있다.

오천오는 앞에서 본 바와 같이 만입이 6해리에 이르는 깊은 만으로 염업이 활발한 곳이다. 오천오의 해구로부터 약 1.5해리에 수영이 있는데, 그 사이는 폭 약 200간이고 수심이 2~6심이다. 수영보다 동북쪽은 만 안이 아주 넓어서 폭 1~2해리에 이른다. 양안의 만입과 굴곡이 대단히 많지만, 양측 모두 간출퇴이다. 수영에서 1해리 남짓 거슬러 올라가면 물길이 두 개로 나뉘어진다. 하나는 남동쪽의 보령군에 속하는 평촌(坪村), 하나는 동쪽의 옹암리(甕岩里)에 이른다. 평촌까지는 분기점에서 약 1.5해리이고, 옹암리에 이르는 물길은 3해리 정도 지점에서 다시 분기하여 두 줄기가 된다. 이 분기점은 곧 오천오 내에서 간출선 지역이다. 이 분기점에서 만 안에 이르는 사이는 모두 물줄기가 구불구불하게 굴곡이 심하기 때문에 항행의 곤란함을 각오해야 한다. 만 안의 조석간만의 차는 크다. 따라서 조류도 또한 급격하여, 출입하는 배로서는 조석을 예측하는 일이 중요하다. 만 안에 있는 염전은 북쪽에 많고 남쪽에 적다. 다만 염업지는 따로 각 면에서 기록할 것이다.

본군의 육지 연안은 이처럼 일대가 간출니퇴로 덮혀 있기 때문에 양호한 정박지가 없다. 그러나 수영은 과거에 수군절도사영이 설치된 곳이고 지금은 군치의 소재지인 옹암리는 만으로 주입되는 광천(廣川)의 하구에 위치한다. 강을 조금 거슬러 올라가면 광천군에 속하는 광천시장이 있다. 그래서 이 두 곳은 예로부터 선박의 출입과 정박할 수 있는 유명한 포구라고 한다.

소속도서에 있어서는 경사가 급하여 간석지가 적고 정박하기 적당한 장소가 많다는 사실은 이미 본도의 개관에서 언급한 바와 같다.

본군의 형세가 이와 같으므로 육산물은 그 생산이 많지 않지만 해산의 이로움은 대단히 크다. 즉 육지 연안에서는 제염의 이익이 적지 않으며, 그 소속도서는 모두 저명한 어장으로 서해에서 어업의 중심지라고 한다. 따라서 그 이익이 큰 것은 상상하고도 남는다.

구획

본군은 하북(河北) 하동(河東) 하남(河南) 하서(河西) 4면으로 나뉜다. 그중 하북과 하동 2면은 본토에 있고, 하남・하서 2면은 속도를 합하여 면으로 삼은 것이다.

하북면(河北面)

원래 결성군의 관할지역이었는데, 북쪽은 결성군에 동쪽은 홍주군에 남동쪽은 오천오를 사이에 두고 보령군과 본군의 하동면과 마주 보며, 서쪽 일대는 사장포만에 면하여 멀리 안면도와 마주 본다. 연안선은 북쪽 결성만에서 남하하여 오천오로 들어간 다음 광천하구에 이른다. 그러므로 그 연장선은 대단히 길지만 모두 갯벌과 이퇴가 넓게 펼쳐져 있어서 정박에 적합한 곳이 없다. 그러나 광천하구에 있는 옹암리는 이미 언급한 것처럼 본군의 저명한 포구이며 상선이 많이 드나든다. 연안 일대의 갯벌은 조석간만의 차이가 크므로, 염전 개척에 적합한 곳이 많으며, 도처에서 염전을 볼 수 있다. 염업지를 열거하면 남창(南倉) 구창(舊倉) 언내(堰內) 본궁(本宮) 금파(金坡) 숙구지(淑九池) 동음(冬音) 두만(斗滿) 선석(仙潟) 하궁(河宮) 왕성(旺成) 율도(栗島) 열포(烈浦) 수문(水門) 추지(錐地) 염성(鹽城) 사포(沙浦) 등이며, 1년의 제산량은 대략 130,000근에 달할 것이다. 염업은 이와 같이 활발하지만, 어업은 대단히 부진하다. 소속도서로 빙도(氷島)가 있는데, 오천오 안에 떠 있는 작은 섬이다. 다음으로 본군의 집산지로서 중요한 옹암리의 개황을 서술할 것이다.

옹암리

옹암리는 광천하구에 있기 때문에 광천(廣川)이라고도 부른다. 그 상류 근처에 결성군에 속한 광천시장이 있는데 이 두 곳을 혼동하지 않아야 한다. 전면 일대는 모두 간출니퇴(干出泥堆)이지만 한 줄기 물길이 있어서 마을 아래에 이른다. 그래서 간조시에도 작은 배는 왕래할 수 있다. 마을은 배후에 낮은 구릉을 등지고 강가에 있으며, 지역은 협소하여 인가는 모두 낮은 구릉의 중턱까지 흩어져 있고, 강을 따라서 길 하나가 있을 뿐이다. 호구는 약 100호 370여 명이라고 한다. 농사를 주로 하지만 선박의 출입이 빈번하기 때문에 주막이 20여 호에 이르며 잡화를 거래하는 곳도 6~7호, 객주업을 영위하는 곳도 1호(안강병安姜炳이라고 한다)가 있다. 일찍이 과자 제조업을 하던 일본 상인이 있었으나 지금은 떠나고 거주자를 한 사람도 볼 수가 없다. 결성군에 속하는 광천시장은 이 부근에서 유명한 집산지이다. 그래서 여기에 집산하는 물품의 대부분은 이곳을 통과한다. 즉 이곳은 이 일대에 있어서 백화의 출입구로서 광천시와는 실로 순망치한의 관계에 있다고 말할 수 있다. 그래서 선박의 출입이 끊이지 않으며, 특히 3~9월에 이르는 사이는 조선배가 5~6척에서 7~8척이 늘 정박해 있다. 봄・여름 사이에는 일본 어선도 때때로 들어오는 경우가 있다. 이입품으로 주된 것은 옥양목 면 마포 석유 도기 질그릇 어류 및 기타 잡화이며, 이출품은 콩 및 기타 잡곡이라고 한다. 그리고 그 거래처는 주로 군산 강경이며, 어류는 출매선 또는 외부에서 오는 어선이 가져온 것이 많다.

1년 중 이입되는 어류의 가격은 대략 30,000원에 달한다고 한다. 그 종류 및 계절은 대략 다음과 같다.

생선은 3~5월에 이르는 사이에 많이 이입된다. 그 주된 종류는 조기 갈치 도미 밴댕이 등이며 조기가 가장 많다. 그리고 그 가격은 통틀어 800~900원 정도일 것이다. ▲ 명태는 주로 7월부터 다음해 2월에 이르는 사이에 이입되며, 그 가격은 대개 1,000원 정도일 것이다. ▲ 염어는 6~9월에 이르는 사이에 많이 이입된다. 종류는 고등어 청어 상어 조기 등이며, 가격은 5,000원에 달할 것이다. ▲ 그 밖에 해조류로는 미역 김 풀가사리 등의 이출이 많은데, 이들은 통틀어 6,000원 정도일 것이다.

이곳의 객주는 물품 주인과 매수인 사이에서 매매를 중개하는 데 그치고, 직접 도매업을 경영하는 경우는 드물다. 그러나 어류처럼 신속하게 거래할 필요가 있는 것은 특히 매수인을 대신하여 물품 주인에게 선불로 지급하는 경우도 있다. 구전은 곡물은 5푼이고, 어류는 1할이다.

이곳에서 곡물의 소매 시세는 상등 백미는 1석에 11원 20전 정도이고, 하등 백미는 9원 50~60전, 콩은 5원 10전 정도라고 한다.

하동면(河東面)

사장포만 입구를 이루는 돌각 지역으로 원래 보령군의 관할이었다. 북・서・남 삼면은 바다로 둘러싸여 있고 동쪽은 보령군과 접한다. 즉 북쪽은 오천오에 면하여 하북면에, 서쪽은 사장포만 입구로서 안면도와 원산도를 마주하며, 남쪽은 보령포 북쪽의 한쪽 끝을 이루고, 그 전면은 보령군에 속하는 송도(松島)[91]가 에워싸고 있다.

본면의 오천오에 면한 연안은 대안과 마찬가지로 굴절이 많지 않다. 또한 오천오 안 동쪽 절반 연안은 보령군의 땅이고, 본군의 땅은 그 서쪽 절반에 그칠 뿐만 아니라, 사장포만 입구에 면한 연안도 단지 만 입구의 동쪽 돌각뿐이다. 이처럼 그 거리가 짧아서 해안선의 길이도 대안인 하북면의 해안선과 비교하면 대단히 짧아서 거의 절반에 불과하다.

바다에 면한 마을

본면에서 바다에 면한 마을은 오천오 안에 있는 웅포(熊浦)와 수영(水營)뿐이다. 사장포만 입구에 돌출한 부분의 작은 만 안에 소강리(小江里) 휘동(揮洞) 진곶(津串) 소탕(所湯) 심동(深洞) 수창동(水昌洞) 등이 있다. 이들 마을 중 유명한 곳은 수영이고, 웅포 및 두세 곳 마을에는 염업에 종사하는 사람이 있다. 본면은 지역이 협소하고 또한 산악과 구릉이 이어져 있어서 평지가 적으므로 경지 또한 적으며 농산물도 부족하다. 어업도 부진하여 주민은 대체로 빈곤하다.

---

91) 현재는 육지와 연결되어 있으며, 충남 보령시 주교면 송학리 1021번지이다.

수영

수영은 오천오 입구에서 약 1.5해리 거슬러 올라가면 남쪽 기슭에 있다. 원래 수군절도사영을 두었던 곳이기 때문에 붙은 이름이다. 북쪽은 오천오에 면하고, 동・서・남 세 면은 산으로 둘러싸여 있어서 지역이 대단히 협소하다. 그래서 인가는 동쪽 산허리에서 그 기슭에 흩어져 있다. 지세가 이와 같으므로 부근도 또한 물산이 풍부하지 않다. 그래서 수군절도사영을 폐지한 이래 크게 쇠퇴하였다. 그러나 현재처럼 유지되고 있는 까닭은 다름 아니라 오천군이 신설되면서 군치를 두었기 때문이다. 그러나 오천오는 이 지역 앞 연안에서 수심이 3~6심이어서 대부분의 배를 수용하는 데 지장이 없다. 더욱이 광천시장 사이에 선박이 왕래하기 편리하다. 순조로운 조류를 타면 각각 2시간에 도달할 수 있다. 게다가 군산 이북의 연안에서 본항 및 마량리를 제외하고, 기선의 기항에 적합한 곳이 없지만, 장래 항구로서 발전할 가능성이 없지 않다.

조석은 대조승 1장 7~8척 내지 2장 내외, 소조승 1장 내외이며, 조승이 커지는 때는 7~9월, 3개월간이다. 11~12월에도 또한 다소 크다.

주민은 농업을 주로 하지만 경지가 협소하여 겨우 보리와 콩을 생산하는 데 불과하므로, 쌀 및 잡곡의 공급은 부근 마을에 의지한다. 따라서 자연히 다른 지역으로 일하러 가는 경우가 있고 배로 물품을 운송하는 일을 하는 사람도 제법 많다. 이 일에 종사하는 선박은 일본형 배 4척, 조선형 배 5~6척이 있는데, 군산 광천 및 기타 연안의 포구와 여러 섬으로 왕래한다. 운임은 광천 군산 사이에 쌀 5말들이 1가마는 15전 정도이다. 또한 봄여름철이 되면 부녀자들이 녹도와 호도로 나가서 주막을 여는 경우도 많다. 무릇 이 두 섬은 조기 갈치 등의 어획을 목적으로 하여 내외 어선이 많이 모여들기 때문이다. 특히 많이 모여드는 곳은 녹도이기 때문에 이 섬에 가는 사람이 가장 많다.

수산물은 오천오 해구 부근부터 만 안에서는 숭어 농어 종류가 많고, 도미 조기 뱅어 기타 잡어도 때때로 적지 않게 내유한다. 그러나 마을 사람은 숭어와 농어를 재미삼아 잡을 뿐이고 어업을 전업으로 하는 사람은 없다. 굴도 또한 오천오 입구 부근의 바위에 붙어 자란다. 부녀들이 이를 채취하지만 많지는 않다.

생업이 이처럼 부족하기 때문에 마을 사람들의 생계 수준은 낮고 일반적으로 매우 빈궁하다. 한 집 다섯 명의 하루 생계비는 27~28전이고, 1개월에 7~8원 정도가 보통이라고 한다.

이곳에서는 음력 매 2・7일에 시장이 열린다. 그러나 동쪽 20리에 보령군에 속하는 평촌장이 있고, 북동쪽으로 30리에 광천장이 있다. 따라서 이 시장의 집산구역은 대단히 좁으며, 다른 지방에서 모여드는 시장 상인도 겨우 14~15명에 불과하고, 거래액도 한 장시에 20~30원 정도에 불과하다고 한다.

하남면(河南面)

사장포만 입구에 떠 있는 여러 섬과 금강 하구 바깥에 떠 있는 여러 섬을 아울러 면으로 삼았다. 즉 본면의 경역선을 그어보면, 오천오 입구에 떠 있는 월도(月島) 및 기타 작은 섬을 포괄하고, 안면도 동남쪽을 따라 안면도와 원산도(元山島) 사이의 해협을 지나서 고대도(古代島)와 삽주도(挿州島) 동쪽을 남하하여, 연도(烟島)의 서쪽을 지나 금강 하구 바깥에 떠 있는 개야도(開也島)・죽도(竹島) 등을 권역에 넣고, 서천 비인 남포 보령 등 각 군의 연안을 북상하여 사장포만 입구로 들어와서 오천오 입구에서 출발점과 만난다. 이제 본면에 속하는 여러 섬 중에서 주요한 것을 열기해보면, 원산도 효자도(孝子島)〈두 섬 모두 사장포만 입구를 감싸는 것이다〉 월도(月島) 육도(陸島) 소도(疏島) 추도(抽島, 길매암吉每岩・흑서黑嶼・황서黃嶼・상목서上木嶼・하목서下木嶼・노아지서露阿之嶼)〈이들 섬은 사장포만 내의 오천오 입구 전면에서 안면도의 동남단 부근에 흩어져 있다〉・몽덕서夢德嶼〈효자도에 속한 작은 섬이다〉・군관문軍官門〈원산도의 북쪽 안면도 사이의 수도에 있는 작은 섬이다〉・백암서白岩嶼・낙대지洛大只) 용도(龍島) 증도(甑島)〈이상은 원산도의 남쪽에 있다〉 연도(烟島) 개야도(開也島) 죽도(竹島, 장도獐島・명서明嶼) 입우도(立牛島, 소당서所堂嶼) 등이다. 주요 섬의 개황은 다음과 같다.

원산도

원산도는 사장포만 입구를 지키는 섬으로, 안면도의 남단에서 약 15정 떨어져 있다. 동서 10리 25정 정도이고 폭은 가장 넓은 곳이 약 22정에 달하지만 좁은 곳은 겨우

2~3정에 불과하다. 섬의 남쪽은 굴곡이 별로 없어서 두세 곳에서 연안의 돌각이 보일 뿐 모두 평평한 모래밭이다. 이에 대해서 북쪽은 출입이 많고 두세 곳의 깊은 만이 있지만 모두 갯벌이 있어서 배를 대기에 불편하다. ▲ 최고점은 서단에 있으며 오로봉(五老峯)이라고 하는데, 해발 401피트에 불과하다. ▲동단에서 253피트 및 267피트에 달하는 두 언덕이 있는데, 그 정상에 봉수 유적이 남아 있다. 남동각의 정상에는 소나무숲이 있는데 모두 사장포로 들어갈 때 목표로 삼는다. ▲ 남동각의 주변은 험한 벼랑을 이루며, 이곳에서 남동쪽을 향하여 약 5정 정도 돌출한 얕은 암초가 있다. 암초 위에서 흰 물결이 일어나므로 쉽게 그 존재를 알 수 있다. ▲ 이 섬의 남쪽은 앞에서 말한 바와 같이 모래 해안이며 남쪽 약 2해리에 떠 있는 용도 사이는 물이 얕아서 2~3심에 불과하고, 남동쪽에는 간출 사퇴가 펼쳐져 있으며, 이 사이의 조류는 방향이 대단히 불규칙하다. 그래서 이 주변은 주의해야 할 항로이다. ▲ 이 섬과 안면도 사이는 3심 깊이의 얕은 곳이 이어져 있고, 군관문(軍官門)과 기타 2~3곳의 작은 암서와 무수한 간출암초가 있다. 그래서 어선도 통항하기에 대단히 어렵다.

이 섬은 앞에서 말한 바와 같이 최고 높이가 겨우 400여 피트에 불과하므로 전체적으로 낮은 구릉으로 이루어져 있다. 그래서 대체로 완경사지이며, 경지도 제법 많다. 그러나 대부분은 밭이고 논은 적다.

이 섬에는 진촌(鎭村) 선촌(船村) 구치(鳩峙) 진곶지(津串之) 점촌(點村) 저두(猪頭) 등의 마을이 있는데 모두 북쪽 연안에 흩어져 있다. ▲ 군의 보고에 따르면 섬 전체의 호구는 256호 905명이며, 경지는 밭 537마지기, 논 360마지기가 있다. 다만 경지는 모두 관유지로 이른바 역둔토(驛屯土)이고, 민유지로 불리는 것은 없다. 생산량은 보리 2,000말, 콩 1,000말, 벼 1,500말 정도이며, 그 가격은 대략 850~900원일 것이다. 그리고 수산물은 조기 갈치가 주요한데 1년 어획량은 대략 1,500~1,600원 정도라고 한다. 그러므로 수륙의 산물을 아우르면 2,300~2,400원이며 이것이 섬 전체의 생산량이다. 원래 대략적인 계산이 불과하지만 이 섬의 형세를 충분히 파악할 수 있을 듯하다.

이 섬과 부근의 여러 섬은 종래 주목망 어업이 활발한 곳이었다. 현재 이 섬 연안에 있는 것이 대략 150장에 이를 것이다. 그 대부분은 북쪽 안면도 사이의 수도 및 서쪽

삽시도(揷矢島, 「해도」에서는 삽주도揷州島로 기록하였다) 사이의 수도에 설치되어 있다. 어획물은 주로 조기와 갈치이고, 한 어기 중 한 그물의 어획량은 100원 내외일 것이라고 한다. 이를 하서면에 속하는 삽주도 및 호도 녹도의 어획량과 비교하면 대단히 적다. 무릇 이 섬의 주목망은 과거에 청어가 내유할 당시에는 어획량이 부근에서 으뜸이었으나, 십수 년 전부터 자취를 감춘 이후로 잡히지 않아서 현재와 같은 상황에 이르렀다고 한다. 이제 각 마을의 개황을 기록하고자 한다.

진촌

진촌(鎭村, 진촌)은 이 섬에서 가장 큰 마을이며, 북쪽에서 서쪽으로 치우쳐 깊이 들어간 만의 서쪽 기슭에 있다. 만은 간출만이지만 마을 전안에서 간출선 경계까지 7~8정 정도이므로 비교적 출입이 편리하다. 그러나 앞에서도 언급하였듯이 안면도 사이의 수도가 험악하며 또한 이 마을이 위치한 간출만은 만입이 16~17정에 이르지만 만 입구가 13정 정도이며 막아주는 것이 전혀 없어서 북풍이 강하게 불면 거친 파도가 밀고 들어와 정박할 수 없다. ▲ 호구는 76호 394명이라고 한다. 어호 20호, 승선업 35호, 주막 12호, 대목수 1호이며, 나머지는 농가이다. 그러나 이들 직업에 종사하는 사람 또한 물론 농업을 겸하고 있다. ▲ 우물이 4곳이 있으며 모두 수량이 풍부하지만 질이 좋지는 않다. 그러나 모두 식수로 삼기에 충분하다. ▲ 부근에 밭 120마지기, 논 150마지기가 있다.

어업

어업은 주목을 주로 하고 또한 주낙을 사용하는 사람도 있다. ▲ 이 마을에는 주목망 20장이 있으며 부근 마을이 소유하고 있는 것을 합하면 40장에 이른다고 한다. ▲ 그 어장은 섬의 북쪽과 안면도 사이의 수도이며, 작은 섬과 암초 사이에 건설하였다. 이 수로는 조류가 대단히 급하다. ▲ 어획물은 조기 갈치를 주로 하고 방어 등이 혼획된다. ▲ 어획금액은 한 장시에 1일 10원~15원이며 어기에 100원 내외라고 한다. 주낙은 근해를 다니면서 갈치 가오리 작은 상어 등을 어획한다. ▲ 또한 조기 및 갈치를 목적으로 하여 칠산탄 및 황해, 평안도 연해에 출어하는 사람도 있다. 그러나 현재 그 출어선은 겨우 한 척뿐이다.

선촌

선촌(船村, 션촌)은 진촌에 다음가는 큰 마을로 섬의 북동쪽에 위치하며 효자도와 마주 본다. 곧 이 섬에서 가장 북쪽에 위치한 마을이다. 배후 즉 서쪽에 구릉이 이어져 있고, 그 정상에 두드러지는 소나무가 있어서, 이를 표지[目標]로 삼을 수 있다. 작은 반도가 북쪽에서 남쪽으로 내려와서 자연적인 방파제를 이루며, 그 남쪽 끝이 입구이다. 그 안에 들어가면 사방의 풍랑을 막아주어 아주 안전하게 정박할 수 있다. 그러나 안이 좁고 또한 간석만인 점이 아쉽다. 인가는 작은 만 안의 동서쪽에 있다. 서쪽에 있는 마을은 서쪽으로 구릉을 등지고 동쪽을 바라보며, 동쪽에 있는 마을은 작은 반도에 위치하여 동쪽에 있는 효자도를 향하고 있으며, 서쪽의 작은 만 입구를 사이에 두고 동쪽 마을과 마주 본다. 이로써 이곳의 풍치가 어떠한지 상상하기에 충분할 것이다. ▲ 호구는 양쪽을 합해서 55호, 254명이라고 한다. 농업과 어업이 반반이며 일반적인 상황은 진촌과 다르지 않으나, 어업은 비교적 활발하여 주목망 20여 장 이외에 일본식 주낙어선 2척, 칠산탄 및 황해도 평안도 연해에 출어하는 조기 및 갈치어선이 있다. 주목망의 어장은 진촌과 마찬가지로 이 섬의 북쪽 연안이다. 주낙 어선의 어획물은 진촌과 다르지 않다. 그리고 고기잡이에 필요한 낙지 및 기타 미끼는 이 섬의 북동쪽인 도돈목[トドンモク]에서 포획한다고 한다.

이들 세 마을을 제외하면 나머지는 모두 작은 마을이다. 점촌은 23호 104명, 구치는 27호 130명, 진곶지는 23호 87명, 저두는 18호 87명이며, 그 어업은 대개 주목망 및 연망(延網)[92]이라고 한다. ▲ 주목망은 점촌에 8장, 구치에 13~14장, 진곶지에 7~8장이 있다. 일반적인 상태는 각 마을 모두 대개 비슷하지만 단지 저두에서는 상선으로각지로 돌아다니며 상업을 행하는 사람이 있다.

효자도

효자도(孝子島)는 원산도 북동쪽 1정 남짓, 사장포만 입구의 서쪽에 위치한 낮은

---

92) 원문에는 연망(延網)이라고 기록되어 있으나 주낙(延繩)의 오기로 보인다. 원문대로 기록하였다.

구릉으로 이루어져 있다. 섬의 동각(東角) 끝에 높이 34피트의 작은 섬이 있는데, 육몽덕(陸蒙德)이라고 한다. 그 북동쪽에 역시 높이 46피트의 작은 섬이 있는데, 이를 도몽덕(島蒙德)이라고 한다. 원산도의 가장 동각에서 이 섬의 동각을 거쳐 도몽덕 사이를 지나 북쪽에 이르는 사이는 수심 10심 이상 14~15심에 달하지만, 조류가 급하고 그 속도가 밀물과 썰물 모두 5노트 이상 6노트에 이른다. ▲ 섬의 서쪽 즉 원산도 사이의 수도는 수심 5~9심이지만 양쪽에서 펼쳐져 있는 얕은 여울 때문에 그 폭은 불과 1정에 미치지 않으므로 이곳도 또한 조류가 급하며, 그 속력 5노트 이상에 이른다. 그래서 이 섬의 사방 해면을 통항하려고 할 경우에는 특히 조류 시간을 예측하는 일이 중요하다.

섬의 서쪽 즉 원산도의 선촌(船村)과 마주 보는 작은 만이 있다. 만 입구는 불과 10여 칸이고, 만 안은 동서 3~4정, 남북은 이보다 조금 길며 갯벌만이지만 어선을 수용하기에 충분하다. 특히 사방의 풍랑을 막아주기 때문에, 이 부근에서 가장 좋은 정박지로 손꼽힌다. ▲ 인가는 만 입구의 남서쪽 및 북서쪽에 흩어져 있으며, 원산도의 선촌과는 소리를 지르면 들릴 정도로 가깝다. ▲ 호구는 섬 전체를 통틀어 45호 252명이라고 한다. 완전한 어촌이지만, 섬 전체가 낮은 구릉이므로 경지도 잘 개척되어 있다. ▲ 어업은 일본식 주낙, 일본식 안강망을 사용하는 사람이 있다. 또한 조기 갈치를 목적으로 하여 남쪽 칠산탄과 위도 근해에서 북쪽 연평열도 근해, 평안도 연해에 출어하는 사람이 있다.

소도

소도(蔬島)는 안면도의 남동단에서 겨우 2정 쯤 떨어진 곳에 떠 있는 작은 섬이다. 섬은 동서로 길고, 그 서단 부근에는 높이 약 10장 정도의 나무가 있는 언덕이 있다. 이를 이 섬의 표지[目標]로 삼는다. 섬 전체의 주민은 5호 17명 정도이며, 경지는 밭 25마지기가 있다. 모두 민유지에 속하며, 그 생산물은 대략 보리 100말, 콩 50말이다. 어선 1척, 어망 6장이 있으며, 봄철에 밴댕이 등을 어획한다.

추도

추도(抽島, 츄도)는 소도의 동북각에서 북쪽으로 약 6정 거리에 있는 섬이며, 섬 중앙에 제법 두드러지게 10장 정도의 나무가 보이는 언덕이 있다. 섬쪽은 간출암 및 자갈무지[礫堆]가 펼쳐져 있으며, 그 바깥 주변의 2정 정도 사이는 수심이 8척이 넘지 않는다. 호수는 7호, 26명이고, 밭 26마지기가 있다. 모두 민유지이며, 생산되는 것은 보리 130말, 콩 53말 정도이다. 어선 1척 어장(漁帳) 5곳이 있으며, 봄철에 밴댕이를 잡는다.

육도·소육도

육도(陸島, 륙도)·소륙도(小陸島, 셔륙도)는 2심이 안되는 얕은 여울로 이어져 있으며, 사장포 수도의 중앙에 위치한다. ▲ 소륙도는 「해도」에서 허륙도(虛陸島)로 기록된 곳이다. 추도에서 동쪽으로 약 12~13정 거리에 있는데, 동남으로 길고, 동남단에서 돌출되어 있는 간출암 줄기 위에는 두드러져 보이는 세 개의 기둥 형태 바위가 있는데, 삼형제도라고 한다. ▲ 육도는 허륙도 북쪽 3정에 위치하며, 정상에는 눈에 띄는 소나무 한 그루가 있다. 그 남각의 간출암은 남동쪽으로 약 4정에 이르며, 허륙도 동북쪽 사이에는 좁고 긴 얕은 수도가 있다. ▲ 소륙도의 서쪽에는 노출된 바위와 간출암이 있다. 또한 이 섬의 남서단인 남방 4~5정 사이에는 수심 1.5심에 암초가 있으며, 서쪽으로 약 3정 뻗어있으며, 그 주위의 수심은 5.5심이고, 게류 때 이외에는 암초 위에 파문이 생기므로 이를 인지하기 쉽다.

섬주민은 두 섬 통틀어 9호 33명이며, 경지도 또한 두 섬을 아울러 28마지기가 있다. 모두 민유지이며, 1년 생산량은 보리 140말, 콩 80말 정도이다. 어선은 두 섬에 각각 1척, 주목망 16장을 가지고 도미와 밴댕이를 어획한다.

월도

월도(月島)는 육도에서 동쪽으로 조금 떨어진 곳에 있는데, 이 섬의 북쪽에 천퇴(淺堆)가 펼쳐져 있으며 그 위에 황도(黃島)[93] 상목(上木) 하목(下木) 등 작은 섬과 많은 암초가 흩어져 있다. 그래서 부근의 통항은 대단히 위험하다. 인가 4호가 있으며, 인구는 15명이라고 한다. 밭 11마지기가 있으며, 보리 56말, 콩 25말 정도를 생산한다고 한다.

---

93) 현재 윗노랑이섬·아랫노랑이섬으로 부르고 있다.

어선 1척 어망 7장을 가지고 봄 여름 사이에 갈치 및 밴댕이를 어획한다.

앞에서 언급한 여러 섬 이외에 소륙도의 동쪽에 있는 천퇴 위에 작은 두 섬이 있다. 하나는 남동쪽 5정에 있으며, 섬 정상은 56피트인데, 「해도」에서는 이를 안마도(鞍馬島)라고 기록하였다. 이 섬의 서북쪽에 있는 소륙도 및 육도 동남쪽을 통하여 월도의 서남쪽으로 꺾여서 육도의 동쪽을 통과하는 작은 수도가 있다. 수심 3심 이상 4~5심에 달하지만 조류가 급격하여 안전한 항로는 아니다.

연도

연도(烟島)는 비인군에 속하는 마량리반도의 동백정 갑각에서 남쪽으로 5해리 남짓, 금강 하구 바깥에 떠 있는 죽도에서 서북쪽으로 약 6해리 앞바다에 있다. 둘레 약 10리[94] 남짓한 작은 섬인데, 정상은 해발 582피트에 불과하지만, 섬 전체가 한 구릉으로 이루어져 있다. 그래서 멀리서 보면 마치 푸른 소라가 떠 있는 것 같아서 한 눈에 알아볼 수 있을 것이다. 섬 모양이 이와 같으므로 경사가 급하며, 다만 동북쪽에 협소한 완사지가 있을 뿐이다. 사방 연안은 대부분 험준한 기슭이고, 북동쪽 및 남동쪽에 약간 모래와 자갈로 이루어진 해안이 있을 뿐이다. 더욱이 굴곡이 적어서 정박하기에 안전한 곳이 없다. 그 중에서 비교적 만곡(彎曲)된 곳은 북동쪽에서 동쪽을 바라보는 곳이 있는데, 이곳이 이 섬의 정박지이다. 그러나 앞쪽에 막아주는 것이 전혀 없기 때문에 동풍 및 북풍 때는 정박하기 곤란하다는 것을 알아야 한다. 이곳에 인가가 30여호가 있으며, 인구는 150여 명이고, 이것이 섬 전체의 인구라고 한다. 섬 전체에 나무가 없으며, 경지는 산중턱을 개척하여 겨우 밭 70~80마지기가 있을 뿐이다. 그러나 근해는 이른바 죽도어장의 일부로서 각종 어류가 풍부하여, 원근의 어선들이 거의 연중 이곳에 와서 조업한다. 특히 봄・여름 사이에 도미 조기 갈치 등의 성어기에 들어서면, 모여드는 배들이 대단히 많다. 일본 어선만으로도 200~300척 아래로 내려가지 않으며, 대단한 성황을 이룬다. 그러므로 섬주민은 어업에 종사하는 이외에 어류의 매매 또는 중매 등을 통하여 생계를 영위하는 것이 일반적이다. 따라서 생활 수준은 대체로 높고 여유가 있는 것 같

94) 원문에는 里로만 되어 있으나, 실제 둘레가 약 5km이므로 一里의 오기로 보인다.

다. 구입한 어류는 생선인 채로 또는 염장해서 직접 인천 군산 웅포 강경 논산 및 기타 금강 연안의 시읍으로 수송하여 판매한다. 그래서 어선 7척을 가지고 있지만, 어업에 종사하기보다는 오히려 운송이나 상업에 사용하는 경우가 많다고 한다.

식수는 마을 부근의 산중턱과 마을에서 2정 정도 떨어진 해안에 있는데, 모두 용천수로 수질이 양호하다. 용천수의 양도 모두 상당하여 사철 고갈되지 않는다. 특히 해안에 있는 샘은 그 양이 많으나, 봄철에 어선이 폭주할 시기에는 때로 부족함을 느끼는 경우가 없지 않다.

봄철 성어기에 들어서면 일본 상인 또한 와서 잡화를 판매하며, 때로는 한 무리의 영업자가 오는 경우도 있다.

섬주민의 어업은 조기 외줄낚시를 주로 하며, 어장은 어청도 근해에서 이 섬의 남쪽 근해이다. 이 섬의 근해에서는 음력 7~10월 사이에 밤낮으로 계속 조업하는데, 낚시로 낚는 것은 조기 이외에도 갈치 도미 민어 복어 등이 있다.

낚시도구는 제1집 〈그림30〉에서 제시한 것과 거의 같은 것인데, 주간에 사용하는 것은 외천칭, 야간에 쓰는 것은 〈그림31〉에서 제시한 작은도미낚시와 마찬가지로 천칭이다. 다만 이 천칭은 모두 쇠로 만든 제품이라고 한다. ▲ 미끼는 처음에는 정어리를 쓰지만 고기가 잡히기 시작하면 생선토막을 쓰는데, 생선토막을 쓸 때 그 성적이 도리어 양호하다고 한다.

이 섬 근해에 출어하는 일본 어선은 외줄낚시 도미주낙 안강망 삼치유망 준치유망 등이다. 그 상황은 죽도에서 함께 서술할 것이다.

죽도

죽도(竹島, **죽도**)는 개야도에서 서쪽으로 약 6케이블 떨어져 있으며, 군산포에서 11해리 남짓 떨어져 있다. 만약 군산포에서 가려면 돌아서 가야하므로 15~16해리에 이를 것이다. 둘레 약 10여 정에 불과한 작은 섬이며 섬전체에 평지가 적은데, 가시밭을 개척하여 밭 25마지기가 있다. 마을은 동쪽의 완경사지에 있으며, 개야도와 마주 본다. 그러나 인가는 겨우 4호가 있을 뿐이다. 다만 봄철 어기에 들어서면 해마다 일본인과 조선인

이 함께 와서 잡화를 판매하거나 혹은 음식점을 여는 등의 일이 속출하여 총수가 14~15호를 헤아리기에 이른다. 주민은 성어기에는 어류 중개를 행하거나, 또는 주막을 열어서 어부를 맞이함으로써 1년 생활비를 마련한다.

이 섬과 개야도 사이는 서로 마주 보며 고리같은 지형을 형성하므로, 선박을 정박하기 좋아서, 이곳을 섬 근해에 조업하러 오는 원근 어선들이 근거지로 삼는다. 다만 북풍 및 동남풍이 강하게 불 때는 안전하지 않다. ▲ 이 섬의 남쪽에 한 암초가 있다. 암초 줄기가 남서쪽으로 이어진다. 그 서북쪽 1해리되지 않는 지점에도 또한 암초가 있다. 「해도」에 역경(歷鏡)이라고 기록하였다. 이 암초는 천퇴로 죽도의 서쪽과 이어지는데, 이 부근에도 암초가 흩어져 있다. 죽도 이하 이들 작은 섬의 남쪽은 이른바 죽도 정박지로서 제법 큰 기선도 가박할 수 있다.

이 섬에는 급수장 3곳이 있는데, 동쪽 기슭에 있는 것은 2시간에 약 세 짐의 샘물이 나오지만, 그 장소는 만조시에 바닷물에 잠기므로 소조 또는 간조 때 이외에는 물을 급수할 수 없다. 남서 기슭에 있는 것은 바닷물에 잠기지는 않지만 수량이 적은 것이 결점이다.

이 섬은 앞에서 언급한 바와 같이 작은 섬에 불과하지만, 서해 어장의 중심에 위치함으로써 종래부터 중요한 근거지로서 알려진 곳이다. 특히 근해에 도미가 많이 나므로, 죽도라는 이름은 도미의 대명사가 될 만큼 저명해지기에 이르렀다. 흔히 죽도 어장이라고 부른다는 점은 이미 충청도의 개관에서 언급한 바 있는데, 이 섬을 중심으로 남쪽은 전라도에 속하는 격음열도 즉 일명 고군산군도 근해에 이르며, 서쪽은 본군의 어청도 외연열도 근해, 북쪽은 녹도 호도 삽시도 고대도 장고 등의 근해에 이르는 일대의 해양이다. 매년 이곳에 어획하러 오는 어선은 대단히 많아서 그 수는 무려 1,000척에 이른다. 그리고 이에 따라 왕래하는 출매선과 운반선도 또한 대단히 많으며, 이들은 이 섬 이외에 개야도 격음열도 연도 녹도 및 기타 여러 섬까지 다니지만, 그중에서 이 섬을 근거지로 하는 경우가 가장 많다. 특히 일본 어선이 다수이다. 무릇 이 섬의 정박지는 어선이 모이기에 편리하고, 군산 강경 논산 등 금강 연안에 위치하는 각 집산시장까지 가기에 편리한 때문이기도 하지만, 연해에 고기떼가 많고 적은 것과도 관계가 없지 않다.

이 섬에 모여드는 일본 어선은 주로 안강망 도미주낙 삼치유망 준치유망 등이다. 안강망은 주로 나카사키 사가 후쿠오카 가고시마 오이타 등의 어선인데, 그 중 많은 것은 나가사키 사가 후쿠오카 세 현이다. 매년 어획하러 오는 어선의 수는 300척에 이른다(작년 통계에 의하면, 나가사키현 97척, 사가현 56척, 후쿠오카현 50척, 가고시마현 18척, 오이타현 1척이었다). 어선들이 오면 대부분 먼저 칠산탄 위도 근해의 조기 어업에 종사하고 마치면 이 섬 및 연도 근해의 도미어업으로 옮겨간다. ▲ 어장은 이 섬의 서쪽 약 25리 앞바다로부터 점차 어군의 이동을 따라서 연도 근해를 거쳐 이 섬의 북서쪽 약 40~50리에 이른다. ▲ 어획물은 도미 갈치 조기이며 이 섬 근해에 있어서는 주로 조기이다. ▲ 어획 금액은 물론 해마다 다르지만 근년에는 대체로 물고기가 덜 잡힌다. 작년 음력 4월 초하루 첫 조류 때는 물고기 떼의 내유가 적었으나, 어선 1척의 어획금액은 최고 130원 정도, 최저 20원 내외이며, 평균 60~70원이었다고 한다. ▲ 물고기의 어장 시세는 도미는 6~7전, 갈치는 2~3전, 조기는 6리 정도이다.

도미주낙은 에히메 히로시마 오이타 후쿠오카 구마모토 나가사키 각 현의 어선은 대부분 한 어기 중에 조업하러 오는 배가 200여 척에 이를 것이다. 봄철 초기에는 팔십팔야 22~23일 전이며, 군산포 남수도의 남쪽인 오식도(통칭 적산赤山) 근해에서 처음 조업을 하며, 점차 어군을 쫓아서 이 섬 및 연도 근해로 온다. 이어서 북쪽 30~40리 앞바다로 옮긴다. 5월 중순 혹은 하순에 이르면 그친다. ▲ 어황은 해마다 차이가 있지만, 이를 4~5년 전과 비교하면 다소 부진해진 것 같다. 작년의 성적은 어기 초 즉 팔십팔야 전후는 하루 한 척의 어획량이 20~30마리에서 200마리에 그친다. 그리고 한 어기 중에 한 척의 어획 금액은 120~130원부터 500원까지라고 한다. 그러므로 평균 1척당 150~160원 정도로 보면 큰 차이가 없을 것이다. ▲ 물고기 가격은 앞바다에서 활어 1마리에 30전에서 점차 하락하여 12~20전을 오르내린다. 다만 죽은 고기는 늘 반 가격에 불과하다. ▲ 미끼는 종전과 마찬가지로 새우 및 쏙 두 종류이며, 새우는 오식도 부근에서 직접 포획하거나 또는 마을사람으로부터 매수하고, 쏙은 마량리 부근에서 마을사람으로부터 매수한다. ▲ 가격은 새우 120마리에 12전, 쏙 45마리에 9전이다.

삼치유망은 주로 가가와현의 어선이다. 안강망 어업이 활발해지자 일찍이 분쟁이 일어났고, 그 이후 일시적으로 조업하러 오는 어선이 감소하였으나, 최근 다시 활발해지고 있다. 그러나 이 어선은 먼저 남해에서 조업하고 서해의 상황에 따라서 조업하러 오는 경우가 많기 때문에, 해마다 차이가 많다. 작년에 조업하러 온 배는 130척 정도이며, 40~100석을 실을 수 있는 모선 11척 이외에 냉장 장치를 갖춘 기선 유길환(有吉丸, 37톤)과 소부사환(小富士丸, 142톤) 2척이 와서 운반에 종사한다. 그러나 작년은 근래 보기 드문 흉어이어서 하룻밤 1척의 어획량은 불과 5~6마리에서 20마리에 그쳐, 한 어기 중 100~300마리에서 600~700마리에 불과하였다고 한다. ▲ 삼치 이외에 준치 방어 성대 등을 어획하며, 그중 준치가 많이 잡힌다. ▲ 작년의 생선 가격은 앞바다 시세로 1마리 평균 18전 내외였다.

개야도

개야도(開也島, 기야도)는 죽도 동쪽에 있는 네모난 모양의 섬으로 동서와 남북이 거의 같다. 그 둘레는 20리 정도이고, 섬의 최고점은 남쪽의 중앙에 있으며 겨우 118피트에 불과하다. 따라서 섬 전체가 비교적 완경사지 또는 평지가 많다.

섬은 금강 하구 북수도의 북쪽에 떠 있으며, 그 동쪽에 펼쳐져 있는 사퇴는 멀리 육지 연안까지 이어진다. 이 사퇴가 수도와 외해 사이의 교통을 차단한다. ▲ 동쪽 남부에 서쪽을 향해서 만입한 사빈이 있다. 이곳이 이 섬의 정박지이다. 물이 얕아서 대조 때에는 바닥이 드러나지만 부근에 암초가 존재하지 않기 때문에 위험에 직면할 우려는 적다. 만 안에 마을이 있으며, 호구는 96호 450여 명이라고 한다.

이곳은 과거에 주목어업이 활발한 곳으로, 당시 어기에 들어서면 본도 연안은 물론이고 전라 경상 경기 여러 도에서 어선 및 출매선이 수백 척이나 몰려들며, 연안 일대에는 주막과 음식점이 즐비하게 늘어선다. 흰 옷을 입은 사람이 모여드는 것이 시장과 같은 상황이다. 이 모습을 멀리서 바라보면 마치 무수한 흰 새들이 모여있는 것 같다고 한다. 그러나 지금은 성어기에도 몇 척의 중선어선이 기박하는 데 불과할 정도로 쇠퇴하기에 이르렀다. 무릇 일본 어선의 어업이 활발해지면서 초래된 결과이기는 하지만, 죽도 정박지의 편리하지 않았기 때문에 자연히 다른 곳으로 이전한 결과이다.

식수는 곳곳에 있으며 수량이 많다. 경지는 논 240마지기, 밭 400마지기가 있다. 매매 가격은 1마지기에 논은 20원, 밭은 2원 정도이다.

나가사키현은 어민 이주 근거지로 삼기 위해서, 지난 명치 41년 8월 경 이 섬에 약 200평 정도의 토지를 구입하였다. 그리고 그 대가(代價)는 전체 면적 가격이 11원이었다고 한다. 현재는 아무런 움직임도 없다.

어업은 외줄낚시 및 어살어업을 행한다. ▲ 외줄낚시는 죽도 근해로부터 연도 근해까지 출어하여, 도미 민어 조기 갈치 복어 등을 낚시로 잡는다. 출어기는 여름철부터 가을철에 이르며, 낚시어구는 보통 조기 외줄낚시이며(제1집 그림 30), 어획량은 많지 않다. 하루 한 척에 10~30마리이다. ▲ 어살은 마을 전면의 사퇴에 설치한 것이 2곳 있는데, 만조 때에는 3~4심되는 곳이다. 건설비는 말뚝 비용 20원, 발[簀] 비용 10원(길이 5길, 폭 1.5길 20장 가격), 밧줄 비용 6원, 건설 인부 임금 10원(1인당 30전으로 33명 몫), 합계 46원이다. 이것이 어살 한 곳을 신설하는 비용이다. 어획물은 갈치 조기 농어 숭어 준치 등 여러 종류가 있다.

하서면(河西面)

본도의 바깥 바다에 떠 있는 여러 섬을 아울러 면으로 삼았다. 그 경역선을 그으면, 안면도(安眠島)의 남서단에 떠 있는 고대도(古代島)의 동북쪽을 기점으로 하여, 하남면에 속하는 원산도 사이에 있는 해협을 지나서 남쪽으로 내려와, 전라도에 속한 고군산도와 그 북서쪽에 떠 있는 십이동파도(十二東波島) 사이를 통과하여 서북쪽으로 향한 다음, 어청도 및 외연열도의 서쪽을 북상하여 안면도 서쪽에 흩어져 있는 여러 섬을 권역으로 삼고, 동쪽으로 향하여 안면도 서쪽에 이르고, 다시 남하하여 기점으로 돌아온다. 이제 그 선 안에 들어있는 여러 섬을 열거하면, 고대도(모란도毛卵島・방빈서防濱嶼), 장고도(長古島, 「해도」에 외장고도라고 기록한 곳이 이것이다), 외렴도(外斂島), 삽시도(揷矢島, 「해도」에는 삽주도揷州島라고 기록하였다), 불모도(佛母島, 도감서都監嶼・몰야沒野), 호도(狐島), 길마도(吉馬島, 분지서分之嶼), 녹도(鹿島), 시도(矢島, 「해도」에는 대궁시도大弓矢島라고 기록하였다), 소시도(小矢島, 「해도」에는 소궁시도小弓矢島라고 기록하였다), 석서(石嶼), 길산도(吉山島, 「해도」에는 길산도 吉散島라고 기록하였다), 외연도(外烟島), 오도(梧島), 청도(靑島, 「해도」에는 대청도 大靑島라고 기록하였다, 내소서內所嶼, 외소서外所嶼, 칭덕도稱德島, 관장서關障嶼), 황도(黃島), 횡견도(橫見島), 어청도(於靑島), 동파도(東波島, 「해도」는 십이동파도 十二東波島라고 기록하였다, 피서皮嶼) 등이다. 주요한 여러 섬의 개황은 다음과 같다.

고대도

고대도(古代島, 고딕도)는 안면도의 남서단에 떠 있는 작은 섬으로 남북 14~15정, 동서 3정 남짓이다. 동쪽은 원산도, 서쪽은 장고도(長古島), 남쪽은 삽시도가 있는데, 서로 떨어져 있는 거리는 1.5~2해리 이내이다. 섬의 주변에는 간출암 및 사퇴가 펼쳐져 있고, 서쪽 사퇴의 말단에는 썰물 때 14피트 높이로 드러나는 바위가 있고, 남쪽 갑각의 바위언덕 위에는 두드러지는 높이 30피트의 뾰쪽한 바위가 있다. 동쪽은 제법 만 모양을 이루며 원산도와 마주보며, 그 북쪽에는 모래톱[砂嘴]이 돌출해 있어서, 이곳에 어선을 댈 수 있다. 이 섬의 정박지는 바로 이곳이다. 마을은 앞에서 말한 모래톱 위에 위치하며, 호수는 41호이다. 인구는 대략 170여 명에 달할 것이다. 주막 3호, 배 목수 3호를 제외하고는 모두 어호이고 순수한 어촌 마을이다.

식수는 마을의 배후인 산기슭에 있는데, 우물이기는 하지만 풍부하고 질 또한 양호하다.

경지는 섬 전체에 논 약 11마지기, 밭 72마지기 정도일 것이다. 생산량은 쌀 50말, 보리 210말, 콩 120말 정도이다. 일상품은 결성군에 속하는 광천시 또는 보령군에 속하는 대천시에 조달하며, 그 사이를 왕래하는 상선 1척이 있다. 운임은 1인 왕복 10전이며, 짐은 한 짐 10전이다.

어선 10척이 있는데 그 중 8척은 일본형 어선이고 2척은 조선형 어선이다. 다만 이 선박 수는 조사원이 현장에 갔을 당시의 숫자이며, 그 무렵 일본형 어선 2척을 새로 건조 중이었던 것을 보았다고 한다.

이 섬 연해에서 생산되는 수산물은 주로 조기 갈치 상어 정어리 복어 방어 새우 게 숭어 농어 낙지 등이며, 유용한 패류는 생산되지 않는다. 해조류는 바위에 김이 다소 착생할 뿐이다.

지금부터 약 20년 전에는 이 섬 연안에도 청어떼가 몰려 들어서 그 어획이 대단히 많았으나 16~17년 전부터 완전히 자취를 감추기에 이르렀다고 한다.

어업은 중선어업, 일본식 바샤망[バッシャ網][95]어업, 주낙어업, 주목망어업 등을 하며, 주낙어업의 경우는 어선, 어구 전부 일본식을 채용하였고 기타 어업 또한 비교적 발달하여 경시할 수 없는 것도 있다.

주낙어업은 가오리주낙 도미주낙 상어주낙 등을 모두 행한다. 가오리주낙은 1~2월경에 외연열도 및 어청도 앞바다로 출어한다. 가오리는 흰가오리와 노랑가오리 두 종류이지만 주로 흰가오리이다. ▲ 도미주낙은 봄철 4~5월 경, 가을철 9~10월 경이 어기인데, 민어・상어도 혼획한다. 어장은 봄철에는 연도 근해, 가을철에는 어청도 근해이며, 미끼는 낙지와 쏙을 사용한다. ▲ 상어주낙은 3~4월 경이고 어장은 남쪽 어청도 부근에서 북쪽 태안군에 속하는 거울도(巨鬱島)에 이르는 사이의 앞바다이다. 미끼는 정어리를 사용하는데, 정어리는 잡기 쉽다. ▲ 주낙 어업에 종사하는 어선은 때에 따라서 다르지만, 각 조업에 종사하는 배는 대개 5척이다. 한 어선의 승선 인원은 어느 경우나 5명이다.

중선(中船)은 1척으로 배의 길이 약 6칸(새로 건조하는 데 약 150원이 든다고 한다)이고 7명이 승선한다. 3~5월 중순에 이른 사이에 전라도에 속하는 격음열도 근해에 출어하여 주로 갈치를 어획한다.

바샤망어업은 어선 및 어망 모두 전체를 일본 어부로부터 구입한 중고품이며, 2척이 있다. 구입 가격은 망구 1조에 40~50원이고, 어선 한 척은 120~150원이라고 한다. 모두 4인승이고, 칠산탄과 격음열도 근해에 출어하며 조기와 갈치를 목적으로 한다. 이들 출어선의 어획물은 근처의 출매선에 매도하거나 근거지에서 판매한다.

주목망어업은 부근 여러 섬과 마찬가지로 이 섬의 중요한 어업 중 하나라고 한다. 어장은 이 섬과 남서쪽에 있는 삽시도 중간 사이인데, 이곳은 간조 때에는 수심 3~4척이고 바닥은 바위이다. 부근에 설치되어 있는 주목망의 수가 많기는 하지만, 이 섬 주민

---

95) 자루 모양의 그물을 물살을 향해 열리도록 부설하고 물고기가 그물에 들어가기를 기다렸다가 잡는 어법이다.

이 소유하고 있는 것은 7곳이다. 예로부터 각 개인이 소유하는 것이어서 거의 농경지와 같은 모습이며, 다른 사람이 이를 침해할 수 없다. 이러한 관습은 일반적으로 잘 준수되어 지금에 이르렀다. 어기는 3월부터 5월 중순에 이른 사이이며 갈치를 주로 하고, 조기와 정어리(멸치) 등도 혼획한다. 다만 정어리(멸치)를 어획하는 것은 3월 경이며 길이 2~5촌에 이르는 것이다. 미끼로 사용하는 한편 남은 것은 염장해서 상어낚시의 미끼로 사용한다. ▲ 그물은 장소에 따라 크고 작은 차이가 있지만, 그 구조 등은 부근 각 섬과 모두 마찬가지이다. 그래서 자세한 내용은 가장 활발한 지역인 녹도에서 다루고자 하며 여기에서는 생략할 것이다. 그 어구는 중선이나 바샤 등과 마찬가지로 조류를 이용하는 것이며, 조류의 흐름이 빠른 장소에서 어획이 가장 많다. 설치할 때는 썰물을 향하여 그물 입구가 벌어지도록 하고, 썰물 때 그물 끝을 열어서 어획한다. 한 그물에서 한 번에 30~40마리이며 가격은 80~90전부터 1원 20~30전인데, 때로는 많은 고기를 잡을 때도 있다. 이 섬에서 사용하는 것은 주목 중에 가장 작은 것이므로, 한 그물의 종업자는 한 사람으로 충분하다.

어업 자금은 광천 및 기타 지역의 상인으로부터 차용하는데, 월 이자 5푼으로 일반적인 대차라고 한다. 그러나 최근에는 일본상인으로부터 일본어부와 마찬가지 방법으로 선수금[仕込]을 받는 경우도 있다고 한다.

이 섬의 어업은 이처럼 진보하고 있고 이에 따라 조선업도 비교적 발달하고 있다. 어선은 모두 일본 어선의 장점을 취하여 건조하거나 또는 개조하는데, 오로지 일본 방식을 모방하는 데 힘쓰고 있다. 무릇 조선식 어선의 장점은 돛의 조종이 편리하다는 점과 흘수가 얕아서 물이 깊지 않은 곳도 갈 수 있다는 점이지만, 선체가 취약해서 외해에서 조업하는 상황을 감당할 수 없는데 특히 노로써 조종하는 데 불편하기 때문이다. 종래에 사용하던 목제 못을 철제 못으로 바꾸면서 대장장이가 철제 못 제조에 종사하게 되었다. 이는 또한 전적으로 일본식에 의존하는 것이다. 배를 만드는 일은 모두 선주가 직접 진행하며, 재료 등은 모두 선주가 스스로 연안의 시읍으로부터 구입해 온다. 배를 만드는 목수는 다만 노동에 대한 임금을 받는 데 불과하다. 목수 한 사람의 하루 임금은 식사를 제공하고 25전이라고 한다. 세 사람의 목수가 새로운 배를 만들거나 수리하느라 1년 내내 쉴 겨를이 없다고 한다. 이를 통해서 어업이 활발한 것을 충분히 짐작할 수 있다.

장고도

장고도(長古島, **장고도**)는 「해도」에서 외장고도(外長古島)라고 기록하고 있는데, 고대도의 북서쪽 약 1해리 떨어져 있고, 안면도의 남서단으로부터 펼쳐져 있는 3심 깊이의 사퇴 위에 있는데, 안면도는 이 섬의 남서 돌각에서 겨우 1해리 떨어져 있다.

섬의 모양은 북동쪽에서 남서쪽으로 길게 꺾이며, 중앙에서 굴곡을 이루는 부분은 좁지만 평지로 이루어져 있다[96]. 그리고 그 중앙부 연안 남북 양쪽 모두 자갈로 이루어진 해안이지만, 나머지는 모두 암석 해안이고 0.5해리까지 펼쳐져 있는 곳이 있다. 특히 가장 심한 곳은 서쪽 일대이며 드러난 바위와 암초도 또한 곳곳에 대단히 많이 흩어져 있다.

마을은 서쪽에 있는데 동서쪽의 앞 기슭은 모두 자갈로 이루어진 해안이다. 이 부근은 섬이 굴절되는 부분에 해당되며 만 모양을 이루고 있기는 하지만 물이 얕아서 간출시에는 5정에 이른다. 또한 전면에 노출된 바위가 흩어져 있어서 풍파가 거칠 때에는 선박 출입의 위험을 면할 수 없다.

섬 주민의 호수는 모두 40호이며, 인구는 170여 명이라고 한다. 선주・선두(船頭)로서 어업에 종사하는 집이 2호, 영업을 영위하는 집이 2호, 주막 2호, 운송업 2호가 있다.

섬 전체의 경지는 논 30마지기, 밭 40마지기가 있을 뿐이다. 그리고 그 생산량은 대략 쌀 10석 5말, 보리 14석(생산량은 일본 단위이다)일 것이다. 콩은 조류와 바람의 영향 때문에 재배하지 않는다.

섬 전체의 토지는 일찌감치 개척되어 빈 땅이 없으며, 남북 양쪽을 연결하는 중앙에 있는 사주가 평탄하지만 모두 모래와 자갈이어서 개간할 수 없다.

섬 주민의 교통에서 중요한 곳은 결성군에 속하는 광천시 및 보령군에 속하는 대천시이다. 시장이 열릴 때마다 가는 사람이 14~15명이 있다. 또한 이 섬과 광천 사이에는

---

96) 장고도의 중앙에 해당하는 부분에 경작지가 있다.

소형 범선 2척이 한 달에 대체로 2회 왕복한다. 운임은 승객은 왕복 10전, 식염은 한 가마니에 2전 5리라고 한다.

이 섬 연해에서 생산되는 수산물은 농어 숭어 갈치 조기 방어 조기 등이며, 그 밖에 굴 김[紫菜] 모자반[ほんだわら] 등이 있다. 그러나 생산량은 많지 않다.

어업은 일본식 주낙 어선 3척을 가지고 가오리 도미 상어 등을 어획한다. ▲ 가오리 주낙의 구조를 보면 모릿줄[幹繩]은 삼실 두 가닥 꼬기로 직경 4리, 길이 약 300길이고, 가짓줄은 삼실 직경 2리, 길이 약 2길인데, 모릿줄 4길마다 가짓줄을 단다. 한 발(鉢)에 70~80가닥을 단다. 한 어선에서 사용하는 주낙 수는 15발이 보통이라고 한다. ▲ 어선 한 척의 승선 인원 및 어장・어기 등은 부근 여러 섬과 마찬가지이고 미끼는 노래미[あぶらめ]를 사용한다. 가오리 이외에 대구 돔발상어[つのざめ] 별상어[ほしざめ] 등을 혼획한다. 어획물은 어청도 또는 군산 지방에서 판매한다.

도미주낙은 봄・가을 두 철인데, 봄철에는 4~5월 두 달이며, 어장은 녹도・호도의 서쪽 10리 및 외연도 주변 3~4정에서 10리 앞바다이다. 초기 즉 4월 경에는 연안에서 조업하고, 점차 앞바다로 옮겨간다. 가을철에는 8~10월에 이르는 사이이고, 어장은 어청도 앞바다라고 한다. 미끼는 봄・가을 모두 개불[螠]과 낙지이며, 이 섬 연안에서 생산된다. 그러나 어청도 앞바다에 출어할 때는 그 부근에서 구입한다. 어선 1척의 한 어기 중의 어획량은 각 어업 모두 대개 300~400원에 달한다고 한다.

종업자가 적어서 고용하기 편하지 않다. 고용하는 방법은 두 가지인데, 하나는 배당법이고 또 하나는 급료를 지급하고 고용하는 것이다. 배당법은 어획물 매상액에서 먼저 식료 및 잡비를 공제하고 나머지는 선주와 종업자가 절반씩 나눈다. 즉 선주가 5할을 가져가고, 나머지 5할은 승선해서 조업한 사람들 사이에서 배당한다. 이러한 결산은 1년에 두 차례, 봄・가을 두 계절의 어업이 종료된 때 행한다. 봄철 말의 결산에서는 종업자 한 사람당 약 10원이 배당된 사례가 있다.

어업 자본은 선주가 직접 다른 곳에서 차용해 온다. 일반적인 대차일 경우 이자는 월 4~5푼이다.

이 섬에서는 염업이 비교적 활발하다. 염전은 섬의 중앙부 즉 마을 부근에 있으며,

그 면적은 2정보 정도이고, 철제 솥 2개를 가지고 바닷물을 끓인다. 솥의 크기는 사방 2칸의 네모난 솥으로 깊이는 3촌이다. 군산에서 구입하였는데 가격은 50원이라고 한다. 제염 시기는 2~10월에 이르는 9개월 사이지만 최근에는 연료 부족으로 인하여 때때로 휴업하는 경우가 있다. 연료는 안면도에서 들여오며, 솥 2개에 필요한 1일 연료비는 약 1원이라고 한다. 그리고 제염 인부는 한 솥당 2명이 필요하며 임금은 식사를 제공하고 1명당 1일 25전이다. 그래서 솥 2개에 필요한 인부 임금은 1일 1원이 된다. 그밖에 염전을 정리하기 위하여, 1개월에 두 차례 원산도에서 사람과 더불어 소를 들여와 1회마다 7일씩 사용하며, 임금과 식사를 제공하면 1원 50전이다. 월 2회로 계산하면 3원이 된다. 그밖에 제염 및 소몰이 인부의 식료와 잡비 등을 1개월 22원 50전으로 계산하면, 합계 82원 50전이다. 이것이 이 섬에 있는 제염업자의 두 솥에 대한 1개월 지출 총액이다. 그 제염량은 1개월에 한 솥 당 50~60가마니(1가마니는 10승桝이 들어간다. 1승은 일본의 7되에 해당하기 때문에, 1가마니는 약 7말이다)이며, 두 솥에서 100~120가마니가 생산된다. 그리고 1가마니(일본 단위로 7말)는 대개 80전 정도라고 하므로, 가령 한 달에 110가마니를 생산한다고 하면, 그 가격은 88원이 된다. 수지를 계산하면 차익금은 5원 50전이 된다.

삽시도

삽시도(揷矢島)는 삽시도(揷時島)라고 표기하며, 「해도」에서는 삽주도(揷州島)라고 기록한 것이 이 섬이다. 고대도에서 정남쪽으로 약 1.5해리, 원산도의 서남쪽에서도 같은 거리에 있으며, 남북이 길어서 30여 정에 이르며, 폭은 가장 넓은 곳이 25정 정도이다. 이 부근에 흩어져 있는 여러 섬 중에서 하남면에 속하는 원산도에 이어서 두 번째로 큰 섬이다. 이 섬의 서남각은 초명(草明)이라고 하는데, 흰색의 절벽[斷崖]을 이루어 눈에 잘 띈다. 남쪽 중앙에 한 갑각이 있는데, 그 좌우는 모두 흰모래 해안이며 만입을 이루고 있다. 동남각은 야표곶(夜表串)이라고 하는데, 험한 벼랑을 이루고 있지만 바위 언덕이 뻗어나와 있지 않고, 부근은 얕은 여울이기는 하지만 암초의 존재가 확인되지 않았으며, 대체로 장애물이 없다. 이 갑각으로부터 북동각에 이르는 사이는 완만한 만

형태를 이루며 일대가 또한 흰모래 해안이다. 이 오목한 곳에 남북으로 사구가 뻗어 나와서 작은 간출만을 이룬다. 이곳에 마을 몇 곳이 흩어져 있다. 이 작은 만은 간출퇴 안에 위치하기 때문에 간조 때에는 출입이 불편하지만, 만조를 타면 어선을 수용할 수 있고 배를 대기에 적합하다.97) 북각은 갈색의 벼랑으로 대단히 두드러진다. 바위언덕이 사방으로 약 6정 정도 뻗어나와 있으며, 또한 이 부근에는 암초가 여기저기 흩어져 있다. 북각의 북쪽과 고대도 중간에 간출시 높이 8피트의 독립된 바위가 있다. 서쪽도 역시 바위언덕이 6정 남짓 뻗어나와 있어서 배를 댈 수 있는 적당한 장소가 없다. 북각으로부터 서쪽 1해리 남짓되는 곳에 암초가 하나 있는데, 물건서(勿巾嶼)라고 하며, 최고점은 간출 때 5피트이며, 그 이외에는 저조 때에 물에 잠긴다.

섬 전체의 호수는 29호이며 인구는 100여 명이라고 한다. 섬은 제법 면적이 넓기 때문에 경지는 논 약 100마지기, 밭 70마지기에 이른다. 그 생산량은 쌀 600말, 콩 100말일 것이라고 한다. 용수는 상당히 풍부하며, 식수는 마을 부근 2~3개 곳이 있는데 모두 수질이 양호하다.

수산물은 갈치 조기 도미 민어 농어를 주로 하고 패류로는 대합 큰발조개 등이 있다. 패류는 1년 내내 생산되지만 그 양은 많지 않다.

어업은 주목망을 활발하게 사용하고 있으나, 그 밖에는 부진하다. 이 섬에 있는 주목망 총수가 120~130곳에 이를 것이다. 그러나 그 장소는 모두 이 섬 주민이 소유한 것이 아니다. 어장은 사방 연안이며, 조류가 급한 곳이 가장 양호하다고 한다. 그중에서 대부분은 북쪽 즉 원산도 및 고대도와 마주보는 연안이라고 한다. 이 섬에 있는 주목망을 고대도의 주목망과 비교해 보면, 규모가 크고 한 어선에 종업자 4~5명 내지 6~7명이 승선하며, 두 그물 즉 두 곳을 사용한다고 한다. 계절은 3~5월에 이르는 사이이며, 갈치로 주로 하고 조기 도미 민어 농어 등을 혼획한다. 이 섬의 어장은 원산도 및 고대도의 어장과 비교하면 양호하다. 보통 한 곳에서 한 어기중의 어획 금액은 대개 200원 내외라고 한다. 그러므로 전체 그물 수가 100곳이라고 가정해도 또한 20,000원 상당을 어획하는 셈이 된다고 한다. 어기에 들어서면 충청도 연안은 물론이고 경기 황해 전라

97) 원문에는 船圍라고 되어 있으나, 정확한 의미를 알 수 없다.

도의 각 연안지방에서 출매선이 온다. 따라서 그 어획물은 어장에서 바로 이들 상인에게 매도한다.

이 섬에도 또한 제염업에 종사하는 사람이 있으며, 염전은 3곳이 있다. 이 섬은 면적이 넓은 데 비해서 인구가 적다. 그래서 연료는 다른 곳에 의지할 필요가 없다. 따라서 염업경영은 다소 편리하다고 한다.

불모도

불모도(佛母島)는 「해도」에서 야도(冶島)라고 기록하였다. 삽시도로부터 정남쪽으로 1해리 되는 곳에 떠 있는데, 동서로 길어서 약 7정, 폭 100칸이고, 둘레는 험한 해안이다. 중앙의 섬 정상에는 빽빽한 소나무 숲이 있어서 표지로 삼을 수 있다. 그 부근에 인가 5호가 있는데, 이것이 섬 전체의 호수라고 한다. 경지는 밭이 15마지기가 있을 뿐이다. 이처럼 작은 섬에 불과하지만, 그 연안은 주목망의 어장으로서 어기인 봄철에 들어서면 그물을 설치하는 곳이 적지 않다. 그래서 섬 주민은 모두 그 계절에 주막을 운영하여 1년의 생계비를 번다. 연안에서 굴과 바위김이 조금 자생하고 있는데, 섬 주민은 이를 채취하여 자가(自家)에서 소비한다.

이 섬의 북쪽 가까이에 농락리(瀧落里) 마거도(馬車島) 등의 작은 섬이 흩어져 있는데, 이들 섬과 불모도 사이의 수도는 모두 주목망의 어장이라고 한다.

녹도

녹도(鹿島)는 일본 어부들이 흔히 '사시미'라고 부르는데, 무릇 조선어가 와전된 것이 분명하다.[98] 삽시도에서 남서쪽으로 5.5해리 떨어져 있으며, 연도에서는 북서쪽으로 14해리 정도 떨어져 있다. 섬은 남북이 길어서 약 17~18정이고 동서는 그 $\frac{1}{3}$ 정도에 불과하다. 섬의 중앙부와 북부에 나무숲이 있는데, 북부에 있는 숲은 섬의 최고점에 위치하며 해발 366피트이다. 그래서 표지로 삼을 수 있다. 섬의 동쪽 남단 가까이에 겨우 활모양을 이루는 작은 만이 있는데, 이곳이 이 섬의 유일한 정박지라고 한다. 물가는 작은

98) 원래 우리말로 사슴섬인데, 이를 불완전하게 발음한 것으로 보인다.

모래이고 상부는 자갈해변이다. 남단으로부터 북쪽을 향하여 약 10여 칸 길의 돌제(突堤)를 쌓고, 이와 마주 보도록 따로 북쪽으로부터 남동쪽을 향하여 돌제를 10여 칸 쌓아서, 충분히 풍랑을 막을 수 있다. 그 안은 넓지 않지만 어선 십 수척을 수용하기에 부족하지 않다. 그 전면은 간조 때에도 여전히 수심 1심 내외를 유지하므로, 어선과 작은 배가 자유롭게 출입할 수 있다. 만의 정면에 있는 산중턱을 깎아서 여러 개의 계단을 만들었는데, 인가는 이곳에 모여있다. 그래서 해상에서 바라보면 모습이 대단히 아름다울 뿐만 아니라, 마을에서도 또한 조망이 좋아서, 서해안의 경승지 중 하나로 손꼽을 만한 가치가 있다.

섬 전체의 호구는 현재 최근 조사를 얻지 못했지만 대략적인 숫자는 80호, 340~350명 정도로 보면 큰 차이가 없을 것이다. 지난 명치 40년(융희 원년) 7월에 마을 전체를 토벌대가 불태워버려서 일시적으로 무인지경이 된 적이 있었다. 그러나 신속하게 복구되기에 이른 것은 무릇 이곳의 어리가 큰 데서 기인한 것이다(한일신협약이 체결되면서 군대가 해산되자, 의병[匪徒]에 투신한 해산병들이 이 섬에 건너온 적이 있다. 그래서 수색대가 이 섬에 오게 되었는데, 마을 사람 전체가 해산병을 원조하고, 밤을 틈타서 수색대가 승선한 배를 습격하여 마침내 이들을 모두 죽였다. 이 때문에 토벌대를 파견하게 되었는데, 토벌대가 도착하기 전에 마을 사람들은 모두 어디론가 도망쳐 버려서 사람의 흔적을 찾을 수 없다. 이에 징계를 위하여 인가를 모두 불태운 일이 있었다[99]). 이 섬은 실로 충청도 연안에서 일등급 어장으로, 그 어획물이 대단히 많아서, 전라도의 칠산탄과 충청도의 죽도 근해와 비견할 정도이다. 예로부터 그 명성이 원근에 알려져 있었으므로, 어기에 들어서면 출매선 및 기타 상인들이 아주 많이 몰려든다. 이와 더불어 주막을 여는 자, 그 밖의 상업을 영위하는 자가 속출하여 대단히 번잡한 상황에 이른다. 토벌 전의 통계를 보면, 전체 호구는 80호 350여 명인데, 그 중에서 주막 20호, 기타 상업 10호, 어호 50호를 헤아렸는데, 현재도 또한 그에 뒤지지 않는다. 매년 어기 중에 이곳에 모여드는 사람들을 보면, 주막을 여는 자가 30여 호(오천 및 보령군에서

99) 1907년 9월 8일 대한제국의 해산병 등을 수색하기 위해 찾아온 일본 순사와 수비대 모두 10여 명을 녹도 포구에서 사살한 사건이다. 현재 보령시 오천군 녹도 포구 현장에 항일의병전적비가 세워져 있다(2017년 건립).

오는 사람이 많다), 어상(魚商) 및 기타 상업을 영위하는 자가 60~70명, 출매선 40~50척, 빙장선(氷藏船) 3~4척(용산과 마포 지방에서 온다), 한・일 주낙어선 40~50척 정도라고 한다.

식수는 섬 서쪽에 있어서 물을 길어 오려면 마을 배후에 있는 산정상을 넘어가야만 한다. 운반이 곤란하여 적지 않게 불편하며, 수량(水量)도 또한 많지 않다. 그러나 적당한 장소를 골라서 굴착하면 샘물이 나올 가능성이 없지 않다.

기후는 섬 사람들의 말에 의하면 대체로 다음과 같다.

> 눈은 음력 10월부터 정월에 이르는 사이에 내리며 11~12월 두 달 사이에 가장 많으며 드물게 적설이 1자 내외에 이르는 경우도 있다. ▲ 결빙기는 11~12월 두 달이며 못과 계곡물이 모두 얼어붙는다. 그러나 연안은 엷은 얼음도 얼지 않는다. ▲ 안개는 4~6월에 자주 발생하지만 심한 농무가 발생하는 경우는 연간 3~4회에 불과하다. ▲ 풍향은 봄철에는 서풍 및 북풍이 많고, 여름철에는 서풍이 많으며, 남풍과 북풍이 뒤를 잇는다. 가을철에는 주로 북풍이 불고, 동풍이 뒤를 잇는다. ▲ 그리고 각 계절 모두 남풍은 대체로 파고가 높고, 포구 부근에서는 동풍이 가장 험악하다.

조류는 밀물 때는 남에서 북으로, 썰물 때는 북에서 남으로 흐르며, 속력은 2노트 내외이지만 좁은 물길에서는 3~4노트에 이른다.

경지는 논 약 10마지기가 있을 뿐이며, 일대가 산지여서 바로 개척할 만한 여지가 보이지 않는다.

일상품은 광천시 또는 대천시에 의지하므로, 이 두 시장과 교통이 가장 빈번하다. 그리고 광천까지 거리가 멀기는 하지만, 조류를 이용하여 갑절의 속력으로 나아갈 수 있기 때문에 대단히 편리하다. 그러나 항로에 익숙하지 않으면 위험을 피하기 어렵다.

부근 주요 지역에 이르는 거리는, 군산까지 약 21해리, 연도까지 14해리, 마량리까지 14해리, 대천시까지 16해리, 수영까지 18해리, 광천시까지 24해리, 외연도까지 9해리, 어청도까지 16해리 정도라고 한다.

어업은 주목망을 주로 하며, 그 밖에 갈치, 조기 등의 외줄낚시를 행할 뿐이다. 그러나 주목 어업이 활발하여 그 어획량이 대단히 많아 실로 부근에서 비교할 만한 곳이 없다. 원래 사장포만 입구에 떠 있는 원산도의 남서쪽으로부터 이 섬 및 주변의 여러 섬 연안은 주목 어업의 적지이며 전국에서 가장 활발한 곳이다. 그리고 그중 어획량이 가장 많은 곳은 이 섬을 중심으로 하여 북서쪽 호도(狐島)와 남동쪽의 대소시도(大小矢島)에 이르는 연해이다. 무릇 이들 여러 섬은 3심 이내의 사퇴 지역으로 서로 연결되어 있으며, 그 사이는 조류가 대단히 급하다. 수심과 기타 연안의 상태가 원래 주목 어장에 적합할 뿐만 아니라, 특히 어류가 떼를 지어 회유하는 통로에 해당하기 때문이다.

이 섬 연안에 있는 주목망은 그 수가 150여 곳에 이를 것이다. 그러나 이와 같은 성황은 최근에 나타난 현상이며, 원산도 및 기타 주민들이 소유하고 있는 것이 또한 적지 않다. 2~3년 전까지는 이른바 마을 규약이라는 것이 있어서 한 집당 한 어장만 소유하도록 하고, 두 어장 이상을 소유할 수 없도록 하였다. 만약 형제가 각각 처자를 거느리고 별거하는 경우는 특별히 두 어장을 보유할 수 있도록 하였으나, 그런 경우는 극히 적어서, 마을 전체에서 겨우 7~8호에 불과하다. 전년도 군의 조사에 의하면, 섬 주민이 소유하고 있는 것은 이 섬 연안에 70곳이고, 남동쪽의 대시도(大矢島)에 19곳으로 합계 89곳이다. 그리고 이 어장들은 관행상 결코 매매 또는 대여할 수 없으며, 모두 직접 경영해 왔다. 그런데 마을이 불탄 사건 이후로 일본인 우에다 아무개라는 사람이 섬 주민들이 흩어진 것을 빌미로 군수를 설득하여 그 어업권을 획득하고, 이를 섬 주민에게 대여해서 사용료를 징수한 일이 있었다고 한다(당시 사용 기준은 일등 어장 1곳이 1년에 20원, 이등 어장 16원, 삼등 어장 13원, 사등 어장 5~10원이다. 어장 수는 일등 어장 29곳, 이등 어장 5곳, 삼등 어장 13곳, 사등 어장 23곳, 합계 70곳이었다. 그리고 그중 대여된 곳은 54곳이며, 사용료는 870원을 거두었고 또한 어획물의 절반 이상을 다른 사람에 매각할 수 없었다고 한다. 그러나 이러한 불법 행위는 성공할 수 없었고, 얼마있지 않아 그 일본인은 고소를 당해서 결국 아무 것도 얻지 못하고 끝나게 되었다고 한다. 그리고 당시 그 사람이 말한 바에 의하면, 이 섬에서 일년에 사용료 2,000원을 거두는 것은 대단히 쉬운 일이라고 하였다. 이를 통해서 이 섬의 주목망 어업이 크게 유망하다는 사실을 알 수 있을 것이다). 그 후 곧 원래 상태로 돌아가기는 했지만, 이후는 다른 지역에서 온 어업자가 출현하여 현재의 상태가 되기에 이르렀다고 한다.

어기는 빠를 때는 음력 정월에 착수하며, 늦어도 2월을 넘지 않는다고 한다. 종료 시기는 보통 4월 하순이지만, 해에 따라서 5월에 이르는 경우도 있다.

어망은 장소에 따라서 자연히 크고 작은 차이가 있다. 큰 것은 길이 30길, 중간 것은 23길, 작은 것은 12~13길이다. 낭망 입구[囊口]는 큰 것은 폭 5길, 길이 7길 정도이고, 중간 및 작은 것은 모두 대개 그 길이에 비례한다. 그물 재료는 군산 또는 전라도 연안의 줄포 및 무장 등에서 들여온다. 새로 제작하는 비용은 대형 40원, 중형 30원, 소형 20원 정도이며, 그 밖에 부가적인 그물실 등은 모두 10원이 필요하다. 그리고 사용할 수 있는 기한은 보통 3년이다. ▲ 나무 기둥은 소나무이며, 큰 것은 직경 1자 길이 3장 정도되는 것을 세 개를 이어 붙여서 한 기둥의 길이가 13칸 정도에 이른다. 가격은 한 기둥이 약 30원이다. 중형 및 소형은 2장 남짓한 나무 2개를 이어붙여 길이 약 8~9길 남짓이라고 한다. 가격은 약 15~20원이다. 모두 보령 지방에서 구입한다. ▲ 닻은 직경 1촌 정도의 새끼줄을 사용하여, 직경 3척 길이 4척 정도 타원형인 거북이 등껍질 형태의 그물을 만들어 안에 돌 약 30~40개를 넣을 수 있는 돌가마니이다. ▲ 닻그물은 직경 4촌 남짓한 새끼줄로 한 가닥이 약 10길이다.

사용하는 어선은 보통 조선배이며, 큰 그물에는 배 길이 7칸, 중간 그물에는 길이 6칸, 작은 그물에는 5칸 정도되는 것을 사용한다. 배를 새로 만드는 비용은 길이 약 7칸 정도되는 경우, 노와 타 및 부속품을 아울러 약 300원, 돛 및 그물류는 약 20원이 필요하다. 그리고 배의 사용 연한은 보통 10년이라고 한다.

그물을 설치하기 위해서는 조류를 가로질러서 먼저 주목을 세운다. 기둥을 세울 때는 돌가마니로 만든 닻을 그 아래에 붙여서 가라앉힐 뿐만 아니라, 위쪽으로부터 적당하게 그물을 펼쳐서 기둥이 쓰러지는 것을 막는다. 이렇게 기둥을 세운 후 그물 입구를 넓게 펼쳐서 기둥에 달아서 꽉 묶는다(제1집 그림9 참조). 이 어업은 조류를 이용하는 것이며 조업은 썰물 때가 편하다고 한다. 그래서 그물 입구는 썰물의 흐름을 향하도록 하는 것이 보통이다. 이 섬 연해에서 썰물은 북동쪽에서 남서쪽으로 흐르므로, 그물 입구는 대개 복동쪽을 향한다.

어선 1척이 다루는 그물 수는 큰 그물일 경우는 4개, 중형 및 소형 그물은 6~7개라고 한다. 어선은 공동으로 소유하는 경우가 많은데, 이들은 동승하여 서로 도우면서 조업을 할 뿐만 아니라, 그물을 서로 붙여서 설치하는 경우도 서로 도운다. 큰 그물을 올릴 때에는 어부 2명, 중형・소형은 한 사람으로 충분하다. 하루 두 번 썰물 때가 절반이 지나면 그물 끝을 끌어올려 그 윗부분에 있는 솔기를 3~4척 정도 풀어서, 고기를 건져 낸다.

어획물은 초기에는 복어를 주로 하고, 다음으로 조기와 뱅어 및 갈치 등으로 옮겨간다. 이들 어류 중 한 어기를 통해서 어획량이 가장 많은 것은 조기이다. 풍어 때는 한 그물로 한 차례에 7,000~8,000마리를 어획하며, 그 가격이 100원에 달하는 경우도 있지만, 이러한 경우는 대단히 드물다. 갈치는 한 어기 중 한 그물 평균 50원 정도라고 한다. ▲ 밴댕이는 가격이 저렴하므로, 생산 금액은 크지 않다. 복어는 한 그물로 한 차례에 4~5원에 이르는 경우도 있지만, 어기가 짧다. 그리고 한 그물의 한 어기 어획량은 각종 어류를 통틀어 300원 아래로 내려가지 않는다. 풍어 때는 400원에 달하는 경우도 있다고 한다. 그래서 이를 근거로 추산하면, 이 섬 및 대소시도 사이에서 한 어기 중의 총어획량은 적어도 30,000원에 이를 것이다. 처리는 대개 생선인 채로 출매선에 매도하기도 하지만 혹은 염장하거나 건조하여 저장 판매하는 경우도 있다. 이 섬에는 경성의 남쪽에 있는 마포에서 냉장선(제1집 340~356쪽 참조)[100]이 어류를 사들이기 위해서 매년 적어도 3척이 온다. 그래서 조기는 대개 생선인 채로 판매한다. ▲ 가격은 일정하지 않지만, 조기는 1,000마리에 10~15원, 갈치는 30~40원, 밴댕이는 일본 단위로 7~8되 정도의 통에 6~7전, 복어는 1관에 10전 내외이다.

종업자의 고용은 불편하다. 이들을 고용할 때는 식사를 제공하고, 한 어기 중에 10원 내외이다.

자본금은 경성 등에서 차입하는데 이자는 월 4~5푼이고 월마다 납부한다. 만약 기한에 이르렀는데 변제하지 못하게 되면 이율을 올리며, 변제는 현금으로 하는 경우와 어획

100)『한국수산지』I -2(번역문, 2023년), 21~33쪽 참조

물로 하는 경우가 있다. 만약 어획물로 하는 경우는 그 인도 가격은 일반적인 시세보다 다소 낮다. 그러므로 자본주는 다소 기한이 경과되어도 심하게 독촉하지 않는다. ▲ 한 주목망에 필요한 자금은 적어도 150원, 많게는 400원을 필요로 한다. 그 주된 내역은 망구 및 부속구의 대금[代價]이기 때문에 해마다 이 금액이 필요한 것은 아니다. 그러나 금리가 높기 때문에 어획량이 많아도 소득은 박하다. 더욱이 어민들은 특별히 저축하려는 마음이 부족하고, 주색에 빠져서 생계의 여유가 있는 사람이 드물다.

시도·소시도

시도(矢島)는 「해도」에서 대궁시도(大弓矢島)라고 기록한 것이고, 소시도(小矢島)는 곧 소궁시도(小弓矢島)이다. 모두 녹도의 남동쪽에 떠 있는데, 소시도는 북쪽에 시도는 남쪽에 나란히 위치하고 있다. 그 사이는 7~8정에 불과하다. 시도에서 소시도와 녹도를 거쳐 호도에 이르는 사이는 천퇴(淺堆)로 연결되어 있다는 사실은 이미 녹도 부분에서 언급한 바와 같다. 두 섬 모두 잡목이 아주 무성하고 또한 다소 경지가 있다. 그러나 두 섬 모두 주민이 없으며, 녹도에 딸린 섬이다. 이 두 섬의 연안은 녹도와 함께 주목망의 좋은 어장이라는 점은 녹도 부분에서 서술한 바와 같다. 그 어장은 종래 녹도 주민만이 사용하였는데, 이삼년 전부터 원산도 또는 육지 연안의 어민들이 와서 그물을 설치하기에 이르렀다.

호도

호도(狐島)는 일본 어부는 '요시미'라고 부른다. 이 또한 조선어가 와전된 것이다.[101] 녹도의 서북쪽으로 8~9정에 있으며, 면적이 녹도에 비하여 다소 크다. 연안도 또한 다소 굴곡이 있지만, 섬의 동쪽은 돌각부를 제외하고는 일대가 모래해안이며, 배를 대기에 적합한 곳이 없다. 북쪽 및 서쪽에 작은 만이 있는데, 북쪽에 있는 것은 폭이 겨우 30~40칸, 만입은 1정 정도에 불과하지만, 어선의 정박지로서 제법 괜찮다. 그 서쪽에 있는 것

101) 狐島는 우리말로는 원래 '여시섬'이었을 터이고, 이를 일본 어부들이 일본어에 가깝게 발음한 것으로 보인다.

은 노출되고 열려 있어서, 바람을 피해 정박하기에 적합하지 않다.

마을은 북쪽 만 안에 있으며, 호수는 32호 인구는 약 90여 명이다. 주민은 대부분 어업자이며, 주막이 3호가 있다. 식수는 우물인데 수량이 적어서 겨우 섬 주민이 필요한 양을 채울 수 있을 뿐이다. 경지는 논 10마지기, 밭 15~16마지기가 있다.

어업은 주목망 이외에 상어 및 가오리 주낙을 행한다. 주낙 어선은 일본형 어선 1척, 조선형 어선 4척으로 모두 5척이다.

상어주낙은 봄철 4~6월에 이르는 사이, 가을철은 8~9월 경에 행한다. 봄가을 두 철 모두 도미를 혼획한다. 어장은 외연도 근해에서 북쪽으로 거울도 근해에 이르는 앞바다라고 한다. ▲ 가오리 주낙도 또한 봄철 경에 행한다. 어장은 주로 어청도 앞바다이다. 한 어선의 승선 인원은 대개 5~6명이다. 일본형 어선은 주로 어획물 운반용으로 사용한다.

주목망은 섬의 북서안 및 남동안에 설치하는데, 그 총수는 20여 곳이다. 계절 및 어획량 등은 녹도와 마찬가지이며, 한 곳의 어획금액은 대체로 200원 이상에 이른다고 한다.

일본 주낙 어선이 매년 이 섬에 40여 척 정도가 모여들며, 시기는 봄철 4월 중순부터 5월 중순에 이르는 약 1개월 사이인데, 주로 도미를 어획한다. 이 시기에 육지 연안에서 와서 주막을 개점하는 사람들이 많다.

이 섬 연안에 서식 또는 착생하는 주요 수산물로는 돌김 풀가사리 전복 굴 등이 있다. 돌김은 1~3월 사이에, 풀가사리는 4월 경에 채취하는데, 모두 생산액이 많지 않다. 전복과 굴도 모두 크기가 작고 또한 생산량은 적다.

분도

분도(盆島)는 호도의 북서쪽에 있는 작은 섬이다.[102] 그 동남단에서 호도의 북서단에 이르는 사이는 주목망 어장의 적지이다. 그 남단 전면에는 간출암이 무수히 존재한다. ▲ 또한 호도의 남서쪽 2~3해리 이내에 흩어져 있는 작은 섬들이 있다. 이를 길산열도(吉散列島)라고 한다. 가장 서쪽에 있는 섬이 제법 큰데, 이것이 곧 길산도(吉散島)이

102) 현재는 그 위치에 분점도가 있다.

다. 서쪽 해안은 현저한 험한 절벽을 이룬다. 그 동북각에 떠 있는 섬을 속길산(屬吉散), 동쪽에 떠 있는 섬을 홍길산(紅吉散), 가장 동쪽에 있는 섬을 변길산도(邊吉散島)라고 한다. 모두 사람이 살지 않는다.

외연열도

외연열도(外煙列島)는 어청도의 북동쪽으로 7해리 내외, 녹도 및 호도 서남쪽 8해리 내외에 떠 있는 군도의 총칭이다. 열도 중에서 가장 큰 것은 외연도(外煙島)인데, 군도 중에서 가장 동쪽에 위치한다. 섬의 동서에 두 뾰쪽한 봉우리가 있는데, 동쪽 봉우리는 해발 776피트이며, 이 근해를 통항할 때 가장 좋은 표지[目標]이다. 섬의 남북 양쪽에 작은 만이 있는데, 남쪽 만은 곧 이 섬의 정박지이며, 그 연안은 모래해안이다. 만 입구는 약 2~3정이고 4~5정 만입되어 있다. 만의 서쪽에는 돌제(突堤)가 있는데, 동쪽을 향하여 약 30칸 돌출되어 있다. 이 돌제 안에는 어선을 정박시킬 수 있지만, 만 안의 물이 얕고 간출선은 돌제의 외측까지 이르기 때문에 출입이 편리하지 않다. 돌제 부근에 우물이 있는데, 식수로 사용할 수 있다. 인가는 이 만의 동쪽 귀퉁이에 모여 있는데, 38호가 있고 그 인구는 120명 정도이며, 주막 2호가 있다. 마을의 배후에 있는 산중턱은 빽빽한 나무숲이고 그 바로 아래에 우물이 있는데, 수질이 제법 양호하다. 만 안의 서쪽 모퉁이에서 앞에서 말한 돌제에 이르는 사이는 길이 5~6정, 폭 2~3정에 이르는 평탄한 구릉이다. 건조장으로 사용하기에 편리할 뿐만 아니라, 개간하여 농사를 지을 수 있을 것이다.

경지는 밭 100마지기 정도가 있으며, 생산량은 보리 260말, 콩 130말 정도일 것이다. 섬의 북안에서 석재가 생산되는데, 일찍이 일본인이 군산에서 와서 채석한 일이 있다.

어업은 정어리 초망(抄網), 일본식 주낙 어업 등을 행한다. 정어리는 마을 전면인 만 안에서 어획하며, 어기는 6~9월에 이르는 4개월 사이이다. 어획물은 햇볕에 말려서 출매선에 매도하며, 가격은 1말 즉 일본 단위로 약 5승 정도에 20전 내외이다. 연안에서 생산되는 해조류 중 주요한 것은 풀가사리인데, 생산량이 제법 많다.

이 섬에는 보령군 대천리 사람이 일본식 주낙을 영위하며 해마다 근거지로 삼고 있다.

또한 마른 정어리를 목적으로 일본인이 해마다 와서 근거지로 삼는다.

열도 중에서 제법 면적이 있는 곳은 대청도 횡견도 오도 황도이며, 그중 황도 및 횡견도가 크다. 대청도 횡견도 오도 및 외연도의 네 섬이 둘러싸서 만드는 해면은 곧 외연열도의 정박지로서 큰 배를 정박시킬 수 있다. 그러나 그 중앙 또는 외연도 대청도 사이, 외연도 오도 사이, 오도 횡견도 사이의 수도에는 암초가 흩어져 있다.

횡견도

횡견도(橫見島)는 빈경도(彬景島)라고도 표기하며, 외연도의 서쪽 약 1.5해리에 위치한다. 섬 모양은 북서쪽에서 남동쪽으로 길며 세 봉우리가 있다. 그 높이는 서로 같아서 350피트이다. 동쪽의 중앙에 돌출한 암각이 있는데, 그 남북 양쪽이 작은 만을 이룬다. 북쪽에 있는 것은 이 부근에서 어선 정박지 중 가장 좋은 곳으로 만 안은 능히 어선 100척을 정박할 수 있다. 더욱이 이 만은 지예망 어장으로 적합한 곳이다. 어청도 및 외연도로부터 지예망 어업자가 와서 정어리 농어 학꽁치 등을 어획한다. 인가는 만 안에 있으며 호수는 겨우 5~6호에 불과하다. 식수는 제법 양호하여 물을 얻을 수 있다. ▲ 이 섬의 남단에 작은 섬이 있는데, 외횡견도(外橫見島)라고 하며, 그 밖에 주울서(周鬱嶼) 흑서(黑嶼) 설풍서(設風嶼) 세여서(細汝嶼) 등이 북서쪽에서 남서쪽을 향하여 점점이 흩어져 있다.

황도

황도(黃島)는 어도(於島)라고도 표기하며, 횡견도의 서북단에서 3해리에 있다. 섬의 최고점은 남쪽에 있으며 해발 301피트인데 나무는 없다. 북서각에서 북쪽을 향해서 암맥이 약 12정 돌출되어 있고, 북각과의 사이에 작은 만을 형성한다. 만 안에 2~3호의 인가가 있다. 이 섬의 북동쪽 약 1.5해리에 바위섬이 있는데, 변서(辨嶼)라고 하며 담갈색의 뾰쪽한 바위로, 바위에 잡초가 무성하여, 멀리서 보면 쉽게 눈에 띈다. 북서쪽 외양으로부터 연도 묘박지로 들어가는 표지이다.

오도

오도(梧島)는 외연도의 남서쪽 약 1.5해리에 있으며, 열도 중에서 가장 남쪽에 있는 섬이다. 두 봉우리가 있는데, 남쪽 봉우리는 308피트이며 원형을 이루고, 북쪽 봉우리는 뾰족하지만 다소 낮다. 북각에서 동쪽으로 돌출한 뾰족한 봉우리의 갑각이 있는데, 비아정(飛蛾頂)이라고 한다. 서각은 썰물 때 드러나는 바위언덕이 이어져 있으며, 그 언덕 위에는 둥근 봉우리의 바위섬이 돌출되어 있다. 이를 외오도(外梧島)라고 한다. 이 섬은 나무도 없고, 또한 사람이 살지 않지만 그 동북쪽에 작은 만을 형성하여, 어선이 피박하기에 적합하며, 농어 정어리 학꽁치의 좋은 어장이다.

그밖에 이 열도에 속하는 것으로 대관정도(大官正島) 불안도(不安島) 등이 있으며, 작은 섬으로는 당산(堂山) 우도(隅島) 석도(石島) 안서(鞍嶼) 임덕도(林德島) 소청서(小青嶼) 등이 있다.

어청도

어청도(於青島, 어청도)는 일본 어부들은 금비라석(金比羅石, 긴삐라이시) 또는 금비라기(金比羅磯, 긴삐라이소)라고 부른다. 무릇 영국의 측량선이 명명한 '콘퍼런스'가 와전된 것이 분명하다. 외연열도의 남쪽 섬인 오도(梧島)의 남서쪽 약 5.5해리에 있으며, 그 서각은 북위 36도 7분, 동경 125도 59분에 상당한다. 그리고 군산포에서 서북쪽으로 36해리 쯤이다.

섬은 동서 약 20정, 폭 16~17정이다. 그 서부에 있는 당산은 해발 569피트이며, 정상에는 나무가 무성하다. 동쪽에 만이 하나 있는데 이것이 이 섬의 정박지이다. 유럽인들이 파로스항이라고 부르는 것이 이것이다. 섬 주변은 험한 벼랑을 이루고 있으며 또한 암초가 많다. 섬의 동각인 세미치말(細尾峙末)에서 동쪽으로 약 6정 떨어진 곳에 높이 70피트에 달하는 뾰족한 바위가 솟아있는데, 이를 가막서(可莫嶼)라고 한다. 이 섬을 포구로 들어가는 표지로 삼을 수 있다.

정박지는 남쪽에서 북쪽으로 17~18정 만입해 있으며, 폭은 4~5정이다. 수심은 2~10심이며, 만 입구에 이르면 15~16심에 달한다. 바닥은 물이 얕은 곳에서는 사니이며, 해조가 착생하여 다소 딱딱하지만, 수심이 깊어짐에 따라 점차 모래의 양이 줄어든다. 포구의 가운데에서는 부드러운 진흙이어서 닻을 내리기 편리하다. 특히 만 안에는 장애물이 없어서 출입할 때 위험하지 않아서 수천 톤의 선박이라도 또한 수용할 수 있다. 그러므로 여러 가지 점을 감안하면 서해에서 비할 데 없이 좋은 항구인 것 같지만, 만 입구가 남쪽으로 노출되어 있고 아무 것도 막아주는 것이 없다. 남풍이 맹렬하게 불 때는 성난 파도가 엄습하여 항구 안이 끓는 솥 같아서, 큰 배라도 정박할 수 없는 결점이 있다. 또한 어선이 귀항할 때는 북동풍이 가장 곤란하고 동풍이 그 다음이다. 심할 때는 이 섬에서 근접할 수 없어서 멀리 앞바다에 표류하는 경우도 있다. ▲ 어선은 갯벌 및 물이 얕은 부분을 골라서 정박하더라도 풍박에는 편리하지 않다. ▲ 만 안의 동서 양쪽 모서리에는 바람을 막아주는 장애물이 있다. 동쪽 장애물은 자연적인 장애물로 다소 만곡하여 돌출해 있으며, 안에는 약 20척의 어선이 정박할 수 있다. 서쪽 장애물은 조선인 마을 앞쪽에 있는 해수면에 폭 2~3칸 길이 15~16칸의 방파제를 축조하여 그 안에 20~30척이 정박시킬 수 있으므로 만 안에서 유일한 좋은 정박지이다. 그러나 최근에 대단히 황폐해져 대조 때에는 파랑이 쉽게 밀려 들어와서, 안전한 정박을 보장하기 어려운 지경에 이르렀다. ▲ 조석은 삭망고조 2장 남짓, 소조승 약 1장이며, 6월 중순이 최대조시(最大潮時)이다. 이 기간에 남풍이 강렬할 때는 파랑이 일어서 만 안에 있는 강 하구까지 밀려들어오는 경우가 있다. 풍파가 있을 때는 무릇 평상시와 비해서 약 1심 남짓 수위가 높아진다. ▲ 조류는 밀물 때는 남쪽으로, 썰물 때는 북쪽으로 흐른다. 그리고 밀물 팔분시(八分時)부터는 점차 서쪽으로 치우쳐서 점차 남서서쪽[103]으로 변하고, 썰물 때는 팔분시부터 북쪽으로 회전하여 점차 서쪽으로 치우쳐 흐르는데, 이때는 섬의 둘레를 원형으로 회전한다. 즉 간조 이분시까지는 북쪽으로 삼분시에 이르러서는 정면으로, 만조 때에는 반대로 흐른다. 그리고 게류 시간은 30분 내지 1시간에 불과하다.

기후는 추위와 더위 모두 온화한 편이며, 추위는 가장 심한 때가 1월이며, 최저기온은 화씨 25~26도, 더위가 가장 심할 때는 8월이며, 최저 온도는 화씨 88도이다.

---

103) 원문에는 西西東으로 되어 있으나 방향으로 보아 南西西가 옳은 것으로 보인다.

나무는 당산 정상에 신목(神木)이라고 부르는 것뿐이지만 과거에는 삼림이 울창하여, 멀리서 보면 짙은 검은색을 띠었다고 한다. 그러나 지금과 같은 상황에 이른 것은 갑오년 전쟁 이전 청국인이 남벌한 결과라고 한다.

섬 전체의 경지는 밭 200마지기, 논 14~15마지가 있다. 일본인이 소유하고 있는 것은 지난 명치 41년 6월 현재 논 4필지 1,040평 8홉, 논 14필지 2,252평 2홉이 있다. 그밖에 일본인이 소유하고 있는 것으로 택지 19필지 1,030평 2홉, 산림과 원야 7필지 17,220평 5홉이 있다. 합산하면 20,544평 7홉이다. 그 가격은 논 538원, 밭 1,051원 70전이고, 산림 원야는 354원, 택지 1,048원 50전, 합계 2,992원 20전이다.

호구는 65호 297명이라고 한다. 그 밖에 일본인이 40여 호 200여 명이 있다. 조선인과 일본인 모두 어업을 주로 하며, 농업과 상업에도 종사한다. 일본인의 직업을 살펴보면, 어업자 26호, 선원 5호, 배목수 2호 이외에, 교육자 조합원 요리점 목욕탕 약국 과자제조 두부제조 등이다.

재류일본인은 모두 상당한 수준의 생활을 영위하고 있으며, 그중에는 수천 원의 자산을 가진 사람도 4~5명 있다. 이들은 어업 경영자로서 소위 우두머리[親方]같은 존재이다. 그리고 이들의 경력을 확인해 보면 모두 일개 어부로 건너와서 어업을 통하여 성공한 사람들이라고 한다. 이 섬은 일본 어부의 이주지 중에서 가장 오래된 곳 중 한 곳으로, 처음 거주하게 된 것은 실로 지금부터 8~9년 전 즉 명치 33~34년 경이다. 이후 서서히 발전을 이루어 지금은 이미 자치기관으로서 일본인회를 조직하였고, 또한 작년 봄에는 소학교도 개설하여, 서해의 작은 외딴섬에 일본적이고 활발한 어촌을 형성하기에 이르렀다. 또한 이들은 순수하게 독립적인 활동으로 이주한 경우로 기초가 공고하다. 이런 일이 가능했던 것은 물론 수산의 이로움이 큰 요인이지만, 한편으로는 지리적인 관계에서 연유한 측면도 있다.

섬 주민은 일반적으로 매우 부지런하여, 대체로 생계에 다소의 여유가 있으며, 빈궁한 사람은 전체의 $\frac{1}{3}$에 불과하다. 그러나 지금부터 15~16년 전 즉 청어 때의 회유가 중단되면서 이후 몇 년간 주민들이 부채를 감당하지 못하여 빈궁한 상황에 빠져 그 참상을 말할 수 없는 지경에 이른 사람도 있었다. 그 채무를 상환하고 현재의 상태에 이르게 된 것은 혹은 일본 어부의 종업자가 되거나 혹은 그 주문생산을 받아서 다른 어업을 영위하기에 이르렀기 때문이지만, 한편으로는 섬 주민이 근면한 결과이기도 하다. 그들은 이를 산신의 가호에 의한 것이라고 여겨서 말로는 다할 수 없을 정도로 산신을 숭배하고 있다.

식수는 일본인이 사용하는 우물 4곳, 조선인이 사용하는 물웅덩이 5~6곳이 있는데, 수질은 양호하며, 수십 척의 어선에 물을 대기에 충분하다. 또한 마을 남쪽에 있는 작은 언덕을 넘으면 계곡물이 있어서 어선의 용수로 쓰기 편리하다.

교통은 우편선 이외에 때때로 군산 또는 인천에서 오는 기선이 기항하는 경우가 있다. 그러나 왕래가 빈번하지는 않다. ▲ 우편소는 인천우편국 관할이며, 월 3회 인천 사이를 왕복할 뿐이다. 그래서 군산 지방과의 교통은 대단히 불편하다.

이 섬의 경지는 앞에서 언급한 바와 같으며, 생산량은 대단히 적다. 그래서 곡물류는 대개 외부의 이입에 의지하며, 쌀은 강경 또는 광천에서 구입한다. 섬 주민 중에서 어류를 이 지역 시장에 운송하고 돌아오는 배에 쌀을 구입하여 싣고 오는 사람이 몇 명 있다. 이들은 섬 주민의 어획물에 그치지 않고, 일본어부에게도 어획물을 위탁받아서 이를 시장에 판매한다. 그 대금으로 쌀 잡곡 및 기타 일용 잡화를 사서 오는 경우가 있다.

일본인을 상대로 한 잡화 구입은 인천 9할・군산 1할의 비율이며, 대부분은 인천 사이에 왕래하는 월 3회의 우편선으로 들여온다. 그 운임은 숯 한 가마니에 5~6전, 화물 1개에 10~20전이다. 또한 인천・군산에 어류를 판매하기 위하여 도항한 모선으로 들여오는 것도 있다. 땔감류는 섬 주민이 섬 안에서 각자 채취하여 각자 사용하지만, 일본인의 경우는 숯은 인천 또는 군산에서, 장작은 비인・남포・보령 및 안면도 부근에서 들여온다. 각종 일용잡화의 소매 시세는 대체로 다음과 같다.

술	1되	.550-.600	권연초	バット, ヒーロー	.050
				朝日	.070
간장	1되	.350-.400	백미(상등품)	1되	.180
된장	1관[貫目][104]	.450	석유	1되	.350
숯(남포, 군산)	6관	.800-.850	닭고기	100목	.420
동 (일본산)		1.200	계란	1개	.030
땔나무	1속[束]	.400	각연초(하등품)	40목	.400
백미	1되	.700	백설탕	1근	.180
광목	1자(尺)	.145	버선[足袋]	1족	.350
	1필(疋)	7.000			
목면	1단	1.400-1.700	짚신[草履]	1족	일본 .050
					한국 .070
식염	1되	.130-.150			

앞에서 살펴본 물가표는 보통 소매 이외에 어업자본주 소위 우두머리[親方]인 자가 그 어부에게 지급하는 가격도 포함한다. 따라서 일반 현금 매매보다 다소 비싼 편이다. 땔감류는 우두머리가 어부에 지급하는 이외에는 일반적으로 판매하는 것은 없다. 우두머리가 된 자는 모두 일용잡화를 판매하는데, 그들은 자신의 범선을 가지고 인천 군산에서 들여오거나, 일본 내지에서 직접 들여오기도 한다. 판매 규모가 큰 경우는 선구(船具)와 어구(漁具) 및 기타 잡화를 합하여 한 해에 매상액이 10,000~20,000원에 이르는 사람도 있다고 한다.

이 섬에는 조선업을 독립적으로 경영하는 사람은 없지만, 일본 배목수 3명, 조선 배목수 5명이 있어서, 항상 어선을 새로 건조하거나 수선하는 일에 종사한다. 일본 목수는 하루 한 사람이 1원 80전, 조선 목수는 식사를 지급하고 하루 35전이다. 조선 재료는 군산 인천 및 기타 연안 각지로부터 들여오는데, 대부분 소나무이다. 새로 배를 건조하는 비용은 상세히 알 수 없지만, 재료와 임금을 아우르면 대개 150~160원 정도 일 것이다.

이 섬 연안 및 근해에서 생산되는 주요 해산물을 열거하면, 도미 정어리 갈치 조기

104) 1貫目=3.75kg, 目은 3.75g

민어 부시리 고등어 농어 학꽁치 꽁치 다랑어 삼치 광어 대구 가오리 상어 홍합 전복 해삼 미역 풀가사리 김 우뭇가사리 등이다. ▲ 도미는 이 섬에서 많이 생산되는 어류 중 하나로 해안에서 약 5리 떨어진 곳부터 앞바다 약 40리 되는 곳을 어장으로 한다. 최근 수송편이 열리면서 가격이 급등한 이후 어기도 또한 저절로 연장되는 경향이 있다. ▲ 정어리는 연안 도처에서 많이 생산되며 어획과 제조가 대단히 활발하다. ▲ 갈치 및 조기는 정어리와 함께 내유하므로 섬 주민은 정어리 어업을 하면서 함께 이를 어획한다. ▲ 민어와 부시리 고등어도 또한 대단히 많지만 아직 별도로 조업하지는 않는다. ▲ 학꽁치는 정어리와 마찬가지로 6~9월 사이에 연해에 많이 내유하지만, 이 기간에는 더욱 유리한 정어리 어업에 종사하며, 한가한 때나 떼를 지어 많이 몰려올 때만 지예망을 사용하여 이를 어획한다. 7~8월 경에 연안에 가장 가깝게 무리를 이루어 몰려온다. ▲ 가자미와 광어가 많기는 하지만 아직 이를 따로 조업하는 사람은 없다. ▲ 대구는 24~25년 전 청어가 많이 몰려왔을 때에는 크기가 큰 것이 만 안에 들어오는 경우가 있어서, 이를 낚시로 잡아서 각지로 수송한 적이 있었지만, 최근에는 나타났다가도 곧 앞바다로 가 버린다. ▲ 청어는 원래 경상도 가덕도와 더불어 이 섬이 주어장이었으며, 어업이 심히 성황을 이루었으나, 지금은 한 마리도 모습을 보이지 않는다. ▲ 가오리는 이 섬의 서쪽 약 150리 앞바다에서 240리 사이, 남북 약 100리, 수심 50~70심, 바닥이 가는 모래 및 진흙인 곳이 어장이며, 주낙으로 어획한다. ▲ 상어는 악상어[眞鱶], 돔발상어[劍鱶], 모사부카[もさぶか], 별상어[ほしぶか], 펜두상어[ひらがしら], 범상어[わにふか] 등 몇 종류가 있다. 가을철 이 섬에서 남서쪽으로 30~40리 떨어진 앞바다, 수심 30심 내지 34~35심, 바닥이 가는 모래인 곳이 어장이다. ▲ 전복 및 해삼은 주로 일본 잠수기업자들이 채취한다. ▲ 미역은 섬 주민 사이에 규약이 있어서 자유롭게 채취할 수 없다. 시기는 대개 5월 하순부터 6월 하순까지이며, 시기가 늦어질수록 줄기가 딱딱해지고 잎은 갈색을 띠게 된다. ▲ 풀가사리는 품질이 대단히 우수하여 이와 비교할 만한 곳이 드물다. 미역과 마찬가지로 규약이 있어서 자유롭게 채취할 수 없다. 시기는 매년 마을의 우두머리가 통지한다. 채취한 것을 일본인에게 매도하면 일본인은 이를 말려서 인천으로 수송한다. 1근의 가격은 8전이고, (10근을)[105] 말리면 4.5근이 되고,

100근은 약 20원이다. ▲ 김은 연안의 바위에 착생하여 3월 중에 10~15일간을 채취시기로 한다. ▲ 우뭇가사리는 이 섬 연해에서 생산되지만 섬 주민은 아직 이를 채취하는 사람이 없다.

이 섬 근해는 서해의 유수한 어장이기 때문에 도민 이외에 각지에서 조업하러 오는 사람이 대단히 많다. 섬 주민은 분입망(焚入網) 주낙 외줄낚시 등을 행하고, 일본인 사이에서는 지예망 주낙 잠수기 등의 어업이 활발하게 이루어진다. 특히 가오리 어기에는 섬 주민 및 일본인 이외에 부근 각지는 물론이고 멀리 전라도 여서도에서 조업하는 오는 사람도 있다.

섬 주민 사이에서 행하는 주낙은 원래 일본인으로부터 배운 것으로, 어구와 어법은 물론이고 어선에 이르기까지 모두 일본식이다. 도미 가오리 상어 등을 어획한다. 도미는 3~6월까지는 죽도 연도 호도 부근, 9~11월까지는 어청도 근해를 어장으로 하며, 쏙 낙지 해파리 개불 등을 미끼로 쓴다. 가오리는 11월부터 다음해 3월까지 이 섬의 서쪽을 어장으로 하며, 가자미 노래미 밴댕이 등을 미끼로 쓴다. 상어의 미끼로는 낙지를 쓴다.

분입망은 섬 안에 10통이 있는데, 정어리를 어획하는 것으로, 어깨 넓이 1장 이하의 어선에 11~13명이 승선하여 야간에 조업하러 나가는데, 어장은 만 안 및 연안이다. 어획물은 바로 승선한 사람에게 분배하고 각자 이를 그냥 말려서 강경 광천 등에서 오는 상선에게 판매하였으나, 근년에는 대개 생선인 채로 일본인에게 매도하게 되었다. 이 어업을 시작하는 데는 어선 1척 약 65원, 그물 재료 약 12원, 합계 약 77원이 필요한데, 자금은 거주하고 있는 일본인으로부터 차입하는 것이 일반적이다. 자본주는 정어리 5말[桝]마다 3전을 이자로 받는다. 또한 어획물 전부를 사들인다는 규약이 있어서, 만약 주문생산을 의뢰받는 사람이 이를 다른 사람에게 매각한 때는 5되[升]에 3전씩 배상금을 징수한다.

외줄낚시는 정어리어업을 행하는 한편, 만 안 및 이 섬 주변에서 정어리를 미끼로 하여 조기 및 갈치를 주로 어획하는 경우가 있다. 1척에 8명이 타고, 30~40마리를 잡으

105) 원문에는 말리기 전의 풀가사리 무게가 기록되어 있지 않으나, 10근일 것으로 보았다.

면 풍어로 여긴다. 어획물은 각자 염장하여 상선에 매각한다. 수년 전까지는 이러한 어류를 목적으로 청국 어선이 근해에 와서 자망 주낙 및 외줄낚시 등을 사용하여 조업하는 일이 대단히 성행하였다.

일본인이 언제부터 이 섬에 조업하러 오기 시작했는지 분명히 알 수 없지만, 무릇 지금부터 약 20년 전 즉 명치 23년 경에 잠수기업자가 건너온 것이 시발점인 듯하다. 당시는 아직 이 섬의 청어 어업이 대단히 성황을 이루고 있었는데, 그 그물에 도미가 많이 혼획되는 것을 목격하고 잠수기업자가 도미 주낙업을 개시하여 대단히 좋은 성적을 거두었다고 한다. 그 이후 계속 해마다 조업하러 오는 주낙배가 수십 척 아래로 내려가지 않았다. 그 후 명치 29년 경부터 가오리 어업이 시작되었고, 명치 37년 경부터 재류 일본인이 정어리 지예망을 개시하였다. 지금은 이 섬에 정주하면서 각종 어업에 종사하는 사람이 대단히 많은데 주요 어업은 다음과 같다.

종류	어장
가오리 주낙	어청도의 서해
도미 주낙	죽도(앞바다 10리 이내), 연도(앞바다 20리 이내) 호도(앞바다 10~20리 이내), 인천 앞바다, 거울도, 순위도
정어리 지예망	어청도 만 내

주낙업은 육십육야 즉 음력 3월 20일 전후부터 개야도 및 금강 하구 등에서, 농어 감성돔 복어 등을 어획하는데, 이때가 초기이다. 팔십팔야 전에 이르면 도미 어업으로 옮겨가서, 죽도부터 시작해서 연도 호도 녹도 근해를 거쳐 음력 6월에는 인천 앞바다 거울도 순위도에 이른다. 가을철에 이르면 이 섬 부근에서 도미 이외에 상어를 어획하고, 음력 12월 중 일단 휴업한 후 3월에 이르기까지 이 섬의 서쪽 앞바다에서 가오리와 대구를 주로 하고, 그 밖에 상어 복어 볼락 등을 어획한다. 도미의 미끼로는 낙지 쏙 해파리 등을 사용하고, 가오리는 가자미 노래미 등을 사용한다. 그리고 이 섬 근해에서 주낙 어업이 가장 활발한 것은 가을철 이후이며, 청국 연해와 대청도 근해의 조업을

마치고 귀로에 오른다. 일본 어선 및 연안 각 지방의 어선 수백 척이 이 섬으로 온다. 이 시기에는 도미의 미끼로 해파리가 가장 좋은데, 어선들은 출어할 때와 귀항하는 길에 이 섬 주변에서 해파리를 건져 올려서 배 안에 비축해 둔다. 가가와현에서 오는 어선들은 염절모선(鹽切母船)과 함께 오는데, 어획물의 운반뿐만 아니라 미끼도 공급한다. 또한 이 시기에는 이 섬 거주민이 소유하고 있는 운반선 및 인천과 군산 등에서 모여드는 출매선이 어획물의 운반과 판매에 종사하는 경우가 대단히 많다.

정어리 지예망은 6~9월까지 이 섬 만 안에서 행하는데, 시작한 이래 점차 그 수가 증가하여, 현재는 추첨 또는 윤번제로 조업하기에 이르렀다. 그물 주인은 그물 및 어선을 소유하고 임시로 그물꾼[網子][106]을 모집하여 어업에 종사하도록 한다. 그물 2할, 어선 2척 각 1할, 합계 4할이고, 그물꾼은 6할의 비율로 이익을 분배한다. 또한 때에 따라서 급료를 정하여 그물꾼을 고용하는 경우도 있는데, 그 금액은 일정하지만 1개월에 20~30원이다. 그리고 이 섬의 인구가 적지만, 제주도에서 이 섬과 부근에 와서 사는 사람, 그밖에 부근의 섬 주민을 고용할 수 있으므로 불편한 일은 없다.

제11절 결성군(結城郡)

개관

연혁

결성군(結城郡)은 원래 백제의 결기현(結已縣)인데, 신라가 결성군(潔城郡)으로 고쳤다. 고려 현종 9년 운주(運州)에 소속시켰으며, 명종 2년에 지금으로 고쳐 감무(監務)를 두었다. 조선 태종 13년으로 현으로 삼았고, 건양 원년에 군으로 삼았다.

106) 일본어 사전에는 어망과 어선을 소유한 어업 경영자 아래에서 고용되어 노동력을 제공하는 사람을 말한다고 기록되어 있다. 그물꾼으로 번역해 두었다. 우리말로 網子는 그냥 그물이라는 뜻이다.

경역 및 지세

남쪽은 보령군 및 오천군에, 북쪽은 해미군에, 동쪽은 홍주군에 접한다. 서쪽은 바다에 면하며, 사장포만의 동쪽 기슭을 이룬다. 산맥은 북쪽의 해미군으로부터 뻗어 내려서 이 군으로 들어오는 것이 있는데, 서쪽에서 두 줄기로 갈라진다. 하나는 북쪽을 달리는데 진화기(珍和埼)에 이르러 바다로 들어가고, 하나는 군의 중앙을 구불구불 지나서 결성만의 북쪽을 이룬다. 이들 산맥에는 소나무가 아주 무성하여, 군의 남부 지역과 상황이 다르며, 경지도 또한 적지 않다.

연안

연안은 굴곡과 만입이 많지만, 대개 간출니퇴로 둘러싸여 있다. 만 중에서 가장 큰 것은 결성만(潔城灣)인데, 만 입구는 6정 정도이지만 북동쪽으로 5해리 남짓 만입해 있으며, 그 중앙에 어호도(魚滸島)가 있다. 섬에는 소나무가 아주 무성하여 풍치가 뛰어나다. 만의 남쪽은 오천군에 속하고 북쪽은 이 군에 속한다. 북쪽에는 연정리(年頂里) 선소리(船所里) 성호포(星湖浦) 등이 있으며, 사방의 언덕 위에는 키 작은 소나무가 무성하여 풍경이 제법 볼 만하다. 만 안에서 가장 좁은 곳은 겨우 100칸에 불과하며, 이곳을 왕복하는 나룻배[渡船]가 있어서 대안의 큰 도로와 연결된다. 만 전체의 대부분이 이퇴로 덮혀 있지만 어선은 썰물 때에도 여전히 만 입구에서 약 10정 거리에 있는 선소리의 전면까지 올 수 있다. 이 만에는 가숭어[朱口鯔][107] 농어 새우 굴 긴맛 홍합 가리비 등이 생산되며, 때로 도미와 감성돔이 내유하는 경우도 있다.

결성읍

결성읍(潔城邑)은 결성만의 북동쪽 모퉁이에 있으며, 뒤로는 산을 등지고 전면에는 염전이 있다. 주민은 주로 농업에 종사하며, 군아 이외에 순사주재소 우체소 등이 있다.

---

107) 학명은 *Chelon haematocheilus*이다.

광천시

광천시는 오천오에 흘러들어가는 광천 하구에서 약 10정 거슬러 올라간 평야의 중앙에 있다. 이 지방에서 유명한 집산지이며, 이곳에서 홍주까지 30리, 결성까지 20리, 보령까지 20리, 수영까지 30리 남짓으로 도로는 모두 험하지 않아서 교통이 제법 편리하다. 인가는 64호 인구 300명이 있으며, 마을의 크기는 대략 사방 2정이다. 부근의 평야는 토질이 비옥하여 미곡의 산지이다. 토지는 대부분 경성에 사는 양반의 소유이며, 주민은 다만 집을 가지고 있을 뿐이고, 농민은 모두 소작농이다. 이웃에 신대(新岱)가 있는데, 서로 가까이 붙어 있어서 마치 하나의 큰 마을처럼 보인다. 주민은 대개 주막을 운영하며, 그 밖에 도매상 2호, 매약상 1호가 있다. 노동자의 임금은 제법 비싸서, 대목수 하루에 50전, 인부 30전이다. 이곳에서는 음력 매 4・9일에 장이 열리는데, 시황이 대단히 번성하다. 집산화물로 중요한 것은 미곡 목면 옥양목류 어류 철물 옹기 식염 연초 종이 등이며, 집산지역은 보령 남포 오천 청양 홍주 예산 정산 대흥 해미 각 지방이라고 한다. 각 지역 간의 거래는 인천과 군산이 주를 이룬다. 쌀은 군산으로 수송하지만, 콩은 모두 인천으로 보낸다. 그리고 이 지방에서 산출되는 콩은 광천콩[廣川大豆]이라고 불리는데, 콩의 굵기가 일정해서 명성이 대단히 높다. 또한 봄과 여름철 어업의 성어기에는 이곳에서 도서 지역으로 반출되는 미곡의 양이 적지 않다. 그리고 선어가 입하되는 것도 또한 주로 이 계절이다. 그러나 어류는 옹암리에서 주로 매매가 이루어진다. 미곡 다음으로 집산액이 많은 것은 면포류인데, 그 판매에 종사하는 사람이 약 30명 있다. 한 사람이 한 장시에서 올리는 매상액은 여름철에는 10원 내외, 다른 계절에는 30~40원이다. 이 시장에 모여드는 사람들은 계절에 따라 차이가 있기는 하지만, 적어도 1,000명 아래로 내려가는 일이 없다. 추석이나 설에는 5,000~6,000명에 이른다. 이 마을 주민은 대개 이들을 대상으로 주막을 운영하며, 한 장시의 매상액은 10~20원이 보통이고, 많을 때는 30~40원에 달하는 경우도 있다. 또한 이곳에서 20여 호가 이웃 마을인 신대로 가서 주막업을 운영하고 있다. 이 시장에도 대천시장과 마찬가지로 미곡 거래자 사이에서 미곡량을 계량하는 사람이 있는데, 나머지를 소득으로 한다(1석에 4~5되가 남는다). 거래되는 미곡량이 대단히 많기 때문에, 그 소득이 상당한 양에 이른다고 한다.

구획

본군은 10면으로 나뉜다. 그중 바다에 면한 것은 은하(銀河) 가산(加山) 현내(縣內) 상서(上西) 하서(下西) 5면이라고 한다. 어촌으로 주요한 것은 성호리(星湖里) 어사리(於沙里) 남당리(南塘里) 등이다.

성호리

성호리는 결성만 북쪽 중앙에 위치하며, 결성읍에서 약 10리 떨어져 있다. 본군에서 가장 중요한 나루이며, 현내면에 속한다. 뒤에 작은 언덕이 있는데, 남쪽으로 돌출하여 그 안에 활모양의 작은 만을 이룬다. 폭이 겨우 1~2정에 불과하지만 파도를 막아주므로 정박하기에 대단히 안전하다. 다만 갯벌로 덮혀 있어서 출입이 불편한 것이 결점이라고 한다. 언덕 위에는 소나무가 무성하고, 그 중턱 아래에 인가 100여 호가 모여있다. 주민은 주로 농업 및 상업을 영위하며, 또한 배타는 일에 종사하는 사람도 많다. 무릇 이는 상업항으로 선박의 출입이 빈번하기 때문일 것이다. 주로 수산물 및 면포를 들여오는데, 수산물은 말린 대구 명태 조기 갈치 상어 가오리 미역 등이다. 활어[生魚]는 연안 각지 이외에 어청도에서 오는 것이 많다. 미역은 돌산 흥덕 사포 등에서 온다. 또한 이곳은 마(麻)와 면(綿)을 생산하는데, 주민은 각각 이를 집에서 소비하기 때문에 옷감류의 이입은 별로 많지 않다. 우물 6곳이 있지만, 2~3월 경에는 물이 부족하게 되는 경우가 있다. 또한 수질이 소금기를 머금고 있어서 양호하지 않다.

이 포구의 어민은 주로 녹도에 가서 2~5월까지는 주목망에 종사하며, 그 사이에 마을로 돌아오는 일은 없다. 어장은 개인이 점유하는 것으로 종종 매매 양도하는 경우가 있다. 가격은 1곳에 40~50원 내지 100원이며, 한 어기의 임대료는 30~50원이다. 어장 보호를 위하여 이전부터 구역에 관한 규약이 있었다. 그물이 설치된 전면 300칸 양측의 4~5칸 이내에서는 다른 어업을 할 수 없다. 만약 이를 어기면 어구와 어선을 몰수당한다. 어획물은 조기 갈치 및 복어를 주로 하는데, 대부분 운반선이 경성으로 수송하고, 그 밖에 강경 군산 등의 도매상을 통하여 판매한다. 도매상의 구전은 1할이며, 운반선은 판매액의 3할을 가진다.

남당리

남당리(南塘里)는 성호리의 북쪽에 있는데, 북쪽에는 작은 언덕들이 이어져 있고 서쪽으로 돌출한다. 하선면에 속하는데, 어업은 어살로 주로 하고 주낙선 1척이 있다.

어사리

어사리(於沙里)는 성호리와 작은 언덕을 사이에 두고 그 북쪽에 있으며, 하서면에 속한다. 뒤로 경지가 이어져 있으며, 앞은 모래 해안이 이어져 모래와 자갈해안이 약 18정에 이른다. 인가는 약 30호가 있으며 대개 농업과 어업을 겸업한다. 물자의 공급은 동쪽 20리에 있는 용천면 덕우(德偶) 일명 용호리(龍湖里)에 의존한다. 이곳에서는 매 3·8일에 시장을 여는데, 광천시장에 버금가는 성황을 이룬다. 우편은 1개월에 10회, 결성읍을 거쳐 이 마을로 체송되기는 하지만 아직 이를 이용하는 사람은 적다. 어업은 주낙 및 어살이며 주낙은 일본식을 배워서 사용하고 있다. 1척에 4~6명이 승선하며 대부분 1년 내내 어로에 종사한다. 음력 정월부터 3월까지는 어청도에 가서 가오리를 어획하고, 4~5월까지는 연도·죽도, 8~10월까지는 어청도를 어장으로 하여 도미를 어획하고, 11~12월 사이에는 집에서 어구를 수리한다. 도미의 미끼는 낙지와 개불인데, 부근 각 마을 및 장고도와 원산도에서 구입한다. 낙지는 10마리에 봄철에는 20전, 가을에는 8~9전이다. 5개월 조업에 필요한 잡비는 약 200원이며, 어획금액은 일정하지 않지만 한 사람당 20~30원이 일반적이라고 한다. 6~7월까지는 전라도 연해에 가서 민어를 어획하는데, 미끼는 거문도 지도 등에서 낙지를 구입하여 사용한다. 어획물은 조업 중에 필요한 비용을 보상해주지 않기 때문에 어장 부근에서 판매하는 한편 대개 염장하여 마을로 돌아가 시장에 낸다. 어살은 2월 하순부터 5월까지 숭어 농어 오징어 및 기타 잡어를 어획하는데, 이 마을에 속한 어장은 2곳이 있다.

궁리

궁리(宮里)는 어사리의 북쪽, 진화기의 남동쪽에 있는데, 이곳에서는 삼베가 생산된다. 연안에 어살 어장 3~4곳이 있다.

하광리

하광리(下廣里)는 궁리의 뒤에 있으며, 서산・해미와 마주보는 갯벌 연안에 있다. 이곳도 역시 어살 어업이 활발하고 그 밖에 숭어 자망을 운용하는 사람이 있다.

제12절 해미군(海美郡)

개관

연혁

해미군(海美郡)은 조선 태종 7년에 정해(貞海)와 여미(餘美) 두 현을 합해서 한 현으로 만들고 해미라고 불렀다. 13년에 현감을 두었고, 건양 원년에 군으로 삼았고 지금에 이른다. 정해현은 고려의 고구현(高丘縣)의 일부였고, 여미현은 원래 백제의 여촌현(餘村縣)이었고, 신라의 여읍현(餘邑縣)이었다.

경역 및 지세

동쪽은 당진 면천 덕산 홍주 4군에, 남쪽은 결성군에 접하며, 서쪽의 대부분은 서산군에 접하면서 일부는 바다에 면하며, 북쪽도 또한 바다에 면한다. 동쪽은 홍주・덕산 두 군에 걸쳐있는 가야산의 지맥이 서쪽으로 달려서 팔봉산(八峰山)을 이룬다. 그리고 그 지맥은 군 안을 오르내리기 때문에 지세가 평탄하지 않다. 하천으로 큰 것은 없고, 겨우 한두 개의 작은 물길이 사장포만으로 흘러들어 갈 뿐이다.

연안

남서쪽은 사장포만 안을 바라보며, 북쪽은 아산만에 딸린 작은 만에 면하지만, 양쪽 기슭 모두 굴곡이 적어서 연안선이 매우 짧다. 남서 해안은 조석간만이 불규칙해서 밀물 때는 물이 잠기는 시간이 4시간이며, 썰물 때는 광막한 검은 이퇴가 드러난다. 북안도 또한 갯벌로 덮혀 있어서 수산물이 많지 않다.

해미읍

해미읍은 군의 남쪽에 치우쳐 있는데, 결성까지 40리 홍주까지 40리 서산까지 30리이다. 군아 이외에 서산경찰서의 순사주재소 우체소 등이 있다. 그 위치는 홍주와 서산 사이의 우편선로에 해당하므로 우편물은 매월 15회 체송된다. 이곳에서 음력 매 5・10일에 장이 열린다. 집산 물품은 어류 연초 종이 포목 등이며, 집산 지역은 서산 태안[108) 덕산[109) 각 지역이다. 그 밖에 일도면(一道面) 여미(餘美)에는 매 1・6일, 염솔면(鹽率面) 천의(天宜)에서는 매 4・9일에 장이 열린다.

교통

육로는 결성군을 지나서 홍주에 이르고, 면천 아산을 거쳐 평택으로 나가서 철도로 연결할 수 있다. 수운은 연안에 양호한 항만이 없기 때문에 교통상 편리한 점은 없으나, 서창리(西倉里)・대호리(大湖里) 등에서 인천 및 군산으로 상선이 왕래한다.

물산

물산은 육산물로는 쌀 보리 조 콩 팥 연초 마포 소 돼지 등이며, 수산물로는 조기 갈치 도미 숭어 농어 낙지 오징어 게 맛 동죽[潮吹貝] 왕우럭조개[水松貝] 식염 등이 있다.

어업은 어살 및 조개채취를 행한다. 어살은 음력 정월부터 5월까지 및 8월에서 9월까지이며, 앞 연안의 갯벌에 설치한다. 갈치 조기 양태[鯒] 숭어 농어 가오리 새우 게

---

108) 원문에는 泰山으로 되어 있으나, 泰安의 오기로 생각된다.
109) 원문에는 德安으로 되어 있으나, 德山의 오기로 생각된다.

등을 어획한다. 조개 채취는 주로 부인들의 부업으로 연안 도처에서 행한다.

연안의 갯벌에는 농게[招潮蟹]가 많은데, 이를 채집하여 염장한다. 그 방법은 바닷물을 끓인 다음에 식기를 기다려서 게를 넣어둔 단지에 부어넣는다. 그대로 두었다가 염분이 충분히 배어들 무렵을 헤아려 게를 건져내어 후추와 섞어서 다른 단지에 저장하여 판매한다. 남은 국물은 다시 끓여서 다음 번에 다른 게를 염장할 때 사용한다.

구획

본군은 10면으로 나뉘는데, 그중 바다에 면한 것은 남서안에 있는 하도면 및 남면, 북안에서는 염솔면과 서면이 있다. 연안의 어촌 마을은 다음과 같다.

면(面)	리(里)
하도면(下道面)	서창리(西倉里) 생천리(生川里) 봉산리(烽山里) 사기소리(沙器所里)
남면(南面)	상대산리(上岱山里) 하대산리(下岱山里) 석포(石浦)
서면(西面)	전동(箭洞) 대호리(大湖里) 출포리(出浦里)
염솔면(鹽率面)	삼곡리(三谷里) 천의리(天宜里)

서창리

서창리(西倉里)는 본군 남서안의 남단 결성군 경계에 있다. 북쪽으로 산을 등지며 앞 연안은 이토(泥土)가 멀리까지 펼쳐져 있고 앞바다는 가는 모래이다. 연안 기슭에 작은 돌로 방파제를 쌓아서 정박하기 편리하다. 그러나 썰물 때에는 전부 갯벌로 변한다. 인가 20호가 있으며, 주민은 농업을 주로 하면서 어업을 함께 영위한다. 부인은 대개 조개류와 게를 채취하여, 부근 각 마을로 가서 팔아서 쌀・보리와 교환한다. 이곳에서는 낙지와 쏙이 생산되어, 주낙의 미끼로 공급한다.

생천리

생천리(生川里, 싱쳔리)는 서창리에서 서쪽으로 5~6정 거리에 있으며, 연안의 상황은 서창리와 큰 차이가 없다. 계선장은 썰물 때 바닥이 완전히 드러난다. 토지가 협소하여 논 60마지기, 밭 40마지기가 있을 뿐이다. 언덕 위에 인가 40호가 모여 있으며, 주민은 대개 각지로 돈을 벌러 나가는 한편 어업에도 종사한다.

봉산리

봉산리(烽山里)는 생천리와 사기소리의 사이에 있다. 뒤로 산을 등지고 앞 연안은 지대가 높은 갯벌이어서, 대조 때에만 바닷물이 들어온다. 인가 51호가 있고, 토지는 제법 평탄해서 경지가 많다. 주민의 생활은 생천리에 비해서 다소 여유가 있다.

사기소리

사기소리(沙器所里, **사긔소리**)는 봉산리와 인접해 있으며, 뒤로 산을 등지고 앞은 깊게 만입해 있지만, 지대가 높은 갯벌이어서 삭망 양 조류 때 이외에는 바닷물이 들어오지 않는다. 인가는 58호이며, 부근에 논 3,600마지기, 밭 1,400마지기가 있다. 주민은 농업을 주로 하지만, 어업에 종사하는 사람도 또한 많다. 어살 어장 7곳이 있는데, 예로부터 소유자가 일정해서 매매 양도하는 일은 없다. 어살 1곳의 축조비는 20~30원이 필요하다. 매년 마을사람들이 모여서 힘을 합쳐 건설한다. 그리고 풍어일 때는 어획물의 일부를 마을 사람에게 나누어준다.

상대산리 · 하대산리 · 석포

상대산리(上岱山里)와 하대산리(下岱山里) 석포(石浦)는 남면에 있는데 상대산리는 인가 5호, 하대산리는 3호, 석포는 37호가 있으며 서로 붙어 있다. 뒤로는 구릉이 이어져 있고, 앞은 지대가 높은 갯벌이 펼쳐져 있어서 선박을 정박하기에 적당하지 않다. 상대산리의 앞 연안은 깊이 만입한 간출만이며, 사기소리로 이어진다. 대조 때 이외에는 두 마을 사이를 왕래할 때는 갯벌을 통로로 삼는다. 하대산리는 상대산리의 북쪽에 있으며, 석포는 하대산리와 붙어 있다. 세 마을 모두 토지가 협소하여 논은 없고 겨우 밭 20마지기 내외가 있을 뿐이다. 주민은 대부분 타지로 돈을 벌러 나가고 여자들은 바닷가에서 조개류를 채취한다.

제13절 서산군(瑞山郡)

개관

연혁

서산군(瑞山郡)은 원래 백제의 기군(基郡)이었는데, 신라가 이를 부성(富城)으로 고쳤고, 고려 충렬왕이 이를 다시 지금의 이름으로 고쳤다. 후에 서산주(瑞山州) 서녕부(西寧府)가 되었다가, 조선 태종 13년에 다시 서산으로 고치고 군으로 삼아서 지금에 이른다.

경역

동쪽은 해미군에, 서쪽은 태안군에 접하고, 북쪽은 풍도해에, 남쪽은 사장포만 안에 면한다. 곧 충청도의 북서쪽으로 돌출된 큰 반도의 중앙에 있으며, 양 연안 모두 만입과 굴곡이 많다. 남쪽 연안의 서쪽은 길게 남쪽으로 돌출하여 사장포만 안을 양분하여, 동쪽은 결성군과 해미군, 서쪽은 태안군이 에워싸서 좌우에 두 개의 만을 형성한다. 북쪽 연안은 전체가 돌출되어 서쪽의 태안군과 함께 가로림만을 이룬다.

지세

해미군에서 오는 산줄기는 군 안을 가로질러 태안군 경계에서 솟아올라 팔봉산이 되고, 그 한 줄기가 남쪽으로 달려 도비산(搗飛山)으로 융기한다. 모두 상당한 높이를 가지고 있지만, 그 밖에는 대개 구릉이어서 경지가 많다. 그중에서 서산읍 부근의 평지는 태안평지와 함께 본도 연안에 있는 주요한 농산지이다. 그러나 하천이 많지 않아서 관개는 주로 빗물에 의지한다.

연안

남쪽 연안은 해미군과 마찬가지로 만입과 굴곡이 많지만, 갯벌이 넓게 펼쳐져 있어서 저조 때에는 거의 육지처럼 보인다. 화변면(禾邊面) 덕지천(德之川)은 유명하고 중요한 포구이지만 출입하기 불편하다.

북안도 또한 사퇴와 암초가 있지만, 남안에 비하면 출입이 다소 편리하다. 특히 그 서쪽 태안군과 함께 서로 에워싸서 형성된 가로림만은 두 군의 출입구로서 인천항과의 교통이 빈번하다. 만의 중앙에 고파도(古波島)가 있는데, 두 군에 각각 소속되어 있다.[110] 그 동쪽 기슭의 물길이 통과하는 곳은 저조 때에도 여전히 수심이 7심에 이르므로, 이곳을 기선의 정박지로 삼고 있다.

서산읍

서산읍은 군의 중앙에서 남쪽으로 치우쳐 있으며, 해미에서 30리 떨어져 있으며, 태안까지 30리 면천까지 50리이다. 인가 약 280호가 있으며, 군아 이외에 경찰서 구재판소, 재무서, 우편소 등이 있다. 일본인 거주자도 많다.

장시

서산읍의 시장은 대단히 성대한데, 대시(大市)는 매 2・7일, 소시(小市)는 매 4・9일에 연다. 집산 물품은 잡곡 포백 어패류 미역 도자기 소 등이며, 집산 지역은 태안 면천 당진의 각 지방이라고 한다. 장에 오는 상인은 평시에는 보통 40~50명이지만, 가장 많을 때는 100명 이상에 이르는 적도 있다. 또한 이 시장에 상주하는 중국인이 46명이 있고, 그 밖에 일본인으로서 잡화소매업을 하는 사람도 있다. 대시의 전성기에는 모여드는 인원이 2,000명을 넘었으며, 거래 금액은 약 1,500원이며, 소시는 1,000명 정도이고 400~500원에 이르렀다고 한다. 집산 물품의 종류는 계절에 따라서 차이가 있지만, 파래[靑苔] 숭어 굴 긴맛 조리[笊] 집신[草鞋] 연초 등은 정월부터 3월까지, 소 콩 대추 밤 등은 가을철에, 종이류는 겨울철에, 상[膳] 그릇[盆] 나막신 등은 연말에, 연초 조 생강 등은 연중 거래된다. 조기와 갈치는 덕천 모기포(毛其浦)에서, 명태와 청어 미역은 인천에서 온다. 또한 미역은 연안 거울도와 가의도에서 오는 것이 있다.

---

110) 현재는 섬 전체가 서산시 팔봉면에 소속되어 있다(2024년 2월).

그 밖에 마산면(馬山面) 취포(翠浦)에서 매 1・6일 ▲ 대산면(大山面) 구진(舊鎭)에서 5・10일, ▲ 오산면(吾山面) 덕천(德川)에서 4・9일, ▲ 성연면(聖淵面) 성연(聖淵)에서 3・8일, ▲ 문현면(文峴面) 대두리(大頭里)에서 1・6일에 장이 열린다. 구진시장과 성연시장은 서산읍에 버금가는 큰 시장이며, 모두 미곡의 거래가 활발한다.

교통

육로는 군읍에서 북동쪽 당진에 이르는 도로와 남동쪽 해미에 이르는 도로가 중심이고, 그 밖에 서쪽으로 태안에 이르는 도로, 북쪽 연안으로 통하는 도로 및 남단인 창촌리(倉村里)에서 나가 나룻배로 안면도에 연결되는 도로가 있다. 수운은 주로 북안에 있으며, 특히 가로림만 연안에는 작은 배의 출입이 빈번할 뿐만 아니라, 이 만과 인천항 사이에는 기선이 왕복한다. 승객의 운임은 10전이며, 화물의 운임은 다음과 같다.

물품	운임	물품	운임
옥양목(20단段 들이)	50전	청주 및 간장(큰통)	40전
방적사	40전	성냥	20전
석유	12전		

통신

우편은 군읍에서 면천읍으로 매월 20회, 홍주우편국에서 해미읍을 거쳐 매월 15회 체송된다. 경성에서 군읍까지는 3~4일 만에 도달한다.

물산

물산은 쌀 보리 콩 팥 마(麻) 연초 담뱃대 소 말 돼지 등의 육산물이 주를 이루고, 수산물은 식염 이외에 뱅어 오징어 낙지 쏙 굴 등이 있어서 미끼 거리는 풍부하다.

구획

본군은 16면으로 나뉘는데, 그중 바다에 면한 것은 남쪽 연안에서는 율곶(栗串) 오산

(吾山) 인정(仁政) 화변(禾邊) 군내(郡內)이고, 북쪽 연안에서는 성연(聖淵) 지곡(地谷) 대산(大山) 문현(文峴) 9면이다.

동막리

동막리(東幕里)는 사장포만 안에서 동쪽으로 분기된 만의 북서쪽에 있는데, 인정면에 속한다. 배후에 도비산(搗飛山)을 등지며 앞으로는 넓디넓은 간출니퇴이며, 간월도(看月島)까지 약 7해리이다. 그 사이에 한 줄기의 물길이 통하는데 마치 하천처럼 보인다. 이 마을에서 북쪽으로 5~6정 떨어져 있는 주교리(舟橋里)까지 왕래할 때는 이 물길을 이용하는데, 만조 때 이외에는 항행이 대단히 위험하다. 이 이퇴가 육지와 접하는 부분에는 갈대가 무성하며 염전이 이어져 있으며, 인가 22호가 있다. 농업을 주로 하며, 구릉 사이에 경지가 많다. 농한기 때는 제염에 종사한다. 근해에서는 새우 잔새우 이외의 어류는 잡히지 않기 때문에 어류는 주로 원산도 부근의 여러 마을에서 들여온다. 이웃 마을인 모교리(毛橋里)에는 어류를 취급하는 도매상 1호가 있다.

창촌리

창촌리(倉村里, 창죵리)는 이 군의 남단에 있으며 화변면에 속한다. 배후에 구릉을 등지고 있고 앞은 경사진 모래자갈해안이다. 만조 때에는 양호한 항만의 모습을 드러내지만, 퇴조 때에는 해안에서 150칸 사이가 완전히 드러나며, 또한 조류가 급격하다. 그렇지만 그 위치가 마침 해운의 요충에 해당하므로, 선박의 왕래가 빈번하다. 인가는 52호이며, 부근에 논 64마지기, 밭 22마지기가 있다. 주민은 주로 상업을 영위하며 부녀들이 낙지 게 등을 채취하는 경우 이외에 어업에 종사하는 경우는 드물다.

갈마리

갈마리(渴馬里)는 창촌리의 북쪽에 있는 반도의 서안에 있다. 연안은 만조 때에는 수심이 6~7심이지만 퇴조 때에는 거의 노출되기 때문에 선박의 정박에 적합하지 않다. 인가는 28호가 있으며, 농업을 주로 한다.

대두리

대두리(大頭里)는 반도 서안에 있는 작은 만 안에 있다. 만입이 깊기는 하지만 수심이 얕아서 선박의 출입에 불편하다. 인가 21호가 있으며, 농업을 주로 하지만 연안에 어살 어장 4곳이 있다.

노라포

노라포(老羅浦)는 대두리에 인접해 있으며, 부근에 경지가 많다. 그 앞 연안은 만조 시에는 6~7심이지만 퇴조 시에는 완전히 바닥이 드러난다. 인가 25호가 있으며, 어살 어장 2곳이 있다. 근처 연안에서 낙지 및 쏙이 많이 생산되며, 2~9월까지 이를 채취하여 미끼로 판매한다. 일본 도미낚시어선이 이를 구입하기 위하여 기항하는 경우가 많으며, 해마다 그 수가 늘어나고 있다.

사기소리

사기소리(沙器所里, 사긔소리)는 노라포의 남쪽에 있으며, 연안은 암석과 사력이 서로 섞여 있으며, 굴이 착생하고 있는 것을 볼 수 있다. 인가는 12호가 있으며, 주민은 농업을 주로 하고 부근에 경지가 많다.

웅도리

웅도리(熊島里)는 군의 북안 가로림만 안에 있는 작은 섬으로 지곡면에 속한다. 둘레 10여 정인 섬 안은 구릉이 많고 경지는 적다. 서안은 모래자갈해안이며 중앙에 한 줄기 물길이 통하는 것 이외에는 모두 썰물 때 바닥이 드러난다. 남안은 사빈이며, 동안은 이토로 퇴조 시에는 대안인 대산면 구진리(舊津里)까지 걸어서 갈 수 있다. 인가는 28호가 있으며, 농업과 어업을 겸한다. 근처 연안에 어살을 설치하여 조기 숭어 전어[鰶] 등을 어획한다. 갯벌에는 낙지가 많은데, 이를 잡아서 이 섬에 오는 일본 주낙어선에 매도한다. 또한 바지락과 굴 등이 있으며 많이 생산되지는 않지만 여자들이 이를 채취한다. 이 섬은 교통이 대단히 편리하여 인천 사이에 기선이 왕래하며, 정박지는 섬의 서안이다.

고파도

고파도(古波島, 고하도)는 가로림만의 중앙에 떠 있는 섬으로 본군의 문현면과 태안군의 북일면에 분속되어 있다. 섬의 주위는 암초가 산재하고 있으며, 또한 곳곳에서 사빈을 볼 수 있다. 가로림만은 수심이 얕지만 이 섬의 동쪽에 있는 물길은 간조 시에도 여전히 수심 7심에 이르기 때문에 대부분의 배를 수용할 수 있다.

섬 전체가 구릉이어서 평지가 적다. 인가 30호가 동쪽 기슭에 흩어져 있다. 식수는 3곳이 있으며 수량이 많아서 기항하는 선박들이 물을 길어 갈 수 있다. 이 곳은 만의 중앙에 위치하여 배를 대기에 제법 편리하다. 그래서 본군 및 태안군의 일부 농산물은 이곳으로 반출한 다음 다시 인천 및 다른 곳으로 수송한다. 그러므로 그 출하시기에 이르면 인천에서 천엽환(千葉丸) 등 3척이 입항한다. 또한 매 1・6일에 작은 기선이 기항한다.

어업을 행하지 않으며, 다만 부녀들이 연안의 암석에 붙어 있는 굴을 채취할 뿐이다. ▲ 염전은 4곳이 있으며 제염업이 제법 행해지고 있다.

제14절 태안군(泰安郡)

개관

연혁

태안군(泰安郡)은 원래 백제의 성대혜현(省大兮縣)인데, 신라 경덕왕이 이를 소태(蘇泰)로 고쳐 부성군(富城郡)의 영현으로 삼았다. 고려 현종 9년에 운주(運州)에 소속시켰고, 충렬왕 때 지금의 이름으로 고쳐 군으로 삼았다. 조선이 그대로 이에 따랐다.

경역

본군은 이른바 태안반도 땅으로 남북 양 방향으로 깊이 만입된 만이 있으며, 동쪽의 일부분이 겨우 서산군과 이어져 있다. 그리고(북쪽에서 만입된 것이 가로림만이고 남쪽에서 만입된 곳은 사장포만 내의 적돌강積乭江이다) 소속 도서가 많은 것은 충청도에서 오천군에 다음갈 뿐만 아니라 그 면적을 합산하면 오히려 오천군에 속한 여러 섬보다 더 넓다. 여러 섬 중에 큰 섬은 안면도(安眠島)라고 한다. 이 섬은 본군 남단에 있는 좁고 긴 반도와 좁은 물길을 사이에 두고 서로 근접하여 남쪽으로 길게 뻗어 있어서, 그 대안인 육지 사이에 좁고 긴 큰 만을 구성한다. 바로 사장포만(沙長浦灣, 천수해만淺水海灣이라고도 한다)이다. 만을 사이에 두고 대안에 있는 곳이 해미 결성 오천 각 군의 연안이다. 그 밖의 여러 섬 중에서 이름이 있는 것을 열거하면, 서해에 있는 것은 고파도(古波島) 죽도(竹島) 방이도(防伊島) 신진도(新津島) 마도(馬島) 가의도(價誼島) 옹도(瓮島) 흑도(黑島) 등이고, 사장포만에 떠 있는 것은 황도(黃島) 관월도(觀月島) 죽도(竹島) 흑서(黑嶼) 등이다.

지세

군내의 지세는 대개 구릉지이고 산악이 높고 험한 것은 없다. 따라서 비교적 경지가 많으며, 그중에서도 태안읍 부근에 있는 평지는 연안에서 손꼽을 만한 것으로 서산 평지와 나란히 일컬어질 정도의 농산물 생산지이다. 그러나 군 전역은 반도 지형이고 또한 산은 대부분 민둥산이므로 물의 흐름이 적어서 관개는 천수(天水)에 의지할 수밖에 없다. 이 때문에 논은 적으며 종종 가뭄 피해를 입는 일이 있다.

연안선

연안선은 연안의 출입과 굴곡이 많을 뿐만 아니라, 삼면이 바다로 둘러싸여 있어서 대단히 길다. 그러나 요입된 부분은 모두 간출만이어서 배를 대기에 적합한 곳은 적다. 그중 제법 이름이 있는 곳은 안흥진(安興鎭)이라고 한다. 그러나 안흥진은 돌각에 위치하여 부근에 농산물이 많지 않다. 그래서 단지 피난항으로서 다소 가치가 있는 데 그치고 상업지로서 발전할 수 없을 것이다. 이에 대해서 고파도는 가로림만 안에 위치한 작은 섬이지만, 만 안의 연안 지방은 농산물이 풍부하며, 이곳으로 반출되는 것이 적지 않다. 그러므로 농산물 반출 계절이 되면 인천에서 작은 기선이 때때로 입항하여 상업이 제법 활발한다.

태안읍

태안읍은 군의 동부에 있으며, 서산에서 30리 떨어져 있으며, 홍주까지는 90리이다. 군아 이외에 순사주재소 우체소 등이 있으며, 일본인 거주자도 있다. 음력 매 3・8일에 이곳에서 장이 열린다. 집산 물품은 잡곡 포백 어류 도자기 소 식염 등이며, 집산지역은 면천・당진 각 지방이라고 한다. 염건어류의 매매가 대단히 활발하다.

육로는 군읍에서 서산읍으로 통하는 도로, 서쪽의 소근면(所斤面)에 이르는 도로, 남서쪽 안흥면(安興面)에 이르는 도로가 주요한 가도라고 한다. 수로는 삼면이 바다에 면해 있으므로 작은 배가 각지로 왕래하고 있다. 북서안인 가로림만에는 인천으로 왕복하는 기선이 있으며, 우편은 홍주 우편국으로부터 해미 서산을 거쳐 매월 10회 체송된다. 경성에서 3~4일에 도착한다.

물산

본군은 예로부터 서해에서 비옥한 지역으로 일컬어져 온 곳으로 농산물이 풍부할 뿐만 아니라 어류와 소금의 이로움도 크다. 그 주요 농산물은 쌀 보리 콩 조 등이며, 특히 콩 보리가 많이 생산된다. 수산물로는 조기 갈치 민어 도미 삼치 준치 서대 가자미 감성돔 정어리 방어 웅어[鱭] 학꽁치 갯장어[鱧] 복어 숭어 뱅어 양태 망둥어[沙魚] 농어 가오리 상어 뱀장어 오징어 낙지 게 쏙 키조개[玉珧貝] 바지락 피조개[赤貝] 맛 꼬막[灰貝] 홍합[貽貝] 전복 대합 굴 김 풀가사리 식염 등이 있으나, 그중에서 주요한 것은 도미 가오리 상어 농어 갈치 조기 식염 등이라고 한다.

어업은 대단히 활발하며, 어살 외줄낚시 주낙 등을 행한다. 외줄낚시는 주로 쏙과 정어리로 조기를 어획한다. 주낙은 원래 인천 부근에서 일본 주낙어선에 고용되어 그 사용법을 습득하게 된 이래로 지금은 신진도 마도 성남리(城南里) 갈두리(葛頭里) 등 각 지역으로 전파되었다. 낙지 또는 쏙을 사용하여 도미를 주로 낚으며, 상어 농어 등을 어획한다. 또한 1~3월까지 김을 채취하는데, 김은 연안 도처의 암초에 붙어 자란다.

제염업도 또한 대단히 활발하여 연안의 갯벌 도처에 염전이 있다. 대개 입빈식(入濱式)으로 3~4월까지 그리고 8~11월에 이르는 사이에 소조(小潮) 때 조업하며, 제품은 멀리 강경 은진 인천 개성 등으로 수송한다. 태안염이라고 해서 나주염과 더불어 그 이름이 잘 알려져 있다.

구획

본군은 13면으로 나뉘는데, 군내(郡內) 안면(安眠) 근서(近西) 안흥(安興) 원일(遠一) 소근(所斤) 원이(遠二) 북이(北二) 북일(北一) 이원(梨園) 동일(東一) 동이(東二) 모두 바다에 면한다.

군내면(郡內面)

사장포만 안에 적돌강(積乭江)의 북쪽 모퉁이에 있다. 동쪽은 동이면에 서쪽은 근서면에 남서는 남면에 접한다. 중앙에 백화산(白華山)이 솟아 있는데, 태안읍은 그 남쪽 기슭에 있다. 연안은 갯벌이므로 출입이 편리하지 않다. 염전이 곳곳에 흩어져 있다.

남면(南面)

군내면의 남서단에 돌출되어 있는 좁고 긴 반도로서 연안이 복잡한 굴곡을 이룬다. 그 동쪽 연안은 적돌강이며, 간출니퇴로 뒤덮혀 있고, 서안은 사빈이 완만한 경사를 이루며 멀리까지 얕다. 남안은 「해도」에서 백사수도(白沙水道)라고 기록한 것으로, 그 대안은 안면도이다. 수도는 길이 약 3해리 폭은 넓은 곳은 10정에 달하지만 좁은 곳은 2~3정에 불과하다. 그리고 그 수심은 서쪽 입구로부터 약 1해리 사이는 3심 정도이지만 동쪽으로 갈수록 얕아져 1심 정도이다. 가장 얕은 곳은 0.5심이 되지 않는다. 그러나 동쪽 입구 부근에서는 다시 얼마간 수심이 깊어진다. 이 수도의 동쪽 입구 바깥 즉 사장포에 있는 수로는 그 남동쪽으로 간월도에 이르는 사이가 조류가 급격하여, 어선의 경우는 거슬러 운항할 수 없다. 또한 사퇴와 암초가 있어서 대단히 위험하다. 그러나 순풍 때에는 연안 기슭을 따라서 앞으로 나아갈 수 있다.

당상리

당상리(堂上里)는 백사수도의 중앙 북안에 있으며, 태안읍에서 40리 떨어져 있다. 인구 10호이며, 주민은 농업을 주로 하지만, 앞 연안에 어살어장 1곳이 있으며, 3월 하순부터 4월까지 갈치를, 8~9월 경에는 정어리를 주로 하며, 그 밖에 뱅어 도미 민어 가오리 복어 등을 어획한다.

거온리

거온리(擧溫里)는 당상리의 서쪽이며 남면의 남서단에 있다. 북동쪽으로는 작은 언덕 위로 경작지가 이어져있고, 앞 연안은 약 6정이 만입되어 있고 폭은 약 4정인데, 간출만을 이룬다. 인가 12호가 있는데, 주로 어업에 종사한다. 주낙어선 3척이 있는데, 수년 전 일본인으로부터 구입한 것이다. 어법은 일본식으로 한 척에 주낙 12~13발을 사용하여, 도미 민어 농어 가오리 상어 등을 어획한다. 도미 및 민어는 4~6월까지는 호도(狐島) 및 외연도(外煙島) 부근에서, 7~10월까지는 어청도 서안에서 조업하며, 미끼로는 낙지를 쓴다. 농어는 3월 경 밴댕이를 미끼로 삼아 녹도(鹿島) 남안에서, 가오리는 정월부터 3월까지 노래미를 미끼로 하여 어청도 서안 근해에서, 상어는 가제[カーゼー]를 미끼로 하여 9월은 어청도 서안 근해에서, 5월에는 나치도(羅致島) 등의 근해에서 조업한다. 도미와 농어는 생선인 채로 군산 및 인천으로 수송하고, 가오리 및 민어는 군산 및 강경 또는 어청도에서 판매하고, 상어는 갈라서 말리거나[開乾] 혹은 생선인 채로 강경으로 보낸다. 자금은 인천에 거주하는 일본인으로부터 차입하는 경우가 많다. 이익배당법은 식비 미끼 및 기타 잡비를 어획고에서 공제하고 그 잔액을 절반으로 나눈 다음 절반은 선주가 가져가고, 절반은 승선원 사이에서 분배한다. 1척의 승선인원은 5

명인데, 안면도 및 원산도에서 와서 참여하는 것이 일반적이다. 1개월에 소요되는 한 척의 식료 및 기타 잡비는 15원이라고 한다. 배당은 1년에 3차례 이루어지는데, 제1회는 정월부터 5월까지 5개월 동안 승선원 한 명에 대하여 20~40원, 제2회는 6~8월까지 3개월이며 20~30원, 제3회는 9~11월까지 3개월로, 보통 제1회와 제2회 배당액의 중간이라고 한다.

웅도리

웅도리(熊島里)는 거온리의 서쪽에 있는 반도로서 서안은 외해에 면하여 수심이 다소 깊지만, 그 밖은 내만(內灣)이어서 썰물 때에는 만 안의 이퇴(泥堆)가 드러난다. 부근은 모두 모래땅으로 산림이나 논이 없고, 밭이 겨우 8마지기 정도 있을 뿐이다. 인가는 10호가 있으며, 마을 사람들이 공동으로 어선을 보유하고 주낙업에 종사한다. 어선은 일본식으로 1척에 5명이 승선하며, 5~9월까지 거울도 부근에서 도미 가오리 상어 등을 어획한다. 갯벌 및 연안에서는 바지락과 왕우럭조개 등이 난다.

몽대리

몽대리(夢岱里, 몽디리)는 웅도리의 북쪽 남면의 서안 중앙에 있다. 뒤로 산을 등지고 앞은 외해에 면한다. 연안은 직선 형태의 사빈이며, 물이 얕고 또한 풍랑을 막아주는 것이 없기 때문에 정박하기 적합하지 않다. 인가는 37호가 있으며, 주민은 농업을 주로 하고 부근에 경지가 많다. 연안에 어살어장 3곳이 있는데, 음력 3~4월까지 및 8~9월까지 숭어 작은도미 양태 망둥어 농어 등을 어획한다.

진벌리

진벌리(榛伐里)는 몽대리의 북쪽, 남면와 안흥면에 의해서 형성된 남해포(南海浦)의 동안에 있다. 연안은 직선 형태의 사빈이지만 남쪽에 작은 만이 있다. 갯벌이 많고 사니가 뒤섞여 있어서 바지락 및 피조개가 난다. 인가는 19호가 있으며, 어업에 종사하는 사람은 적지만, 어살어장 2곳이 있다.

거울도

거울도(巨鬱島)는 남면의 남단에서 서쪽으로 1해리 남짓 떨어진 앞바다에 있는데, 거아도(居兒島)라고도 한다. 둘레 약 15리이고, 동서로 좁고 남북으로 길다. 섬 전체가 구릉이고 키 작은 소나무가 드문드문 자란다. 연안은 대개 절벽이며 암초가 들쑥날쑥하다. 동쪽 연안에는 겨우 활모양을 이루는 작은 만이 있는데, 간조 때도 수심 3심에 이르므로 근해를 항해하는 선박들이 폭풍을 만나면 일시적으로 이곳에 피난한다. 만 부근은 제법 평탄하며, 인가 15호가 있다. 주민은 모두 주로 어업을 영위하지만 겨우 작은 어선 3척을 가지고 조기 외줄낚시, 정어리 당망(攩網) 등에 종사할 뿐이다. 그 밖에 여자들이 김을 채취하는 경우가 있다. 조기 외줄낚시는 8~11월까지 살아있는 쏙을 미끼로 이 섬의 동쪽에 가로놓여 있는 삼도 근해에서 조업하며, 어획물은 대개 출매선에 판매한다. 정어리 당망은 횃불로 물고기를 유인하는데, 8~10월까지 행한다. 김은 이 섬의 주변 암초에 붙어 자라는데, 1~3월 사이에 채취한다.

안면면(安眠面)

이 면은 백사수도를 사이에 두고 남면의 남쪽에 가로놓여 있는 큰 섬으로, 남북 약 70리, 동서 약 15리이다. 섬 안에는 구릉이 구불구불 이어져 있고 키 작은 소나무가 드문드문 자라고 있으며, 동쪽 지역에서는 울창하여 제법 삼림과 같은 모습을 이룬다. 구릉 사이에는 밭이 많지만 하천이 부족하여 관개가 용이하지 않다. 종종 가뭄[旱魃] 피해를 입으며, 쌀은 대부분 다른 곳에서 들여온다.

연안은 굴곡과 만입이 복잡하며, 동안은 사장포만의 서쪽으로 갯벌이 멀리까지 이어져 있다. 서안은 외해에 면하는데, 만입부는 대개 간조시에 바닥이 드러난다. 그 밖에는 사빈과 바위 언덕이 뒤섞여 있으며, 남안에는 만입이 있지만 간출지이고 또한 그 전면에는 사퇴와 암초가 자리잡고 있으며, 그 사이로 오천군에 속하는 수많은 섬들이 줄지어 있어서, 항행하기 대단히 어렵다. 북쪽 연안의 백사수도의 상황에 대해서는 이미 남면에서 언급한 바 있다. 연안에 중장리(中場里) 고장리(古場里) 의점리(衣店里) 창기리(倉基里) 승언리(承彥里) 황도리(黃島里) 간월리(看月里) 등이 있는데, 어살 이외에는 어업이 모두 부진하다. 그러나 제염업은 제법 활발하다.

창기리

창기리(倉基里, 챵긔리)는 이 면의 북단에 있는데, 앞 연안은 만입 14~15정 폭 약 4~8정, 만 입구 약 2정의 간출만이다. 인가는 169호가 있으며, 경지가 가장 많고 어업에 종사하는 사람이 적다. 이곳에서는 매 1・6일에 시장이 열리지만 상인은 적고, 겨우 부근의 주민들이 모여드는 정도이다. 이 마을의 북동안에 작은 섬이 있는데 황도(黃島)라고 한다. 그 부근에서는 낙지 쏙 개불 등이 난다. 또한 이 마을의 북서단 즉 남면의 거온리와 마주하여 백사수도의 서쪽 입구를 이루는 곳을 백사장(白沙場)이라고 한다. 그 전면에는 사구(沙丘)가 돌출하여 외해의 파랑을 차단하고 또한 간조 때 수심이 여전히 1심 내외이기 때문에 선박이 기항하는 경우가 많다. 이곳에 주낙선 1~2척이 있으며, 사구의 남쪽에는 약 10정 만입되고 폭이 2정 남짓한 곳이 있는데, 그 안에 염전이 있다.

승언리

승언리(承彥里)는 이 섬 중앙에 가까운 만의 서쪽 모퉁이에 있는데, 창기리의 남쪽이다. 장문리(長門里)라고 하는데, 산간에 있는 마을로 산중턱에 경지가 많다. 마을 안에는 맑은 샘물이 솟아오르는데, 수질이 양호하여 식수로 적합하고, 또한 관개에도 이용한다. 인가는 270호가 있다. 이 만은 약 10리 정도 만입되어 있고 폭은 2~3정 내지 20정의 간출만이다. 주위의 구릉에는 소나무가 울창하여 풍광이 대단히 좋다. 만의 바닥은 이토이며 바지락 맛 낙지 등이 나며, 연안에는 염전이 많다. 전면에 간월도(看月島)가 있는데, 섬의 둘레는 대체로 갯벌이며 낙지 쏙 개불 등이 난다.

중장리

중장리(中場里, 즁장리)는 승언리의 남쪽에 있으며, 전면에 만입 약 10리 폭 약 8정인 간출만이 있다. 만은 서쪽을 바라보고 있으며, 그 양쪽은 바위 언덕이지만, 중앙으로 들어가면 사빈으로 출입하기에 제법 편리하다. 만 안이 곧 이 마을이고, 그 앞 연안에 딸린 마을이 있다. 그리고 동쪽도 또한 사장포만에 면하며, 부근 일대가 평탄하여 논이 많고, 또한 연안에는 염전이 많다. 만 입구의 전면에는 둘레 겨우 10정 정도 되는 작은 섬이 있는데 외도(外島)라고 한다. 인가가 몇 호 있는데 농업과 어업을 겸업한다. 사장포에 면한 연안에서는 2~5월까지 어살을 설치하여 조기와 숭어 등을 어획한다.

죽도

죽도(竹島, 죾도)는 사장포만 입구에서 북쪽으로 약 9해리 들어간 만 안에 있다. 「해도」에서는 칠도[七つ島]라고 하였는데, 고장리의 소속 도서이다. 수목이 울창하여 남동쪽에서 바라보면 마치 낮은 섬처럼 보인다. 인가 3호가 있으며 대나무 그릇을 만들어 생계를 유지한다.

근서면(近西面)

동쪽은 군내면에 서쪽은 원일면에 접하고 남쪽은 좁은 지협으로 안흥면과 이어지고, 남동쪽은 남해포에, 남서쪽은 안흥만에 면한다. 내지는 대체로 구릉이 오르내려서 평지가 부족하고 연안은 굴곡과 출입이 많지만 모두 갯벌로 뒤덮혀 있다. 바다에 면한 것은 방두리(防斗里) 운동(雲洞) 궁기리(宮機里) 석동(席洞) 낭금리(浪金里), 마금리(磨金里)가 있다. 낭금리는 안흥만에 면하며, 인가 17호가 있다. 어업에 종사하는 사람이 많고, 어살어장 1곳이 있다. 연안의 갯벌에서는 대합 낙지 등이 난다. 마금리도 또한 안흥만에 면하며, 인가 42호가 있다. 어업자는 적지만, 민어 도미 등을 어획하는 사람이 있다.

안흥면(安興面)

근서면의 남서쪽에 돌출한 반도 지역인데, 구릉이 이어져서 평지가 적다. 동쪽 연안은 남해포에, 북쪽 연안은 안흥만에, 남서 연안은 외해에 면한다. 소속 도서로는 신진도(新津島) 마도(馬島) 가의도(賈誼島) 옹도(甕島) 흑도(黑島) 및 기타 작은 섬이 있다.

바다에 면한 마을로는 도장(都莊) 안파(安坡) 성남(城南) 성동(城東) 정산(定山) 죽림(竹林) 중기(中基) 고장(古場) 등이 있다. 그 중요 마을 및 섬의 개황은 다음과 같다.

성남리 · 성동리

성남리(城南里, **성남리**) 성동리(城東里, **성동리**)는 일찍이 (충청) 좌도 수군 첨사영을 두었던 곳이다. 그래서 전체로는 안흥진(安興鎭)이라고 부르는데, 성남 · 성동이라고 하는 것은 성의 남쪽과 동쪽에 위치하기 때문이다. 안흥면의 서남단 즉 안흥반도의 갑단에 있으며, 뒤로는 구릉을 등지고 앞 연안은 작은 만입을 이룬다. 만은 서쪽을 바라보는데, 만구는 아주 넓지 않으며 또한 물이 얕지만, 전면에 신진도(新津島)가 가로놓여 있어서 그 사이의 수도는 자연적으로 좋은 정박지를 이룬다. 이 수도는 간조 때에도 여전히 수심 2~3심에서 4심을 유지하므로, 대부분의 배를 수용할 수 있다. 특히 그 위치가 멀리 바다 가운데로 돌출되어 있어서, 충청도 연안 항로의 요충이기 때문에 통행하는 배들의 피항지로서 중요하다. 어선 및 작은 범선이 조류를 기다리거나 바람을 기다리기 위해서 많이 들른다. 다만 이 수도는 남풍을 피할 수 없지만, 만약 만조를 타고 대안인 신진도 연안에 배를 세우면 매우 안전하고, 어선 10여 척을 수용할 수 있다. 수도에서 조류는 밀물과 썰물 모두 다소 급격하여 한참 조류가 흐를 때는 거슬러서 항해하기 곤란하지만, 배를 대는 데는 큰 지장이 없다.

배후에 있는 구릉에는 석성이 쌓여 있다. 이것이 곧 과거에 수군진의 군영이 설치되었던 유적이라고 한다. 군영이 폐지된 이후 한 차례 군치를 두었으나 얼마 있지 않아 지금의 태안읍으로 옮겨졌고, 왕년의 성대한 모습은 모두 퇴락하여 그 흔적을 찾아보기 어렵다.

호구는 성내리[111] 17호 58명, 성동리 13호 42명으로 합계 30호 100명이라고 한다. 경지는 협소하여 농산물로 1년의 생계를 유지할 수 없다. 그래서 마을 사람들은 주로 어업을 영위한다.

---

111) 제목이 성남리 · 성동리로 되어 있으므로 성내리는 성남리의 오기로 보인다. 원문대로 기록하였다.

식수는 그 양이 많지 않지만, 어선 수 척이 물을 긷는 데는 지장이 없다. 동쪽으로 군치의 소재지인 태안읍까지 40리 남짓인데 비탈길이기는 하지만 길이 험하지 않다. 대안인 신진도 사이의 수도는 약 2정인데 나룻배가 항상 왕래한다. 가까운 곳에 조선해수산조합이 출장소를 설치하였으나, 지금은 형편상 이를 어청도로 옮겼다. 무릇 처음 이곳에 출장소를 설치하려던 당시에 봄・여름철에는 이곳에, 가을・겨울철에는 어청도로 옮겨가는 이동출장소를 두자는 의견이 있었다. 이제 그 출장소를 어청도를 옮기기에 이른 것은 이 지방이 아직 안전하다고 할 수 없고, 또한 일본인 거주자가 없는 등의 사정에 의한 것이며, 반드시 이곳에 설치할 필요가 없다는 이유는 아닌 것 같다.

이곳의 위치 및 정박지의 형세는 앞에서 설명한 바와 같으며, 특히 어장과 왕래하기 편하다. 그래서 본도 연안 중 어민 이주경영지로서 적당한 장소 중 한 곳이다.

어선 7척이 있으며, 그중 3척은 일본식 주낙 어선이다. 어업은 주낙 및 외줄낚시를 행하는데, 주낙은 완전히 일본식을 사용하지만, 외줄낚시는 종래의 조선식을 사용하는 경우도 많다.

가오리 주낙은 매년 1~3월에 이르는 사이에 행하며, 어장은 어청도 부근에서 옹도(甕島)등대 서쪽 80리 및 궁시도(弓矢島) 근해에 이르는 사이라고 한다. 이 어업은 이곳의 주요 어업으로 한 어기의 어획량은 약 150~160원에 이른다고 한다.

도미 주낙은 4~5월 경이 어기이며 어장은 죽도 연도 근해이고, 어획량은 200~250원일 것이다.

상어 주낙은 주로 8~10월 사이에 이루어지는데, 어장은 남쪽 외연열도 근해로부터 서쪽 흑도 궁시도 근해에 이르는 사이이다. 그 어획량은 한 어기에 140~150원이라고 한다.

주낙 어업은 이처럼 세 종류로 나누어 기록하였으나, 그 어구는 모두 동일하며 아무런 차이점이 없다. 다만 계절에 따라서 주된 어획물을 거명하였을 뿐이다. 그러므로 어느 계절이나 이 어류들은 늘 혼획된다고 한다. 다만 미끼로는 도미에 낙지와 쏙을 사용하고, 가오리에 노래미를 사용한다. 그리고 노래미를 잡을 때는 닭고기를 쓴다. 그러나 때로는 닭고기를 바로 가오리의 미끼로 쓰는 경우도 있으며, 상어의 미끼도 가오리와 다르지 않다.

외줄낚시는 조기 갈치 농어 등을 주목적으로 하며, 근해에서 조업한다. 다만 농어의 어장으로 유명한 곳은 백사수도 및 거울도 이북의 장안퇴(長安堆) 등이다.

죽림리

죽림리(竹林里, 쥭림리)는 성남리의 북쪽, 신진도에 의해서 둘러싸인 작지만 깊게 만입한 만 즉 죽림포만(竹林浦灣) 안에 있다. 죽림포는 만입이 깊어서 바람을 피하기에 안전하지만, 간출만이므로 좁은 물길 이외에는 어선도 또한 통행하기 어렵다. 게다가 그 연안은 뻘[淤泥]에 발이 빠져서 배를 대기에 아주 불편하다. 부근에 논 75마지기 밭 60마지기가 있다.

호구는 20호 82명이며, 모두 소작농민이고 자신의 토지를 보유한 사람은 없다. 어업은 여가에 외줄낚시를 행하거나 부녀들이 조개류를 채취하는 데 불과하다.

정산리

정산리(定山里, 졍산리)는 안흥만 남측의 서쪽에 위치하며, 원일면(遠一面)에 속하는 파도리(波濤里)와 마주본다(파도리는 좁고 긴 갑각 관장수官長首에 위치한다). 연안은 작은 만입을 이루며 만조 때에는 수심 2~3심에 달한다. 부근에 논 54마지기, 밭 60마지기가 있다.

호구는 27호 100여 명이다. 농촌이지만 어업도 또한 제법 활발하다. 이곳에서는 낙지가 많이 생산되므로 매년 음력 8~9월 경에 미끼로 쓰기 위하여 찾아오는 일본어선이 적지 않다. ▲ 식수는 2곳이 있는데, 수량도 많고 수질도 또한 제법 괜찮다.

어업은 주낙 및 외줄낚시를 행하는데, 주낙 어업의 경우 어선은 물론이고 어구 등 모두가 일본식이다. 어선은 2척이 있는데, 1척의 승선 인원은 5명으로 봄철부터 5~6월까지는 금강 하구인 죽도 및 연도 근해에서 조업하고, 8~9월 경에는 나치도(羅致島) 및 어청도 근해에서 조업하는데, 주로 도미를 목적으로 한다. 미끼는 마을 앞에 낙지가 많이 나므로 이것을 사용한다. 이 어업에 종사하는 사람은 인천에 있는 어시장으로부터 주문을 받아서 그 어획물을 인천 어시장에 수송한다. 선주와 종업자 사이의 어획물 분배법은 4대 6으로, 4할을 선주가 가져가고, 6할을 종업자들이 각자 배당한다.

외줄낚시는 주로 조기를 목적으로 하는데, 이에 종사하는 어선은 3척이 있다. 어구는 종래의 조선식으로 음력 5~8월까지 가의도 근해로 가서 조업한다. 미끼는 절인 멸치를 사용하며, 멸치는 횃불을 이용하여 유인한 다음 뜰채로 건져 올린다.

멸치를 낚시바늘에 꿸 때는 머리를 아래로 하고 멸치 배의 옆을 바늘로 꿰어 꼬리끝을 바늘의 축에 결속한다.

낙지는 만 안의 이토(泥土)에서 많이 난다. 봄철 3월부터 가을철 10월까지 포획하지만 가장 많이 잡는 때는 음력 8~9월 경이라고 한다. 이 무렵에는 앞에서 말한 바와 같이 일본 도미낚시어선이 구입하기 때문이다. 이를 어선에 매도하면 한 마리에 가격이 2전 7리 정도라고 한다.

패류로는 만 안팎의 모래에서 바지락[蜊]이 많이 난다. 이 마을 부녀 이외에도 다른 지방에서 와서 채취하는 사람이 많다. 부녀 한 명이 하루에 쉽게 6~7되를 채취한다고 한다.

고장리

고장리(古場里)는 안흥만 남쪽의 동쪽에 있다. 정산리에서 만 안으로 더 들어와서 호도(狐島)라고 부르는 작은 반도를 넘으면 바로 이곳에 도달한다. 이 반도가 이 마을과 정산리를 나누는 경계라고 한다.

연안의 형세는 정산리와 큰 차이가 없으나, 물이 얕은 점에서는 물론 뒤떨어진다. ▲ 부근에 논 60마지기, 밭 40마지기가 있다. 그 매매가격은 한 마지기에 논 10원, 밭은 2원 정도이다. 부근에 개간되지 않은 구릉이 약 40~50정보가 있고, 또한 해안에 있는 갯벌 중 대조승에도 침수되지 않는 30정보 남짓한 땅이 있어서 모두 개간하여 밭으로 만들 수 있을 것이다. ▲ 식수는 3곳이 있으며, 수량도 많다.

호구는 겨우 9호 30명이 있을 뿐이며, 모두 소작농민이고 대체로 빈궁하다. ▲ 어업은 행하지 않으며, 근해의 모래땅에서 자가 소비를 위하여 부녀들이 바지락을 채취할 뿐이다. ▲ 그러나 부근에 염전 3곳이 있으며, 한 염전의 면적은 대개 10마지기이다. 모두 다른 마을 사람 소유이며, 이 마을 사람으로 염전을 빌려서 제염에 종사하는 사람이 있다. 임대료는 제염량의 1/6이며, 1개월 중 20일간 작업하면 제염량이 50석이라고 한다.

신진도

신진도(新津島)는 안흥진의 전면에 떠 있는 작은 섬으로 둘레 10리가 되지 않는다. 섬 전체가 구릉과 산악으로 이루어져 있지만 남서면에 대지성의 작은 평지가 있는데, 북동부의 사빈까지 이어져서 이곳에 밭이 약 30마지기가 있다. 또한 마을 부근 및 그 밖의 계곡에 논 14마지기가 있다.

마을은 섬의 북서안에 있으며 마도와 마주 본다. 그 전면은 만조 시에는 수심이 4심에 이르지만 평조 때에는 바닥이 완전히 드러나기 때문에 배를 대기에 불편하고 또한 바람을 피해 정박하기에도 안전하지 않다. 인가 23호가 있으며 인구는 90명 남짓이라고 한다. 모두 어업을 생업으로 하는데, 태안군에서 손꼽을 만큼 어업이 활발한 곳이다. 이곳에는 일찍이 일본어부가 거주한 적이 있는데, 지금은 떠나서 오지 않는다. 그러나 봄・여름철에는 일본인 통어선이 빈번히 찾아온다.

섬 안에 식수는 2곳이 있는데 수량이 제법 많으며, 기항하는 어선이 물을 길을 수 있다.

어부는 주로 주낙을 행하는데, 일본형 주낙 어선 8척이 있다. 그리고 그 어구도 또한 완전히 일본식이다. 마을 사람의 말에 의하면, 10년 전 일본 어선에 고용되었던 사람이 비로소 주낙을 개량한 이래도 다른 사람도 또한 그 유리한 점을 인식하고 점차 개량하게 되어 현재와 같은 상황에 이르렀다고 한다. 마을 사람들은 이미 진보적인 의지가 있으며, 따라서 그 어획량이 부근 여러 마을보다 많다. 한 척의 1년 어획량은 여러 어업을 합해서 700~800원에서 1,000원에 이른다. 그리고 8척을 합산하면, 6,500~6,600원에서 8,000원에 이르는 경우가 있다고 한다. 주낙 어업의 주된 어획물은 도미 가오리 등이지만, 각 어로에 사용하는 어구는 다르지 않다는 사실에 대해서는 이미 안흥진 부분에서 언급한 바와 같다.

마도

마도(馬島)는 신진도의 서쪽에 떠 있는 둘레 17~18정에 불과한 작은 섬이다. 마을은 신진도의 마을과 마주 보며, 인가는 5호이고 인구는 20여 명이라고 한다. 전적으로 어업을 생업을 삼고 있지만 겨우 주낙어선 1척이 있을 뿐이다. 그러나 그 어선과 어구는 모두 신진도를 본받아 일본식을 따랐다.

가의도

가의도(價誼島)는 마도의 서쪽 약 2해리, 안흥진에서 3해리 남짓한 곳에 떠 있는 섬이다. 섬은 동서가 길고 남북이 짧으며, 둘레는 약 20리 남짓이다. 섬의 최고점은 서부에 있는데 약 600피트에 달한다. 그러나 섬은 의외로 완경사지가 많으며, 밭 80마지기가 있다.

연안은 곳곳에서 깎아지른 듯한 절벽을 이루지만, 사빈도 또한 적지 않다. 다만 사빈은 대개 남쪽 연안에서 볼 수 있다. 수심은 사방이 모두 얕지 않으며, 만조 때에는 8~9심, 간조 때에는 4~5심이다.

이 섬의 동쪽 방향에 육지에서 서남쪽으로 뻗어 나온 좁고 긴 육각(陸角)이 있는데, 「해도」에서는 이를 관장수(官長首)라고 하였다. 그 남단에서 남서쪽으로 많은 암초가 뻗어 나와 있는데, 그중에서 가장 끝에 있는 것은 높이 13피트이다. 암맥은 이 간출암에서 다시 남쪽을 향하여 4케이블 뻗어 있다. 이 암맥의 남단과 이 섬의 북각 사이는 폭이 겨우 4.5케이블의 좁은 수도인데, 수심은 10심 이상이어서, 연안을 항행하는 작은 기선은 이 수도를 통과한다. ▲ 이 수도에서 조류의 속도는 섬의 동쪽에서 대조 때 4노트이고, 곳곳에서 소용돌이를 이룬다. 그리고 남서쪽에 있는 옹도의 동쪽에서는 썰물의 속도가 3.25노트이다.

마을은 섬의 중앙부 남쪽 기슭과 북쪽 기슭에 흩어져 있으며, 호구는 총 35호 100명이라고 한다. 어업을 주로 하고 승선업에 종사하는 사람도 있다. ▲ 식수는 3곳이 있는데, 수량은 충분하다. 봄・가을 무렵 근해의 성어기에 들어서면 일본 어부가 와서 임시로 정박하거나 물을 긷는 자가 많다. ▲ 또한 통항하는 상범선이 바람이나 조류를 기다리기 위하여 정박하는 경우도 적지 않다. ▲ 섬 주민은 대개 유순하지만 종래 일본어부가 상륙했을 때 미끼나 식량으로 쓰기 위하여 가금을 절취하는 등 나쁜 짓을 행하는 경우가 여러 차례 있은 뒤로 지금은 일본인이 상륙하는 것을 크게 싫어하고 꺼린다.

어선 5척이 있지만, 겨우 외줄낚시를 행할 뿐이고, 해조나 조개류를 채취하는 데 그쳐서 어업은 대단히 부진하다.

조기 외줄낚시는 어선 1척에 5~6명이 승선하여 야간에 조업에 나선다. 어기는 음력 5~8월 사이이며, 어장은 주로 섬 부근 수심 12심, 해저 바닥이 모래자갈[沙礫]인 곳이다. 조업 기간은 겨우 3시간 정도이며, 어획량은 하룻밤에 한 척이 20마리 내외라고 한다. 그리고 미끼는 굴과 홍합 등이다.

홍합은 섬 주위와 옹도 등의 부근 암초에 붙어 자란다. 7~9월 사이에 채취한다. 한 척이 한 조류 때 채취하는 양이 껍질을 포함해서 2말 정도이다. 날 것 혹은 염장해서 판매한다. 염장에 사용하는 소금은 발라낸 살 1말 당 4되의 비율이다. 약 1개월이 지난 후에 판매한다. ▲ 굴은 섬 주위에 바위 등에 붙어 자라지만 그 생산량은 많지 않다. ▲ 김은 섬 주위 및 옹도 등의 암초에 붙어 자란다. 채취시기는 음력 3~5월까지이고, 하루 한 조류 때 채취하는 양은 제품으로 50~60매 정도이다. 그 가격은 100매에 8전 정도라고 한다.

원일면(遠一面)

이 면은 북쪽에 사근포만을 남쪽에는 안흥만을 끼고 있으며, 동쪽 일부가 겨우 육지와 연속되어 있는 반도 지역인데, 다시 앞의 두 만의 만곡에 따라서 북쪽 방향과 남쪽 방향으로 두 개의 작은 반도를 이룬다. 남쪽을 향한 반도는 「해도」에서 관장수(官長首)라고 한 곳이고, 북쪽을 향한 것은 북쪽 절반이 소근면(所斤面) 소관이다. 이처럼 원일면은 북쪽 일부는 소근면에 동쪽은 원이(遠二)・근서(近西) 두 면과 접하는 것을 제외하면, 모두 해안을 가지고 있다. 그리고 그 남쪽은 안흥만을 사이에 두고 안흥면을 바라본다.

이 면의 지세는 이처럼 반도이고 삼면이 바다로 둘러싸여 있으며, 중앙에 높이 솟아 있는 봉우리가 있는데 이를 대수산(岱秀山)이라고 한다. 그리고 이 면의 골격을 구성하는 것은 모두 이 산의 지맥이다. 대체로 낮은 구릉이지만 사방의 연안은 굴곡이 복잡하고 지역이 협소하기 때문에 평지가 적으며 따라서 경지는 밭이 많다.

해안선은 비교적 길지만, 만입한 부분은 모두 갯벌이기 때문에 정박지로 적당하지 않으며, 소속 도서는 없다. 소속된 마을을 열거하면, 파도(波濤) 모항(茅項) 고좌(高佐) 법산(法山) 송현(松峴) 등대리(登岱里) 법현(法峴) 대소산(大小山) 산동(山洞) 수유(水踰) 산지(山芝) 신덕(新德) 삼동(三洞) 시목(柿木) 산곡(山谷) 석현(石峴) 와야(瓦也) 유득(柳得) 신성(新城) 예목(梲木) 중방(中房) 석문(石門) 등이 있다. 그러나 이들 마을 중에서 다소나마 해산물의 이로움을 누리는 것은 파도리 모항리 등대리 대소산리[大小里][112] 송현리 중방리 등이고 나머지는 전적으로 농업에 종사한다.

파도리

파도리(波濤里)는 안흥만의 북쪽에 위치하며 인가는 73호로 이 면에서 가장 큰 마을이다. 상범선(商帆船) 5척이 있으며, 승선업을 생업으로 하는 사람이 있다. 그러나 해산물은 겨우 미역 김 낙지 바지락을 채취할 뿐이며 바깥 바다로 조업하러 나가는 경우는 없다.

모항리

모항리(茅項里)는 파도리의 동쪽에 있으며 역시 안흥만에 면한다. 호수는 45호이며 파도리에 다음가는 큰 마을이다. 부근에 경지가 많고 농산물이 풍부하다. 그런데도 염업 또한 제법 활발하여 염전 6곳이 있다. 해산물로는 겨우 김과 바지락이 날 뿐이다.

그밖에 대소산리(大小山里) 송현리(松峴里) 중방리(中房里) 등의 해산물은 모두 식염 이외에 약간의 해조와 조개류가 나는 데 그친다. 그렇지만 이 면의 남북 양쪽의 만

112) 원문에는 대소리로 되어 있으나, 대소산리의 오기로 생각된다.

안에는 염전 개척에 적합한 땅이 많고 또한 갯벌에는 낙지와 바지락이 대단히 풍부하게 서식하고 있다. 그래서 연해의 각 마을에 대개 이를 채취하지 않는 곳이 없지만 모두 자가 소비에만 사용할 뿐이다.

소근면(所斤面)

남북 양쪽으로 돌출되어 소근포만을 구성하는 지역의 일부를 합하여 면으로 삼았다. 그 남쪽 지역은 앞에서 말한 월인면에서 오는 반도의 일부이고, 북쪽 지역은 원이면(遠二面)과 이어져 돌출된 지역이다. 이처럼 이 면의 남부 지역은 멀리 북서쪽을 향하여 뻗어 있으며, 갈두포(葛頭浦)의 서쪽을 이루는 북이면(北二面) 지역과 마주 본다. 면의 북부 지역은 그 중간에 끼어있는데, 지역이 좁고 구릉이 오르내려서 평지가 적다.

연해에 막내동(幕內洞) 의항(蟻項) 소근진(所斤鎭) 중미리(中味里) 속도(粟島) 등의 마을이 있다. 또한 소속 도서로 웅도(熊島)가 있다.

막동리

막동리(幕洞里)113)는 이 면의 남부 지역에 위치하며 동쪽으로는 산을 등지로 서쪽은 바깥 바다에 면한다. 사방의 연해가 험한 벼랑을 이루고 있지만, 마을 전면은 사빈인데 물이 얕고 또한 해저의 경사가 대단히 완만하다. ▲ 부근에 논 60마지기 밭 40마지기가 있는데, 한 마지기의 가격은 논 5원 밭 2~3원 정도라고 한다. ▲ 식수는 5곳이 있으며 수량은 풍부하다. ▲ 인가는 40호인데 모두 농가이며 어업은 여가에 행할 뿐이다. 그러나 때로는 인근 마을인 의항리에서 어선을 빌려 근해로 출어하여 조기 외줄낚시를 하는 경우가 있다.

의항리

의항리(蟻項里)는 막동리의 북쪽에 위치하는데, 남쪽으로 산을 등지고 북쪽과 서쪽은 바깥 바다에, 동쪽은 소근포만에 면한다. 그 연안 중에서 바깥 바다를 면하는 지역은

---

113) 원문에는 막내동과 막동리가 혼용되고 있으나, 현재는 태안 막동이라는 지명이 남아 있다.

경사가 급하고 암초가 무수하게 흩어져 있지만, 사근포만에 면하는 부분은 경사가 완만하고 진흙 바닥이다. 사방의 물이 얕고 또한 썰물 때 바닥이 드러나므로 배를 대기에 적합하지 않다. ▲ 부근에 논과 밭이 각각 30마지기 정도가 있다. ▲ 인가는 산간의 각지에 흩어져 있는데 모두 20호이고, 인구는 약 70~80명 정도일 것이다. ▲ 어업은 농가의 부업으로 영위하는 데 불과하지만, 어선 3척이 있으며 조기 외줄낚시를 행하는 경우가 있다. 어기에 들어서면 대봉도(大峯島) 근해로 나가서 조업한다. 1척이 하룻밤에 어획하는 양은 15~20마리에 불과하다. 미끼는 멸치를 쓰는데 멸치를 잡을 때는 횃불로 유인하여 뜰채로 건져낸다. 그 밖에 낙지와 바지락도 난다. 낙지는 만 안의 갯벌에서 하루 한 사람이 10마리를 잡는다. 바지락 채취는 부녀들이 하는 일로 한 사람이 하루에 5되를 채취한다.

이 마을에는 염전 3곳이 있지만 그 경영자는 다른 마을 사람이다. 이 마을 사람은 이를 빌려서 제염에 종사하는 경우가 있다.

소근포

소근포(所斤浦)는 오근이포(玗斤伊浦)[114]라고도 하며, 과거에 좌도수군첨절제사영을 두었던 곳이므로 소근진(所斤鎭)이라는 이름이 남아 있다. 당시의 석성이 지금도 여전히 남아 있다. 소근포만 북서각의 안쪽에 위치하며 소근포만 입구를 에워싼다. 그 전면은 만에 면하며 다소 만입되어 있지만 물이 얕아서 배를 대기에 적합하지 않다. ▲ 부근에 논 80마지기, 밭 40마지기가 있다. 그 가격은 한 마지기에 논은 5원, 밭은 1원 정도라고 한다. ▲ 호수는 27호이고 인구는 90여 명 남짓이다. ▲ 서당[書房] 한 곳이 있다. ▲ 육로로는 태안까지 30리 남짓인데 도로는 험하지 않다. 대안인 의항리로 가는 나룻배가 있다. 그러나 만조 때가 아니면 배가 지나다니기 어렵다. ▲ 전면의 갯벌에는 낙지가 풍부하다. 그래서 매년 8~9월 경이 되면 일본 어부가 와서 도미 낚시의 미끼로 쓰기 위해서 구입하는 경우가 있다. 낙지는 한 사람이 하루에 15~20마리를 잡는데, 30

---

114) 원문에는 玉+亐로 되어 있으나, 字型이 같은 한자가 없어서 玗로 대체하였다. 원문 글자도 분명하지 않다.

마리에 10전이라고 한다. 그 밖에 굴 바지락이 나는데, 이를 채취하는 일은 부녀들의 부업에 불과하다.

중미리

중미리(中味里)는 소근포의 동남쪽에 위치하며, 소근포만에 면해 있다. 이 마을 앞까지 한 줄기 물길이 있지만, 대조승에도 수심이 2~3심에 불과하다. 간조 때에는 앞바다가 모두 바닥이 드러나서 그 끝이 보이지 않는다. ▲ 부근에 논 140마지기, 밭 40마지기가 있다. 그 가격은 논 1마지기에 12원 정도라고 한다. ▲ 호구는 20호 88명 정도이다. 마을에서 논 12마지기를 가진 집이 3호, 8마지기를 가진 집이 10호이고, 나머지도 2~3마지기를 소유하고 있다. 이와 같은 상태이므로 완전한 농촌이며 마을 사람 중에 어업에 관계하는 사람은 없다.

원이면(遠二面)

북쪽은 북이면(北二面)에, 동쪽은 북일면(北一面) 동면(東面) 군내면(郡內面)에, 남쪽은 근서면(近西面) 및 원일면(遠一面), 서쪽은 소근면에 접하며, 일부분만 서해에 면한다. 연해에 대기(大基) 석우(石隅) 등의 마을이 있으나 어업과 관계가 극히 적다.

북이면(北二面)

북쪽은 바깥 바다에, 북동쪽은 갈두포만에 면하며, 남쪽은 북일면(北一面) 원이면(遠二面)에 접하는데, 이 면도 또한 반도 지형이다. 이 면의 마을을 열거하면 거로(巨老) 정포(碇浦) 수철(水鐵) 동해(東海) 신곶(薪串) 두응(斗應) 황곡(黃谷) 관갈(貫葛) 갈두리(葛頭里) 방축(防築) 항촌(項村) 산리(酸梨) 연곡(蓮谷) 상리(上里) 상동(上洞) 상계(上溪) 월덕(月德) 반계(磻溪) 정포(碇浦)[115] 등이 있다. 그중에서 거로 이하 갈두리에 이르는 마을은 바깥 바다에 방축 이하 송곡(松谷)[116]에 이르는 마을은

115) 앞에도 碇浦라는 지명이 있다.
116) 앞에 열거된 지명에는 松谷이 없다.

내만에 면하며, 나머지는 전혀 해안과 접하지 않는다. 이와 같이 바닷가 마을이 많이 있지만 모두 작은 마을이고 또한 어업과 관계를 맺고 있는 사람이 적다. 그중 주요한 마을이고 또한 수산과 관계가 있는 곳은 갈두리 방축리 항촌 정포 송곡이라고 한다. 소속 도서로는 방이도(防夷島)가 있는데, 갈두리 앞에 떠 있다.

갈두리

갈두리(葛頭里)는 민어포(民魚浦)라고도 한다. 갈두포만의 남서각에 위치하며 부근에 암초가 많으나, 어선이 피박할 수 있다. 인가는 36호가 있는데, 연안에 흩어져 있다. ▲ 이곳에 일본식 주낙 어선 3척 및 조기 외줄낚시를 사용하는 어선 3척이 있다. 일본식 주낙 어선은 지금부터 3~4년 전에 시작하였는데 5인승이다. 6~9월 말에 이르는 사이에 덕적도 근해에 출어하여 도미 상어 농어 등을 어획한다. 그리고 그 어획물은 인천으로 수송한다. ▲ 조기 외줄낚시는 근해 및 인천 동수도 장안퇴 근해로 출어한다. 어기는 6~7월 경이며, 어획물은 인천 및 부근 시장에 판매한다.

그 밖에 방축리 항촌리 연곡 송곡 정포 등의 연안에는 염전이 곳곳에 있으며 염업이 제법 활발하다. 그러나 각지 모두 연료가 부족하다.

북일면(北一面)

갈두포만의 동쪽 지역으로 그 북동쪽 일부는 가로림만에 면하고, 동쪽은 동면(東面) 및 원이면(遠二面)과 연결된다. 그리고 이 면의 북쪽에 있는 반도는 이원면(梨園面)이다. 이 면의 마을을 열거하면, 사증(思曾) 옹점(瓮店) 마산(馬山) 하리(下狸) 중리(中狸) 장작(莊作) 굴묘(堀杳) 외포(外浦) 내포(內浦) 추창(秋倉) 태포(苔浦) 청산(青山) 등이 있다. 그리고 소속 도서로는 고파도(古波島)와 죽도(竹島)가 있는데, 고파도의 절반은 서산군 문현면의 관할지이다. 이들 마을은 대체로 해안에 흩어져 있지만 그 해면은 모두 간출만이기 때문에 해산물은 겨우 조개류가 나는데 그치며, 수산물의 이로움을 그다지 크지 않다. 그러나 곳곳에 염전이 있는 것을 볼 수 있다. ▲ 고파도는 충청도 연안에서 손꼽을 만한 정박지이며 인천에서 기선이 때때로 와서 기항한다. 그러나 배를 대는 곳이 동쪽 연안 즉 서산군에 속하는 부분이고, 서안 즉 이 면에 속하는 부분에서는 수심이 얕다. 이 섬에 관한 상황은 이미 서산군에서 언급하였으므로 여기에서 다시 기록하지 않는다.

이원면(梨園面)

가로림만의 서쪽을 이루는 반도로서 남쪽의 일부가 북일면에 접할 뿐이고 나머지는 모두 바다로 둘러싸여 있다.

이 면의 마을로는 분지(分地) 당하(堂下) 청산(青山) 궁동(宮洞) 내동(內洞) 만대(萬岱) 마방(馬坊) 치곡(治谷) 등이 있으며 이들 마을은 모두 바다에 면해 있다.

청산리

청산리(青山里, 쳥산리)는 서쪽은 바깥 바다에 면하고 동・북・남 삼면은 작은 구릉으로 둘러싸여 있다. 연안은 경사가 완만한 이토이며 만의 중앙은 간조 때에도 수심이 2심에 이른다. 호구는 50호 200명 정도이고 서당이 있다. ▲ 식수는 3곳이 있으며 수량이 많다. ▲ 부근에 어살 2곳, 염전 2곳이 있으며, 어살의 어기는 봄철은 4~6월까지, 가을철은 9~10월까지이다. 봄철에는 주로 뱅어를 목적으로 하고 가을철에는 갈치 가오리 새우 농어 민어 오징어 양태 숭어 게 망둥어 등을 어획한다. 뱅어의 성어기인 봄철에는 하루 어획량이 4말에 이른다. 가격은 한 되에 5~7전이다. 보통 생선인 채로 판매하지만 때로 그냥 말리는 경우도 있다. 그 방법을 보면 멍석 위에 사방 8촌의 나무틀을 놓고 그 안에 뱅어를 넣은 다음 틀을 치우고 햇볕에 말린다.

관동

관동(官洞)은 청산리의 북쪽에 있으며 국사봉(國師峯)의 북서쪽 기슭에 위치한다. 서쪽은 바다에 면하는데, 연안은 대개 사빈이지만 또한 이토인 곳도 있다. 물이 얕아서 만조 때에도 겨우 2심에 이를 뿐이다. ▲ 인가는 50여 호가 있고 서당이 있다. ▲ 식수는 6곳이 있는데, 수량이 많다. 연해의 모래밭에서 대합과 바지락이 난다. 부녀가 이를 채취하여 자가 소비에 충당하는 것 이외에는 다른 어업을 행하는 사람은 없다.

외동리

외동리(外洞里)는 관동의 북쪽에 있으며 서쪽은 바다에 면한다. 연안의 형세는 관동과 큰 차이가 없지만 다소 만입이 있어서 어선이 정박할 수 있다. ▲ 호수는 50여 호, 인구는 180여 명이고 서당이 있다. ▲ 어업은 어살 이외에 부녀가 바지락과 굴을 채취하여 자가 소비에 충당한다. 어살 1곳이 있는데, 어획물은 청산리에 언급한 바와 큰 차이가 없다. ▲ 염전 4곳이 있다.

산후리

산후리(山後里)는 남・북・서 삼면은 산을 등지고 동쪽은 내만에 면한다. ▲ 식수는 4곳이 있으며 수량이 많다. ▲ 어살 2곳이 있는데, 4~5월, 7~9월에 이르는 사이에 건설하여 뱅어 갈치 조기 농어 새우 숭어 등을 어획한다.

그 밖에 만대 마방리 치곡 등의 상황도 모두 비슷하며, 해산물을 조개류가 조금 있을 뿐이다.

동면(東面)

가로림만 안의 서측 일부 지역으로, 북쪽은 북일면에, 남쪽은 군내면과 동이면에, 서쪽은 원이면에 접한다. 바다에 면해 있는 것은 동쪽 일대라고 한다.

이 면의 연안에는 바다로 흘러 들어가는 작은 하천이 있는데, 이 하천은 군치인 태안읍의 동쪽을 지나 이 면의 중앙을 관통하여 흘러내려 오는 것이다. 평소에는 물의 흐름이 아주 적지만, 하류에서는 멀리까지 조석의 영향을 받으므로, 이를 이용하면 작은 배로 십수 정 사이를 다닐 수 있다. 이 강은 관개에 이로울 뿐만 아니라 실로 군읍 부근 일대에서 출입구 역할을 한다. 이 강에 연한 마을로는 상창(上倉) 창평(倉坪) 해창(海倉) 탄동(炭洞) 등이 있다. 그 밖에 바닷가에 양장(恙場) 오곡(烏谷) 도내(島內) 북창(北倉) 하창(下倉)이 있는데, 그중 북창 하창 해창 상창 등에는 상선이 출입한다. 해산물은 연해가 갯벌이므로 조개류가 날 뿐이다. 그 밖에 해산물의 이로움을 누리는 것은 전혀 없다.

동이면(東二面)

가로림만 안에서 가장 깊은 곳이며, 그 남측은 또한 사장포만 내부의 또 하나의 지만(支灣)인 적돌강(積乭江)이 가장 깊이 들어간 곳이다. 이 면은 태안군 즉 태안반도와 육지를 연결하는 지점이다. 서쪽은 동이면 및 군내면이고, 동쪽은 서산군이다. 연해의 마을로는 북쪽인 가로림만에 면한 것으로 항동(項洞) 고굴(古堀) 등이고 적돌강에 면한 것으로 평상리(平上里) 평재(平材)가 있으나, 면의 위치가 앞에서 말한 바와 같으므로 어업과 관련된 마을은 없다.

第15절 당진군(唐津郡)

개관

연혁

당진군(唐津郡)은 원래 백제의 지벌지현(只伐只縣)이었는데, 신라가 지금의 이름으로 고쳐 혜성군(槥城郡, 지금의 면천군이다)의 영현으로 삼았다. 고려 현종 9년에 운주(運州)에 소속시켰고, 후에 감무(監務)를 두었다. 조선 태종 13년에 현감을 두었으며, 후에 군으로 삼아 지금에 이른다.

경역

서쪽은 해미군에, 동쪽과 남쪽은 면천군과 접하고, 북쪽은 아산만으로 돌출되어 반도를 이룬다. 소속 도서로는 대난지도(大蘭芝島) 소난지도(小蘭芝島) 우안(牛安) 초락(草落) 등이 있다.

지세

군의 서남부에서는 구릉이 다소 오르내리지만, 전체적으로 대개 평탄하다. 중앙을 북쪽으로 흘러 아산만으로 들어가는 작은 물길이 있는데, 독고천(毒古川)이라고 한다. 그 연안에는 남북 30리에 이르는 띠모양의 평지가 있는데, 이것이 이른바 독고천 평지이다. 경지가 잘 개척되어 있으며, 그 면적은 대략 1,500정보에 달할 것이다. 독고천은 관개수로 끌어다 쓸 수 있기 때문에 논이 많고 밭이 적다. 이처럼 이 군의 지세는 대체로 남쪽이 융기되어 있고, 북쪽으로 가면 낮아진다.

연안

연안은 굴곡이 많지만 모두 물이 얕고 갯벌이 넓게 펼쳐져 있기 때문에 배를 대기에 적당한 곳이 없다. 동쪽의 만입부에 있는 물길은 만조 때 독고천까지 도달할 수 있으며, 서쪽의 만입부는 전면의 곳곳에 작은 섬이 흩어져 있는데, 앞에서 말한 소속 도서들이다. 연안 도처에 염전이 있으며, 그 밖에도 개척할 만한 적당한 곳이 적지 않다.

당진읍

군읍인 당진읍은 군의 동남쪽 끝에 치우쳐 있으며, 독고천의 한 지류에 면해 있다. 예로부터 치소가 있었던 곳이므로 인구가 제법 조밀하여 이 지방에서 번성한 곳 중 하나이다. 군아 이외에 경찰서 및 우편소가 있으며, 일본 상인도 거주하고 있다. 이곳에서 해미까지 50리, 면천읍까지 20리, 서산읍까지 50리, 홍주까지 80리인데 모두 우편선로이다.

교통

군 안에 산이 적기 때문에 도로는 대체로 평탄하며, 독고천은 군 안의 각종 물품의 집산지이므로 물산은 대부분 이곳으로부터 반출된다.

우편물은 면천읍 및 해미와 월 15회 서로 체송한다. 경성에서 군읍까지 4~5일이 소요된다.

본군에는 당진읍 이외에 천리(天里) 산전리(山前里)에 순사주재소가 있는데, 당진 경찰서가 관할한다.

장시

장시는 당진읍 및 삼거리(三巨里)에 있으며, 읍성은 음력 매 5・10일, ▲ 삼거리는 매 2・7일이다. 집산 물품은 옥양목 목면 어류 도기 소 등이 주를 이룬다. 그중에서 당진이 활발하며 1년 집산액은 대략 70,000원에 이른다고 한다.

본군은 원래 농산지이며, 연해 지역은 갯벌이 넓게 펼쳐져 있어서 어업은 단지 지형을 이용하여 어살을 설치하는 데 그칠 뿐, 발달하기에 이르지 못했다. 그러나 염전 개척에 적합한 땅이 많으며, 염업은 제법 활발하다.

물산

물산은 농산물이 중심이다. 그 종류는 쌀 보리 콩 및 기타 잡곡과 대마 연초 등이고, 소 말 양 돼지의 생산도 또한 적지 않다. 해산물로는 숭어 조기 농어 정어리 가자미 대합 바지락 게 새우 등이 있다. 또한 식염의 생산이 많은데, 1년 생산량은 대개 750,000근에 이를 것이다.

상대면(上大面)

북쪽은 고산면(高山面)에, 동쪽은 하대면(下大面) 및 군내면(郡內面)에, 서쪽은 남쪽 일부는 해미군과 만나고 나머지는 당진포만(唐津浦灣, 「해도」에서는 디셉션만[117] 이라고 기록하였다)에 면해 있다. 그 연해에는 상삼포(上三浦) 및 하삼포(下三浦)라는 마을이 있지만, 앞쪽 연안이 모두 갯벌이어서 배를 댈 곳이 없다. 이 면 남부에는 산악이 자리 잡고 있어서 평지가 적으며, 이 군 중의 산지에 해당한다.

---

117) 원문에는 デセプション灣이라고 하였다.

고산면(高山面)

북동쪽은 외맹면(外孟面)과 접하고, 남쪽은 하대면과 상대면과 만나며, 남동쪽 일부가 겨우 군의 동쪽인 만 안으로 흘러들어 가는 독고천 하구 부근과 면하며, 서쪽 일대는 당진포만에 면한다. ▲ 이 면의 연해 마을은 당진포만에 면하는 구로지리(九老之里) 고산동(高山洞) 사동(泗洞) 당진포(唐津浦)가 있으며, 동쪽의 만(아산만)에 면하는 곳으로 장항리(長項里)가 있다.

구로지리

구로지리(九老之里)는 이 면의 서쪽 연안 남부에 위치하며 인가 30호가 있다. 당진포(唐津浦)는 이 면의 서쪽 연안 북부를 이루는 작은 반도에 위치하며 인가 21호가 있다. 이곳은 과거에 수군만호 당진포영이 설치되었던 곳이다. 당시의 석성이 지금도 존재하고 있지만 모두 황폐해졌고, 단지 적막한 한촌에 불과하게 되었다. 그러나 그 앞 연안은 제법 만곡되어 작은 배를 수용할 수 있어서, 조선배[韓船]가 때때로 와서 머문다. ▲ 구로지리 및 당진포에는 각각 어살 1곳이 있는데, 봄철에는 새우 및 뱅어를 주로 잡고, 가을철에는 갈치와 농어 숭어 등을 어획한다.

장항리

장항리(長項里, **장항리**)는 독고천이 아산만으로 흘러들어가는 하구부 부근에 있으며, 이 면 동쪽 연안의 유일한 마을이다. 호수는 50호이고 인구는 160여 명이다. 부근이 평지이므로 농산물이 많으며, 어살어장도 4곳이 있는데, 어획물은 대개 앞의 마을과 같다.

내맹면(內孟面)

이 군의 최북단에 위치하며 삼면이 바다로 둘러싸여 있고, 남동쪽 일부가 겨우 외맹면(外孟面)과 접한다. 바다에 면한 마을로는 상삼봉(上三峰) 하삼봉(下三峰) 고대(高岱) 상원덕(上元德) 교로(橋路) 하원덕(下元德) 소마도(小馬島) 장길도(長吉島) 대마도(大馬島) 한천도(寒泉島) 등이 있다. 또한 소속 도서로 대난지도(大蘭芝島) 소난지도(小蘭芝島) 우안도(牛安島) 초락도(草落島) 등이 있다. 이 면은 멀리 바깥 바다로 돌출되어 지역이 좁고 농산물이 적기 때문에 어업이 제법 발달하였다.

상원덕

상원덕(上元德)은 북서 연안에 위치하며 인천 동수도에 면한다. 그 앞 연안은 다소 만입을 이루지만 배를 대기에 불편하다. ▲ 어업은 수조망 외줄낚시 어살 등을 사용하여, 뱅어 새우 숭어 농어 정어리 갈치 조기 낙지 등을 어획한다.

교로리

교로리(橋路里, **고로리**)는 상원덕의 북쪽에 있으며 마찬가지로 인천 동수도에 면한다. 호수는 약 50여 호로 이 면 중에서 주요 마을이다. ▲ 어업은 설망(設網) 수조망 외줄낚시를 사용하는데, 어획물은 상원덕과 같다.

초락도

초락도(草落島, **죠락도**)는 상원덕의 남서쪽 고대리(高岱里)의 전면에 떠 있는 작은 섬이다. 그 남서쪽은 고산면에 속하는 당진포의 돌각과 마주한다. 섬의 정상은 높지 않지만 둘레 10리가 되지 않는 작은 섬이므로 평지가 적다. 그러나 섬 안에 인가 40여 호, 인구 140여 명이 있다. 섬 연안은 사빈이지만 해저는 이토이다. 만조 때에는 수심이 3심에 달하지만 간조 때에는 멀리까지 바닥이 드러나서, 대안인 고대리까지 십수 정 사이를 도보로 건널 수 있다. ▲ 어업은 앞의 마을과 큰 차이가 없고, 이 섬에는 제염업에 종사하는 사람이 있다.

대난지도・소난지도

대난지도(大蘭芝島, **듸랑지도**)・소난지도(小蘭芝島, **소랑지도**)는 교로리의 서쪽 30리 쯤 되는 앞바다 즉 서산군에 속하는 입파도(立波島) 안쪽에 떠 있는 작은 섬으로 우안도 및 그 밖의 1~2개의 작은 섬과 무리를 이루고 있다. 인가가 있는 곳은 이 두 섬뿐이다.

대난지도의 연안은 깎아지른 듯한 절벽 사이로 사빈 또는 간석만이 있으며, 북쪽과 서쪽에 제법 큰 만입이 있다. 북쪽의 만은 간조 때에도 상당한 수심을 유지하지만, 만 안팎에 암초가 흩어져 있어서 배를 붙일 수 없다. 이에 반해서 서쪽 만은 뻘바닥이고 장애물이 없다. 다만 이 만은 폭 100칸, 깊이 500칸 정도인데, 간조 때에는 완전히 바다 바닥이 드러나는 결점이 있다. 그러나 그 중앙에 한 줄기의 물길이 통하여 만 입구에서 70~80칸 정도를 작은 배로 통행할 수 있으므로, 이곳을 이 섬의 정박지로 삼는다.

소난지도의 주변은 사빈 또는 진흙[泥土]이며 암초가 적고, 남쪽 전면에는 우안도와 작은 섬이 떠서 감싸고 있어서 자연적인 정박지를 이룬다. 이곳은 바람을 피해 정박하기 안전하며, 수심은 만조 때에는 12~13심에 달하고, 간조 때도 여전히 2~3심을 유지하므로, 대부분의 배가 상시로 정박할 수 있어서, 충청도 연안에서 손꼽을 만한 좋은 정박지이다.

두 섬 모두 평지가 적은데, 경지는 대난지도에 약 60마지기, 소난지도에 20마지기 정도가 있다. 모두 섬 주민의 소유이며 가격은 1마지기의 가격은 20원 정도라고 한다. 대난지도에는 논이 약간 있다.

식수는 대난지도에 1곳, 소난지도에 4곳이 있다. 대난지도에 있는 것은 수량이 많지만 소난지도에서는 때때로 부족함을 느끼는 경우가 있다. 이 경우에는 섬 사람들이 대난지도로 가서 길어 온다. 그래서 식수가 필요할 경우에는 대난지도에 가서 정박해야 한다.

호구는 두 섬 모두 큰 차이가 없으며, 각각 50호, 170~180명으로, 합계 100호 340~350명 정도이다. ▲ 두 섬 모두 토지가 좁고 경지는 앞에서 언급한 대로, 섬 주민이 먹고 살기에 부족하다. 그래서 자연히 타지로 일하러 가거나 어업을 하기에 이르렀다. 특히 소난지도에서는 상업용 범선 9척을 보유하고 운송업을 하며 1년 내내 각지를 왕래하는 사람이 있다. 그 대부분은 당진군 또는 해미군 서산군 각지와 인천을 왕래하며, 화물은 장작과 숯 또는 곡물류이다. 대난지도의 경우는 토지가 제법 넓기 때문에 자연이 농업에 힘쓰고, 섬 주민이 직접 선박을 소유하고 운송업을 하는 사람은 없다.

그러나 소난지도 주민에게 뱃사람으로 고용되는 경우는 있다.

섬 주민의 생활 상태가 이상과 같은데, 이를 육지 연안 마을과 비교하면, 민도가 다소 높고 특히 소난지도에서는 운송업이 활발하여 생계도 이와 더불어 개선되어 대체로 여유가 있는 것 같다. ▲ 소난지도에는 서당[書房, 私塾]이 있다. 구식으로 초보 수준의 한문을 가르치는 데 불과하지만, 불모지와 다름없는 작은 섬에 이러한 교육시설이 갖추어져 있는 것은 보기 드문 일이다. 무릇 섬주민들이 각지를 왕래하면서 정보를 획득한 결과물이다.

어업은 두 섬 모두 수조망과 외줄낚시 등을 할 뿐이며, 멀리 외양으로 출어하는 일은 없다. 어선은 두 섬이 2척씩 보유하여 모두 4척이 있다. 조기 외줄낚시는 음력 5월을 어획기로 삼아, 서산군의 황금산 앞바다의 만조 시에 15길 정도의 장소에 출어한다. 1척에 5명이 승선하며 어획은 한 물때[一潮時]에 10~15마리 정도이다. 그리고 미끼는 정어리를 사용한다. 수조망은 근해에서 사용하며, 어살은 서산군 북면 평신리(坪薪里) 지방의 앞바다 갯벌[干潟]에 설치하며, 조기 갈치 숭어 농어 뱅어 새우 및 기타 잡어를 어획한다.

하원덕(下元德), 소마도(小馬島), 장고항(長古項), 대마도(大馬島) 등은 북동안에 위치한 마을이다. 연안의 형세는 모두 대동소이하며 배를 대기가 불편하다. 어업도 또한 비슷하고, 어살 및 외줄낚시를 하는 데 그쳐서 특히 설명할 만한 가치가 없다.

외맹면(外孟面)

북쪽의 일부는 내맹면에, 서남쪽은 고산면에 접한다. 북동 일대가 바다에 연하여, 가까운 경기에 속한 남양군과 서로 마주한다. 연해에 웅포(熊浦), 통정(通丁), 덕거리(德巨里), 유치(油峙), 송동(松洞), 찬동(讚洞), 외창(外倉), 삼곶(三串) 등의 마을이 있다. 이 마을 중 웅포는 가장 북쪽에 위치하며, 작은 요입을 사이에 두고 내맹면에 속한 소마도, 장고항 등의 마을과 서로 마주한다. 송동은 북동의 돌출부[斗出部]에, 나머지는 각각 작은 만 안에 있다. 어느 곳이나 앞 연안은 모두 갯벌[干潟地]이어서 배를 대기가 불편하다. 호구는 송동 15호 50여 명, 찬동 43호 140명 정도, 유치 27호

90여 명, 삼곶리 41호 140여 명, 외창리 32호 120여 명, 통정 37호 130여 명이라고 한다.

모두 농촌이지만 각각 염전 1~2개소가 있어서 제법 활발하게 제염을 행한다. 그리고 어업은 겨우 어살 및 외줄낚시에 불과하다. 어살은 모두 면 앞의 연안을 통틀어서 8개소가 있다고 한다.

하대면(下大面)

북쪽은 고산면에, 남쪽은 군내면에, 서쪽은 상대면에 접한다. 동쪽이 겨우 바다에 맞닿아 있다. 즉 연해는 독고천(毒古川)이 개구(開口)하는 곳이며, 동남쪽은 간석만을 사이에 두고 면천군과 서로 마주한다. 북쪽은 본군의 고산면 및 외맹면과 서로 바라보며, 연안은 모두 진흙[泥土]이다. 만조 시에는 수심이 3~4길에 달한다고 하지만, 간조 시에는 중앙에 폭 20~30길 정도의 물줄기[澪]를 제외하면, 바닥이 모두 드러나서 거의 그 끝을 볼 수 없게 된다.

이 물줄기는 독고천의 하구로 연결되며 심하게 구불구불하지만, 조석(潮汐)을 이용하면 작은 배는 당진읍 부근까지 도달할 수 있다. 연해에 흩어져 있는 마을로는 사암리(舍庵里), 선동(仙洞), 주동(珠洞), 하룡(下龍), 상룡(上龍) 등이 있다. 호구는 사암 34호 115명 남짓, 선동 53호 180여 명, 주동 30호 100여 명, 하룡 16호 50여 명, 상룡 20호 70명 정도라고 한다, 본면은 군내의 주요 농산지이므로, 고기잡이를 영위하는 사람은 거의 없다. 그러나 염업은 곳곳에서 이루어지고 있으며, 주민의 생계는 일반적으로 여유가 있는 것 같다.

제16절 면천군(沔川郡)

개관

연혁

면천군(沔川郡)은 원래 백제의 혜군(槥郡)이었는데, 신라 경덕왕이 이를 혜성군(槥城郡)으로 고쳤다. 고려 현종이 이를 운주(運州)에 소속시켰고 후에 감무(監務)를 두었다. 조선 태종 13년에 지금의 이름으로 고쳐 군으로 삼았다.

경역

서쪽은 당진군에, 남쪽은 덕산군에 접하고, 북쪽과 동쪽 두 방향은 아산만에 면한다. 구릉이 이어져 있으나 지세는 대체로 평탄하다. 연안은 굴곡이 많지만 대개 갯벌이어서 출입하기 불편하다. 갑각에는 암초가 솟아 있어서 배를 댈 수 없다.

면천읍

면천읍은 군의 남서쪽 모서리에 치우쳐 있으며 당진까지 20리, 해미까지 40리, 덕산까지 30리, 홍주까지 60리이다. 군아 이외에 구재판소 재무서 순사주재소 우편전신취급소 등이 있다. 이곳에서 음력 매 2・7일에 시장이 열린다. 집산 물품은 잡곡 포백 어류 식염 도자기 소 국수 등이며, 시황은 대단히 성대하다. 그밖에 이서면(二西面) 남원(南院), 범천면(泛川面) 사근(沙斤), 승선면(升善面) 기지(機池) 등에서 시장이 열린다.

교통

육로는 군읍에서 북서쪽은 당진읍, 남쪽은 덕산읍, 동쪽은 부리포(富利浦)로 통하는 도로가 있다. 부리포와 한진(漢津)・둔곶리(頓串里)에는 인천 사이를 왕복하는 기선이 기항한다. 배는 4척인데, 두 척은 음력 매 1・6일 및 매 4・9일, 다른 두 척은 부정기선편이다. 우편은 서산에서 매월 20회, 당진으로 15회 체송된다. 경성에서는 3일 만에 도착한다.

물산

물산 중 육산물은 주로 미곡 마포 참깨 기름 면(綿) 소 돼지이고, 수산물은 주로 조기 숭어 준치 뱅어 새우 식염이다. 그 밖에 가오리 민어 농어 웅어[鱭] 양태[鯒] 게 맛 바지락 굴 등이 있다.

구획

본군은 22면으로 나뉘는데, 그중에 바다에 면한 것은 송산면(松山面) 개선면(介仙面) 감천면(甘川面) 창택면(倉宅面) 중흥면(中興面) 신북면(新北面) 초천면(草川面) 현내면(縣內面) 이서면(二西面) 범천면(泛川面) 비방면(菲芳面) 11면이다. 송산면에는 오도(鰲島), 신북면에는 행담도(行潭島)와 내도(內島), 현내면에는 매도(梅島)와 엄도(掩島)가 있다.

둔곶리

둔곶리(屯串里, 둔곶리)는 이 군의 동쪽 끝인 금마천(金馬川)의 하구에 있으며 비방면(菲芳面)에 속한다. 아산만의 가장 깊은 곳에 위치하며 동쪽으로는 강을 사이에 두고 아산군 포룡리(浦龍里)와 마주 본다. 연안은 이토이며, 만조 시에는 수심이 3심에 이르지만, 퇴조 시에는 완전히 바닥이 드러나고 중앙에 폭 3길 정도, 수심 1척 남짓한 물길이 남을 뿐이다. 연안 기슭은 배를 정박하기에 불편하지만 북쪽 앞바다는 제법 괜찮은 정박지로 인천 사이를 왕복하는 기선이 정박하는 곳이다. 인가 45호가 있으며, 부근에 400마지기 정도의 논이 있으며, 주민은 대개 소작에 종사한다. 2~11월까지 부리포(富利浦) 부근에 이르러 궁선(弓船)으로 모쟁이[118] 웅어 뱅어 등을 어획한다. 궁선으로 조업할 때는 밀물 때를 이용한다. 이 군의 각지에 기항하고 인천 사이를 왕복하는 기선

---

118) 숭어 새끼를 말한다.

은 이곳을 종점으로 한다.

부리포

부리포(富利浦)는 돈곶리의 북쪽에 있으며 이서면(二西面)에 속한다. 곡교천(曲橋川)과 금마천(金馬川)이 만나서 아산만 안으로 흘러들어 가는 곳에 위치하는데, 앞 쪽 연안의 만입이 약 400~500칸, 만조 때는 수심이 5~6심, 퇴조 때도 여전히 1심으로 배를 대기 편리하다. 그리고 부근 평야에서 생산되는 미곡의 반출구이기 때문에 인천 사이에 기선이 왕복한다. 인가는 43호가 있으며, 어업이 활발하지 않지만 궁선을 이용하여 모쟁이 새우 등을 어획하며, 연안에 염전이 있다.

한진리

한진리(漢津里)는 부리포의 북쪽에 있으며 신북면(新北面)에 속한다. 연안은 만입을 이루며 만조 때는 수심 5심, 퇴조 때도 여전히 2심을 유지하고 또한 풍랑을 피할 수 있다. 인천과 이 군의 각지 사이를 왕래하는 기선의 기항지이다. 인가 17호가 있으며 땅이 좁아서 약간의 밭이 있을 뿐이다. 주민은 대개 어업에 종사하며 궁선 및 준치 유망이 대단히 활발하다. 궁선은 멀리 황해도 아리도(牙里島) 부근까지 가서 백하(白蝦)를 어획한다. 백하는 어획한 직후에 바로 1말 당 식염 4되의 비율로 염장한다. 준치 유망은 5~6월까지가 어기이며, 소조 때 연안에서 약 10리 떨어진 곳에 이르러 조업한다. 준치의 성어기에는 인천・경성에 중매 빙장선이 와서 어획물을 매수해서 만선이 되면 귀항한다.

성구리

성구리(城九里, **셩구리**)는 한진리의 서쪽에 있으며 창택면(倉宅面)에 속한다. 북동쪽으로 돌출된 반도의 끝에 위치하며 뒤로는 구릉을 등지고 삼면은 모두 바다에 면한다. 남쪽 연안은 만입을 이루고 퇴조 때에는 바닥이 드러나지만, 만조 때는 수심 3심을 유지하며, 또한 풍랑을 피하기에 적합하다. 인가 24호가 있으며, 어업에 종사하는 사람이 많다. 궁선 및 준치 유망을 주로 하고 그 밖에 부녀들이 굴 낙지를 채취하는 경우가 있다.

내도리

내도리(內島里, 닉도리)는 신북면의 북서단에 가로놓여 있는 큰 섬인데 동서로 길고 남북은 좁다. 섬 전체가 구릉으로 이루어져 있고 연안의 출입이 많다. 연안은 동쪽과 북쪽의 갑각에는 암초가 많고, 나머지는 대개 이토이다. 만조 때에는 북안은 수심이 5심, 남안은 3심이지만, 간조 때에는 모두 갯벌이다. 남쪽 연안은 그 대안으로 걸어서 갈 수 있으며, 마을은 남북 양안에 있다. 50호가 있으며 부근에 밭 140마지기가 있다. 주민은 모두 어업에 종사하며 여자들은 조개를 채취한다. 궁선 및 준치 유망을 주로 사용한다. 준치 유망은 이 섬 부근에서 사용하고, 궁선은 주로 6월에 황해도 아리도 연평도 등에 가서 새우를 어획한다.

제17절 아산군(牙山郡)

개관

연혁

아산군(牙山郡)은 원래 백제의 아술현(牙述縣)이었는데, 신라가 음봉(陰峯)으로 고쳐 온정군(溫井郡, 지금의 온양군溫陽郡)의 영현으로 삼았다. 고려에 이르러 인주(仁州)라고 하였고, 후에 다시 아주(牙州)라고 하고 천안부에 소속시켰다. 조선 태종 13년에 지금의 이름으로 고쳐 현감을 두었고, 후에 군으로 삼아 지금에 이른다.

경역

북동쪽은 평택군에, 동쪽은 직산군에, 동남쪽은 천안군 및 온양군에, 남쪽은 신창군에, 남서쪽은 예산군에 접하고 서북쪽은 아산만에 면한다. 이 만 안은 갈라져서 하나는 북동쪽으로 다른 하나는 남쪽으로 깊이 들어간다. 그중 동북쪽으로 깊이 들어간 것은 이른바 광덕강(廣德江)이고 남쪽으로 깊이 들어간 것은 금마천(金馬川) 예산천(禮山川) 곡교천(曲橋川) 등 여러 강의 공동 하구이다. 그리고 북동만 즉 광덕강의 대안은 경기도에 속하는 수원군이며, 남만의 대안은 충청도에 속하는 면천군의 관할지이다.

지세

군의 동부에는 산악과 구릉이 이어져 있으나, 대개 낮은 구릉이고 험준하지 않다. 그리고 곡교천 유역 일대 및 서북부 일대는 확 트여서 충청도 굴지의 평지이다. 이처럼 그 지세는 동남쪽이 높고 서북쪽이 낮다.

산악

산악 중 이름이 있는 것은 고용산(高湧山, 고용산高聳山이라고 쓴다) 연암산(燕巖山) 왕주산(王住山) 미륵산(彌勒山) 영인산(靈仁山) 등이다. 고용산은 군의 북쪽에 위치하는데 가장 높고 아주 가팔라서 기묘한 경치를 많이 볼 수 있다. 산에 올라서 전면의 바다를 바라보면 시야가 확 트이고 상쾌하기가 말할 나위가 없다. 더욱이 봄・여름철에 이르면 어선과 상선이 안개 사이를 왕래하는 것이 마치 그림을 보는 것 같아서, 이 군에서 경치가 제일 좋은 곳으로 일컬어진다. 산 위에는 오래된 절이 있는데 백련암(白蓮庵)이라고 한다. 왕주산은 옛날에 백제왕의 수레가 이 봉우리에 머물러서 붙은 이름이라고 전한다. 미륵산에는 오래된 성이 있고, 영인산은 읍성의 남쪽에 있는데, 신성산(薪城山)이라고도 한다. 해구(海口)와 읍치를 에워싸고 있으므로 이 산을 아산군의 진산으로 삼고 있다. 산 위에는 오래된 성이 있는데 삼한시대에 쌓은 것으로 민간에서는 평택성(平澤城)이라고 한다. 또한 사찰이 있는데, 신심사(神心寺)라고 한다.

하천

하천은 북동쪽의 평택군에서 와서 안성천 및 남쪽의 예산군 경계를 흐르는 예산천

이외에, 신창군과 경계를 이루고 이 군의 남부를 관통하는 곡교천이 있다. 또한 영인산 연봉에서 발원하여 군읍의 남쪽을 흘러 백석포로 흘러들어가는 작은 물길이 있다. 이 강들은 모두 다소나마 관개와 조운에 이로움을 주고 있다.

경지

군의 지세는 앞에서 본 바와 같이 평지가 많으므로 경지는 모두 3,837결 남짓이고 논은 무려 $\frac{2}{3}$ 이상에 이른다. 특히 서북부 일대의 평지는 이른바 아산평지라는 곳으로 매우 넓은[萬頃] 비옥한 경지가 펼쳐져 있다. 전체 면적은 대략 2,500정보에 이른다고 한다. 이 평지는 이미 충청도의 개관에서 언급한 것처럼, 도 전체에서 손꼽을 만한 평야이다. 그리고 그 절반 이상이 이른바 하성(河成) 내지 해성(海成) 퇴적지이므로 토질이 양호하지만, 대체로 관개용수가 부족하고 또한 해안 지역은 염분을 머금고 있어서 작물의 생육을 방해하는 결점이 있다.

연안

연안의 지세는 육지의 생성 원인에 따라서 대단히 평탄하다. 그러나 북동쪽에는 안성천 및 작은 물길이 있고, 남쪽에는 금마천 예산천(공동 하구를 이룬다) 및 곡교천 등이 흘러들어가서, 그 물길이 제법 깊다. 그러므로 만조 때에는 어느 곳이든 장소를 가리지 않고 배를 대기에 용이하지만, 간조 때에는 정박할 만한 적당한 곳이 적으며, 갯벌에 발이 빠져서 상륙하기가 대단히 곤란하다.

읍치

군읍 아산은 군의 거의 중앙에 위치한다. 동쪽에서 남쪽에 이르는 사이는 구릉으로 둘러싸여 있지만, 서쪽에서 북쪽에 이르는 일대는 모두 평지로 끝이 보이지 않는다. 앞에서 언급한 아산평지라고 하는 것이 바로 이곳이다. 이곳은 과거에는 음봉 또는 인천 아주(牙州)라고 불렀다. 예로부터 치소였기 때문에 이름이 알려진 곳이지만, 갑오년 청일전쟁으로 유명해졌고, 특히 일본인들 사이에 두루 알려지게 되었다. 읍내 호구는 188호 846명이고, 그 외에 일본인 10호 18명, 청국인 10호 30여 명, 프랑스인 1명(명치 42년말 현재 조사)이다. 군아 외에 구재판소 경찰서(이곳 경찰서의 관할지역은 아산 신창 온양 세 군 일원이며, 순사주재소는 신창 온양 두 읍 및 온천리 둔포 삼거리 다섯 곳에 있다. 둔포와 삼거리 두 곳은 이 군의 관할구역이다)가 있다.

도로

이곳에서 경부선 철도를 이용하려면, 남쪽인 온양군에 속하는 온천리를 거쳐 천안역으로 가는 것이 편리하다. 온천까지 20리 18정, 온천리에서 천안역까지 30리 18정으로 합하여 60리이다. 모두 우편선로이며 특히 온천리와 천안역 사이에는 마차가 왕래하며 여객을 실어 나르기 때문에 교통이 대단히 편리하다. 이웃 신창읍까지는 30리이며, 예산까지는 60리 남짓이다.

교통

군내 각지 사이의 교통은 도로가 좋지 않지만 대체로 평탄하고 비탈길이 적기 때문에 아주 불편하지는 않다. 경부철도 선로로 가기 위해서는 읍성 부근에서는 천안역, 북부에서는 성환역이 편리하다. 둔포에서 성환역 사이는 20리 12정이고 왕래하기 편리하다. 수운은 안성천 곡교천 예산천이 주는 이로움이 적지 않다. ▲ 해구에 곡교천 대각진(大角津) 공진(貢津) 백석포(白石浦) 당포(唐浦)가 있는데, 그중 백석포 및 둔포에는 상선이 많이 모여들며, 또한 인천을 기점으로 하는 연안 항해 기선의 기항지이다.

통신

통신기관은 읍성에 우편취급소가 있고, 또한 둔포에 우편소가 있다. 읍성에서는 온천리, 둔포에서는 성환역으로 매일 1회 체송한다. 경성으로 가는 우편물은 읍성에서는 이틀, 둔포에서는 하루가 소요될 뿐이다.

장시

장시는 읍성 곡교 밀두(密頭) 둔포에 있다. 읍성은 매 4・9일 ▲ 곡교는 매 3・8일 ▲ 밀두는 매 5・10일 ▲ 둔포는 매 2・7일에 장이 열리며, 집산물은 목면 옥양목 마포 잡곡 어염 등이다. 각 시장 중에서 둔포가 가장 활발하며, 1년 집산액은 대략 50,000원에 이른다고 한다.

물산

물산은 주로 농산물이며, 그중 쌀 보리 콩이 많이 생산되고, 수산물로는 조기 숭어 매퉁이[エゾ] 새우 게 식염 등이 있지만 모두 생산량이 적다.

구획

이 군은 현내(縣內) 일동(一東) 이동(二東) 일서(一西) 이서(二西) 삼서(三西) 근남(近南) 원남(遠南) 일북(一北) 이북(二北) 삼북(三北) 둔산(屯山) 신흥(新興) 돈의(敦義) 덕흥(德興) 15면으로 나뉜다. 그중 바다에 면한 것은 돈의 이서 신흥 이북 삼북 5면이다. 돈의면에는 채신언(蔡新堰) 금곡(金谷) 가락(佳樂), 이서면에는 대각(大角) 용포(舂浦) 방축(防築), 신흥면에는 하신원(下新院) 밀두(密頭) 결매(傑梅)[119] 상신원(上新元)[120], 이북면에는 백석(白石) 신리(新里) 신원(新元) 용동(龍東) 당포(唐浦), 삼북면에는 신흥(新興) 명포(命浦) 신포(新浦) 둔포(屯浦) 등이 있다.

백석포

백석포(白石浦, 빅셕포)는 광덕강에 면하며, 아산의 서쪽 20리에 있다. 연안은 이토이지만 흰 바위가 산재하며, 만조 때의 수심은 6심, 퇴조 때에도 여전히 2~4심이므로, 기선이 정박할 수 있다. 미곡의 반출지로서 수확기에는 선박이 몰려들어 장관을 이룬다. 인가는 111호가 있으며, 이 포의 앞 연안 및 면천군 대포원(大浦院)에서 부리포

119) 傑는 한자 음가가 없으나, 현재 아산시 인주면 걸매리가 있으므로, 결로 읽어 두었다.
120) 앞에서는 上新院이 보인다. 현재 아산시 도고면 신언리가 있는데, 院과 元은 모두 지명의 음가를 비슷하게 나타낸 것으로 보인다.

사이를 어장으로 삼아, 궁선을 이용하여 웅어 숭어 새우 등을 어획하는 사람이 있다. 웅어는 2~5월까지, 숭어는 10~11월까지, 새우는 6~7월까지가 성어기이다. 새우는 9월까지도 어획하는 경우가 있으며, 염장하여 판매한다.

둔포

둔포(屯浦)는 이 군의 북단에 있으며, 아산까지 30리, 성환역까지 20리이다. 연안은 이토이며 만조 때는 수심 2심 내외, 퇴조 때는 완전히 바닥이 드러난다. 그러나 이곳에서는 매 2・7일에 시장이 열린다. 또한 미곡과 소의 반출지이기 때문에 선박이 몰려든다. 인가 172호가 있으며, 주민은 대개 농업과 상업을 영위하며, 어업에 종사하는 사람은 드물다.

그 밖의 각지 연안은 대개 이토이며, 만조 때는 수심 5심 내외, 퇴조 때는 완전히 바닥이 드러난다. 어업은 주로 궁선을 사용하여 숭어 웅어 새우 등을 어획한다.

제18절 평택군(平澤郡)

개관

연혁

평택군(平澤郡)은 원래 하팔현(河八縣)이었는데, 고려가 지금의 이름으로 고쳐 천안부에 소속시켰다. 조선 태종 13년에 현으로 삼았고, 후에 옮겨서 경기도에 소속시켰으나, 성종 13년에 원래대로 되돌렸고, 후에 군으로 삼았다. 동쪽은 직산군에, 북쪽은 안성천을 사이에 두고 진위군(振威郡)에, 서쪽은 광덕강을 사이에 두고 수원군에 접하며, 남북 10리 남짓 동서는 20리가 되지 않는 작은 군이다. 아산만 안의 광덕강에 면하며, 연안의 굴곡이 적고 갯벌이 많으며 조석간만의 차이가 심하다.

지세

평택읍은 군의 거의 중앙에 있으며, 아산까지 40리, 천안까지 50리, 직산까지 30리이다. 군아 이외에 순사주재소 우편소 등이 있다. 이곳에서 음력 매 2·7일에 장이 열린다. 집산 물품은 미곡 포백 어류 식염 등이며, 집산 지역은 직산 지방이다.

경역

본군은 동쪽으로 철도 선로까지 멀지 않으며, 남쪽에 성환역이 있고 북쪽에 평택역이 있다. 모두 이 군에 속하지는 않지만 평택역은 군읍에서 불과 12정 거리에 있다. 이들 두 역으로 통하는 도로도 평탄하므로, 육로 교통은 대단히 편리하다. 안성천 연안에는 군물포(軍勿浦)가 있으며, 남쪽으로는 아산군의 둔포(屯浦)가 있다. 모두 인천 사이에 상선이 제법 빈번하게 왕래한다. 우편은 평택역 및 군읍 사이를 매일 왕복한다.

물산

물산은 주로 쌀 보리 콩 팥 잡곡 기름 소 양 돼지이고, 수산물은 정어리 새우 등 두세 종류에 불과하다. 이 군은 6면으로 나뉘는데, 광덕강에서 접하는 것은 경양면(慶陽面) 및 서면(西面)이지만, 어업은 대체로 활발하지 않다. 경양면 인처리(仁處里)에는 투망 및 새우망을 사용하는 사람이 제법 많다.

■ 첨부도

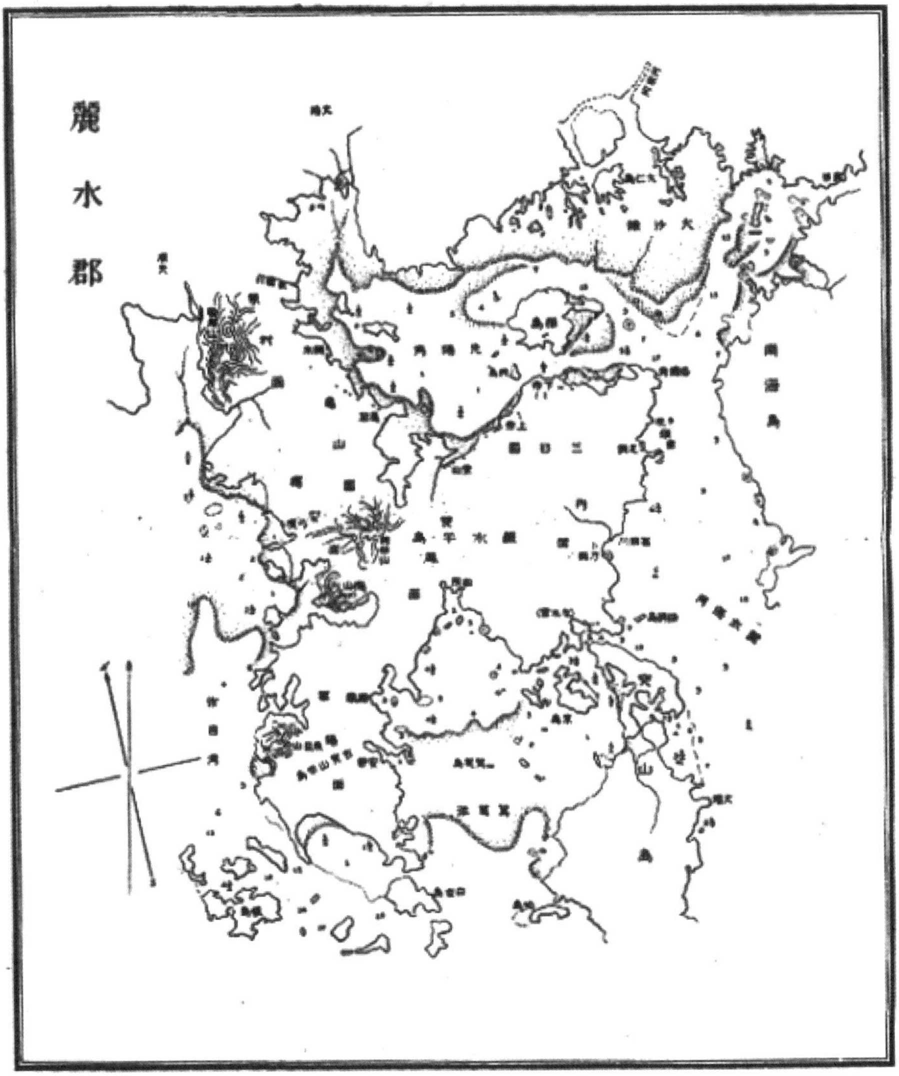

1. 여수군 전도[麗水郡]

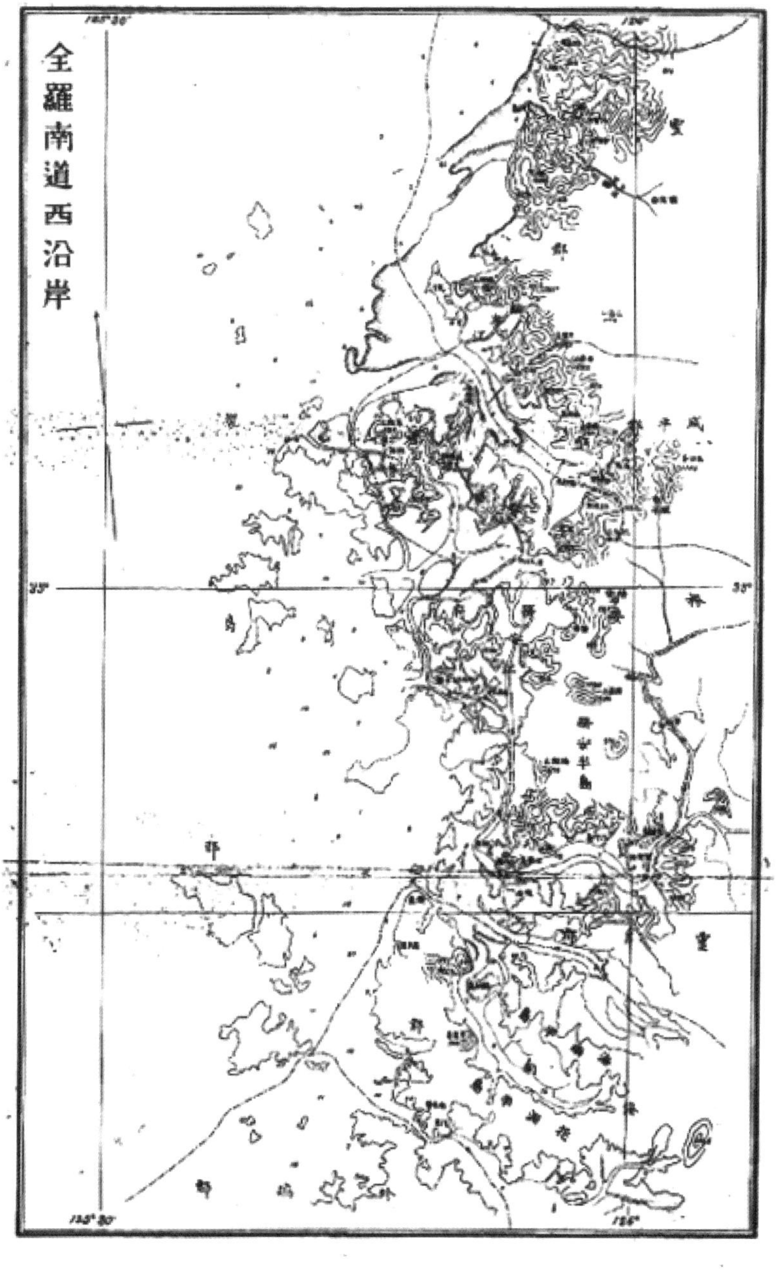

2. 전라남도 서연안(全羅南道 西沿岸)

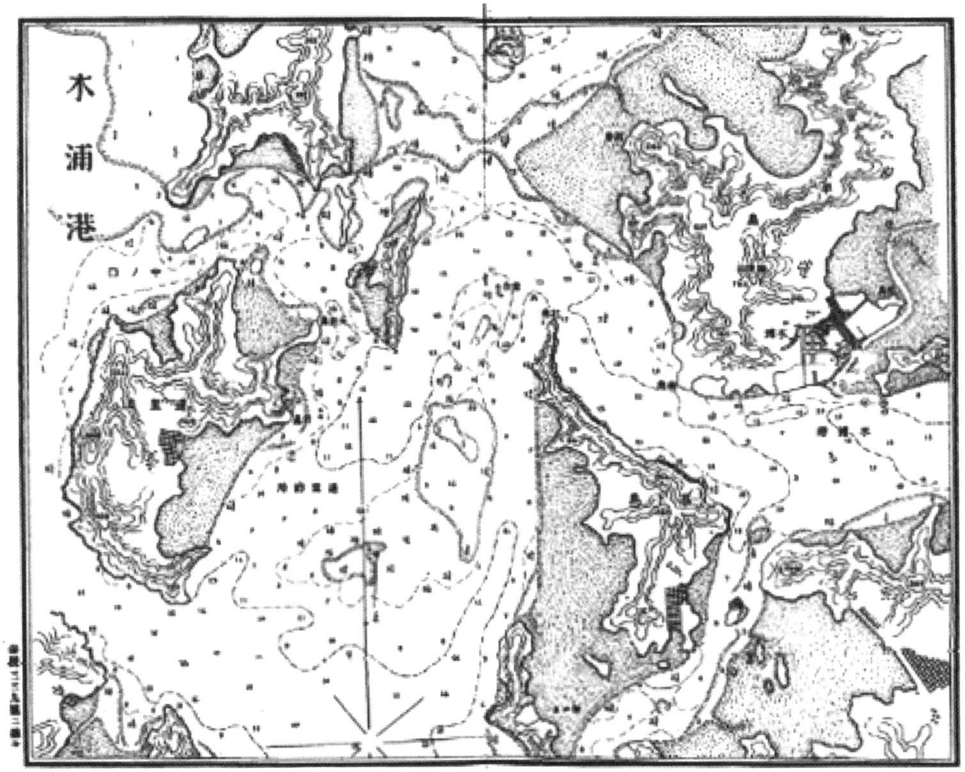

3. 목포항 근해[木浦港]

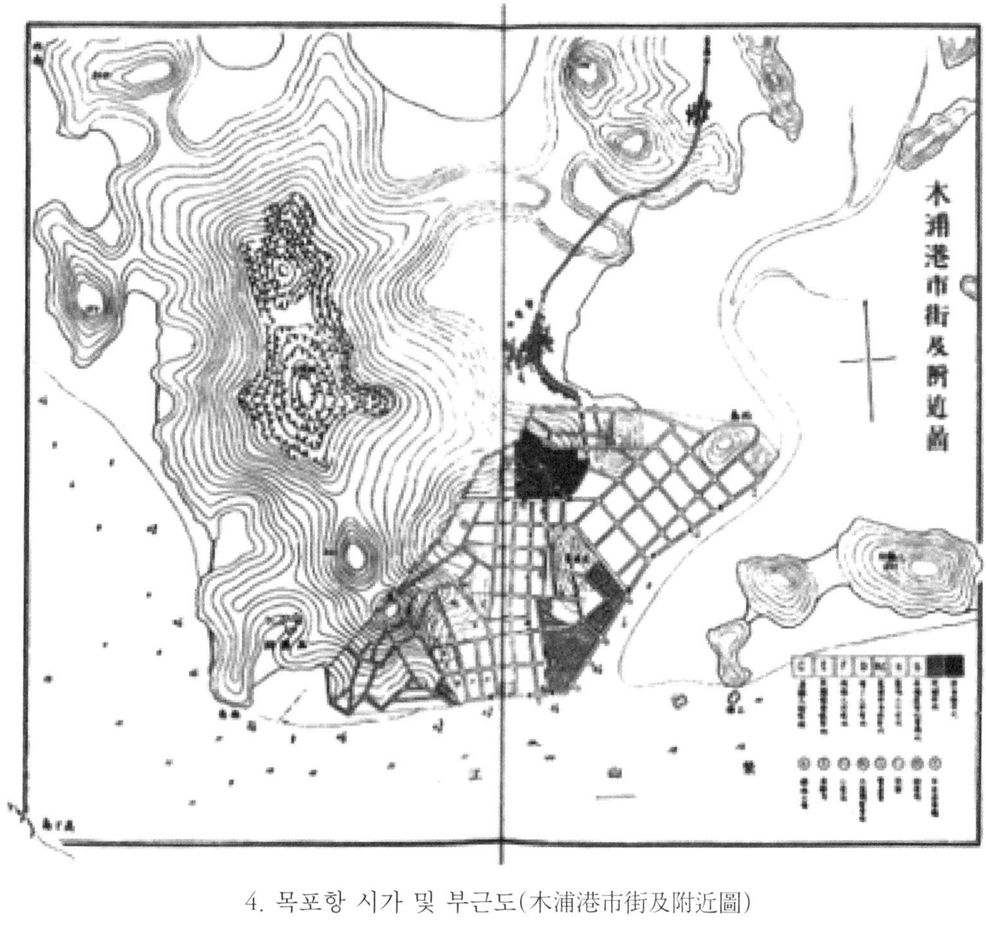

4. 목포항 시가 및 부근도(木浦港市街及附近圖)

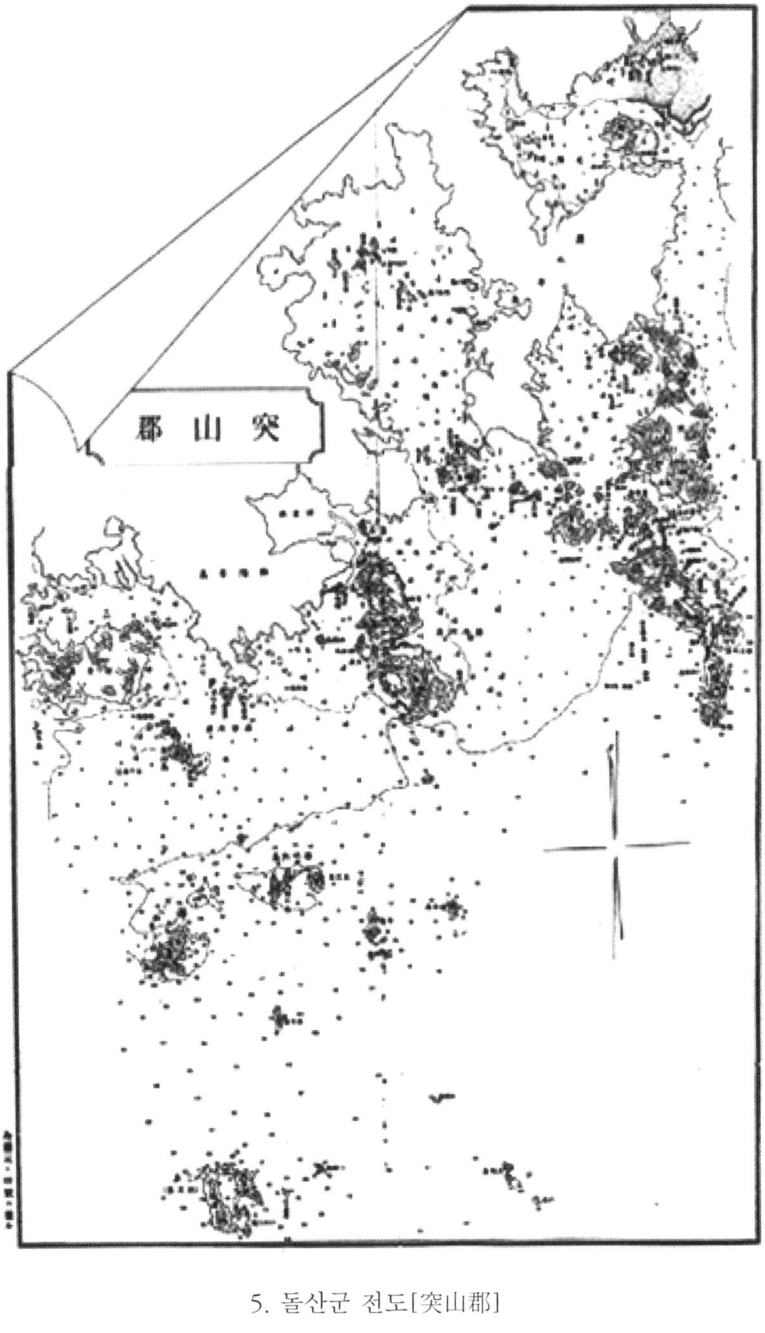

5. 돌산군 전도[突山郡]

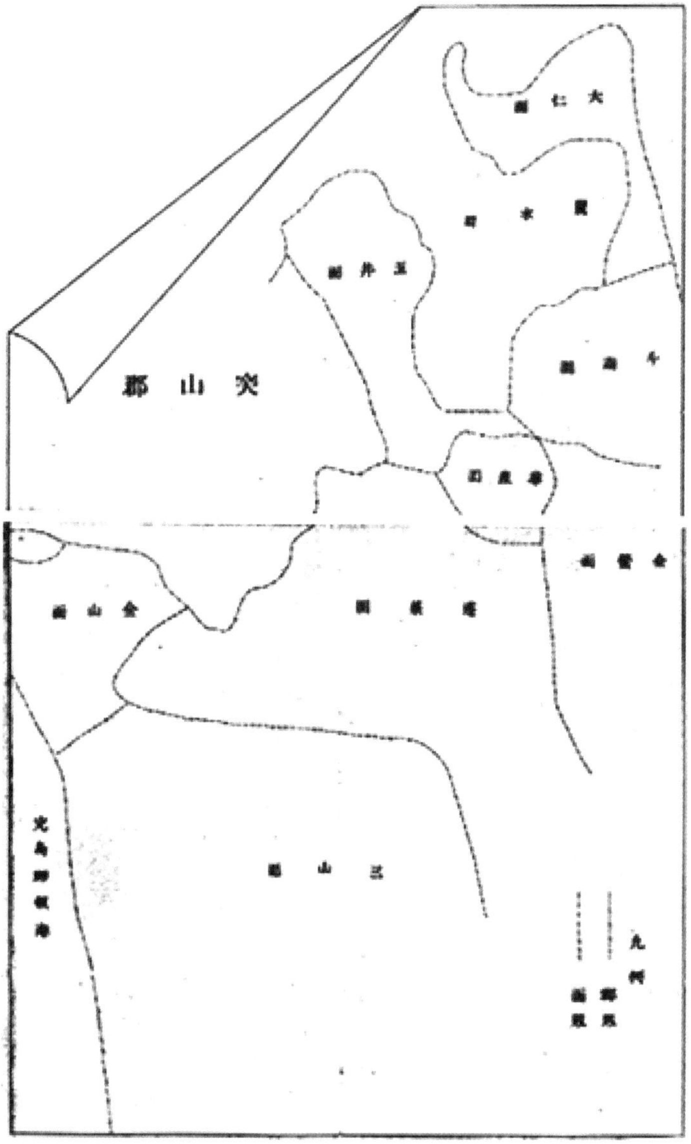

6. 돌산군 경역[突山郡]

7. 나로도 전도[羅老島]

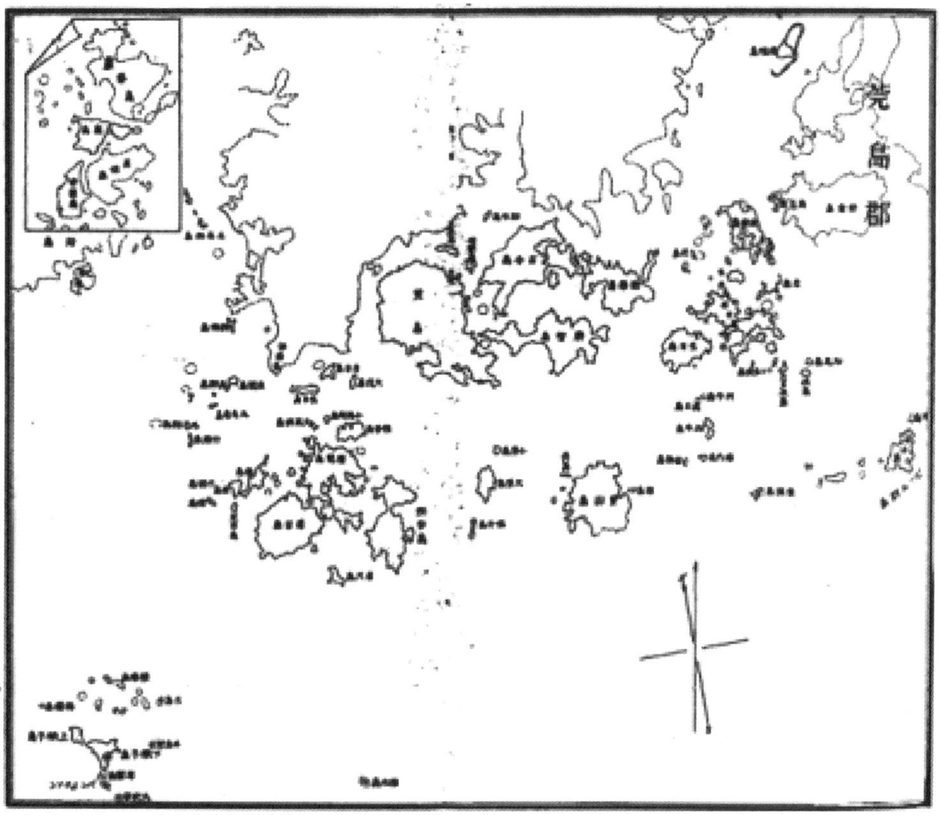

8. 완도군 전도[莞島郡]

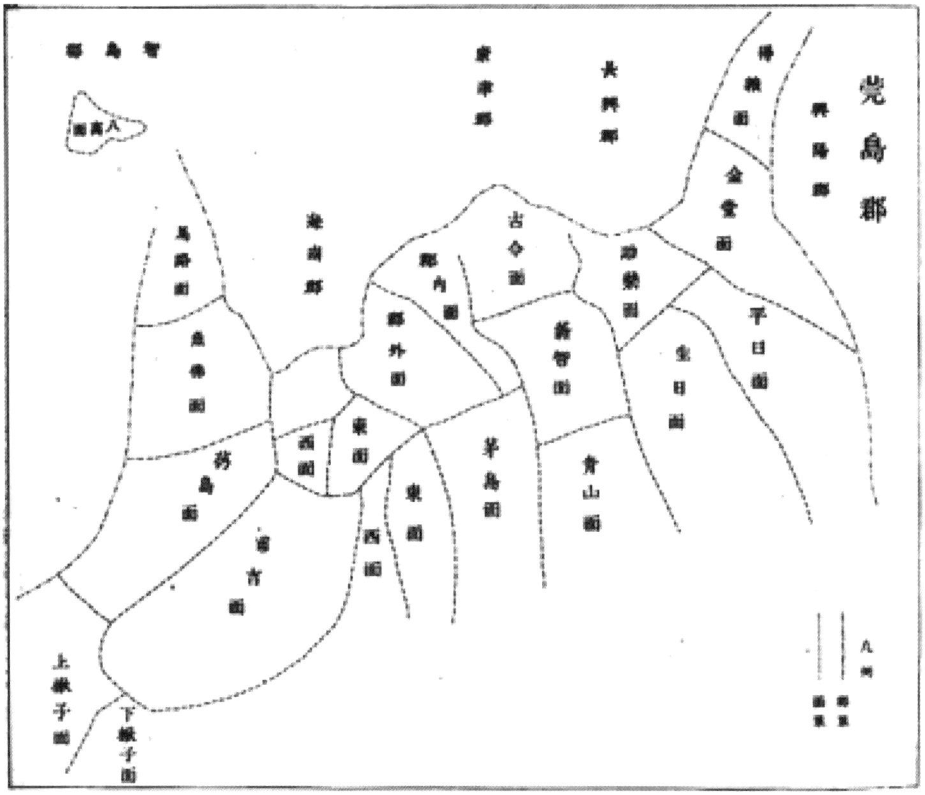

9. 완도군 경역[莞島郡]

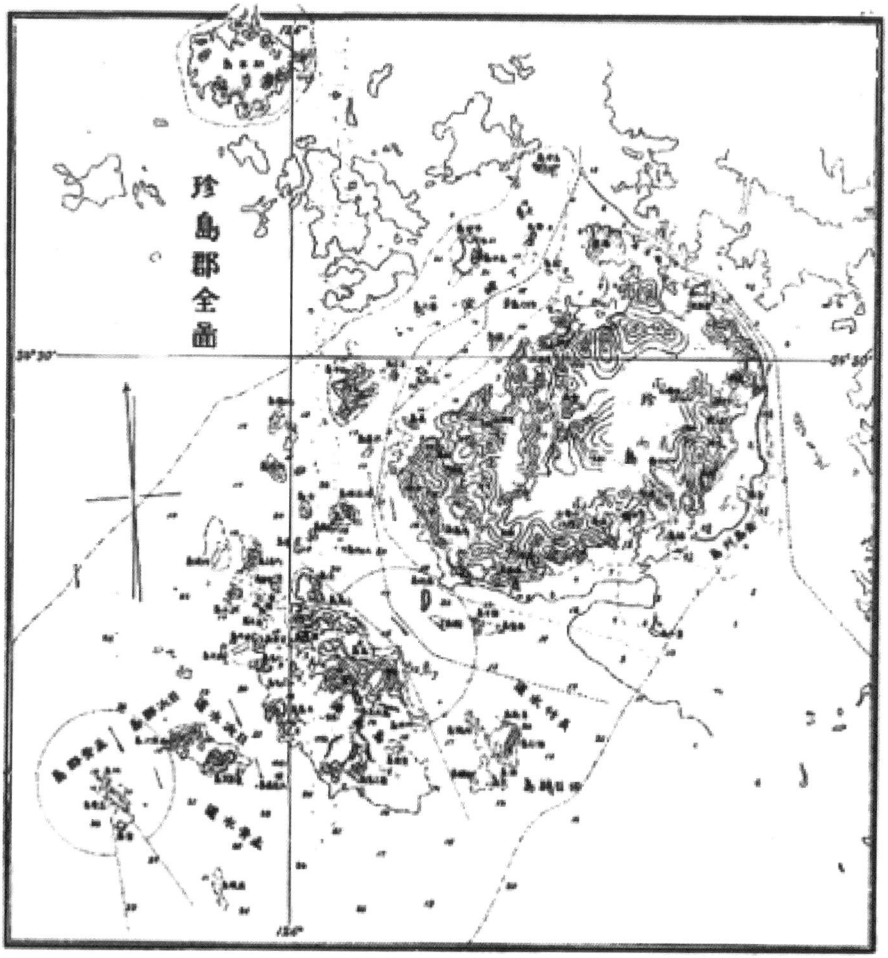

10. 진도군 전도(珍島郡 全圖)

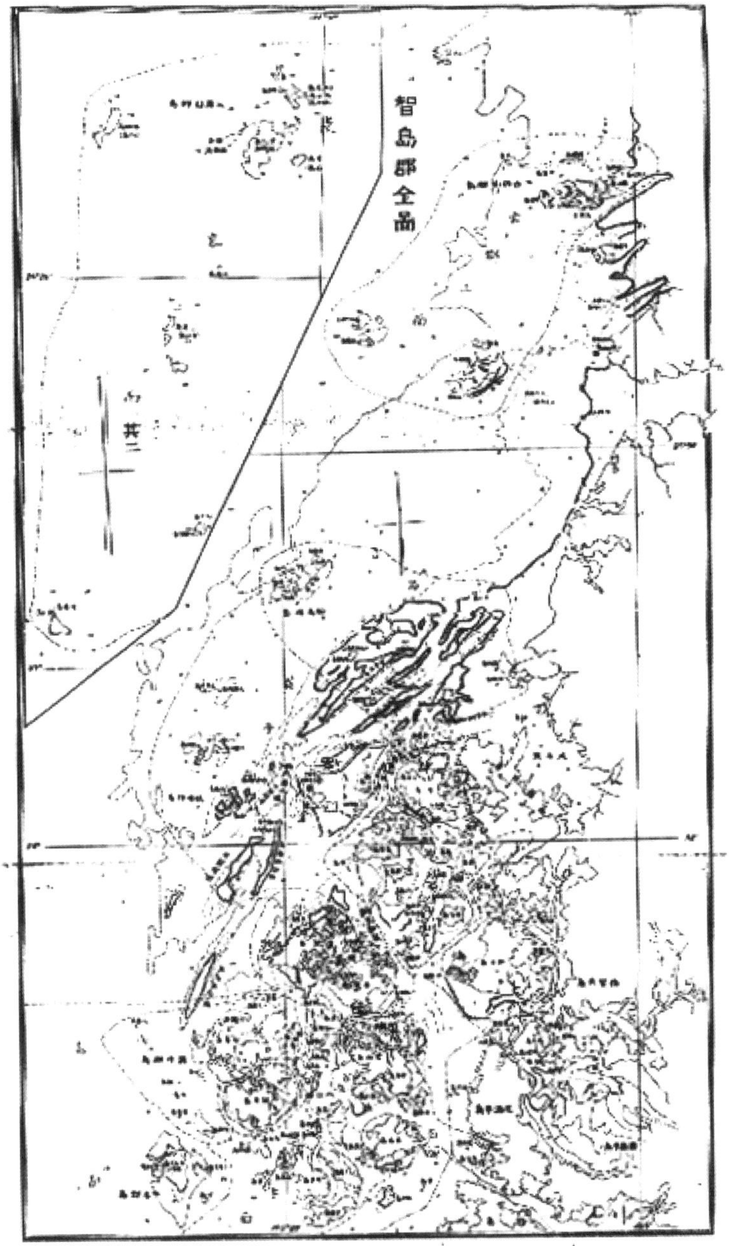

11. 지도군 전도(智島郡 全圖)

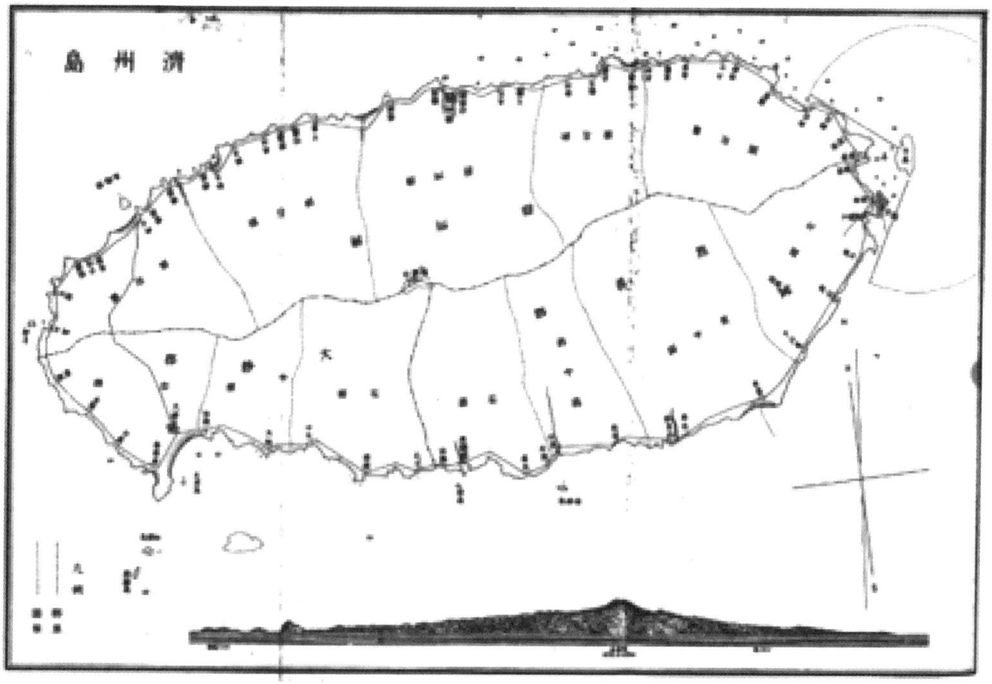

12. 제주도 전도[濟州島]

13. 전라북도 전연안(全羅北道 全沿岸)

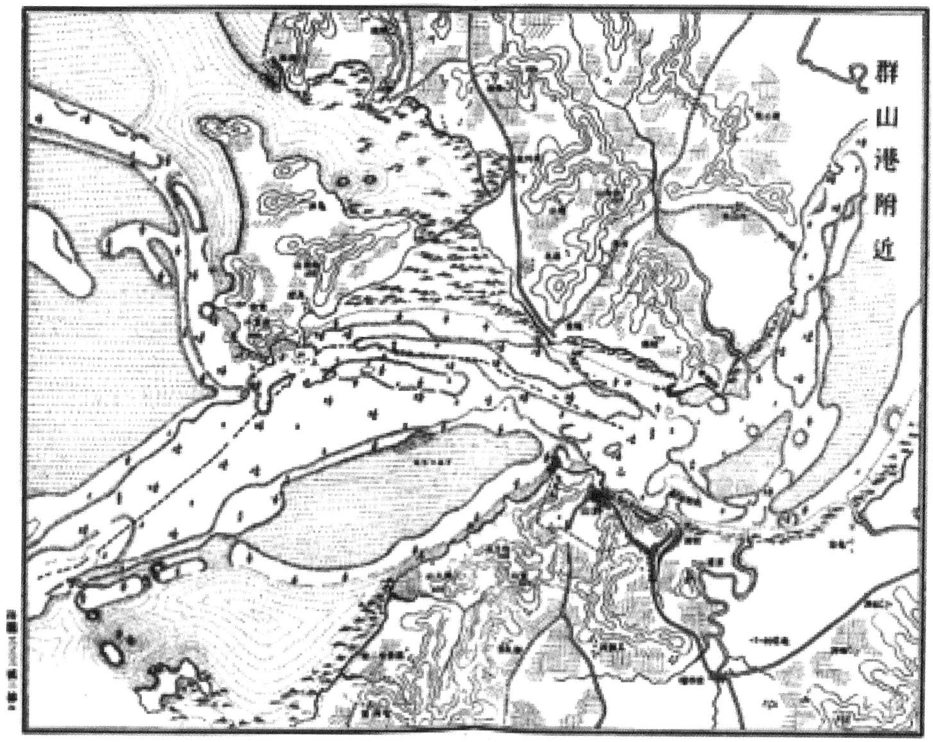

14. 군산항 부근(群山港 附近)

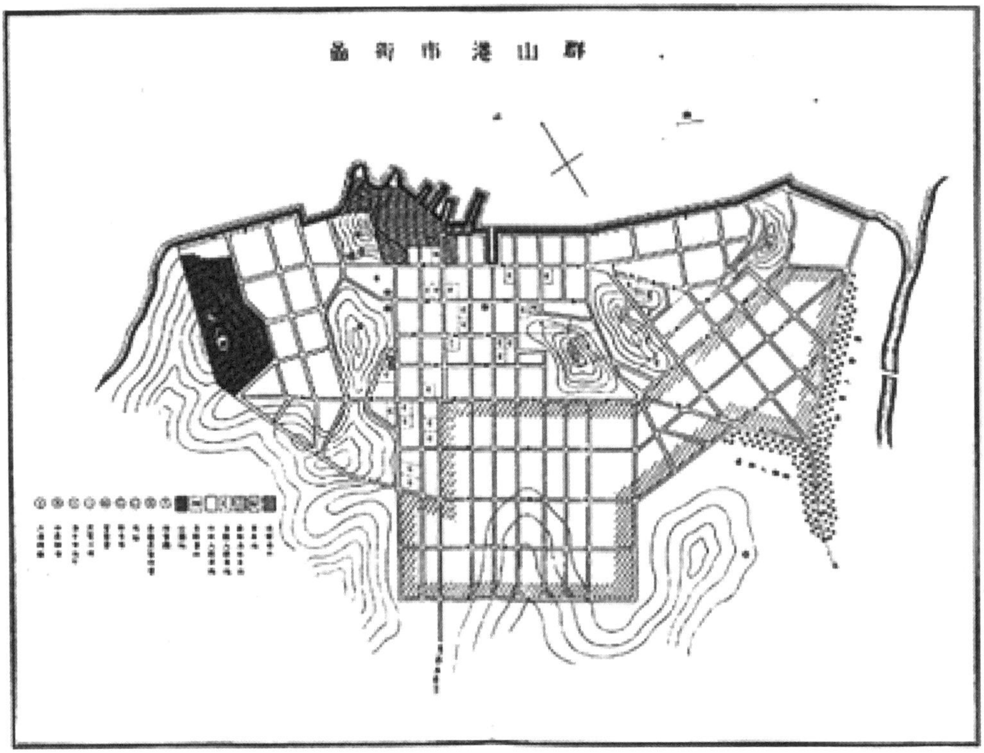

15. 군산항 시가도(群山港市街圖)

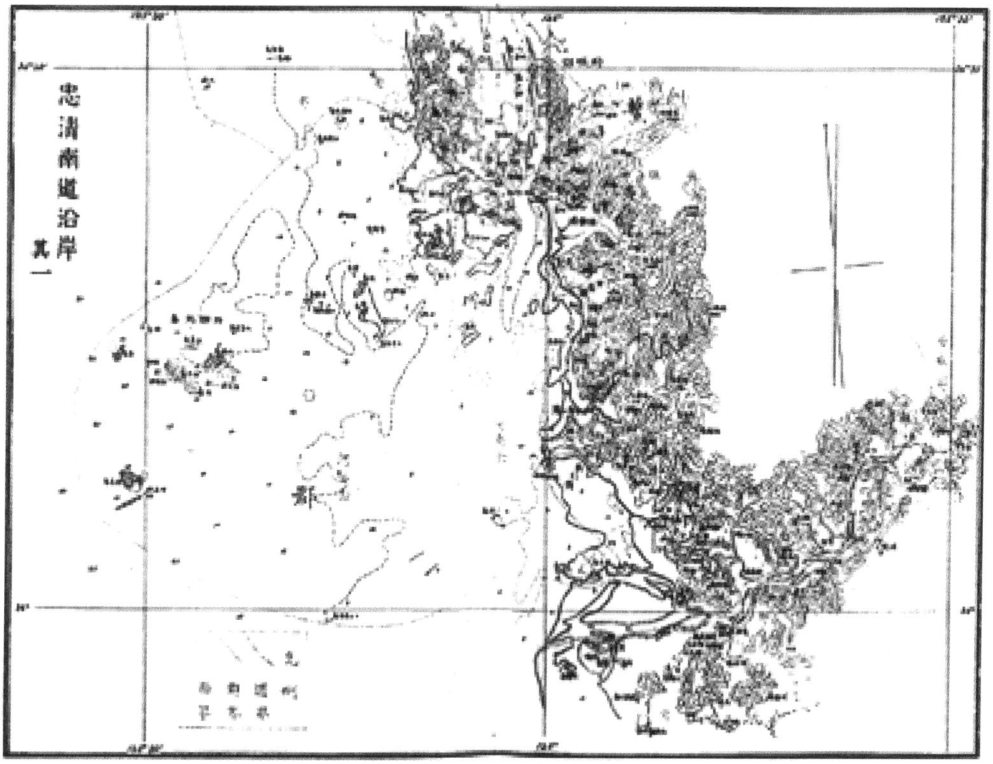

16. 충청남도 연안(忠淸南道 沿岸)-1

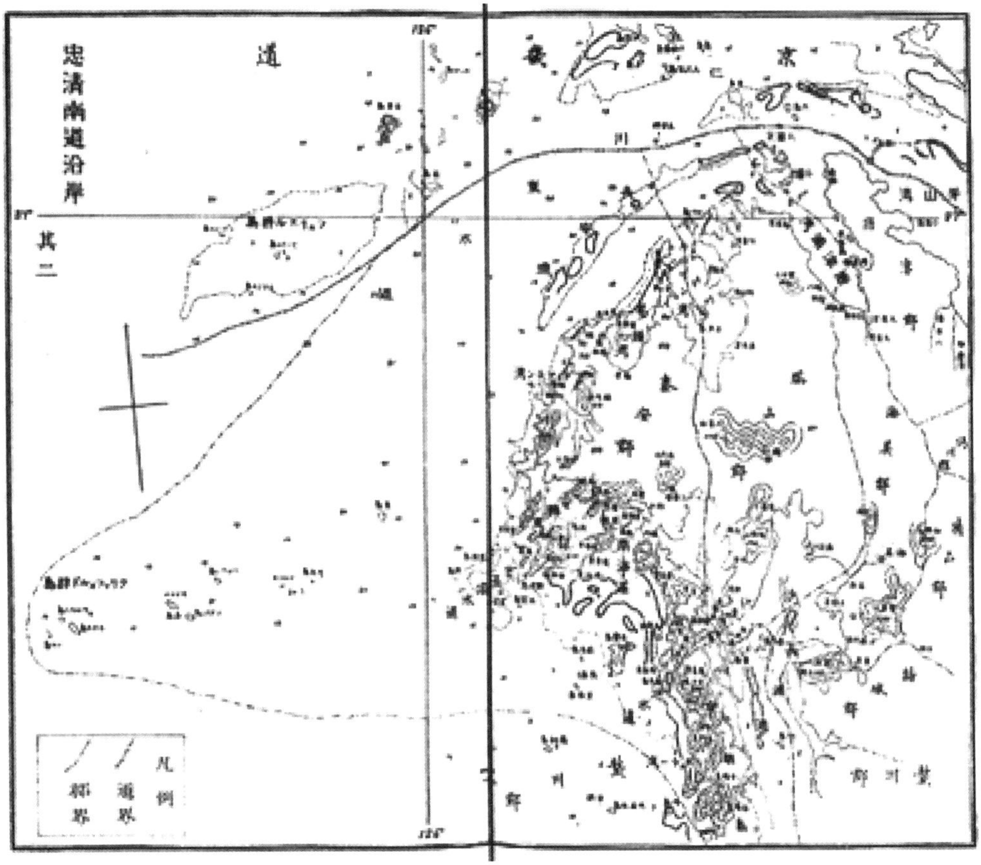

17. 충청남도 연안(忠淸南道 沿岸)-2

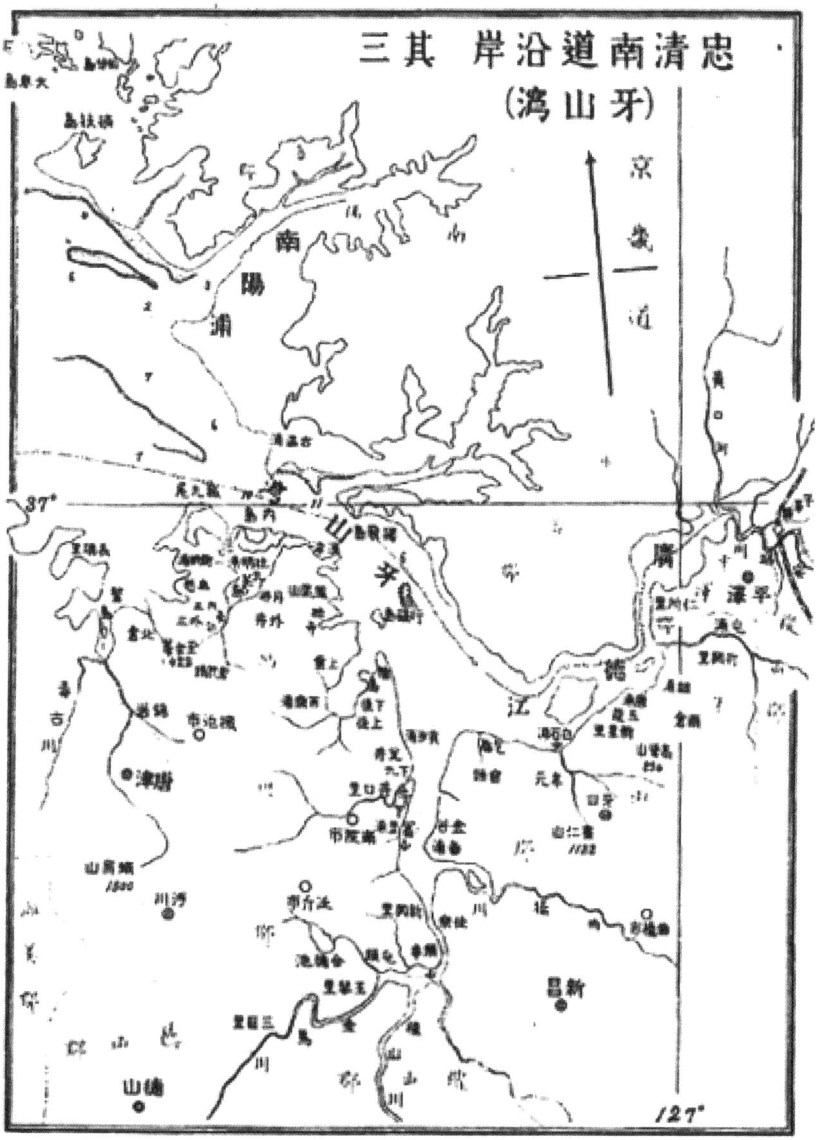

18. 충청남도 연안(아산만牙山灣)-3

부록

어사일람표(漁事一覽表) 1

전라남도

郡面	里洞	총 호구		어업자 호구		선수 船數	어망종별 및 수		정치망·어살 소재지 및 수	
		호수	인구	호수	인구		종별	수	소재지	수
광양군		2,133	9,845	546[1]	1,055	13		21		19
월포	신기리	28	125	7	20					
	구동리	44	225	4	28					
	사평리	19	98	3	9					
	돈탁리[2]	32	142	4	10					
	마현리	6	28	2	4					
	금동리	43	250	8	19					
	신송리	29	157	5	10					
	구송리	30	162	4	10					
	월포리	60	281	5	10					
	문암리	19	77	2	5					
	갈길리	36	198	9	20					
진하	선포리	20	115	6	12					
	장재리	41	203	8	16					
	망덕리	23	96	5	10					
	구룡리	28	157	8	16					
	사동리	21	99	2	4					
	마동리	31	128	7	14					
	용소리	18	87	2	4					
	이정리	51	267	5	10					
	구덕리	13	53	2	4					
	신덕리	24	119	3	6					
	아동리	19	106	4	8					
	신답리	38	176	6	12					
진상	외금리	30	144	4	8					
	내금리	29	164	6	12					
	이천리	49	251	11	21					
	섬거리	128	592	45	110					
	수동리	11	54	4	8					

	용계리	16	75	4	12					
	평촌리	51	268	5	10					
	비촌리	52	298	2	5					
	탄치리	34	172	5	12					
	원당리	33	178	8	16					
	창촌리	15	73	4	8					
	평정리	17	92	3	6					
	방동리	20	102	7	14					
	지랑리	46	215	10	20					
	청룡리	16	67	5	10					
	도원리	18	87	7	14					
	중양리	15	54	5	10					
	목과리	25	121	6	12					
	문암리	37	127	4	12					
옥곡	도촌포	12	36	8	8					
	영수리	29	160	16	16					
	의암리	29	63	12	12					
	신진리	21	111	6	6					
	매동리	5	28	2	2					
	금촌리	21	84	3	3					
	신기리	33	119	8	8					
	광호리	39	189	9	19					
	장동리	73	383	15	18					
	삼존리	13	51	4	8					
	사동리	16	69	3	6					
	묵방리[3]	21	75	4	8					
	대리	43	160	2	5					
	오동리	25	121	2	5					
골약	와우리	28	112	19	38	1		1		
	마흘리	51	204	32	65					
	세동리	12	48	10	15					
	불로리	16	54	9	18					
	행정리	5	15	3	5					
	사동리	5	15	3	5					
	오류리	20	80	15	20					
	중동리	40	160	15	20					
	용소리	19	76	19	25					
	황방리	40	118	7	13	2				
	고길리	20	92	7	13					2
	장길리	60	240	16	32	3		3	추도 앞바다	5

사곡	초남리	44	192	5	12	5			송도 뒷바다 고길포 앞바다	3 2
인덕	봉정리	17	64	11	24	1	금어망	7	해창리 앞 운도 上下 추자도 下 순천군 신성 포 앞	1 2 1 1
	중여리	15	59	9	19				운도 下 대전등	1 1
	해창리	46	184	16	26	1	금어망	10		
순천군		**193**		**32**		**32**				**32**
용두	와온리	24		8		8			여자도 앞바다	8
	신성포	62		4		4			해창포 앞바다	4
별양	우명포	11		4		4			가오포	4
	화포	19		4		4			동	4
	현절리	8		4		4			장도포	4
	고전리	16		4		4			동	4
	거차포	27		2		2			유즉포	2
초천	동막리	26		2		2			주봉포	2
여수군		**1,467**	**3,565**	**99**	**366**	**82**		**54**		**62**
율촌	주화리	25	65	3	10				본리 앞 포구	3
	두언리	1	5	1	5				본리 앞 포구	1
	광암리	16	5	1	5	1	거망	1	화양면 송진도	1
	봉전리	13	45	1	5	1	동	1	동	1
구산	대동	42	154	2	7				본리 앞 포구	2
	장전	17	77	2	9				장전포	2
	내여	7	27	2	8	1			늑도포	2
삼일	덕대리	14	41	2	7	1	궁망	1	협도 앞바다	1
	낙포리	43	140	4	20	1	투망	1	사포 앞바다 본리앞 포구	1 3
	월내리	16	43	1	5				본리앞 포구	1
	군장리	9	37	1	5	1			우순도 앞바다	20
	당산리	17	60	1	4				본리뒤 포구	1
	화치리	25	75	2	12				본리뒤 포구	2
현내	읍하 동서군	639	1189	44	146	44	궁망 투망 소예망	2 5 15	협도 앞바다 연도 앞바다 추도 금오도 오동	1 1 1 1 1
	봉양리	15	37	2	8	2	유망	2	연도 앞바다 보돌 바다	1 1
	만평리	30	87	2	8	2	소예망	2	본리 앞바다	1
쌍봉	모사리	14	38	2	2	2	동	2	본리 앞바다	1

화양	나지포리	27	47	1	3	1	동	1	조도 앞바다	1
	내외동	94	247	5	15	5	동	5	조도 앞바다	1
	소장동	20	57	2	6	2	동		조도 앞바다	1
	이대리[4]	36	76	3	11	3	소예방 거망	2 1	여자도 앞바다 운도	1 1
	자매리	56	138	1	5	1	소예망	1	본도 앞바다	1
	안정리	52	122	1	3	1	동	1	조도 앞바다	1
	세포리	47	110	1	5	1	거망	1	백야도	1
	서촌	101	330	1	5	1	동	1	연말포	1
덕안	항호리	36	115	7	28	7	소예망	7	조도 앞바다	1
	장성리	29	102	1	5	1	동	1	동	
	오룡리	15	44	1	5	1	동	1	서포 앞바다	1
	장척리	11	52	2	9	2	동	2	동	1
돌산군		**1,558**	**4,538**	**635**	**1,986**	**234**		**59**		**30**
태인	태인도	89	123	57	160	5		2	본도 포구	7
	금도	29	79	15	44	4		2	본도 연해	4
	길도	48	122	35	105	7	예망	7	본도 연해	
	장도	5	15	5	15	4			동	4
	묘도	78	195	12	37	4	예망	4	동	
옥정	백야도	25	85	10	30	3	동	1	동	
	낭도	73	202	29	118	9			동	
	적금도	50	124	30	72	14	예망	4	동	
	여자도	40	114	20	54	13			동	2
	장도	28	61	20	48	4		3	본도 앞뒤 포구	2
	백일도(내외 2마을)	47	110	8	25	3		2	본도 연해	2
두남	죽포포	103	299	9	28	3		3	본포	1
	군하포(금오도)	174	603	32	115	15		2	동	1
남면(금오면)	심포	30	94	20	62	7		1	본포 내	
	안도	60	185	27	92	11		2	본도 연해	
	연도(소리도)	80	229	31	83	12		2	동	
화개	제리도	20	57	15	25	5		1	동	
	상화도	11	33	5	16	5		3	동	
봉래	애도	30	99	25	97	17		2	동	1
	사양도	28	94	15	45	13		3	동	1
	지오도	31	96	16	55	10		3	동	1
금산	오마도(거문도 서도)	20	70	15	36	7			동	1
	장촌	75	235	31	119	2		2	본촌 포내	1
	동 덕촌 (거문도 동도)	71	212	30	86	14		2	동	1

삼산	유촌	63	187	29	113	13		3	동	1
	동 죽촌	64	190	29	118	9		2	동	
	손죽도	63	211	12	33	5		3	본도 연해	
	초도	123	414	53	155	16			동	
보성군		**259**		**18**	**65**	**9**		**7**		**8**
북내	작두촌[5]	12		2	8				작두포	2
	대통촌	22		1	4				대통포	1
도촌	예진포	123		6	25				예진포	5
	화동촌	55		3	12	3	투망	3		
	동계촌	22		4	12	4	동	4		
	청포촌	25		2	4	2	동			
흥양군		**490**		**99**		**30**		**5**		**94**
동면	옹암촌	25		5					옹만	5
대강	병동	25		3		1			병동포	3
대서	장선촌	8		5					장선촌	5
남서	송림촌	44		6		1			송림포	6
남양	중산촌	24		1		1			중산만	1
남면	도야촌	44		7		1			도야만	7
	독대촌	25		6		4			독대만	6
점암	여도	51		3		3			여도 연해	3
포두[6]	당산촌	44		11		3			당산포	11
도양	장수촌	21		11		3			장수만	11
	봉암촌	32		6		3			봉암포	6
고읍	백석촌	9		3					백석포	3
읍내	고소촌	51		7					고소만	7
두원	풍류촌	30		10		5			풍류만	10
	와포	28		10					와포	10
	곤포	29		5		5	예망	5		
장흥군		**948**		**172**		**68**		**31**		**59**
회령	율포	55		4		4	휘리망 낭망	2 1		
	명교포	24		9		2	낭망	2	명교리 앞바다	1
	휘리촌	40		5		1			휘리촌 앞바다	5
천포	관암포	17		12		4	낭망	3	청포 앞바다	2
	금장포	3		5		2	동	1	금장포 앞바다	3
	대진포	5		4					대진 앞바다	4
	신촌포	39		13		7	어망	5	석간리・강변리 앞바다	6
	군지포	55		5		4	동	2	군지 앞바다	2
안하	수문포	95		6		6	휘리망 망선	1 1		

	사촌포	78		5		3			사촌 앞바다	2
남하	고마리	39		9		1	어망	1	고리[7] 앞바다	2
	상발리	52		6		2	낭망	2		
	남포	30		27		9	어망	8		
	삼십포	28		8		2	낭망	2		
고읍	우산포	30		1					우산 앞바다	1
	산저포	40		5					산저 앞바다	2
	동두포	69		14					동두 앞바다	12
내덕	장산포	15		6		5				
	노력포	15		3		3			노력 앞바다	3
대흥	천두리	21		5		2			천두 앞바다	5
	덕촌리	11		3					덕촌 앞바다	3
	내차포	26		1		1				
	옹암촌	21		6		5			옹암촌 일대	1
	삭금촌	32		5		2			삭금촌 일대	3
	선자포	108		5		3			선자 앞바다	2
강진군		**1,724**	**3,990**	**130**	**274**	**39**		**24**		**43**
대구	저두리 백사리 남호리 마량리	442	870	52	105	15	방망	15	구강포	11
백도	논정리 용정리 중산리 사초리 내봉리 선창리	563	1150	22	52	3	동	3	동	14
칠량	월궁리 옹점리	104	315	15	35	7	동	2		9
보암	용산리 망호리 송학리	115	235	12	30	9	동	1		9
군내	남포리 괴동 덕동	500	1420	29	52	5	휘리망	3		
해남군				**30**		**19**		**7**		**18**
송종	어란리			3		2			마로 해양	1
은소	부평리			3		3			칠산포	1
현산	두모리			2		2			부소포	1
화일	사촌리			1		1			마도	1
	중정리			2					전방포	2
화이	용정리			1		1			건지포	1
	연곡리			1					동	1
	가성리			1					증도포	1

	관동리			1					관산포	1
군이	신리			3					부소포	3
장서	가납리			2		1	망	1	속금포	1
산일	징의리			3		3			직두포	1
	산소리			1		1			동	1
산이	해당리			2		2				
마포	당산리			3		2	망	6	맹진포	1
청계	동			1		1			성진포	1
완도군		**6,494**	**27,693**	**724**	**2,813**	**45**		**49**		**11**
군외		794	3,211	8	24	4	방망	4	대구미	4
고금		876	4,417	4	20	4	동	4		
조약		407	1,868	2	7				우두리 구성리	1 1
신지		527	2,113	6	30	3	방망	3	양천리· 덕포	1
평일		1,294	5,477	3	13	1	동	1		
소안		723	3,238	30	120	5	가오리 어망	10		
보길		408	1,743	13	60	3	멸치망	2		
청산		969	3,266	177	509	10	동	10	해의리 포구	1
추자		496	2,360	481	2,030	15	멸치망	15	신하리 대작리	2 1
진도군		**1,567**		**893**		**44**		**104**		**38**
군내	수유포 산치포[8]	48		5					북치 수유포 가흥포	1 2
고일	금호포	39		2					금호리 뒷바다	1
	가계포	14		4					가계리 청용산 아래 앞바다	1
	벌포	3		3					벌포리 뒷바다	1
	황조포	7		5					황조포 춘두 앞바다	1
의신	도목포	6		2		1	행망	20	도목포 앞	2
명금	금도포	5		5			거망	14	금도 앞바다	2
임회	죽림포	61		25					죽림포 앞바다	3
	도포[9]	55		2		2	행망 궁망	5 1		2
	굴포	20		9		6	좌망 행망 거망	25 22 7	굴포 초심미 고진 상당 옥행 매도미	1 1 1 1 1
조도	조도포	900		800		31			산파시 해변	7

도초	도초도포	409		31		4	휘리망 거망	4 6	도초도 앞뒤바다 동 좌우진 해변	4 6
나주군		**1,363**	**6,303**	**8**	**21**	**10**		**8**		**5**
죽포	별암포	235	1099	2	5	2	휘망	2	별암포	1
상곡	포두포	222	1061	1	2	1	궁망	1	포두포	1
두동	몽탄포	428	2143	2	8	4	수고망 방해망	1 1	몽탄포·수문포	2
곡강	사호포	478	2000	3	6	3	궁망	3	사호포	1
함평군		**62**		**7**		**1**		**1**		**5**
영풍	석두리	14		5					삼고 뒤 내양	2
손불	지호리	18		1					후내양	1
	방전리	30		1		1		1	내양수면	1
	석계리								석계리 외양	1
영암군		**1,282**	**4,959**	**171**	**268**	**79**		**76**		
곤일종	오벌·변두·송죽정·백야·동호·동암·산호정·하류·용두리·저두	252	1,094	25	25	4		5		
곤일시	부암·남산·춘동·문주포·호음곡·기동·신정·입두·만화동	277	1,195	43	43	10		10		
곤이시	화암·석포·주룡	16	45	5	5	2		2		
곤이종	성재동·금강	119	177	4	4	2		2		
서종	동변·양장·서호정·모정	222	691	11	11	4		4		
서시	모가정·진변·도리촌·장사리·양지촌·지남·탑동	107	723	27	107	27		23		
북일종	원목포	69	251	3	7	3		3		
북이시	당두·봉소정·학림·정동·구산·양호	220	783	53	66	27		27		
지도군		**5,767**	**22,273**	**117**	**377**	**82**		**100**		**6**
암태		1,305	4,966	3	13	3	중선망 거선망	3		
압해		1,466	6,098	8	29	6	주목망 중선망	4	송광리 수락리	1
사옥		775	2,988	3	15				우전도 후증도 장산도	3
임자		572	2,281	12	39	1	주목망	11		
군내		889	3,540	9	29		동	9		
낙월		272	1,017	35	105	27	주목망	32		

						중선망			
고군산		488	1,383	47	147	45	주목망 삼판선망 투망 중선망	41	위도 앞바다	2
영광군		**510**		**40**		**17**		**562**[10)]		**32**
염소	당두리	92		2		1			마을 앞	2
	월평리	13		1					동	1
	이리	30		1					동	1
	구내리	4		1					동	1
영마	대초리	21		2					해문	2
태산	삽고리	23		4		1	대망	50	칠산포	3
	조량리	21		2					동	1
	동백리	26		1					동	1
	상촌리	61		4					동	3
	하촌리	29		2					동	2
진량	법성포	106		7		7	대망	350	동	7
	좌우포	6		3		2	궁망	20	해문	2
홍농	가마포	28		5		3	정망	75	칠산	3
	안마포	29		1		1	동	25	동	1
	항월포	6		1		1		20	동	1
	계동포	15		3		1		22	동	1
제주군		**11,223**	**32,318**	**1,252**	**1,456**	**202**		**100**[11)]		
구우	귀덕포 한림포 부재포 월령포 두모포 고산포 수원포 옹포 금릉포 판포 용수포	25,75	8,491	423	484	22	방구망 예망 자망	3 8 10		
신우	하귀포 애월포 금성포 고내포 곽지포	1,160	3,603	120	120	기선 28	예망 방구망	13 1		
중면	삼탕포 건입포 도두포 외도포 화장포 용담포 내도포	2,379	8,011	149	195	소선 23 기선 25	휘리망 장망 방구망	15 1 1		
신좌	신촌포	1,726	2,518	308	322	소선 10	예망	8		

	함덕포 조천포 북촌포					기선 14	방진망 장망	3 4		
구좌	동복포 월정포 한동포 세화포 종달포 금령포 행원포 평대포 하도포 연평포	3,383	9,695	252	335	소선 29 기선 51	예망 자망	28 5		
정의군		**4,360**	**15,685**	**85**	**265**[12)]	**71**		**33**		**11**
좌면	성산포	81	382	2	9	2	휘리망	1	장사포 일막포	1 1
	시흥포	187	813	3	8	1	동	1	송목포	1
	오조포	209	885	9	20	4	동	1	장사포	1
	고성포	284	1261	1	3		동	1	방두포	1
	온평리	225	783	4	7	3				
	신산포	172	526	4	5	2	진망	1	분야포	1
	하천포	152	574	3	4	2	휘예망	2	사포	1
	신천포	155	325	2	4	2				
동중	영남포	130	406	3	9	3	휘예망	3	당포 사포	2
	표선포	94	305	2	6					
	가마포	220	640	2	6	2		2	생계포	1
	토산포	250	790	2	6	2		2	덕돌포	1
서중	동보한포	188	300	3	14	3		1		
	보한포	133	479	5	15	5		1		
	남원포	76	250	2	7	2		2		
	위미포	377	1089	7	19	7		3		
	하례포	129	473	3	11	3		1		
우면	하효포	284	1125	4	17	기선 4		1		
	토평포	272	1052	2	6	동 2		1		
	보목포	182	839	7	36	어선 2 기선 5		3		
	서귀포	145	636	9	32	어선 4 기선 5		2		
	법환포	415	1752	6	21	어선 2 기선 4		4		
대정군		**2,180**	**7,161**	**343**	**890**	**21**		**46**		
좌면	강정리	292	887	20	41	1	소수조망	3		
	대포리	220	762	21	35	2	동	4		

	예래리	223	748	15	29	2	소예망	1		
중면	창천리	224	864	25	45		소수조망	1		
	화순리	137	496	34	69	2	휘리망 소망	2 1		
	사계리	208	742	50	120	6	휘리망 소망 소수조망	2 5 7		
우면	상모리	282	825	70	210	1	휘리망 소지예망	6 3		
	하모리	293	847	81	250	7	휘리망 소지예망 소수조망	1 2 4		
	일과리	301	970	27	91		소지예망 권망	2 2		
合計		43,580[13)]	38,330[14)]	5,401[15)]	9,836[16)]	1,077[17)]		1,287[18)]		473[19)]

1) 원문에는 556으로 기록되어 있다.
2) 원문의 「어사일람표」 1에는 敦阜里로, 「어사일람표」 2에는 돈탁리(敦卓里)로 기록되어 있다. 현재 광양시 진월면에 돈탁길이 있으므로 돈탁리로 기록한다.
3) 원문의 「어사일람표」 1에는 墨産里로, 「어사일람표」 2에는 묵방리(墨房里)로 기록되어 있다. 광양시 백운산에는 4개의 계곡이 있는 데 이중 동곡계곡이 있는 곳을 인근 주민들은 묵방리(혹은 먹방리)로 부르고 있다. 동곡계곡의 계류는 광양 동천을 지나 광양만으로 흐른다.
4) 원문에는 이대리의 한자를 利大利로 기록되어 있으나 利大里의 오기로 보인다.
5) 원문에는 鵲島라고 기록되어 있으나 鵲頭의 오기이다(「어사일람표」 2에는 鵲頭村으로 기록되어 있다).
6) 원문에는 浦島로 기록되어 있으나 浦頭의 오기로 보인다.
7) 고마리의 오기로 보인다. 원문대로 기록하였다.
8) 원문에는 山峙浦로 기록되어 있으나 北峙浦의 오기로 보인다(「어사일람표」 2에는 북치포로 기록되어 있다). 현재 북치리는 진도군 진도읍의 수역리의 북쪽 고갯길에 있는 마을이다.
9) 원문에도 挑逋로 기록되어 있으나 南桃浦의 오기로 보인다(「어사일람표」 2에는 남도포로 기록되어 있다). 조선 전기 진도군 임회면에 남도포진이 설치되었다.
10) 원문에는 544로 기록되어 있다.
11) 원문에는 201로 기록되어 있다.
12) 원문에는 267로 기록되어 있다.
13) 원문에는 71,538로 기록되어 있다. 해남군의 총호구가 누락되어 있어서 수치의 계산차가 있다.
14) 원문에는 합계를 기록하지 않았다.
15) 원문에는 5,409로 기록되어 있다.
16) 원문에는 합계를 기록하지 않았다.
17) 원문에는 1,092로 기록되어 있다.
18) 원문에는 합계를 기록하지 않았다.
19) 원문에는 443으로 기록되어 있다.

전라북도

郡面	里洞	총 호구		어업자 호구		선수 船數	어망종별 및 수		정치망·어살 소재지 및 수[6]	
		호수	인구	호수	인구		종별	수	소재지	수
무장군		**362**	**1,451**	**39**	**208**	**23**		**39**		**33**
상리	장호	62	229	13	64	13		13	장호포	7
오리동	동호	113	486	10	85	10		10	쌍서 칠산 등지	10
심원	난호	52	185	6	22		죽전(竹箭)	6	난호	6
	전막	135	551	10	37			10	전막포	10
흥덕군		**121**	**567**	**7**	**36**	**6**		**6**		**4**
이서	선운포	60	275	4	22	4	사망(絲網)	4	칠산 바다	1
부안	상포	34	172	1	5	1	동	1	동	1
	안현	20	90	1	4	1	동	1	동	1
	반월리	7	30	1	5				상포 앞바다	1
부안군		**707**	**2,422**	**32**	**125**	**21**		**12**		**32**
건선	강동리	173	550	3	11	3		3	지도군 위도 앞바다	3
	강서리	70	210	3	12	3		3	동	3
좌산 내	구진리	31	95	3	12			3	구진리 앞바다	3
	관선불	13	32	3	8			3	관설불 앞바다	3
우산 내	궁항리	21	75	1	6	1			궁항리 앞바다	1
	합구미	13	40	1	6				합구미 서쪽 바다	1
하서	해창리	15	35	1	7				해창리 앞바다	1
	장언리	30	110	3	12				장언리 앞바다	3
	의복동	98	411	5	18	5			지도군 비안도 앞바다	5
	돈지리	120	480	5	17	5			지도군 고군산 앞바다	5
염소	계화리	123	384	4	16	4			지도군 위도 앞바다	4
옥구군		**217**	**707**	**29**	**41**	**29**		**7**		**15**
장면	오봉포	27	98	3	5	3			지도군 칠산 바다	3
미면	오식도	50	127	14	17	14				
	내초도	15	44	3	4	3				3

	가내도	5	16	1	2	1				1
	입이도	7	22	1	2	1				1
북면	경포리	113	400	7	11	7		7	지도군 칠산 바다 오천 죽도 바다	7
만경군		**122**	**487**	**10**	**29**	**9**		**15**[1]		**9**
하일도	길곶리	27	98	3	10	3		6	지도군 칠산 바다	6
	남하리	14	88	3	9	3		2		1
북면	화포	28	111	1	3	1		2		2
	대토리	21	102	2	4	1		2	지도군 야미 앞바다	
	몽산포	32	88	1	3	1		3		
여산군		**188**	**721**	**2**	**7**	**2**				
북일	황산포	188	721	2	7	2				
合計		1,717	6,355	119	446[2]	90		79		93

1) 원문에는 9로 기록되어 있다.
2) 원문에는 447로 기록되어 있다.

충청남도

郡面	里洞	총 호구		어업자 호구		선수 船數	어망종별 및 수		정치망・어살 소재지 및 수	
		호수	인구	호수	인구		종별	수	소재지	수
부여군		**140**	**731**	**9**	**19**	**9**		**9**		
천을	규암포	53	321	7	14	7	어망	7		
	둘리포	42	221	1	3	1	동	1		
도성	호암포	45	198	1	2	1	동	1		
석성군		**80**	**390**	**4**	**8**	**3**		**6**		**1**
북면	노하리	36	159	2	4	2	초왕망	2		
현내	봉두정리	44	231	2	4	1	휘망	4	본포 앞	1
임천군		**178**	**747**	**11**	**39**	**11**		**11**		
백암	수조원리	104	436	6	21	6	위어망	6		
세도	계양리	74	311	5	18	5	수어망	5		
서천군		**273**	**934**	**87**	**268**	**17**		**정망 6 계망 3**		**20**
남부	백사리	24	96	18	72	3	계망	3	서천 입우도	3
	장암리	46	184	4	16	4	정망	1	동	1
서부	동지리	17	53	8	34	1	동	1	전라도 칠산해	1
	노항리	27	69	26	53	3	동	2	동	2
	와석리	24	68	15	40	2	동	2	동	2
	죽산리	40	120	8	28	3			서천 서부면 죽산, 와석	6
	산소리	38	127	3	7	1				1
	금포리	57	217	5	18				금포리	4
비인군		**596**	**2,839**	**347**	**743**	**33**		**25**		**9**
일방	외다포 (포성리 포함)	193	909	67	67	8	어망	8		
군내	선서포(선동, 고도리 포함)	133	930	80	76	6	동	6	선서해 앞	1
서면	도둔포 (마량리 포함)	270	1000	200	600	19	석어망	11	도둔포	8
남포군		**298**	**1279**	**32**	**130**[1]	**4**		**14**		**7**
웅천	간입리	35	142	3	13	1	족대망 (1인 사용)	2	본리앞 포구	1
	독산리	61	196	9	29		동	9		
	당현포	34	137	2	8	1	동	1		
	소황리	55	228	2	7					2
신안	의항리	40	163	3	14		족대망	1		2

	방항리	11	65	1	4				1
	회전리	47	271	1	9	1	족대방	1		1
북내	조척포	15	77	11	46	1				
보령군		**187**	**786**	**11**	**83**					**12**
간라	남곡	65	235	5	40				남곡포	5
	사동	43	234	1	5				흑포앞 포구	2
주포	산고내	39	165	3	22				산고내	3
	대동	40	152	2	16				동	2
오천군		**640**	**1,572**	**190**	**410**	**43**		**228**		**228**
하남	여러 섬	315	507	55	55	5	마망 고색망(藁索網)	78	월도 육도 소도 추도 선촌 한서 가산서 증도 개야도	78
하서	동	325	1065	135	355	38	마망	150	고대도 삽시도 불모도 고도 녹도 외연도	150
결성군		**242**	**750**	**21**	**87**	**9**				**21**
하서	어사리	54	160	1	6	3				1
	남당리	43	175	4	24					4
상서	속동 어촌포	37	119	3	12				소궤(군말)	3
	하황리	30	76	3	11					3
	궁리	38	105	4	17					4
	하광리	40	115	6	17	6				6
해미군		**198**	**674**	**14**	**64**					**14**
남면	석포	36	122	2	11					2
하도	사기리 봉산리 창리 생천리	162	552	12	53				사기포 창리포	7 5
서산군		**93**	**246**	**7**	**22**					**4**
화변	노라포	33	91	3	8					2
문현	흑석리	32	83	2	7					2
지곡	왕산리	28	72	2	7					
태안군		**956**	**3,771**	**299**	**1,097**	**38**				**7**
남면	거온리	8	30	7	24	8				

	웅도리	27	89	12	38					
	몽대리	47	196	13	59					
	진벌리	26	87	8	26				본리 앞 포구	3
안면	창기리	169	693	1	4	1				
안흥	신진리	23	90	8	32	8				
	성남리	20	60	3	24	3				
	정산리	39	159	25	99	4			본리 앞	1
	죽림리	26	88	1	4	1				
가의도		22	85	20	77					
근서	마금리	42	202	1	5	1				
	낭금리	17	66	13	51				본리 앞 포구	1
원일	고좌리	31	118	23	62				동	2
	파도리	111	410	48	168					
	등대리	19	60	11	32					
	모항리	67	300	20	102					
	의항리	22	92	13	51					
북일	청산리	37	102	28	58					
북이	항촌리	43	138	1	4	1				
	갈두리	36	141	8	30	8				
	방축리	38	172	3	12	3				
이원	내동리	54	232	19	72					
동일	도내리	32	161	13	63					
당진군		**389**	**1,945**	**15**	**15**	**4**		**5**		**7**
내맹	대란지 소란지 소마도 초락도 교로 상원덕	267	1,335	11	11	4	소조망	4		3
외맹	송당 유치 덕거리 통정리	122	610	4	4		동	1		4
만천군		**260**	**1,052**	**40**	**139**	**14**		**78**		**13**
창택	성구미[2]	24	74	16	32	4	어망	14	신북면	2
	순루지	10	22	1	3		초망	1		1
신북	진두	14	68	2	12		낭망	10	내도 앞 영웅암 앞	1 1
	내도	45	135	4	13	4	시어망	8	내도 앞 한진동	1 1
현내	정구	33	118	1	6	1	낭망	7	신기암	1
	상후촌	27	127	4	32	3	동	20	영웅암 앞 신기암 앞	1 1

	하구촌	45	248	2	18	1	동	10	영웅암 앞	1
	하후촌	19	136	8	15	1	동	7	동	1
이서	부리포	43	124	2	8		초망	1	목면 앞	1
아산군		**307**	**15**	**21**	**103**	**20**		**29**		**8**
덕흥	십자언	15		2	8	2	색거망	2	수면부포	
돈의	금곡포	19		2	6		반두망	2	부리포 신생포	1
	채신언	20		2	9	2	동	2	대동포	1
이서	대각리, 신진포	2		1	6	1	색거망	1		
	용포	7	15	3	9	3	색거망 대색어장망	3 1	부리포 신생포	1 1
신홍	신홍포	31		2	9	2	색거망	2		
	신성포	58		4	25	4	반두망 색망	2 2	대동포 수면부포	1
	걸매포	20		2	8	2	반두망	2	대동포	1
이북	백석포	113		2	15	3	동	9	장강포 망포	2
	용동당암3)	22		1	8	1	색거망	1		
평택군		**34**	**147**	**6**	**22**			**6**		
경양	인처리	34	147	6	22		투망 새우망	6		
合計		4,871	17,878	1,114	3,249[4]	205		420		351

1) 원문에는 129로 기록되어 있다.
2) 원문에 성궤미(城几尾)로 기록되어 있으나 성구미(城九尾)의 오기이다(어사일람표 2에는 성구미(城九尾)로 기록되어 있으며 본문에도 창택면에 성구리(城九里)라는 마을이 있다).
3) 「어사일람표」 2에는 용당동포로 기록되어 있다. 원문대로 기록하였다.
4) 원문에는 3,248로 기록되어 있다.

어사일람표(漁事一覽表) 2

전라남도

郡面	里洞	사계 어채물명	1개년 어채 개산액 (円)	판매지	군읍에 이르는 거리(里)	부근시장에 이르는 거리(里)	부근시장 개설일
광양군			21,716				
월포	신기리	김 굴 뱀장어 백합 전어 문어 새우 게	70	하동군 장시 부근 시장	50	기리장 20 하동 장시 10	매2・7 매4・9
	구동리	동	140	동	50	동 20 동 10	동
	사평리	동	30	동	50	동 25 동 10	동
	돈탁리	김 굴 뱀장어 백합	40	동	55	동 30 동 10	동
	마현리	동	20	동	55	동 30 동 10	동
	금동리	동	80	동	55	동 30 동 7	동
	신송리	새우 게 문어 김 굴	50	동	50	동 25 동 7	동
	구송리	동	40	동	50	동 25 동 7	동
	월포리	동	50	동	50	동 20 동 7	동
	문암리	김 대합 게 문어 굴 뱀장어	20	동	50	동 25 동7	동
	갈길리	동	90	동	55	동 25 동 7	동
진하	선포리	동	30	동	50	동 20 동 30	동
	장재리	김 대합 게	39	동	50	동 20 동30	동
	망덕리	동	23	동	50	동 20 동 30	동
	구룡리	김 대합 게 문어 굴 뱀장어	48	동	50	동 20 동 30	동
	사동리	김	9	동	50	동 20 동 30	동
	마동리	문어 뱀장어 전어 새우	42	동	50	동 20 동 30	동
	용소리	김 새우	13	동	50	동 20 동 30	동
	이정리	뱅어 낙지	25	동	50	동 20 동 20	동
	선소리	동	588	동	55	동 20 동 20	동

	신답리	김 뱅어 새우	264	동	55	동 20 동 20	동
	구덕리	김	20	동	55	동 20 동 20	동
	신덕리	김 뱅어 문어 새우	80	동	55	동 20 동 30	동
	아동리	뱅어 김 새우 문어	40	동	55	동 20 동 20	동
진상	외금리	뱅어 김 새우	42	동	40	동 5 동20	동
	내금리	동	57	동	40	동 5 동 20	동
	이천리	동	420	동	40	동 5 동 20	동
	섬거리	동	658	동	40	동 10 동 15	동
	수동리	김 문어 대합 새우 굴	420	동	40	동 10 동 15	동
	용계리	동	460	동	45	동 10 동 15	동
	평촌리	동	510	동	50	동 20 동 10	동
	비촌리	동	320	동	50	동 20 동 10	동
	탄치리	동	420	동	50	동 20 동 10	동
	원당리	동	635	동	45	동 15 동 15	동
	창촌리	김 문어 대합 새우 굴	415	동	45	동 20 동 10	동
	평정리	동	360	동	50	동 20 동 10	동
	방동리	동	630	동	50	동 20 동 10	동
	지랑리	김 백합 낙지 전어 새우	860	동	40	동 15 동 15	동
	청룡리	동	500	동	40	동 10 동 20	동
	도원리	동	720	동	40	동 10 동 20	동
	중양리	동	500	동	40	동 10 동 20	동
	목과리	동	640	동	40	동 10 동 20	동
	문암리	동	420	동	40	동 10 동 20	동

옥곡	도촌포	동	260	동	40	동 10 동 40	동
	영수리	동	800	동	40	동 10 동 40	동
	의암리	동	720	동	35	동 5 동 35	동
	신진리	동	360	동	30	동 1 동 30	동
	매동리	동	120	동	30	동 1 동 30	동
	금촌리	동	180	동	30	동 1 동 30	동
	신기리	동	480	동	30	동 1 동 30	동
	광호리	동	620	동	30	동 7 동 35	동
	장동리	굴 대합 새우 김	200	동	30	동 1 동 30	동
	삼존리	동	240	동	30	동 5 동 30	동
	사동리	동	150	동	30	동 5 동 30	동
	묵방리	동	200	동	30	동 5 동 30	동
	대리	동	100	동	30	동 5 동 30	동
	오동리	동	100	동	30	동 5 동 30	동
골약	와우리	동	620	동	40	동 20 동 50	동
	마흘리	동	820	동	35	동 15 동 50	동
	세동리	전어 숭어 뱀장어 낙지 굴 김	700	동	30	동 20 동 50	동
	고길리	동	200	성내리 장시	25	동 20 동 50	동
	불로리	조기 오징어 갈치 도미 굴 꼬막 가오리 서대	900	하동읍 장시	35	동 20 동 50	동
	행정리	동	200	동	30	동 20 동 50	동
	사동리	동	200	동	30	동 20 동 50	동
	오류리	동	800	동	30	동 20 동 50	동
	중동리	김 백합 전어 도미 문어 굴	700	하동군 장시 부근 시장	30	동 20 동 50	동

	용소리	동	600	동	30	동 20 동 50	동
	황방리	조기 오징어 갈치 굴 꼬막 서대	36	성내리 장시	20	동 20 동 50	동
	장길리	동	118	동	30	동 20 동 50	동
사곡	초남리	서대 도미 가오리 조기 굴 김	200	동	20	동 20	매1・6
인덕	봉정리	꼬막 반합(班蛤) 낙지 게 새우	50	성내리 장시 순천군 시	10	동 10 동 30	매1・6 매2・7
	중여리	몽어(夢魚) 전어 뱀장어	55	성내시 순천군 시	10	동 10 동 30	
	해창리	전어 몽어 숭어	149	동	10	동 10 동 30	
순천군			**960**				
용두	와온리	오징어 민어 농어 대하 뱀장어 조기 갈치 낙지 병어 전어	240	도읍시 해창시	30	30 10	매2・7 매1・6
	신성포	농어 갈치 민어 미역 새우 조기 오징어	120	도읍장시 광양군읍시	30	30	동
별양	우명포	오징어 민어 농어 준치 감성돔 뱀장어 새우 조기 낙지 양태 도미	120	읍장시	30	30	매2・7
	화포	동	120	동	30	30	동
	현절리	오징어 민어 준치 감성돔 뱀장어 새우 조기 양태 낙지 감합(甘蛤) 서대 갈치 도미	120	동	30	30	동
	고전리	동	120	동	30	30	동
	거차포	동	60	동	30	30	동
초천	동막리	동	60	보성군 벌교시	50	10	매4・9
여수군			**6,865**				
율촌	주화리	잡어	40	부근 시장	50		
	두언리	잡어	10	동			
	광암리	전어	100	동	50		
	봉전리	동	100	동	50		
구산	대동	잡어	10	본리 장시			
	장전	동	15	동			
	내여	동	20	동			
삼일	덕대리	새우 곤어리(昆魚里, アミ)[1]	200	상선	30		
	낙포리	민어 도미 가오리 몽어 잡어	120	상선 부근 리동	30		
	월내리	잡어	10	본리장	30		
	군장리	오징어	20	부근 리동	30		
	당산리	잡어	10	동			
	화치리	동	20	동			

현내	동서부	병어 가오리 감성돔 도미 오징어 새우 상어 민어 조기	4,640	구동장 용기장	10	20 20	매4・9 매1・6[2)]
	봉양리	병어 전어	400	용기장 선소장	10	10 10	매5・10 매10
	만평리	오징어 감성돔 서대 양태 잡어	80	부근시장	10		
쌍봉	모사리	오징어 감성돔 서대 양태 잡어	80	덕대리	20	20	
화양	나지포리	광어 감성돔 서대 오징어 조기	40	부근시장	40		매4・9
	내외동	동	200	나지포리 부근시장	40	나지포 5	
	소장동	동	60	동	45		
	이대리	감성돔 광어 오징어 서대 양태 전어	100	부근시장	50		
	자매리	동	40	동	60		
	안정리	동	30	동	50		
	세포리	전어	40	동	60		
	서촌	동	40	동	50		
덕안	항호촌	오징어 감성돔 광어 서대 양태 전어	280	용기장 선소시장	30	10 10	
	장성촌	오징어 감성돔 광어 서대 양태 전어	40	부근시장	25		
	장천리[3)]	동	40	동	30		
	오룡리	동	80	동	40		
돌산군			**12,055**				
태인	태인도	잡어	580				
	금도	동	290	하동시 광양시	100		
	길도	동	350	동	100		
	장도	조기 갈치	220	순천시 광양시	110		
	묘도	잡어	240	순천시 하동시	70		
옥정	백야도	동	90	여수 나진시	20		
	낭도	조기 잡어	290	전 안락시	40		
	적금도	잡어	280	안락시			
	백일도	오징어 잡어	110	과역시	80		
	여자도	오징어	250	낙안시	70		
	장도	중하(中鰕) 잡어	320	낙안시	70		
두남	죽포포	서대 잡어	350	여수시	20		
	군하포	조기 잡어	490				
남면	연도	멸치 갈치	500	보성시	30		
	안도	갈치 조기	400	동	25		
	심포	동	400	장흥시 보성시	30		

화개	제리도	조기 갈치	225	낙안시 순천시	25		
	상화도	삼치	580	동	35		
봉래	애도	잡어	630	동	150		
	사양도	중하 잡어	550	동	150		
	지오도	동	450	낙안시 하동시	170		
금산	오마도	잡어	400	축두시	200		
	장촌	멸치 갈치	1,500	장흥시 보성시	50		
	덕촌	멸치 고등어 갈치	440	동	50		
삼산	유촌	멸치 고등어 갈치	520	장흥시 보성시	50		
	죽촌	멸치 갈치	540	동	50		
	손죽도	준어(準魚)	530	흥양시 낙안시	50		
	초도	조기 갈치	530	장흥시 보성시	31		
보성군			**220**				
북내	작두촌	복어 오징어 뱀장어 서대	20	대곡면 오성시	20	20	매3・8
	대통촌	동	10	동	20	20	동
도촌	예진포	복어 오징어 도미 무조어(無祖魚) 숭어	100	예진시 중막시	30	1 30	매1・6
	화동촌	복어 서대 뱀장어 양태	30	동	40	10 40	동
	동계촌	동	40	동	40	10 40	동
	청포촌	동	20	동	40	10 40	동
흥양군			**4,555**				
동면	옹암촌	오징어 조기 대하	366	대강면 유둔시	70	10	매1・6
대강	병동	동	211	동	65	5	
대서	장선촌	동	238	대강면 유둔시	65	15	매1・6
남서	송림촌	동	249	동	60	15	동
남양	중산촌	동	48	동	45	15	매5・10
남면	도야촌	동	275	남면 과역시	40	10	동
	독대촌	오징어 조기 대하	390	동	45	15	동
점암	여도	숭어 조기 대하	122	동	45	15	매4・9
포두	당산촌	오징어 조기 대하	516	읍내시	15	15	동
도양	장수촌	동	410	북어시	35	10	매2・7
	봉암촌	동	240	동	40	10	동

고읍	백석촌	동	108	고읍면 죽천시	30	10	매1·6
두원	풍류촌	동	406	읍내시	20	20	매4·9
	와포	동	370	동	25	25	동
	곤포	동	302	대강면 유둔시	30	25	매1·6
읍내	고소촌	동	304	읍내시	8	8	매4·9
장흥군			1,997				
회령	명교포	뱀장어 민어 전어 오징어	70	군읍장시	40	회령읍 3 안량시 20	매5·10
	율포	민어 농어 상어 전어 갈다어(乫多魚) 숭어	340	군읍장시	50	회령 10	매2·7
	휘리촌	오징어 양태 조기	25	동	40	안량시 20	동
천포	관암포	오징어 조기 양태 민어 농어 뱀장어 가오리	70	보성군 읍장시	65	보성읍 20	보성시 동
	금장포	조기 민어 농어 뱀장어 가오리	78	동	60	회령읍 20	동
	대진포	서대[細大魚, クツゾコ] 양태 조기	20	동	60	동 20	매4·9
	신촌포	오징어 양태 조기 상어 민어 뱀장어 수굴어(水屈魚)	150	동	55	동 15	동
	군지포	오징어 양태 조기 상어 민어 가오리 뱀장어	100	회령면시	55	15	동
안하	수문포	민어 농어 전어 상어	220	본군읍시	40	안량시 20	매5·10
	사촌포	조기 민어 농어 상어 양태	120	동	40	동 20	동
남하	고마리	상어 도미 전어 양태 조기 오징어	70	본군읍시	50	고읍시 15	매2·7
	상발리	민어 도미 농어 가오리	60	군읍시 고하면시	50	동 20	매3·7[4)]
	남포	병어 준치 상어 전어 농어	190	군읍시	35		매2·7
	삼십포	민어 상어 전어 갈다어 작은 숭어	50	동	30		동
고읍	우산포[5)]	전어 갈다어 조기	10	본면장시	15		매3·8
	산저포	양태 뱀장어	20	동	15		동
	동두포	만어 도미 갈치 오징이	120	동	20		동
내덕	장산포	동	80	동	20		동
	노력포	오징어 조기 양태	70	동	20		동
대흥	천두리[6)]	동	29	동	5		매5·10
	덕촌리	동	20	동	3		대흥시 매5·10
	내차포	동	20	동	3		동
	옹암포	오징어 양태 민어 상어	25		10		동
	삭금리	동	20	본면장시	5		대흥시 매5·10
	선자포	동	20	동	3		동
강진군			1,020				

백도	내봉리			군저시		30	매3·8
	선창리						
칠량	월궁리	도미 민어 숭어 오징어 장뚱어[長頭魚]	200	칠량시 군저시	30	5 30	매1·6 매4·9
	옹점리	농어 전어 뱀장어 모치어(毛致魚)					
보암	용산리	도미 농어 조구어[7] 민어 모치어	340	보암시 변좌일시 군저시	30	5 20 30	매1·6 매4·9 매3·8
	망호리	전어 장뚱어 병어 오징어					
	송학리						
군내	남포리	도미 농어 전어 민어 조구어 모치어 장뚱어 병어	480	군저시 고군시	3	3 30	매4·9 매3·8
	괴동	치어(致魚) 장뚱어 병어					
해남군			1,390				
송종	어란리	조기 상어 도미 가오리 민어 갈치	220	송시	60	20	매10
은소	부평리	조기 상어 도미 가오리 민어	130	영광군 법성포시	300	300	매3·8
현산	두모리	조기 가오리 민어	55	송시	30	20	매10
화일	사촌리	조구어 조기 민어	25	해창시	40	20	매4·9
	중정리	민어 오징어	30	동	40	20	동
화이	용정리	갈치 민어 조기 오징어 하모[班魚] 도미	100	송시	50	30	매10
	연곡리	동	100	동	40	30	동
	가성리	동	90	동	40	30	동
	관동리	동	90	동	40	30	동
군이	신리	동	80	군저시	20	20	매1·6
장서	가납리	전어 무중어(無中魚) 도미	40	부근촌	80	10	
산일	징의리	조기 민어 무중어 도미	180	군저시	20	20	동
	산소리	동	60	동	20	20	동
산이	해당리	잡어 민어 조기 도미 김	70	동	30	30	동
마포	당산리	잡어 민어 조기 도미 김	60	평촌시	30	20	매7
청계	동	삼치 부황어(浮黃魚) 잡어 민어	60	동	30	10	동
완도군			18,510				
군외		조기 광어 갈치	240	본면읍시	30		
고금		장대어(長大魚) 가오리	80	동	40		
조약		조기 광어	40	고금시	57		매4·9
신지		장대어 가오리	140	본면읍시	30		
평일		가오리 문절망둑	50	동	60		
소안		가오리 조기 문절망둑	200	동	50		
보길		고등어 멸치	1,000	본포	170		
청산		동	8,200	동	80		

추자		동	8,560	상선	190		
진도군			**14,137**				
군내	수유포	농어 숭어 잡어	30	부내면	10	10	매2・7
	북치포	농어 숭어 잡어	30	부내면	10	10	매2・7
고일	금호포	농어 민어 조기	100	각촌시	35	의신면 평지 20	매4
	가계포	민어 조기 잡어	100	동	25	부근시 20	고이면 매5
	벌포	조기 광어 잡어	80	동	20	동 10	동
	황조포	동	60	동	30	동 20	동
의신	도목포	민어 조기 삽어	100	동	30	동 10	의신면 평지 매4
명금	금갑도포	문절망둑 농어 잡어	30	동	30	동 10	동
임회	죽림포	민어 조기 잡어	150	동	30	25	하석포 매10
	남도포	문절망둑 잡어	40	동	50	10	동
	굴포	갈치 작은숭어 작은농어	8,697	동	50	10	동
조도	조도포	조기	4,200	각포항구(各浦巷口)			
도초	도초도포	민어 숭어 잡어	520	동	260		
나주군			**70**				
죽포	별암포[8]	복어 문어 작은 숭어[童魚]	15	가동시	30	15	매3・8
상곡	포두포	복어	5	영포장	20	10	매5・10
두동	몽탄포	숭어 복어 모치어 백하	10	본포시 수문포	60	남창장 20	매2・7
곡강	사호포	새우 문어 작은 숭어[童子, いな]	40	사호포	50	동 20	동
함평군			**180**				
영풍	석두리	준치, 엽삭어(葉削魚)	90	주포 읍전시	15	5 15	매2・7
손불	지호리	준치 송어	20	동	30	20 30	동
	목전리[9]	엽삭어 상어[登必伊魚, さめ]	10	동	30	20 30	동
	석계리	준치 송어	60	동	20	20 20	동
영암군			**1,180**				
곤일종	오별 변두 송죽정 백야 동호 동암 산호정 하류 용두리 저두	천석(荐石) 모치어 오징어[落子, イカ] 새우	174	본읍 독천시 석주원시 본포시 강진		40 10	매4・9 매6・2[10]
곤일시	부암	민어 전복 오징어 잡어	129.5	독천시	부암 45	50	매4・9

	남산 춘동 문주포 호음곡 기동 신정 입두 만화동			석주원시	기타 50	40	매6・2[11)]
곤이시	화암 석포 주룡	잡어	216	독천시	50 40	10 3	독천시 매4・9
곤이종	성재동 금강	꼬막 모치어 숭어	40	동	40	40	동
서종	동변 양장 서호정 모정	새우 모치어	125	읍시			읍시 매5・10 독천시 매4・9
서시	모가정 진변 도리촌 장사리 양지촌 지남 탑동	숭어 모치어 굴 잡어	225.9	읍장시 덕진시 반남시		5 10 30	매5・10 매3・8 매4・9
북일종	원목포	중하	29.6	반남시 회동시(灰洞市)	20	20 25	매4・9 매3・8
북이시	당두 봉소정 학림 정동 구산 양호	숭어 중하 굴	240	동	50 40	20 10	동
지도군			**2,470**				
암태		송어 황어(黃魚)	300		130		
압해		송어 병어 백하	200		120		
사옥		송어 준치	200		20		
임자		민어 가오리 도미	300		50		
군내		백하 도미 민어	150		遠 20 近 10		
낙월		백하 상어	500		遠 500 近 100		
고군산		조기 갈치	820		遠 1,000		
영광군			**2,220**				
염소	당두리	송어 조기	80	외간면 포천포	40	30	매 2・7
	월평리	동	40	동	40	30	동
	이리	동	40	동	40	30	동
	구내리	동	40	동	40	30	동
영마	대초리	잡어	60	군내시	35	법성시 10	매3・8

태산	삽고리	조기 송어 갈치 병어	490	동	30	포천시 20	매2・7
	조량리	잡어	30	동	30	포천 20	매2・7
	동백리	잡어	30	동	30	동 20	동
	상촌리	동	90	동	30	동 20	동
	하촌리	동	60	동	30	동 20	동
진량	법성포	동	350	법성시	20		매3・8
	좌우포	동	60	동	25	1	동
홍농	가마포	조기 문어 송어 갈치	420	가마포	40	법성시 15	동
	안마포	동	150	동	40	동 15	동
	항월포	동	140	항월시	30	동 3	동
	계동포	동	140	계동시	40	농 15	몽
제주군			**8,637**				
구우	귀덕포 한림포 부재포 월령포 두모포 고산포 수원포 옹포 금릉포 판포 용수포	미역 멸치 자어(者魚) 조기 민어	1,570	본포(本浦)	100	두모장 15 명월장 10	매5・10 매4・9
신우	하귀포 애월포 금성포 고내포 곽지포	미역 멸치 자어 석어 민어	2,000	본포	50	10	애월장 매3.8
중면	삼탕포 건입포 도두포 외도포 화장포 용담포 내도포	미역 김 멸치 장뚱어(長頭魚)[12] 상어 갈치	350	각 포(各浦)	15	성내장 15 삼양장 10	매2・7 매1・6
신좌	신촌포 함덕포 조천포 북촌포	동	3,660	동	30	3	조천장시 매3・8
구좌	동복포 월정포 한동포 세화포 종달포 금령포 행원포 평대포	미역 김 멸치 상어 조기 민어	1,057	금령장 세화장	100	10 20	매4・9 매5・10

	하도포 연평포						
정의군			1,368				
좌면	성산포	미역 전복 멸치 상어	100	수산시	35		매5・10
	시흥포	미역 전복 멸치 상어	130	수산시	35	10	매5・10
	오조포	동	63	동	35	5	동
	고성포	동	100	동	30	5	동
	온평리	동	63	동	25	10	동
	신산포	미역 전복	42	성읍장시	15		매1・6
	하천포	미역 전복 조기 멸치	220	동	10	10	매1・6
	신천포	미역 전복 김 멸치	20	동	15	15	동
동중	영남포	동	300	동	15	15	동
	표선포	동	40	동	15	15	동
	가마포	동	30	동	15	15	동
	토산포	미역	20	동	15	15	동
서중	동보한포	미역 전복 멸치	15	의귀시	25	5	매2・7
	보한포	동	25	동	27	5	동
	남원포	동	10	동	30	7	동
	위미포	미역 전복 멸치	35	의귀시	40	10	매2・7
	하례포	동	15	효돈시	50	5	매3・8
우면	하효포	동	20	동	50	5	동
	토평포	동	10	동	63	8	동
	보목포	동	35	동	60	5	동
	서귀포	미역 멸치 조기	45	동	65	10	동
	법환포	동	30	동	80	25	동
대정군			2,100				
좌면	강정리	자아어(者阿魚) 전복 멸치	100	不定	50	도순장시 3	
	대포리	미역 자아어 전복	40	동	40	동 10	
	예래리	미역 전복 멸치	70	동	25	창천장시 5	
중면	창천리	동	70	동	25	5	
	화순리	동	120	동	15	7	
	사계리	미역 전복 멸치 자아어	200	동	5	5	
우면	상모리	미역 전복 멸치 자아어	600	부정	5	5	
	하모리	동	500	동	10	10	
	일과리	미역 멸치	400	동	10	10	
合計			101,650				

---

1) 昆魚里(アミ)를 원문대로 기록하였다.
2) 원문에는 五,六日로 기록되어 있으나 一,六日의 오기로 보인다. 1・6일로 기록하였다.
3) 「어사일람표」 1에 기록된 장척리(長尺里)로 기록하였다(장척리가 속해 있던 덕안면은 1915년 소라면이 되었다. 현재 소라면에는 장척갯벌체험마을이 있다).

4) 3·8장의 오기로 보이지만 원문대로 기록하였다.
5) 원문에는 수산포(手山浦)로 기록되어 있으나, 우산포(牛山浦)의 오기로 보인다(「어사일람표」1에는 우산포로 기록되어 있다).
6) 원문에는 탄두리(呑頭里)로 기록되어 있으나 천두리(蚕頭里)의 오기로 보인다(「어사일람표」1에는 천두리로 기록되어 있다). 장흥군 회진면 진목리를 중심으로 동쪽에는 천두리(하늘머리), 서쪽에는 갯나들이라고 불렀던 마을이 있었다고 한다.
7) 조기는 일반적으로 한자를 石首魚(石魚)로 기록하지만 원문에 조구어(助九魚)로 기록되어 있다. 조기의 지방어의 음가로 기록한 것으로 보인다.
8) 원문에는 오암포(鰲巖浦)로 기록되어 있으며, 「어사일람표」1에는 별암포(鱉巖浦)로 기록되어 있다. 현재 해남 별암선착장이 있으므로 별암포(鱉巖浦)로 기록해 둔다.
9) 「어사일람표」1에는 방전리(放田里)로 기록되어 있다.
10) 형식에 맞지 않지만 원문대로 기록하였다.
11) 주석 10)과 같다.
12) 원문에 기록된 한자 장두어(長頭魚)는 장뚱어를 말한다. 장뚱어는 갯벌에서 서식하는데 원문대로 기록하였다.

전라북도

郡面	里洞	사계 어채물명	1개년 어채 개산액(円)	판매지	군읍에 이르는 거리(里)	부근 시장에 이르는 거리(里)	부근 시장의 개설일
무장군			**4,109**				
상리	장호	조기	3,090	청해면 안자시 부안면 교산시	30	20 50	매3·8 매5·10
오리동	동호	조기 민어	592	청해면 안자시	30	20	매3·8
심원	난호	조기 갈치	195	안우시 교산자[1]	30	20 30	매3·8 매5·10
	전막	동	232	동	30	20 20	동
홍덕군			**370**				
이서	선운포	조기	180	어선 방매	20		
부안	상포	동	100	동	20		
	안현	동	50	동	20		
	반월리	백하 갈치	40	교산시	20	10	매5·10
부안군			**1,442**[2]				
건선	강동리	조기 갈치	300	강동리	40		
	강서리	동	300	강서리	40		
좌산 내	구진리	조기 갈치 오징어	20	건선면 줄포	40	20	
	관선불	동	20	동	50	30	
우산 내	궁항리	갈치 삼치 준치	20	동	80	50	
	합구미	조기 갈치	30	각 촌시(村市)	40	3	
하서	해창리	농어 말우어(末右魚)	22	동	30	3	
	장언리	조기 갈치	1庫 30	도내 상하시	25	25	상시 매2·7 하시 매4·9
	의복동	조기 갈치 민어	동 200	도내 상하시	20	20	동
	돈지리	동	동 200	동	20	20	동
염소	계화리	조기 갈치	300	건선면 줄포	20	100	
옥구군			**1,338**				
장면	오봉포	준치	100	경장시 장재시	20	20	매10 매5
미면	오식도	준치	143	본도민	40	40	동
	내초도	동	80	동	30	30	동
	가내도	중하(中鰕)	5	동	20	20	동
	입이도	준치	10	경장시 장재시	20	20	동
북면	경포리	준치 조기	1,000	해상내왕□[3] 선	3	3	
만경군			**400**				

하일도	길곶리	민어 숭어 말어(末魚) 대합(生蛤) 새우 맛 굴	100	당시 김제시	30	30 50	매4・9 매2・7
	남하리	준치	70	동	25	25 45	동
북면	화포	굴 새우	20	동	10	10 30	동
	대토리	새우	10	당시 김제시	10	10 30	매4・9 매2・7
	몽산포	조기	200	해상 방매	3	당시 3 김제시 20	동
여산군			**8**				
북일	황산포	웅어[葦魚]	8	황산시	30	강경시 2	강경시 14일 19일 황산시 매2・7
合計			7,667[4]				

1) 안우시는 안자시의 오자로 보이며, 교산자는 교산시의 오자로 보인다. 원문대로 기록하였다.
2) 원문에는 1,622로 기록되어 있다.
3) 'ㅁ'로 표시한 것은 글자를 알 수 없다.
4) 원문에는 7,847로 기록되어 있다.

충청남도

郡面	里洞	사계 어채물명	1개년 어채 개산액(円)	판매지	군읍에 이르는 거리(里)	부근 시장에 이르는 거리(里)	부근 시장의 개설일
부여군			40				
천을	규암포	사침어(沙沈魚) 칠어(七魚) 자개어(自開魚)	10	방생면 은산시	10	10	매1・6
	둘리포	숭어 잉어 칠어	20	동	10	10	동
도성	호암포	사침어 칠어 자개어	10	동	10	10	동
석성군			115				
북면	노하리	숭어 잉어 웅어 은어	65	부여군 은산시 은진군 강경시	10	20 30	매1・6 매4・9
현내	봉두정리	숭어 잉어 은어 웅어 전어	50	강경시 논산시	7	20 23	매4・9 매3・8
임천군			1170				
세도	계양리	숭어 웅어 종어(宗魚)	540	본군읍시	20	강경시 10	매4・9
백암	수조원리	동	630	동	20	10	동
서천군			590				
남부	백사리	중하 대하 작은조기 잠방어(潜滂魚) 숭어	70	서천읍 길산시	10	10 20	매2・7 매4・9
	장암리	조기 준치	200	동	20	20 25	돈
서부	동지리	조기 전어	60	강경시	10	서천읍 10 길산시 20	동
	노항리	동	70	동	15	10 20	동
	와석리	동	70	동	10	10 20	동
	죽산리	갈치 유어(油魚) 조기	40	동	10	10 20	동
	산소리	갈치 유어 조기	40	길산시 판교시	10	20 30	동
	금포리	갈치 유어 조기	40	길산시 판교시	10	20 30	매2・7 매4・9
비인군			5,200				
일방	외다포 (포성리 포함)	갈치 유어 조기	100	동면 판교시 서천읍시	10	20 30	매5・10 매1・6
군내	송서포[1] (선동, 고도리 포함)	동	100	동면 판교시 한산읍시	5	30 40	매5・10 매3・8
서면	도둔포 (마량리 포함)	동	5,000	홍산읍시 남포 양치시	20	50 20	매2・7 매1・6
남포군			112				
웅천	간입리	잡어	6	대천시 양치시	20	10	매4・9 매1・6

	독산리	동	27	동	25	10	동
	당현포	동	3	동	20	10	동
	소황리	동	20	동	30	10	동
신안	의항리	동	23	동	10	15	동
	방항리	동	10	동	10	15	동
	회전리	동	3	동	15	10	동
북내	조척포	바지락[小蛤] 굴 게	20	동	10	20	동
보령군			210				
간라[2)]	남곡포	갈치 숭어	50	대천시	10	30	매3・8
	시동	오징어 꼴뚜기[骨獨魚]	10	동	10	30	매3・8
주포	산고내	갈치 꼴뚜기 오징어	90	동	20	20	매3・8
	대동	동	60	동	20	20	매3・8
오천군			6,200				
하남		갈치 도미 변정어(卞正魚)	1,150	오천군읍 결성군 광천시 보령군 옹산시 동 대천시		월도 10 육도 15 추도 20 소도 20 효자도 25 선촌 30 진촌 35	오천군 읍내시 매2・7 보령군 대천시 매3・8 결성군 광천시 매4・9
하서		조기 갈치 변정어 멸치[蔑致魚][3)] 상어 가오리	5,050	오천군 읍내시 보령군 대천시 동 옹암포 결성군 광천시 동 성호시 경성남문시 전라남도 법성포		길대도 50 장고도 60 삽시도 70 고도 100 녹도 120 외전도 200 어청도 300	동
결성군			107				
하서	어사리	꼴뚜기 오징어 굴 낙지 바지락 작은 갈치[絲刀魚]	24	원천장시 광천장시 용천장시	30	35 50 15	매5・10 매4・9 매3・8
	남당리	꼴뚜기 오징어 굴 낙지 바지락 작은 갈치	5	원천장시 광천장시	25	30 45	매5・10 매4・9
상서	속동	꼴뚜기 오징어 문절망둑 [望頭魚, ハゼ] 잔새우	12	동	20	25 40	동
	하황리	동	12	동	30	35 50	동
	궁리	꼴뚜기 오징어 굴 낙지 문절망둑	24	동	30	35 50	동
	하광리	동	30	동	30 40	35 50	동
해미군			80				
남면	석포	민어 도미 오징어 꼴뚜기 대하 조기 갈치 숭어	20	해미읍 서산읍시	15	15 25	매5・10 매2・7
하도	사기리, 창리,	동	60	해미읍시 백야시	15	15 5	동

	봉산리, 생천리						
서산군			140				
화변	노라포	오징어 굴 바지락 낙지[蛸子]	40	평촌장 읍장시	30	취포 15	매1・6 매2・7
지곡	왕산리	굴 바지락 낙지	40	동	30	평촌장 20	동
문현	흑석리	뱅어 조기 굴 바지락 낙지	60	읍장시	30	30	매2・7
태안군			2,327				
남면	거온리	도미 민어 상어	56	본읍장시	40		매3・8
	웅도리	바지락	24	동	40		동
	몽대리	김	26	동	20		동
	진벌리[4]	도미 갈치 굴	23	동	10	10	동
안면	창기리	도미 민어 상어	60	동	50	50	동
안흥	신진리	동	560	동	50	50	동
	성남리	도미 민어 조기 상어	180	동	40	40	동
	정산리	도미 민어 상어 바지락 굴 낙지 조기	342	동	40	40	동
	죽림리	도미 민어 상어	50	본읍장	35	35	매3・8
가의도		김 미역 전복	120	동	70	70	동
근서[5]	마금리	민어 도미 상어	80	동	20	20	동
	낭금리	바지락 낙지	15	동	20	20	동
원일	고좌리	동	20	동	30	30	동
	파도리	김 미역 낙지 바지락	142	동	40	40	동
	등대리	바지락 낙지	22	동	20	20	동
	모항리	김 바지락	40	동	40	40	동
	의항리	김 굴 조기	39	동	40	40	동
북일	청산리	굴 파래	20	동	20	20	동
북이	항촌리	도미 상어 민어 조기	60	동	40	40	동
	갈두리	동	250	동	40	40	동
	방축리	동	150	동	40	40	동
이원	내동리	굴	22	동	60	60	동
동일	도내리	굴 낙지 바지락	26	본읍장시	20	20	매3・8
당진군			130				
내맹	대란지 소란지 소마도 초락도 교로 상원덕	숭어 굴 낙지 민어 잡어	90	삼거시 장시	소마도 상원덕 40 초락도 50 대란지 소란지 30 교로 60	소마도 상원덕 30 초락도 40 대란지 소란지 20 교로 50	매2・7
외맹	송당 유치 덕거리 통정리	사어[絲魚] 밴댕이 게 작은 숭어	40	동	30	15	매2・7
만천군			714				

창택	성구미	준치	80	기지시	50	30	매1·3 매6·8
	순루지	숭어	14	본포	50	30	동
신북	진두포	준치	80	진두촌	50	기지시 30	동
	내도	동	120	기지시	50	동 30	동
현내	정구	새우 황어	160	본면 공포	40	이서면 10	매4·9
	상후촌	새우 황어	120	본면 매포	40	남원시 10	매4·9
	하구촌	황어	50	공포	40	남원시 10	매4·9
	하후촌	동	80	본포	40	동 10	동
이서	부리포	새우 강다리어(江多里魚)	10	본포	40	동 10	동
아산군			**887**				
덕흥	십자언	작은 황어 새우 작은 숭어	24	예산읍시	40	30	매5·10
돈의	채신언	동	100	곡교시	25	20	매3·8
	금곡포	작은 황어	90	동	25	30	동
이서	대각리 신진	작은 황어 새우 작은 숭어	12	동	25	30	동
	용포	민어 작은 황어	136	동	25	30	동
신흥	신홍포	동	80	둔포시	30	10	매2·7
	신성포	작은 황어 새우 작은 숭어	160	둔포시 곡교시	10	20 20	매2·7 매3·8
	걸매포	동	120	곡교시	20	30	매3·8
이북	백석포	동	150	둔포시 곡교시	10	25 25	매2·7 매3·8
	용당동포[6]	작은 황어 새우 작은 숭어	15	둔포시	20	20	매2·7
평택군			**1,000**				
경양	인처리	황어 달강어 숭어 새우 작은 숭어	1,000	아산 둔포시 직산 입장시 안성군시	13	5 45 60	매2·7 매4·9 매2·7
合計			**19,022**				

1) 「어사일람표」 1에는 선서포(船西浦)로 기록되어 있다. 원문대로 기록하였다.
2) 원문에는 우라(于羅)로 기록되어 있으나 간라(干羅)의 오기이다(「어사일람표」 1에는 간라로 기록되어 있다).
3) 원문에는 멸치어(蔑致魚)에 タチ를 달아두었는데 タチ는 갈치를 말하는 것으로 오기인 것으로 보인다. 앞에 갈치가 기록되었으므로 멸치로 번역한다.
4) 원문에는 진대리(榛垈里)로 기록되어 있으나 진벌리(榛伐里)의 오기이다(「어사일람표」 1에는 진벌리로 기록되어 있다).
5) 원문에는 추서(追西)로 기록되어 있으나 근서(近西)의 오기이다(「어사일람표」 1에는 근서로 기록되어 있다).
6) 「어사일람표」 1에는 용동당암으로 기록되어 있다. 원문대로 기록하였다.

『한국수산지』 제3집 지명 색인

ㄱ

가곡동(家谷洞) 경북 장기군 내남면
가거도(可居島, 黑山島・嘉山島) 全南 智島郡 巖泰面
가계(佳界) 全南 珍島郡 珍島
가구미리(駕九尾里) 全南 莞島郡 古今面 古今島
가궁리(駕宮里) 全南 莞島郡 金塘面
가내도(加乃島) 全北 沃溝府 米面
가내리(加乃里) 全南 莞島郡 助藥面 助藥島
가덕도(加德島) 全南 珍島郡 鳥島面
가도(駕島) 全南 靈光郡 鹽所面
가도(檟島) 全南 智島郡 巖泰面
가동시(佳洞市) 全南 羅州郡 水多面
가락(佳樂) 忠南 牙山郡 敦義面
가란도(佳蘭島) 全南 智島郡 押海面
가리도(加里島) 全南 突山郡 金鰲面
가마(加馬) 全南 珍島郡 智山面
가마도(加馬島) 全南 靈光郡 弘農面
가마도(加馬島) 全南 莞島郡 平日面
가마미(加馬尾) 全南 智島郡 押海面 慈恩島
가마포(加馬浦) 全南 靈光郡 弘農面
가막양(駕莫洋) 全南 突山郡
가모도(可暮島) 全南 突山郡 蓬萊面
가목도(加木島) 全南 珍島郡 鳥島面
가목장(加木場) 全南 興陽郡 道化面
가사도(加士島) 全南 珍島郡 鳥島面
가양리(佳陽里) 忠南 林川郡 世道面
가우도(駕牛島) 全南 康津郡
가우도(加牛島) 全南 莞島郡 生日面
가을도(加乙島) 全南 珍島郡 鳥島面
가의도(價誼島) 忠南 泰安郡 安興面
가인리(加仁里) 全南 莞島郡 薪智面 薪智島
가장도(加長島, 沿島) 全南 突山郡 南面
가전(家前) 全南 智島郡 飛禽面 飛禽島
가치(加峙) 全南 珍島郡 智山面
가학령(駕鶴嶺) 全南 莞島郡 所安面 所安島
가향(加香) 全南 珍島郡 義新面
각길도(脚吉島) 全南 珍島郡 鳥島面
각리도(角里島 大・小) 全南 智島郡 洛月面
각리사퇴(角里沙堆) 全南 智島郡 洛月面
각점도(角占島) 全南 莞島郡 金塘面
간암(肝岩) 全南 智島郡 箕佐面 安昌島
간치(艮峙) 忠南 庇仁郡 西面
갈구도(渴九島) 全南 莞島郡 生日面

갈길(乫吉) 全南 光陽郡 月浦面
갈도(葛島) 全南 智島郡 荏子面
갈도(葛島) 全南 珍島郡 鳥島面
갈두(曷頭) 全南 珍島郡 智山面
갈두리(曷頭里) 忠南 泰安郡 北二面
갈마(喝馬) 全南 智島郡 沙玉面 羽田島
갈마도(渴馬島, 加乙島) 全南 珍島郡 鳥島面
갈산(曷山) 全北 務安府 朴谷面
감목리(甘木里) 全南 莞島郡 平日面 平日島
감방산(坎方山) 全南 務安府 文化面
갑남산(甲南山) 全北 扶安郡
갑도(甲島, 接島) 全南 珍島郡 鳴琴面
갑암포(甲岩浦) 忠南
갑암포(甲岩浦, 藍浦灣) 忠南 藍浦郡
강경(江景, 江鏡) 忠南 恩津郡 金浦面
강경천(江景川, 論山川) 忠南 恩津郡
강대도(江大島) 全南 珍島郡 鳥島面
강독리(江獨里) 全南 莞島郡 薪智面 薪智島
강동리(江東里) 全北 扶安郡 乾先面 茁浦
강변(江邊) 全北 茂長郡 上里面
강산촌(糠山村) 全南 務安府 海際面
강서리(江西里) 全北 扶安郡 乾先面 茁浦,
강정리(江汀里) 全南 大靜郡 左面
강진읍(康津邑) 全南 康津郡
강진읍장(康津邑場) 全南 康津郡
강호(康湖) 全南 務安府 朴谷面
개기(介基) 全南 智島郡 巖泰面 巖泰島
개도(蓋島) 全南 突山郡 華蓋面
개도(介島) 全南 智島郡 荷衣面
개룡(開龍) 全南 智島郡 飛禽面 飛禽島
개야도(開也島) 忠南 鰲川郡 河南面
개척(蓋尺) 忠南 石城郡 瓶村面
갱장포(阬長浦) 忠南 庇仁郡 西面
거군(巨軍, 巨君地) 全南 興陽郡 南陽面
거금도(居金島) 全南 突山郡 錦山面
거금수도(居金水道) 全南 興陽郡
거로(巨老) 忠南 泰安郡 北二面
거망치각(擧網峙角) 全南 莞島郡 所安面
거문도(巨文島, 三島) 全南 突山郡
거문이(巨門伊) 全南 突山郡
거사리(巨沙里) 全南 莞島郡 八禽面 八禽島
거사리(居沙里) 全北 沃溝府 米面
거온리(擧溫里) 忠南 泰安郡 南面
거울도(巨鬱島) 忠南 泰安郡 南面
거차(巨次) 全南 順天郡 別良面
거차군도(巨次群島) 全南 珍島郡
거치(巨峙) 全南 珍島郡 智山面
건입포(健入浦, 山底浦) 全南 濟州郡 中面
건천리(乾川里) 全南 莞島郡 古今面 古今島
검당(檢堂) 全北 茂長郡 心光面
검동서(檢同嶼) 全南 突山郡 金鰲面
검두산(檢頭山) 全南 突山郡 斗南面 突山島
검모진(黔毛鎭) 全北 扶安郡 左山面
게마도(偈磨島) 全南 莞島郡 薪智面
게마리(偈馬里) 忠南 瑞山郡 禾邊面
격음군도(隔音群島) 全南 智島郡 古群山面
격포(格浦) 全北 扶安郡 右山面
결매(偰梅)[1] 忠南 牙山郡 新興面
결성읍(結城邑) 忠南 結城郡

---

1) 원문에는 偰의 음을 '게'로 보고 있다. 색인의 배치에 따라 '계로 읽어 두었다.

경도(鯨島) 全南 珍島郡 鳥島面
경시(京市) 全北 沃溝府 北面
경치도(京雉島, クルト島) 全南 智島郡 飛禽面
경포리(京浦里) 全北 沃溝府 北面
경호도(鏡湖島, 大京島) 全南 突山郡 斗南面
계동(桂洞) 全南 靈光郡 弘農面
계동(桂洞) 全南 莞島郡 古今面 古今島
계룡산(鷄龍山) 忠南
계화도(界火島 桂花島) 全北 扶安郡 鹽所面
계화도(桂花島, 界火島) 全北 扶安郡 鹽所面
계화리(界火里) 全北 扶安郡 鹽所面
고곡(沽谷) 全南 珍島郡 鳴琴面
고교(稿橋) 全南 珍島郡 鳥島面
고군산군도(古群山群島, 隔音群島) 全南 智島郡 古群山面
고군산도(古群山島) 全南 智島郡 古群山面
고굴(古堀) 忠南 泰安郡 東二面
고금도(古今島) 全南 莞島郡 古今面
고길(古吉) 全南 光陽郡 骨若面
고길(古吉) 全南 珍島郡 郡內面
고내리(高內里) 全南 濟州郡 新右面
고니포(古尼浦) 全北 茂長郡 下里面
고대도(古代島) 忠南 鰲川郡 河西面
고대리(高岱里) 忠南 唐津郡 內孟面
고도(鼓島) 全南 突山郡
고도(姑島) 全南 莞島郡 露兒面
고도(古島, 倭島) 全南 突山郡 三山面 三島
고도리(姑島里) 忠南 庇仁郡 郡內面
고도서(鼓島嶼) 全南 突山郡 斗南面
고돌산반도(古突山半島) 全南 麗水郡 華陽面
고란(古蘭) 全南 智島郡 箕佐面 箕佐島
고사도(高沙島) 全南 珍島郡 鳥島面
고산(高山) 全南 珍島郡 臨淮面
고산(高山) 全北 茂長郡
고산동(高山洞) 忠南 唐津郡 高山面
고산리(高山里) 全南 莞島郡 八禽面 八禽島
고산리(高山里) 全南 濟州郡 舊右面
고성산(固城山) 忠南 林川郡
고성장시(古城場市) 全南 旌義郡
고소(姑蘇) 全南 興陽郡 邑內面
고소대(姑蘇台) 全南 麗水郡 麗水邑內
고수동(古水洞) 全南濟州郡 舊左面
고용산(高湧山 高聳山) 忠南 牙山郡
고이도(古耳島) 全南 智島郡 沙玉面
고장(古場) 忠南 泰安郡 安興面
고장동(庫場洞) 全南 智島郡 押海面 慈恩島
고전(庫田) 全南 順天郡 別良面
고전(古田) 全北 茂長郡 元心面
고파도(古波島) 忠南 瑞山郡 文峴面
고파도(古波島) 忠南 泰安郡 北一面
고포(古浦) 全南 突山郡 蓬萊面 內國島
고포(古浦) 全南 濟州郡 新佐面
고하도(高下島) 全南 務安富 府內面
고하도(高下島) 全南 智島郡 押海面
곡가내리(曲加乃里) 全南 莞島郡 助藥面
곡강(曲江) 全南興陽郡 占巖面
곡교시(曲橋市) 忠南 牙山郡
곡교천(曲橋川) 忠南
곡도(曲島) 全南 智島郡 沙玉面
곡자동(曲子洞) 全南 務安府 多慶面
공주산(公州山) 全北 臨陂郡

공진(貢津) 忠南 牙山郡
곶지도(串芝島) 全南 智島郡 古群山面
과역장(過驛場) 全南 興陽郡 南面
곽도(藿島, 角島) 全南 珍島郡 鳥島面
곽지리(郭支里) 全南 濟州郡 新右面
관갈(貫葛) 忠南 泰安郡 北二面
관덕(觀德) 全南 興陽郡 豆原面
관동(冠洞) 忠南 藍浦郡
관동(官洞) 忠南 泰安郡 北一面
관선불리(觀仙佛里) 全北 扶安郡 尤山面
관세산(觀世山) 全北 沃溝府 米面
관월도(觀月島) 忠南 泰安郡
관월리(觀月里) 忠南 泰安郡 安眠面
관음산(觀音山) 全南 智島郡 巖泰面 牛耳島
관장서(關障嶼) 忠南 鰲川郡 河西面
관장수(官長首) 忠南 泰安郡 安興面
관청(舘廳) 全南 智島郡 飛禽面 飛禽島
관청도(官青島, 官廳島) 全南 珍島郡 鳥島面
관청리(官廳里) 全南 莞島郡 所安面 所安島
관촉리(觀燭里) 忠南 恩津郡
관하동(貫賀洞) 全南 突山郡 金鰲面 金鰲島
관해동(觀海洞) 全南 務安府 府內面
광구리장(光溝里場) 全南 順天郡 住嚴面
광대도(廣大島) 全南 珍島郡 鳥島面
광두(廣頭) 全南 智島郡 巖泰面
광서(廣嶼) 全南 突山郡 玉井面
광암(廣岩) 全南 務安府 一老面
광암리(廣岩里) 忠南 藍浦郡
광암리(廣岩里) 忠南 庇仁郡 西面
광암초(廣巖礁) 全南 庇仁郡 西面
광양읍(光陽邑, 馬老・曦陽) 全南 光陽郡
광제동(光齊洞) 全北 沃溝府 米面
광천(廣川) 忠南 鰲川郡 河北面
광천시(廣川市) 忠南 鰲川郡
광촌(光村) 全北 茂長郡 上里面
광포(廣浦) 全南 智島郡 箕佐面 安昌島
광호(廣湖) 全南 光陽郡 玉谷面
괴동(槐洞) 全南 康津郡 部內面
괴리장(槐梩場) 全南 順天郡 黃山面
교동(橋洞) 全南 莞島郡 古今面 古今島
교로리(橋路里) 忠南 唐津郡 內孟面
교맥도(蕎麥島) 全南 智島郡 巖泰面
구경평(九京坪) 全南 智島郡 飛禽面 飛禽島
구남(九南) 全南 興陽郡 大西面
구남도(求南島) 全南 珍島郡 鳥島面
구내리(九乃里) 全南 靈光郡 鹽所面
구당(舊堂) 全南 智島郡 箕佐面 箕佐島
구당산(鳩堂山) 全南 莞島郡 露兒面
구덕(舊德) 全南 光陽郡 津下面
구도(鳩島) 全南 莞島郡 所安面
구동(鳩洞) 全南 光陽郡 月浦面
구동장(九洞場) 全南 麗水郡 郡內面
구두(龜頭) 全南 莞島郡 平日島
구로(舊路) 全南 康津郡 七良面
구로지리(九老之里) 忠南 唐津郡 高山面
구룡(九龍) 全南 光陽郡 津下面
구룡(九龍) 全南 興陽郡 豆原面
구룡도(龜龍島) 全南 莞島郡 露兒面
구리(龜里) 全南 莞島郡 青山面 青山島
구만(九萬) 全南 智島郡 荷衣面 下苔島
구성리(九城里) 全南 莞島郡 助藥面
구송(舊松) 全南 光陽郡 月浦面

구수리(九秀里) 忠南 庇仁郡 西面
구아산(狗牙山) 全南 突山郡 玉井面
구암(龜岩) 全南 智島郡 荷衣面
구암(九岩) 全南 興陽郡 道北面
구암리(龜岩里) 全北 臨陂郡 西四面
구암산(九岩山) 全南 靈光郡
구엄리(舊嚴里) 全南 濟州郡 新右面
구영강(九永江) 全南 海南郡
구용(九用) 全南 珍島郡 義新面
구자도(狗子島) 全南 珍島郡 鳴琴面
구정도(九井島) 全南 務安府 一老面
구지(九池) 全南 智島郡 飛禽面 飛禽島
구지동(九芝洞) 全南 海南郡 管底面
구진(舊鎭) 忠南 瑞山郡 大山面
구창(舊倉) 忠南 鰲川郡 河北面
국도(國島, 羅老島) 全南 突山郡 蓬萊面
국도(國島, 北山) 全南 突山郡 蓬萊面
국수당(國水堂) 全南 智島郡 箕佐面 安昌島
국화리(菊花里) 全南 莞島郡 青山面 青山島
군관문(軍官門) 忠南 鰲川郡 河南面
군령포(軍令浦) 全南 莞島郡 薪智面
군물포(軍勿浦) 忠南 平澤郡
군산항(群山港) 全北 沃溝府
군유산(君遊山) 全北 咸平郡
군입리(軍入里) 忠南 保寧郡 干羅面
군첨여(クムチョンニョ) 全南 莞島郡 所安面
군포(郡浦) 全南 珍島郡 義新面
군하포(郡下浦) 全南 突山郡 斗南面 突山島
굴도(クルト, 京雉島) 全南 智島郡 飛禽面
굴도(屈島) 全南 智島郡 荏子面
굴전(屈前) 全南 突山郡 斗南面 光山島
굴전(屈前) 全南 莞島郡 生日面 生日島
굴포(屈浦) 全南 珍島郡 臨淮面
굴행(堀杏) 忠南 泰安郡 北一面
궁기리(宮機里) 忠南 泰安郡 近西面
궁리(宮里) 忠南 結城郡
궁토리(宮土里) 全南 莞島郡 助藥面
궁항리(弓項里) 全北 扶安郡 右山面
귀덕리(歸德里) 全南 濟州郡 舊右面
귀성리(貴星里) 全南 珍島郡 臨進面
규암리(窺岩里) 忠南 扶餘郡 淺乙面
금갑(金甲) 全南 珍島郡 鳴琴面
금갑리(金甲里) 全南 珍島郡 鳴琴面
금갑진(金甲鎭) 全南 珍島郡 珍島
금강(錦江) 忠南
금강천(金剛川) 全南
금곡(金谷) 全南 莞島郡 生日面 生日島
금곡(金谷) 忠南 牙山郡 敦義面
금곡리(金谷里) 全南 莞島郡 薪智面 薪智島
금근도(金仅島) 全南 智島郡 飛禽面
금녕장시(金寧場市) 全南 濟州郡 舊左面
금당(金糖) 全南 康津郡 寶岩面
금당도(金堂島) 全南 莞島郡
금당도(金塘島) 全南 莞島郡
금당도(金塘島) 全南 莞島郡 金塘面 金堂島
금당수도(金堂水道) 全南 莞島郡
금도(金島) 全南 突山郡
금도(金島) 全南 突山郡 右仁面 金湖島
금도(金島) 全南 珍島郡 古郡面
금도열도(金島列島) 全南 珍島郡
금동(栞洞) 全南 光陽郡 月浦面
금로(金老) 全南 珍島郡 智山面

금로도(金路島) 全南 旌義郡 右面 찌쯔키島
금릉리(金陵里, 瓮令里) 全南 濟州郡 舊右面
금마천(金馬川) 忠南
금산(錦山) 全南 智島郡 箕佐面 安昌島
금성(金城) 全南 興陽郡 豆原面
금성리(錦城里) 全南 濟州郡 新右面
금성산(錦城山) 忠南 林川郡
금오도(金鰲島) 全南 突山郡 金鰲面
금오열도(金鰲列島) 全南 突山郡 金鰲面
금죽도(金竹島) 全南 突山郡 斗南面
금진(錦津) 全南 突山郡 錦山面 折金島
금천(金川) 全南 突山郡 斗南面 突山島
금촌(錦村) 全南 光陽郡 玉谷面
금파(金坡) 忠南 鰲川郡 河北面
금포(金浦) 舒川郡 西部面
금호(琴湖) 全南 興陽郡 道陽面
금호(金湖) 全南 珍島郡 珍島
금호도(錦湖島) 全南 海南郡 管底面
기도(箕島) 全南 智島郡 箕佐面
기도(箕島) 全南 智島郡 荷衣面
기동(基洞) 全南 智島郡 荷衣面 下苔島
기좌도(其佐島) 全南 莞島郡
기좌도(箕佐島) 全南 智島郡 箕佐面
기타야모노세토[北山の瀨戶] 全南 突山郡 蓬萊面
기포(岐浦) 忠南 韓山郡 南下面
길곶리(吉串里) 全北 萬頃郡 下一道面
길도(吉島, 吉湖島) 全南 突山郡 太仁面
길마도(吉馬島) 忠南 鰲川郡 河西面
길매암(吉每岩) 忠南 鰲川郡 河南面
길산도(吉山島, 吉散島) 忠南 鰲川郡 河西面
길산포(吉山浦) 忠南 舒川郡
길위강(吉位江) 全南 海南郡 花二面

ㄴ

나로도(羅老島, 內・外) 全南 突山郡
나리(羅里) 全南 珍島郡 郡內面
나발도(羅發島) 全南 突山郡 金鰲面
나배도(羅拜島) 全南 珍島郡 鳥島面
나부포(羅富浦) 全南 珍島郡 鳥島面 羅拜島
나불도(羅佛島) 全南 智島郡 押海面
나산장(羅山場) 全南 咸平郡 平陵面
나주읍(羅州邑, 發羅) 全南 羅州郡
나지장(羅支場) 全南 麗水郡 華陽面
나진(羅津) 全南 突山郡 斗南面 突山島
나카노시마(中の島) 全南 靈巖郡 昆三面
나포리(羅浦里) 全北 臨陂郡 北三面
낙대지(洛大只) 忠南 鰲川郡 河南面
낙수리장(洛水里場) 全南 順天郡 松光面
낙월도(洛月島, 上・下) 全南 智島郡 洛月面
난포(蘭浦) 全北 龍安郡 北面
난호(亂湖) 全北 茂長郡 心元面
남강(南江) 全南 智島郡 巖泰面 巖泰島
남교동(南橋洞) 全南 務安府 府內面
남당(南塘) 全南 興陽郡 古邑面
남당(南塘) 全南 興陽郡 大西面
남당리(南塘里) 忠南 結城郡
남도리(南桃里) 全北 沃溝府 臨進面
남동(南洞) 全南 突山郡 突山邑下
남동(南洞) 全北 沃溝府 定面
남리(南里, 南浦) 全南 興陽郡 浦頭面

남망산(南望山) 全南 珍島郡 鳴琴面
남무서(南無嶼) 全南 珍島郡 鳥島面
남열(南悅) 全南 興陽郡 占巖面
남창(南倉) 忠南 鰲川郡 河北面
남창(南倉, 海倉) 全南 海南郡 花二面
남창시(南倉市) 全南 羅州郡 公水面
남천(南川, 道淸川) 全南 光陽郡
남토산(南兎山) 全南 旌義郡 東中面
남포(南浦) 全南 康津郡 郡內面
남포만(藍浦灣, 甲岩浦) 忠南 藍浦郡
남포읍(藍浦邑) 忠南 藍浦郡
남하리(南下里) 全北 萬頃郡 下一道面
남호(南湖) 全南 康津郡 大口面
납다도(納多島) 全南 突山郡 玉井面
납덕도(納德島) 全南 珍島郡 鳥島面
낭금리(浪金里) 忠南 泰安郡 近西面
낭도(浪島) 全南 突山郡 玉井面
내갈도(內竭島) 全南 珍島郡 鳥島面
내공도(內孔島) 全南 珍島郡 鳥島面
내국도(內國島, 內羅老島) 全南 突山郡 蓬萊面
내금(內錦) 全南 光陽郡 津上面
내다(內多) 忠南 庇仁郡 一方面
내당(內塘) 全南 興陽郡 豆原面
내도(內島) 全南 莞島郡 莿島面
내도(內島) 忠南 沔川郡 新北面
내도리(內島里) 忠南 沔川郡 新北面
내동(內洞) 全南 務安府 府內面
내동(內洞) 全南 興陽郡 大西面
내동(萊洞) 忠南 庇仁郡 西面
내동포(內洞浦) 全南 突山郡 古今面 古今島
내동포(內洞浦) 全南 突山郡 蓬萊面 外國島
내로(內老 內村) 全南 興陽郡 南面
내봉(內峰) 全南 康津郡 白道面
내소서(內所嶼) 忠南 龍川郡 河西面
내외갈도(內外渴島) 全南 珍島郡
내초(內草) 全南 興陽郡 浦頭面
내초도(內草島, 墨島) 全北 沃溝府 米面
내포(內蒲) 忠南 泰安郡 北一面
내호(內湖) 全南 智島郡 箕佐面 箕佐島
냉정(冷井) 全北 扶安郡 立下面
노길리(老吉里) 全北 扶安郡 二道面
노대도(老大島) 全南 智島郡 飛禽面
노도(鹵島) 全南 智島郡 荷衣面
노라포(老羅浦) 忠南 瑞山郡 禾邊面
노랑도(老郎島) 全南 智島郡 箕佐面
노령산(蘆嶺山) 全南・全北
노록도(老鹿島) 全南 莞島郡 露兒面
노아도(露兒島, 露花島) 全南 莞島郡 露兒面
노은(老隱) 全南 智島郡 荷衣面 下苔島
노인봉(老人峯) 全南 務安郡 府內面 木浦港
노적암각(露積岩角) 全南 莞島郡 露兒面
노하리(路下里) 忠南 石城郡 北面
노하지서(露河之嶼) 忠南 鰲川郡 河南面
여도진(呂島鎭) 全南 興陽郡 占巖面
노항(蘆項) 忠南 舒川郡 西部面
노항리(蘆頂里) 忠南 舒川郡 西部面
녹도(鹿島) 全南 智島郡 押海面
녹도(鹿島) 全南 海南部 門內面
녹도(鹿島) 忠南 鰲川郡 河西面
녹도진鹿渡鎭) 全南 興陽郡 道陽面
녹포(鹿浦) 全南 珍島郡 郡內面

논산(論山) 忠南 恩津郡 花枝山面
논산천(論山川, 江景川) 忠南 恩津郡
논정(論丁) 全南 康津郡 白道面
논하(論下) 全南 康津郡 寶岩面
농상리(農上里) 全南 莞島郡 古今面 古今島
눌도(訥島) 全南 智島郡 押海面
눌옥도(訥玉島) 全南 珍島郡 鳥島面
눌자도(訥子島) 全南 珍島郡
늑도(勒島) 全南 突山郡 太仁面
능산도(陵山島) 全南 智島郡 荷衣面
능산진(陵山津) 全南 智島郡 荷衣面 陵山島
능이도(綾耳島, 松茸島) 全南 智島郡 洛月面

ㄷ

다경도(多慶島) 全南 務安府 望雲面
다랑도(多浪島) 全南 莞島郡 平日面
다물도(多勿島) 全南 智島郡 巖泰面
다물항(多勿港) 全南 智島郡 巖泰面 多勿島
단서산(丹嶼山) 全南 突山郡 華蓋面 下花島
달내도(達乃島) 全南 莞島郡 薪智面
달도(達島) 全南 海南郡 北終面
달리도(達里島) 全南 智島郡 押海面
달마산(達摩山) 全南 海南郡
달천(達川) 忠南
담초도(淡草島) 全南 珍島郡 鳥島面
당고지포(塘古地浦) 全南 莞島郡 八禽面 八禽島
당단(堂端) 全南 珍島郡 鳥島面
당도리(堂道里) 全南 珍島郡 鳥島面
당동(堂洞) 全南 興陽郡 道陽面
당두(堂頭) 全南 務安府
당두리(堂斗里) 全南 靈光郡 鹽所面
당리(堂里) 全南 莞島郡 青山面
당목리(堂木里) 全南 莞島郡 助藥面 助藥島
당사도(唐沙島) 全南 智島郡 沙玉面.
당산(堂山, 海倉) 全南 興陽郡
당산리(堂山里) 全南 莞島郡 露兒面
당상리(堂上里) 忠南 泰安郡 南面宀
당월평(堂越平) 全南 智島郡 箕佐面 安昌島
당제봉(堂祭峰) 全南 突山郡 華蓋面 上花島
당진읍(唐津邑) 忠南 唐津郡
당진포(唐津浦) 忠南 唐津郡 高山面
당촌(堂村) 全南 智島郡 沙玉面 沙玉島
당포(唐浦) 忠南 牙山郡 二北面
당포(堂浦, 大坪里松港) 全南 大靜郡 中面
당하(堂下) 全南 智島郡 押海面 慈恩島
대가도(大加島) 全南 珍島郡 鳥島面
대각(大角) 忠南 牙山郡 二西面
대각도(大角島, 大閣氏島) 全南 智島郡 洛月面
대각리도(大角里島) 全南 智島郡 洛月面
대각씨도(大閣氏島, 大角島) 全南 智島郡 洛月面
대각진(大角津) 忠南 牙山郡
대강죽도(大江竹島) 全南 突山郡 玉井面
대거마도(大巨馬島) 全南 珍島郡 鳥島面
대경도(大京島, 鏡湖島) 全南 突山郡 斗南面
대곡(大谷) 全南 莞島郡 露兒面 露兒島
대곡동(大谷洞) 全南 莞島郡 古今面 古今島
대교(大橋) 全北 扶安郡 下四面
대기(大基) 忠南 泰安郡 遠二面

대노록도(大老鹿島, 大鹿島) 全南 智島郡 荏子面
대동(大洞) 全南 突山郡 玉井面 獐島
대동(大洞) 全南 突山郡 華蓋面 蓋島
대두(大頭) 全南 智島郡 飛禽面 飛禽島
대두리(大頭里) 忠南 瑞山郡 禾邊面
대두리도(大斗里島) 全南 突山郡 金鰲面
대둔도(大芚島) 全南智島郡 巖泰面
대둔산(大芚山) 全南 海南郡
대락월도(大洛月島, 上洛月島) 全南 智島郡 洛月面
대란지도(大蘭芝島) 忠南 唐津郡 內孟面
대령(大嶺) 全南 智島郡 箕佐面 安昌島
대록도(大鹿島) 全南 智島郡 荏子面
대류포(大柳浦) 全南 突山郡 金鰲面 金鰲島
대리(大里) 全南 光陽郡 玉谷面
대리(大里) 全南 智島郡 箕佐面 安昌島
대마(大馬) 全南 珍島郡 鳥島面 大馬島
대마도(大馬島) 忠南 唐津郡 內孟面
대모도(大茅島) 全南 莞島郡 茅島面
대벌(大筏) 全南 康津郡 寶岩面
대보산(大寶山) 全南 突山郡 蓬萊面 示山島
대복동(大福洞) 全南 突山郡 斗南面 突山島
대봉(大峰) 全南 智島郡 古群山面 古群山島
대비치도(大飛雉島) 全南 智島郡 荏子面
대사(大沙) 全南 珍島郡 郡內面
대사포(大沙浦) 全南 珍島郡 郡內面
대산두포(大山頭浦) 全南 莞島郡 八禽面 八禽島
대상리(大上里) 全北 萬頃郡 北面
대상산(大上山) 全南 莞島郡 茅島面 大茅島
대상촌(代上村) 全南 智島郡 箕佐面 玉島
대석남도(大石南島) 全南 珍島郡 鳥島面
대소산(大小山) 全南 泰安郡 遠一面
대수산(垈秀山) 忠南 泰安郡 遠一面
대야도(大也島) 全南 智島郡 荷衣面
대야소(大也所) 全南 莞島郡 郡內面 莞島
대역(大驛) 全南 突山郡 蓬萊面 外國島(外羅老島)
대우이도(大牛耳島, ソグート島) 全南 智島郡 巖泰面
대율(大栗) 全南 智島郡 押海面 慈恩島
대이도(臺耳島) 全南 荏子面
대인도(大仁島) 全南 突山郡
대작지(大作只) 全南 莞島郡 楸子面 上島
대장구도(大長龜島) 全北 莞島郡 於佛面
대장동(大獐洞) 全南 智島郡 荷衣面 上苔島
대장리(大場里) 全北 萬頃郡
대장리도(大長里島) 全南 智島郡 古群山面
대정원도(大正元島) 全南 莞島郡 魚佛面
대척(大尺) 全南 智島郡 箕佐面 箕佐島
대천(大川) 全南 咸平郡
대천리(大川里) 忠南 庇仁郡 西面
대촌(大村) 全南 智島郡 箕佐面 玉島
대촌(大村) 忠南 .韓山郡 南下面
대치마도(大馳馬島) 全南 智島郡 荏子面
대통(大通) 全南 康津郡 七良面
대통(垈桶) 全南 寶城郡 北內面
대판(大阪) 全南 珍島郡 智山面
대평리(大坪里) 全南 莞島郡 古今面 古今島
대평리(大平里) 全南 莞島郡 薪智面 薪智島
대평리(大坪里, 堂浦松港) 全南 大靜郡 中面

동교천(東橋川) 全南 麗水郡
동구리(洞口里) 全南 珍島郡 鳥島面 上鳥島
동구상리(洞口上里) 全南 珍島郡 鳥島面
동도(東島) 全南 突山郡 三山面 三島
동도(桐島) 全南 靈光郡 鹽所面
동도(桐島) 全南 靈光郡 陳良面.
동도(東島, 羊島) 全南 智島郡 巖泰面
동동(東洞) 全南 突山郡 突山邑
동래도(東萊渡) 全南 興陽郡 浦頭面
동리(東里) 全南 莞島郡 茅島面
동리(東里) 全南 莞島郡 青山面 青山島
동막리(東幕里) 忠南 瑞山郡 仁政面
동막팔리(東幕八里) 全南 順天郡 草川面
동면동(東面洞) 全南 莞島郡 平日面 平日島
동백정(冬柏亭) 全南 靈光郡 奉山面
동백정(冬柏亭) 全南 莞島郡 古今面
동백정(冬柏亭) 全北 茂長郡 吾里道面
동백정(冬柏亭) 忠南 庇仁郡
동백정(冬柏亭) 忠南 庇仁郡 西面
동봉(東峰) 全南 莞島郡 薪智面 薪智島
동선(東船) 忠南 庇仁郡 郡內面
동음(冬音) 忠南 鰲川郡 河北面
동정(洞井) 全南 突山郡 錦山面 折金島
동정(東亭) 全南 務安府 一老面
동진강(東津江) 全北 扶安郡
동진산리(東珍山里) 全南 莞島郡 所安面 所安島
동창시(東倉市) 全南 羅州郡 細花面
동촌(東村) 全南 莞島郡 古今面
동촌(東村) 全南 莞島郡 青山面 青山島
동파도(東波島, 十二東波島) 忠南 鰲川郡 河西面
동항(東港) 全南 莞島郡 薪智面 長直路
동해(東海) 忠南 泰安郡 北二面
동향(東鄉) 全南 突山郡 金鰲面 雁島
동호(冬湖) 全北 茂長郡 吾里道面
동호(桐湖, 桶湖/日日港) 全南 海南郡 松終面
동화(東和) 忠南 庇仁郡 西面
두남산(斗南山) 全南 突山郡 斗南島
두륜산(頭輪山) 全南 海南郡
두리(斗里) 全南 突山郡 金鰲面
두리(斗里) 全南 智島郡 箕佐面 箕佐島
두만(斗滿) 忠南 鰲川郡 河北面
두모리(頭毛里) 全南 濟州郡 舊右面
두모장시(頭毛場市) 全南 濟州郡
두목동(杜木洞) 全南 智島郡 箕佐面 安昌島
두봉산(斗峯山) 全南 智島郡 押海面 慈恩島
두억도(斗億島) 全南 莞島郡 青山面
두월목도(頭越木島, 青木島) 全南 珍島郡 鳥島面
두응(斗應) 忠南 泰安郡 北二面
두포(斗浦) 全南 突山郡 金鰲面 金鰲島
둔병도(屯兵島, 頭堂島) 全南 突山郡 玉井面
둔북구미(屯北九尾) 全南 智島郡 押海面 慈恩島
둔장동(屯場洞) 全南 智島郡 押海面
둔전(屯田) 全南 珍島郡 斗南面 突山島
둔전포(屯田浦) 全南 珍島郡 郡內面
둔포(屯浦) 忠南 牙山郡 三北面
득동(得洞) 全南 莞島郡 助藥面 助藥島
득랑도(得狼島) 全南 莞島郡 得狼面
등대리(登岱里) 忠南 泰安郡 遠一面

ㅁ

마구평(馬九坪) 忠南 恩津郡
마금리(磨金里) 忠南 泰安郡 近西面
마도(馬島) 全南 康津郡 大口面
마도(馬島) 全南 珍島郡 鳥島面
마도(馬島) 忠南 泰安郡 安興面
마도수도(馬島水道) 全南 康津郡
마도진(馬島鎭) 全南 康津郡 大口面
마도해(馬島海) 全南 康津郡
마동(馬洞) 全南 光陽郡 津下面
마량(馬樑) 全南 康津郡 大口面
마량리(馬梁里) 忠南 庇仁郡 西面
마량반도(馬梁半島) 忠南 庇仁郡 西面
마로해(馬路海, 華聖灣) 全南 莞島郡 馬路面
마리단(馬里端) 全南 光陽郡 鳥島面 下鳥島
마명(馬鳴) 全南 智島郡 箕佐面 箕佐島
마명(馬鳴) 忠南 泰安郡 北一面
마사(馬沙) 全南 珍島郡 智山面
마산(馬山) 全南 珍島郡 古二面
마전도(麻田島) 全南 巖泰面
마진도(馬津島) 全南 珍島郡 鳥島面
마촌(馬村) 全南 智島郡 巖泰面 黑山島
마현(馬峴) 全南 光陽郡 月浦面
마흘(馬屹) 全南 光陽郡
막구미리(幕九味里) 全南 珍島郡 鳥島面 甫乙幕島
막금(莫錦) 全南 智島郡 箕佐面 安昌島
막금도(莫今島) 全南 智島郡 箕佐面
막동(幕洞) 忠南 泰安郡 所斤面
만경강(萬頃江) 全北
만경강(萬頃江) 全北 萬頃郡
만경읍(萬頃邑) 全北 萬頃郡
만길(晩吉) 全南 珍島郡 鳴琴面
만덕산(萬德山) 全北 萬頃郡
만두기(饅頭崎) 全南 靈巖郡 西終面
만복(萬福) 全南 康津郡 七良面
만복동(萬福洞) 全南 務安府 府內面
만재도(晩才島, 孟骨島) 全南 珍島郡 鳥島面
만지도(晩芝島, 蔓芝島) 全南 智島郡 洛月面
만지도(蔓芝島, 晩芝島) 全南 智島郡 洛月面
말도(末島) 全南 智島郡 古群山面
말삼도(末三島) 全南 突山郡 金鰲面
망덕(望德) 全南 光陽郡 津下面
망리(望里) 全南 莞島郡 郡內面 莞島
망봉(望峰) 全南 莞島郡 助藥面 助藥島
망산(望山) 全南 突山郡 金鰲面
망월(望月) 忠南 舒川郡 東部面
망월동(望月洞) 全南 務安府 一老面
망월봉(望月峰) 全南 智島郡 左群山面 蝟島
망월진(望月津) 忠南 韓山郡 南山面
망해동(望海洞) 全南 務安府 一老面
망호(望湖) 全南 康津郡 寶岩面
매가도(梅加島, 江島) 全南 智島郡 巖泰面
매도(梅島) 忠南 沔川郡 縣內面
매동(梅洞) 全南 光陽郡 玉谷面
매물도(每勿島) 全南 莞島郡 生日面
매산(梅山) 全南 靈光郡
매안도(埋鞍島) 全南 莞島郡 莇島面
매정(梅丁) 全南 珍島郡 臨淮面
매화도(梅花島) 全南 智島郡 沙玉面

맹골군도(孟骨群島) 全南 珍島郡
맹선리(孟仙里) 全南 莞島郡 所安面
맹성리(孟城里) 全南 珍島郡 鳥島面
면도수도(綿島水道) 全南 智島郡 押海面
면전(綿田) 全南 智島郡 押海面 慈恩島
면천읍(沔川邑) 忠南 沔川郡
명고(明古) 全北 茂長郡 吾里道面
명도(明島) 全南 莞島郡 莇島面
명산(明山) 全南 務安府 朴谷面
명암(明岩) 全南 務安府 朴谷面
명양도(鳴洋渡) 全南
명원(明元) 全南 珍島郡 鳥島面
명월장(明月場) 全南 濟州郡
명천(明川) 全南 突山郡 錦山面 折金島
명포(命浦) 忠南 牙山郡 三北面
명호(明湖) 全南 務安府 朴谷面
모감도(毛敢島) 全南 智島郡 古群山面
모농리(毛農里) 全南 智島郡 荷衣面 上苔島
모도(茅島) 全南 珍島郡 義新面
모도(毛島) 全南 珍島郡 鳥島面
모란서(毛卵嶼) 忠南 鰲川郡 河西面
모사도(茅沙島) 全南 珍島郡 鳥島面
모악산(母岳山) 全南 咸平部
모정장시(毛亭場市) 全南 珍島郡 古二面
모항리(茅項里) 全北 扶安郡 左山面
모항리(茅項里) 忠南 泰安郡 遠一面
모황도(牟黃島) 全南 莞島郡 薪智面
목과(木果) 全南 光陽郡 津上面
목대도(牧大島) 全北 扶安郡 下西面
목등리(木藤里) 全北 沃溝府 米面
목련동(木蓮洞) 全南 珍島郡 臨淮面
목서(木嶼) 全南 突山郡 金鰲面
목서(睦嶼) 全南 突山郡 蓬萊面
목포구(木浦口, 小高の瀬戸) 全南 務安府 府内面
목포항(木浦港) 全南 務安府 府内面
몽대리(夢垈里) 忠南 泰安郡 南面
몽덕서(夢德嶼) 忠南 鰲川郡 河南面
몽산포(夢山浦) 全北 萬頃郡 北面
몽탄(夢灘) 全南 靈巖郡
몽탄(夢灘) 全南 務安府 朴谷面
묘도(猫島) 全南 突山郡 太仁面
묘도(猫島) 全南 莞島郡 莇島面
묘산시(卯山市) 全北 興德郡 富安面
무구미(茂求味) 全南 突山郡 蓬萊面 外國島
무도(戊島)[2] 忠南 舒川郡 南部面
무동(畝洞) 全南 智島郡 沙玉面 沙玉島
무성산(武盛山) 忠南
무안강(務安江) 全南 務安府
무안부치(務安府治) 全南 務安府 府内面 南橋洞
무의인도(無衣人島) 全北 沃溝府 定面
무창리(武昌里) 忠南 藍浦郡
무학도(舞鶴島) 全南 突山郡 蓬萊面
무학산(舞鶴山) 全北 龍安郡
묵도(墨島) 全北 沃溝府 米面
묵방(墨房) 全南 光陽郡 玉谷面
묵지(墨只, 默里) 全南 莞島郡 楸子面 下島
문관산(門冠山) 全南 智島郡 巖泰面 大黑

2) 색인 원문에는 戌島, 본문에서는 戌島로 되어 있으나, 戊島가 옳다. 갑도, 을도 등 10간에 따라 붙인 이름이기 때문이다.

山島
문병도(問丙島)[3] 全南 智島郡 荷衣面
문서(文嶼) 全南 突山郡 金鰲面
문암(文岩) 全南 光陽郡 月浦面
문포(文浦) 全北 扶安郡
미라리(美羅里) 全南 莞島郡 露兒面 露兒島
미라진(美羅津) 全南 莞島郡 所安面 所安島
미륵산(彌勒山) 忠南 牙山郡
미야지마(宮島, 折金島・居金島) 全南 突山郡 錦山面
미포(尾浦) 全南 突山郡 金鰲郡 金鰲島
민야암(民野岩) 全北 沃溝府 北面
민태포(民台浦) 全南 務安府 海際面
밀두(密頭) 忠南 牙山郡 新興面

ㅂ

박리(朴里) 全南 康津郡 寶岩面
박비(泊鼻, 도마리하나) 全南 務安郡 郡內面 木浦口內
박지도(朴只島) 全南 智島郡 箕佐面
반계(磻溪) 忠南 泰安郡 北二面
반월도(半月島) 全南 智島郡 箕佐面
반월리(半月里) 全南 興德郡 富安面
반호리(頒湖里) 忠南 林川郡 白岩面
발례도(發禮島) 全南 珍島郡 鳥島面
발포진(鉢浦鎭) 全南 興陽郡 道化面.

3) 색인 원문에는 間面島로 되어 있으나 하의면조에서는 問丙島로 되어 있고, 현재도 하의면에 문병도가 있다. 문병도로 번역해 두었다.

방동(芳洞) 全南 光陽郡 津上面
방두리(方頭里) 全南 旌義郡 左面
방두리(防斗里) 忠南 泰安郡 近西面
방묵리(方墨里) 忠南 藍浦郡
방빈서(防濱嶼) 忠南 鰲川郡 河西面
방월(方月) 全南 智島郡 箕佐面 箕佐島
방이도(防伊島) 忠南 泰安郡
방죽(防竹) 全南 突山郡 斗南面 突山島
방책(防策) 全南 智島郡 沙玉面 後勇島
방축(防築) 忠南 牙山郡 二西面
방축(防築) 忠南 泰安郡 北二面
방축도(防築島) 全南 智島郡 左郡面
방축동(方築洞) 忠南 藍浦郡
방축포(防築浦) 全南 突山郡 蓬萊面 內國島
방해도(防海島) 全南 珍島郡 鳥島面
배다서(倍多嶼, 倍多機嶼) 全南 突山郡 金鰲面
배서(拜嶼) 全南 突山郡 太仁面
백계두(白鷄頭) 全南 莞島郡 八禽面 八禽島
백계두포(白鷄頭浦) 全南 莞島郡 八禽面 八禽島
백길(白吉) 全南 智島郡 押海面 慈恩島
백마강(白馬江) 忠南
백빈(白濱, 表善里) 全南 旌義郡 東中面
백사(白砂) 全南 康津郡 大口面
백사(白砂) 忠南 舒川郡 南部面
백산(白山) 全南 突山郡 金鰲面
백산(白山) 全南 智島郡 押海面 慈恩島
백산동(白山洞) 全南 智島郡 押海面 慈恩島
백석(白石) 全南 興陽郡 古邑面
백석서(白石嶼) 忠南 鰲川郡 河南面

백석포(白石浦) 忠南 牙山郡
백암동(白巖洞) 全南 莞島郡 古今面 古今島
백야도(白也島, 荷島) 全南 突山郡 玉井面
백야도(白也島, 荷島) 全南 智島郡 箕佐面
백월산(白月山) 全南 青陽郡
백일도(白日島) 全南 突山郡 玉井面
백일도(白日島) 全南 莞島郡 郡外面
백초(百草) 全南 突山郡 斗南面 突山島
백추포(白秋浦) 全南 突山郡 蓬萊面
벌교(筏橋) 全南 寶城郡 古下面
벌포(伐浦) 全南 珍島郡 珍島
법산리(法山里) 忠南 泰安郡 遠一面
법성포(法聖浦) 全南 靈光郡 陳良面
법성포만(法聖浦灣) 全南 靈光郡 陳良面
법현(法峴) 忠南 泰安郡 遠一面
법환리(法還里) 全南 旌義郡 右面
베이쟈만(ベイジャー灣) 忠南 藍浦郡
벽파진(碧波津) 全南 珍島郡 古二面
벽파진(碧波津) 全南 珍島郡 珍島
별도(別刀) 全南 濟州郡 中面
별방리(別防里) 全南 濟州郡 舊左面
별방장시(別防場市) 全南 濟州郡 舊左面
별서(別嶼) 全南 突山郡 西島
병암산(餠岩山) 全南 莞島郡 莇島面 龍門島
병영장(兵營場) 全南 康津郡 郡内面
병풍도(屛風島) 全南 智島郡 沙玉面
보길도(甫吉島) 全南 莞島郡
보등(寶燈) 全南 康津郡 寶岩面
보령포(保寧浦, 新邑) 忠南 保寧郡
보목리(甫木里) 全南 旌義郡
보성읍(寶城邑) 全南 寶城郡
보안산(保安山) 全北 扶安郡
보을막도(甫乙幕島) 全南 珍島郡 鳥島面
보적산(寶積山) 全南 莞島郡 青山面 青山島
보하(寶下) 全南 珍島郡 郡内面
보한리(保閑里) 全南 旌義郡 西中面
복로지(伏老地) 全南 智島郡 箕佐面 安昌島
복룡(伏龍) 全南 務安郡 一老面
복유리(福有里) 全南 莞島郡 青山面 青山島
복치동(伏雉洞) 全南 突山郡 南面 突山島
봉남(鳳南) 全南 突山郡 蓬萊面 内國島
봉덕(鳳德) 全南 興陽郡 浦頭面
봉덕산(鳳德山) 全南 靈光郡
봉두리(鳳頭里) 忠南 石城郡 縣内面
봉래도(蓬萊島, 艾島) 全南 突山郡 蓬萊面
봉산리(烽山里) 忠南 海美郡 下道面[4]
봉암(鳳岩) 全南 珍島郡 智山面
봉암(鳳岩, 鳳德里) 全南 興陽郡 道陽面
봉암동(鳳岩洞) 全南 莞島郡 古今面 古今島
봉정(鳳井) 全南 光陽郡 仁德面
봉화산(烽火山) 全北 沃溝府
부남군도(扶南群島) 全南 智島郡 荏子面
부남도(扶南島) 全南 智島郡 荏子面
부도(釜島) 全南 突山郡 金鰲面
부리포(富利浦) 忠南 沔川郡 二西面
부사도(浮沙島) 全南 智島郡 郡内面
부서(缶嶼) 全南 突山郡 井南面
부소(扶所) 全南 智島郡 箕佐面 安昌島
부수동(浮水洞) 全南 突山郡 玉井面 獐島

4) 원문에는 下道郡으로 되어 있으나 본문에 의거하여 下道面으로 번역해 두었다.

부아도(負兒島) 全南 珍島郡 鳥島面
부야(扶耶) 全南 智島郡 箕佐面 安昌島
부여읍(扶餘邑) 忠南 扶餘郡
부흥천(富興川) 全南 麗水郡
부흥포(富興浦) 全南 莞島郡 郡內面 莞島
북강(北江) 全南 智島郡 箕佐面 箕佐島
북고지(北古池) 全南 莞島郡 露兒面 露兒島
북교동(北橋洞) 全南 務安府 府內面
북도(北島) 全南 珍島郡 鳥島面
북마로도(北馬路島) 全南 莞島郡 馬路面
북송도(北松島) 全南 珍島郡 鳥島面
북암리(北岩里) 全南 莞島郡 所安面 所安島
북야리(北也里, 飛鴉島) 全南 珍島郡 鳥島面
북어장(北禦場) 全南 興陽郡 道陽面
북정현(北亭峴) 全北 沃溝府 群山港
북창(北倉) 全南 海南郡
북창(北倉) 忠南 泰安郡 東面
북천(北川) 全南 光陽郡
북치(北峙) 全南 珍島郡 郡內面
북현정(北峴亭) 全北 沃溝府 群山港
분계동(分界洞) 全南 智島郡 押海面 慈恩島
분매(粉梅) 全南 突山郡 錦山面
분지서(分之嶼) 忠南 鰲川郡 河西面
불갑산(佛甲山) 全南 咸平郡
불견길(不見吉) 全南 智島郡 押海面 慈恩島
불로(不老) 全南 光陽郡 骨若面
불모도(佛母島) 忠南 鰲川郡 河西面
불묵도(佛墨島) 全南 珍島郡 鳥島面
불산리(佛山里) 全北 沃溝府 米面
불암리(佛岩里) 忠南 石城郡 甁村面
불처도(不處島) 全南 珍島郡 鳥島面
비금도(飛禽島) 全南 智島郡 飛禽面
비도(飛島) 全南 靈巖郡 終南面
비래도(飛來島) 全南 康津郡
비소리(飛所里) 全南 智島郡 箕佐面 安昌島
비아도(飛鴉島. 北也島) 全南 珍島郡 鳥島面
비안도(飛雁島) 全南 智島郡 古群山面
비앙도(飛揚島) 全南 濟州郡
비양동(飛揚洞) 全南 濟州郡 舊左面
비운도(飛雲島) 全南 光陽郡 骨若面
비응도(飛鷹島) 全北 沃溝府 米面
비인만(庇仁灣) 忠南 庇仁郡
비인읍(庇仁邑) 忠南 庇仁郡
비자동(榧子洞) 全南 莞島郡 所安面 所安島
비촌(飛村) 全南 光陽郡 津上面
비촌(比村) 全南 智島郡 巖泰面 黑山島
비화항(飛和項) 全南 智島郡 箕佐面 箕佐島
빈동(濱洞) 全南 智島郡 荷衣面
빙도(氷島) 忠南 鰲川郡 河北面

ㅅ

사거리(四巨里) 全北 茂長郡 大寺面
사계리(沙溪里) 全南大靜郡 中面
사곡산(寺谷山) 全南 智島郡 飛禽面
사구미(寺九味, 節金里) 全南 莞島郡 楸子面 上島
사근리(沙近里) 全南 智島郡 箕佐面 安昌島
사기소리(沙器所里) 忠南 瑞山郡 禾邊面
사기소리(沙器所里) 忠南 海美郡 下道面
사도(沙島) 全南 突山郡

사도(沙島) 全南 突山郡 玉井面
사도(士島) 全南 珍島郡 珍島面
사도수도(蛇島水道) 全南 莞島郡 露兒面
사도진(蛇渡鎭 巳渡鎭) 全南 興陽郡 占巖面
사동(寺洞) 全南 光陽郡 骨若面
사동(獅洞) 全南 光陽郡 玉谷面
사동(蛇洞) 全南 光陽郡 津下面
사동(寺洞) 全南 突山郡 蓬萊面 內國島
사동(巳洞) 全南 珍島郡 臨淮面
사동(泗洞) 忠南 唐津郡 高山面
사량동(士良洞) 全南 務安府 一老面
사암리(舍庵里) 忠南 唐津郡 下大面
사양도(泗洋島) 全南 突山郡 蓬萊面
사옥도(沙玉島) 全南 智島郡 沙玉面
사월포(沙月浦) 全南 智島郡 押海面 慈恩島
사장시(社場市) 全南 長興郡 長西面
사장장시(蛇場場市) 全南 長興郡 會寧面
사장포만(沙長浦灣, 淺水灣) 忠南
사창장(社倉場) 全南 靈光郡
사천장(沙川場) 全南 咸平郡 新光面
사초(沙草) 全南 康津郡 白道面
사초(沙草) 全南 康津郡 寶岩里
사촌(沙村) 全南 智島郡 巖泰面 黑山島
사치도(沙雉島) 全南 智島郡 箕佐面
사평(沙坪) 全南 光陽郡 月浦面
사포(沙浦) 忠南 鰲川郡 河北面
산고내리(散古乃里), 忠南 保寧郡 周浦面
산곡(山谷) 忠南 泰安郡 遠一面
산남(山南) 全南 突山郡 玉井面 白日島
산동(山洞) 忠南 泰安郡 遠一面
산두(山頭) 全南 智島郡 箕佐面 安昌島
산리(酸梨) 忠南 泰安郡 北二面
산북(山北) 全南 突山郡 玉井面 白日島
산소(山所) 忠南 舒川郡 西部面
산양진(山陽津) 全南 莞島郡 露兒面 露兒島
산월(山月) 全南 珍島郡 郡內面
산일도(山日島, 生日島・鳥島・樟島) 全南
莞島郡 生日面
산저천(山底川) 全南 濟州郡
산저포(山底浦, 健入浦) 全南 濟州郡 中面
산정리(山亭里) 全南 務安府 府內面
산지(山芝) 忠南 泰安郡 遠一面
산후리(山後里) 忠南 北一面
삼거리(三巨里) 全南 唐津郡
삼곡리(三谷里) 忠南 海美郡 鹽率面
삼곶(三串) 忠南 唐津郡 外孟面
삼도(三島) 全南 突山郡 三山面 巨文島
삼도(三島) 全南 珍島郡 義新面
삼도봉(三道峰) 忠南 泰安郡 遠一面
삼동(三洞) 忠南 泰安郡 遠一面
삼두리(三頭里) 全南 荏子面 荏子島
삼막동(三幕洞) 全南 莞島郡 露兒面 露兒島
삼막동(三幕洞) 全南 智島郡 荏子面 荏子島
삼방동(三妨洞) 全南 智島郡 箕佐面 安昌島
삼봉단(三峰端) 全南智島郡 荏子面 荏子島
삼산리(三山里) 全南 莞島郡 金塘面 金塘島
삼산서(三山嶼) 全南 突山郡 金鰲面
삼서(三嶼) 全南 突山郡 金鰲面
삼악산(三岳山) 全南 靈光郡
삼양리(三陽里) 全南 濟州郡 中面
삼양장시(三陽場市) 全南 濟州郡
삼정리(三汀里) 全南 海南郡 門內面

삼존(三尊) 全南 光陽郡 玉谷面
삼천도(三千島) 全南 突山郡 太仁面
삼천리(三千里) 全北 扶安郡 西道面
삼태도(三台島, 台沙島・苔島) 全南 智島郡 巖泰面
삼학도(三鶴島) 全南 務安府
삼한봉(三漢峰) 全南 智島郡 郡內面
삼현리(三賢里) 忠南 藍浦郡
삽고리(揷古里) 全南 靈光郡 奉山面
삽시도(揷矢島, 揷州島) 忠南 鰲川郡 河西面
상계(上溪) 忠南 泰安郡 北二面
상광암(上光岩) 全南 智島郡 巖泰面
상구리(上九里) 全北 茂長郡 上里面
상대산리(上垈山里) 忠南 海美郡 南面
상도(上島, 上楸子島) 全南 莞島郡 楸子面 馬路面
상동(上洞) 忠南 泰安郡 北二面
상락월도(上洛月島, 大洛・上洛・晩芝島) 全南 智島郡 洛月面
상룡(上龍) 全南 智島郡 箕佐面 安昌島
상룡리(上龍里) 忠南 唐津郡 下大面
상리(上里) 全南 莞島郡 薪智面 薪智島
상리(上里) 忠南 泰安郡 北二面
상막리(上幕里) 全北 茂長郡 下里面
상만(上萬) 全南 珍島郡 臨淮面
상목서(上木嶼) 忠南 鰲川郡 河南面
상부(上阜) 全北 茂長郡 吾里道面
상산(上山) 全南 突山郡 金鰲面 雁島
상삼봉(上三峯) 忠南 唐津郡 內孟面
상송(上松) 忠南 保寧郡 松島
상수치(上水雉) 全南 智島郡 飛禽面 睡島
상승리(上勝里) 全南 莞島郡 青山面 青山島
상시장(上市場) 忠南 恩津郡 江景
상신원(上新元) 忠南 牙山郡 新興面
상암(祥岩) 全南 智島郡 飛禽面 飛禽島
상왕등도(上旺嶝島) 全南 智島郡 古群山面
상왕산(象王山) 忠南
상우동(上牛洞) 全南 濟州郡 舊左面
상웅포(上熊浦) 全北 咸悅郡 西二面 熊浦
상원덕(上元德) 忠南 唐津郡 內孟面
상전(上田) 全北 茂長郡 心元面
상정동(上亭洞) 全南 莞島郡 古今面 古今島
상조도(上鳥島) 全南 珍島郡 鳥島面
상창(上倉) 忠南 泰安郡 東面
상촌리(上村里) 全南 靈光郡 奉山面
상태도(上苔島) 全南 智島郡 荷衣面
상포(象浦) 全北 興德郡 富安面
상항도(上項島) 全南 智島郡 荏子面
상화도(上花島) 全南 突山郡 華蓋面
상화동(上花洞) 全南 突山郡 華蓋面
상화봉(上花峰) 全南 突山郡 華蓋面
생일도(生日島) 全南 莞島郡 郡外面
생일도(生日島, 馬島・山口島) 全南 莞島郡 生日面
생천리(生川里) 忠南 海美郡 下道面
샤를로프만(シャルロフ灣) 全南 長興郡
서거차도(西巨次島) 全南 珍島郡 鳥島面
서공리(西公里) 忠南 庇仁郡 郡內面
서귀포(西歸浦) 全南 旌義郡 右面
서기(瑞基) 全南 突山郡 斗南面 突山島
서도(西島) 全南 突山郡 三山面 세 섬 중 하나

서도(鼠島) 全南 靈光郡 鹽所面
서도(西島) 全南 莞島郡 莇島面
서도(西島, 鼠頭島) 全南 莞島郡 巖泰面
서두도(鼠頭島, 西島) 全南 智島郡 巖泰面
서리(西里) 全南 莞島郡 茅島面
서망팽(西望彭) 全南 珍島郡 臨淮面
서봉(西峯) 全南 莞島郡 薪智面 薪智島
서빈(西濱, 니시하마) 全北 沃溝府 群山港
서산반도(瑞山半島) 忠南
서산읍(瑞山邑) 忠南 瑞山郡
서서(鼠嶼) 全南 突山郡 太仁面
서성(西城) 全南 莞島郡 生日面 生日島
서운산(瑞雲山) 忠南
서진산리(西珍山里) 全南 莞島郡 所安面 所安島
서창(西倉) 全南 海南郡 昆一終面
서창리(西倉里) 忠南 海美郡 下道面
서천읍(舒川邑) 忠南 舒川郡
서취도(西吹島) 全南 突山郡
서편리(西便里) 全南 突山郡 金鰲面
서포리(西浦里) 全北 臨陂郡 下北面
서항(西港) 全南 莞島郡 薪智面
서향(西鄕, 舊地洞) 全南 突山郡 金鰲面 雁島
석경(石頸, 石柱頭) 全南 莞島郡 楸子面
석계(石溪) 全南 咸平郡 永豐面
석기(石崎, 이시자키) 全南 靈岩郡 昆二終面
석도(石島) 全南 莞島郡 露兒面
석동(席洞) 忠南 泰安郡 近西面
석두(石頭) 全南 咸平郡 永豐面
석만도(石蔓島) 全南 智島郡 洛月面
석문(石門) 忠南 泰安郡 遠一面
석서(石嶼) 忠南 鰲川郡 河西面
석성읍(石城邑, 石山) 忠南 石城郡
석우(石隅) 忠南 泰安郡 遠二面
석장리(石場里) 全南 莞島郡 郡內面 莞島
석제원(石梯院) 全南 康津郡 古邑面
석중리포(石中里浦) 全南 莞島郡 露兒面 露兒島
석진(石津) 全北 茂長郡 心元面
석치(石峙) 忠南 庇仁郡 西面
석치리(石峙里) 忠南 藍浦郡
석포(石浦) 全南 務安郡 海際面
석포리(石浦里) 全北 臨破郡 北一面
석포리(石浦里) 忠南 海美郡 南面
석현(石峴) 忠南 泰安郡 遠一面
선도(蟬島) 全南 智島郡 沙玉面
선동(仙洞) 忠南 唐津郡 下大面
선석(仙潟) 忠南 鰲川郡 河北面
선소(船所) 全南 光陽郡 津下面
선소(船所) 全南 寶城郡 道村面,
선소(船所) 全南 興陽郡 道化面
선소(船所) 忠南 韓山郡 南上面
선소장(船所場) 全南 麗水郡 雙鳳面
선운동(仙雲洞) 全北 興德郡 二西面
선정(仙亭) 全南 興陽郡 南西面
선창(船倉) 全南 康津郡 白道面
선창구미(船倉九味) 全南 莞島郡 甫吉面 南吉島
선포(仙浦) 全南 光陽郡 津下面
선항(先項) 全南 珍島郡 臨進面
설야(設野) 忠南 鰲川郡 河西面
섬거(蟾居) 全南 光陽郡 津上面

섬진강(蟾津江, 河東江) 全南 光陽郡
섭도(慴島) 全南 莞島郡 平日面
성구리(城九里) 忠南 沔川郡 倉宅面
성남리(城南里) 忠南 泰安郡 安興面
성내시(城內市) 全南 羅州郡
성당포(聖堂浦) 全北 咸悅郡 西二面
성동(聖洞) 全北 臨陂郡 北一面
성동리(城東里) 忠南 泰安郡 安興面
성두(城頭) 全南 康津郡 大口面
성두(星斗) 全南 突山郡 斗南面 突山島
성산리(城山里) 全北 沃溝府 定面
성산포(城山浦) 全南 旌義郡
성연(聖淵) 忠南 瑞山郡 聖淵面
성주산(聖住山) 忠南 保寧郡
성촌(星村) 全南 智島郡 巖泰面 牛耳島
성호리(星湖里) 忠南 結城郡 縣內面
성흥산(聖興山) 忠南 林川郡
세동(細洞) 全南 光陽郡 玉谷面
세동(細洞) 全南 莞島郡 古今面 古今島
세전막(細田幕) 全南 智島郡 荷衣面
세포(細浦) 全南 突山郡 蓬萊面
세포(細浦) 全南 珍島郡 智山面
세화리(細花里) 全南 旌義郡 車中面
세화리(細花里) 全南 濟州郡 舊左面
소가도(小加島) 全南 珍島郡 鳥島面
소각도(小角島, 小閣島) 全南 智島郡 洛月面
소각리(小角里) 全南 智島郡 洛月面
소강리(小江里) 忠南 鰲川郡
소경도(小京島) 全南 突山郡 斗南面
소공리(小空里) 全南 莞島郡 青山面
소구도(小鳩島) 全南 莞島郡 所安面
소귀도[ソグート, 大牛耳島] 全南 智島郡 巖泰面
소근진(所斤鎭) 忠南 泰安郡 所斤面
소난지도(小蘭芝島) 忠南 唐津郡 內孟面
소달리(小達里) 忠南 藍浦郡
소당(小堂) 全南 務安府 一老面
소당각(小堂角) 全南 務安府 一老面
소당서(所堂嶼) 忠南 鰲川郡 河南面
소도(疏島) 忠南 鰲川郡 河南面
소두리도(小斗里島) 全南 突山郡 金鰲島
소라도(小羅島) 全南 珍島郡 鳥島面
소랑도(小浪島) 全南 莞島郡 平日面
소로록도(小老鹿島, 小鹿島) 全南 智島郡 茬子面
소록(小鹿) 全南 突山郡 錦山面
소록도(小鹿島, 小老鹿島) 全南 智島郡 茬子面
소류포(小柳浦) 全南 突山郡 金鰲面
소륙도(小陸島) 忠南 鰲川郡 河南面
소리도(所里島) 全南 突山郡 金鰲面
소마도(小馬島) 全南 珍島郡
소마도(小馬島) 忠南 唐津郡 內孟面
소모도(小茅島) 全南 莞島郡 茅島面
소모도(小毛島) 全南 珍島郡 鳥島面
소모리(小茅里) 全南 莞島郡 茅島面
소부도(小富島) 全南 突山郡
소비치도(小飛雉島) 全南 智島郡 茬子面
소삼리포(小參里浦) 全南 莞島郡 所安面 所安島
소송도(小松島) 全南 靈巖郡 終南面
소시도(小矢島, 小弓矢島) 忠南 鰲川郡 河

西面
소아서(小兒嶼) 全南 突山郡 太仁面
소안도(所安島) 全南 莞島郡 所安面
소안항(所安港) 全南 莞島郡
소양간도(小陽間島) 全南 珍島郡 鳥島面
소역(小驛, 驛浦) 全南 突山郡 蓬萊面 外國島
소영(少榮) 全南 突山郡 蓬萊面 內國島
소오지(所吾地) 全南 智島郡 巖泰面
소오카노세토(ソウカの瀨戶) 全南 智島郡 郡內面
소요봉(逍遙峰) 全北 興德郡
소우이도(小牛耳島) 全南 智島郡 巖泰面
소월리(小月里) 忠南 舒川郡 南部面
소장구도(小長龜島) 全南 莞島郡 魚佛面
소장동(小獐洞) 全南 智島郡 荷衣面 上苔島
소장리도(小長里島) 全南 智島郡 古群山面
소저도(小楮島) 全南 莞島郡 莇島面
소정원도(小正元島) 全南 莞島郡 魚佛面
소중관군도(小中關群島, 紅衣島) 全南 智島郡 巖泰面
소진리(小珍里) 全南 莞島郡 所安面 所安島
소척(小尺) 全南 智島郡 箕佐面
소치마도(小馳馬島) 全南 智島郡 茌子面
소포(素浦) 全南 珍島郡 智山面
소포(素浦) 全南 珍島郡 珍島
소포강(素浦江) 全南 珍島郡 智山面
소허사도(小虛沙島) 全南 智島郡 茌子面
소황리(小篁里) 忠南 藍浦郡
소횡간도(小橫干島) 全南 突山郡 金鰲面
속도(粟島) 全南 珍島郡 鳥島面
속도(粟島) 忠南 泰安郡 所斤面
속리산(俗離山) 忠南 報恩郡
속전(粟田) 全南 突山郡 斗南面 突山島
손겐내(ソンゲン內) 全南 突山郡 玉井面
손죽도(巽竹島, 損竹) 全南 突山郡 三山面
손죽봉(損竹峰) 全南 突山郡 三山面 巽竹島
송고리(松高里) 全南 突山郡 金鰲面
송곡(松谷) 忠南 泰安郡 北二面
송곡리(松谷里) 全南 莞島郡 薪智面 薪智島
송도(松島) 全南 突山郡 太仁面
송도(松島) 全南 莞島郡 露兒面
송도(松島) 全南 智島郡 郡內面
송도(松島) 全南 珍島郡 鳥島面
송도(松島) 忠南 保寧郡
송도(松島, 食島) 全南 突山郡 平南面
송동(松洞) 忠南 唐津郡 外孟面
송두(松頭, 西船里) 忠南 庇仁郡 郡內面
송림진(松林津) 全南 興陽郡 南西面
송산(松山) 全南 興陽郡 浦頭面
송여자도(松汝子島, 松茘子島) 全南 突山郡 玉井面
송정(松亭) 全南 寶城郡 南下面
송정리(松亭里) 忠南 林川郡 紙谷面
송진봉(松眞峯) 全南 莞島郡 甫吉面 甫吉島
송천(松川) 全南 珍島郡 義新面
송촌(松村) 全南 康津郡 寶岩面
송촌(松村) 忠南 藍浦郡
송탄(松灘) 忠南 智島郡 飛禽面
송학(松鶴) 全南 康津郡 寶岩里
송항(松港 大坪虛) 全南 大靜郡 中面
송현(松峴) 忠南 泰安郡 遠一面
송호(松湖) 全南 珍島郡 智山面

쇼아틴만(ショアチン灣) 忠南 泰安郡 遠一面
수권(水卷) 全南 康津郡寶岩面
수다(水多) 全北 茂長郡 心元面
수덕도(水德島) 全南 莞島郡
수도(水島) 全南 智島郡 郡內面
수도(水島) 全南 智島郡 飛禽面 飛禽島
수도동수도(水島東水道) 全南 智島郡 郡內面
수동(藪洞) 全南 光陽郡 津上面
수락도(水洛島) 全南 突山郡 蓬萊面
수류(水柳) 全南 珍島郡 郡內面
수문(水門) 忠南 鰲川郡 河北面
수박장(水朴場) 全南 咸平郡 月岳面
수성당단(水城堂端) 全南 扶安郡 右山面
수양(水揚) 全南 珍島郡 智山面
수영(水營) 忠南 鰲川郡 河東面
수웅도(睡雄島) 全南 智島郡 飛禽面
수유(水有) 全南 珍島郡 郡內面
수유(水踰) 忠南 泰安郡 遠一面
수자리(袖子里) 全南 莞島郡 古今面 古今島
수장리(水場里) 全南 務安府 多慶面
수정도(水頂島) 全南 突山郡 金緊面
수정평(水頂坪) 全南 智島郡 荷衣面 上苔島
수창동(水昌洞) 忠南 鰲川郡 河東面
수철(水鐵) 忠南 泰安郡 北二面
수촌도(水村島, 大芚島・永山島) 全南 珍島郡 巖泰面
수촌만(水村灣) 全南 珍島郡 巖泰面 水村島
수태도(秀泰島, 禾太島) 全南 突山郡 金鰲面
수호서(睡虎嶼) 全南 突山郡 蓬萊面
수횡산(水橫山) 全北 茂長郡
숙구지(淑九池) 忠南 鰲川郡 河北面
순천읍(順天邑) 全南 順天郡
승달산(僧達山) 全南 務安府
승봉산(升峰山) 全南 智島郡 巖泰面 巖泰島
승언리(承彥里) 忠南 庇仁郡 安眠面
승월(昇月) 全南 突山郡 斗南面 突山島
시도(矢島, 大弓矢島) 忠南鰲川郡 河西面
시등장(市嶝場) 全南 海南郡 黃原面
시목(柿木) 忠南 泰安郡 遠一面
시변(市邊) 全南 康津郡 寶岩面
시산도(示山島, 矢山島) 全南 突山郡 蓬萊面
시산리(示山里) 全南 突山郡 蓬萊面
시하도(時下島) 全南 務安府 府內面
시하해(時下海, 時牙海) 全南
시흥리(始興里) 全南 旌義郡 左面
식도(食島) 全南 智島郡 古群山面
신강수도(薪江水道) 全南 突山郡 金鰲面
신검산(神劒山) 全南 珍島郡 鳥島面 下鳥島
신곶(新串) 忠南 泰安郡 北二面
신구(新九, 神龜) 全南 突山郡 蓬萊面 外國島
신굴수도(シングル水道) 全南 智島郡
신기(新基) 全南 光陽郡 玉谷面
신기(新基) 全南 光陽郡 月浦面
신기(新基) 忠南 庇仁郡 西面
신기동(新基洞) 全南 突山郡 斗南面 突山島
신기동(新基洞) 全南 莞島郡 薪智面 薪智島
신답(新畓) 全南 光陽郡 津下面
신대(新岱) 忠南 藍浦郡
신덕(新德) 全南 光陽郡 津下面
신덕(新德) 忠南 泰安郡 遠一面
신도(薪島) 全南 莞島郡 金塘面

신도(薪島) 全南 智島郡 荷衣面
신동(新洞) 全南 珍島郡 郡內面
신등리(新登里) 全南 莞島郡 青山面 青山島
신리(新里) 全南 光陽郡 玉谷面
신리(新里) 全南 莞島郡 薪智面 薪智島
신리(新里) 忠南 舒川郡 馬吉面
신리(新里) 忠南 牙山郡 二北面
신리도(新里島) 全南 突山郡
신산리(新山里) 全南 旌義郡 左面
신상(新上) 全南 莞島郡 楸子面
신성(新星, 新城浦) 全南 順天郡 龍頭面
신성(新城) 忠南 泰安郡 遠一面
신성(新成) 忠南 韓山郡 東下面
신송(新松) 全南 光陽郡 月浦面
신수언(新水堰) 全南 智島郡 沙玉面 曲島
신시(申市) 全北 茂長郡 冬音峙面
신시(新市) 忠南 韓山郡 下北面
신아포(新芽浦) 忠南 韓山郡 南上面
신엄리(新嚴里) 全南 濟州郡 新左面
신원(新元) 忠南 牙山郡 二北面
신월리(新月里) 全南 務安府 望雲面
신의도(新衣島) 全南 珍島郡 鳥島面
신장리(新場里) 全南 莞島郡 古今面 古今島
신재(新在) 全南 智島郡 巖泰面 巖泰島
신정리(新丁里) 全北 扶安部 西道面
신지도(薪智島) 全南 莞島郡 薪智面
신진(新津) 忠南 牙山郡 二西面
신진도(新津島) 忠南 泰安郡 安興面
신창동(新昌洞) 全南 務安府 府內面
신창진(新滄津) 全北 臨陂郡
신창진(新滄津) 全北 萬頃郡
신촌(新村) 全南 突山郡 錦山面 折金島
신촌(新村) 全南 智島郡 箕佐面 安昌島
신촌리(新村里) 全南 濟州郡 新左面
신치(申峙) 全北 扶安郡 下西面
신포(新浦) 忠南 牙山郡 三北面
신하(新下) 全北 扶安郡 立下面
신하(新下, 魚遊九味) 全南 莞島郡 楸子面 下楸子島
신후(新厚) 忠南 韓山郡 東下面
신흥리(新興里) 全南 突山郡 錦山面 折金島
신흥리(新興里) 全南 務安府 朴谷面
신흥리(新興里) 全南 順天郡 龍頭面
신흥리(新興里) 全南 莞島郡 助藥面 助藥島
신흥리(新興里) 全南 莞島郡 淸山面 青山島
신흥리(新興里) 忠南 牙山郡 三北面
실산(實山) 忠南 庇仁郡 西面
실산리(實山里) 忠南 監浦郡
심동(深洞) 全南 珍島郡 智山面
심동(深洞) 忠南 鰲川郡 河東面
심촌(深村) 全南 智島郡 巖泰面 黑山島
심포(深浦) 全南 突山郡 金鰲面
심포(心圃) 全南 突山郡 金鰲面 金鰲島
쌍교리(雙橋里) 全南 務安府 府內面
쌍구포(雙口浦) 全北 萬頃郡
쌍서(雙嶼) 全北 茂長郡

ㅇ

아동(鵝洞) 全南 光陽郡 津下面
아미산(峨嵋山) 忠南 藍浦部
아사내(牙士乃) 全北 務安府 海際面

아산읍(牙山邑) 忠南 牙山郡
악양강(岳陽江) 全南 光陽郡
안도(鞍島) 全南 莞島郡 馬路面
안도(鞍島) 全南 珍島郡 鳥島面
안도(安島, 雁島) 全南 突山郡 金鰲面
안량장(安良場) 全南 長興郡 安上面
안마도(鞍馬島) 全南 智島郡 洛月面
안마포(安馬浦) 全南 靈光郡 弘農面
안면도(安眠島) 忠南 泰安郡
안성천(安城川) 忠南 牙山郡
안자장(安子場) 全北 茂長郡 淸海面
안창도(安昌島) 全南 智島郡 箕佐面
안파(安坡) 忠南 泰安郡 安眞面
안현(鞍峴) 全北 興德郡
안흥진(安興鎭) 忠南 泰安郡
암태도(巖泰島) 全南 智島郡 巖泰面
애도(艾島, 蓬萊島) 全南 突山郡 蓬萊面
애월리(涯月里) 全南 濟州郡 新右面
야미도(夜味島) 全南 智島郡 古群山面
야창해(野倉海) 全北 沃溝府 米面
양간도(陽間島) 全南 珍島郡 鳥島面
양도(羊島, 東島) 全南 智島郡 巖泰面
양동(陽洞) 全南 務安府 府內面
양득도(兩得島) 全南 珍島郡 鳥島面
양막(兩漠) 全南 智島郡 飛禽面 睡雉島
양아교(梁牙橋) 忠南 藍浦郡
양줄동(良茁洞) 全南 務安府 一老面
양지(陽旨) 全南 莞島郡 薪智面 薪智島
양천리(陽川里) 全南 莞島郡 薪智面 薪智島
양포(養浦, 鎗浦) 全南 突山郡 蓬萊面 外國島
양화(楊花) 全南 突山郡 蓬萊面 內國島
어두리(漁頭里) 全南 莞島郡 助藥面
어룡도(魚龍島) 全南 莞島郡 魚佛面
언내(堰內) 忠南 鰲川郡 河北面
언목(彥木) 全北 茂長郡 吾里道面
엄도(掩島) 忠南 沔川郡 縣內面
여미(餘美) 忠南 海美郡 一道面
여산(餘山) 全北 茂長郡 上里面
여산읍(礪山邑) 全北 礪山郡
여서도(余瑞島) 全南 莞島郡
여석(礪石) 全南 突山郡 華蓋面 蓋島
여수읍(麗水邑, 左水營) 全南 麗水郡
여을도(如乙島) 全南 智島郡 荷衣面
여자도(汝子島, 大汝子島, 茘子島) 全南 突山郡 玉井面
여자만(汝自灣) 全南 突山郡
여정리(餘丁里) 忠南 庇仁郡 一方面
여천동(女泉洞) 全南 突山郡 金鰲面 金鰲島
역기(驛基) 全南 突山郡 斗南面 突山島
역도(驛島, 鹿島) 全南 智島郡 押海面
역포(力浦) 全南 智島郡 箕佐面 安昌島
역포(驛浦) 全南 突山郡 蓬萊面 外國島
역포동(役浦洞) 全南 突山郡 金鰲面
연곡(蓮谷) 忠南 泰安郡 北二面
연도(煙島) 忠南 鰲川郡 河南面
연도(鳶島, 所里島) 全南 突山郡 金鰲面
연동(蓮洞) 全南 務安府 府內面
연동(蓮洞) 全南 珍島郡 臨二面
연등천(蓮嶝川) 全南 麗水郡
연병산(連兵山) 全北 沃溝府
연암산(燕巖山) 忠南 牙山郡
연주(連珠) 全南 珍島郡 義新面

연지(沿池) 全南 智島郡 押海面 慈恩島
연치동(鳶峙洞) 全南 務安府 府內面
연평리(演平里, 7동으로 이루어짐) 全南 濟州郡 奮左面
연홍(蓮洪) 全南 突山郡 錦山面
열포(烈浦) 忠南 鰲川郡 河北面
염도(鹽島) 全南 突山郡 蓬萊面
염분동(鹽盆洞) 全南 智島郡 荷衣面 上苔島
염성(鹽城) 忠南 鰲川郡 河北面
염온동(鹽溫洞) 全南 智島郡 荷衣面 上苔島
염장(鹽丈) 全南 珍島郡 臨淮面
염창(鹽倉) 忠南 石城郡 北面
영광읍(靈光邑, 篔城・靜州) 全南 靈光郡
영동(永洞) 全南 康津郡 七良面
영락리(永樂里) 全南 大靜郡 右面
영목(柃木) 全北 興德郡 北面
영복동(永富洞) 全南 莞島郡 古今面 古今島
영산강(榮山江) 全南 羅州郡
영산도(永山島, 大芚島・村島・水村島) 全南 智島郡 巖泰面
영산포(榮山浦, 榮浦・永浦) 全南 羅州郡 智良面
영수(英水) 全南 光陽郡 玉谷面
영암반도(靈巖半島) 全南 靈巖郡
영암읍(靈巖邑) 全南 靈巖郡
영인산(靈仁山) 忠南 牙山郡
영해촌(瀛海村) 全南 務安府 玄化面
예교(禮橋) 全南 突山郡 斗南面 突山島
예동(禮洞) 全北 茂長郡 心元面
예미촌(曳尾村) 全南 智島郡 巖泰面 牛耳島
예산(芮山) 全北 臨陂郡
예산천(禮山川) 忠南 禮山郡
예진(禮津) 全南 寶城郡 道村面
예초(禮初) 全南 莞島郡 秋子面 下島
예촌(曳村) 全南 智島郡 巖泰面 黑山島
예하리(曳下里) 全南 突山郡 蓬萊面 外國島
예하리(曳下里) 全南 莞島郡 所安面 所安島
오곡(烏谷) 忠南 泰安郡 東面
오기암(五岐岩) 全南 莞島郡 楸子面 秋子島
오도(梧島) 全南 智島郡 洛月面
오도(鰲島) 忠南 沔川郡 松山面
오도(梧島) 忠南 鰲川郡 河西面
오동(梧洞) 全南 光陽郡 玉谷面
오동(五洞) 全南 務安府 海際面
오동(五洞) 全北 咸悅郡 西二面
오동도(梧洞島) 全南 突山郡 金鰲面
오동도(梧洞島) 全南 突山郡 蓬萊面
오동서(梧桐嶼) 全南 突山郡 金鰲面
오동서(梧桐嶼) 全南 突山郡 斗南面
오령(烏嶺) 忠南
오류(五柳) 全南 光陽郡 骨若面
오류(五柳) 全南 珍島郡 智山面
오마도(五馬島) 全南 突山郡 錦山面
오봉포(五峰浦) 全北 沃溝府 長面
오서산(烏栖山) 忠南 鰲川郡
오성평지(烏城平地) 全南 寶城郡
오소탕(五所湯) 忠南 鰲川郡 河東面
오성산(五聖山) 全北 臨陂郡
오수(午水) 忠南 藍浦郡
오식도(篡食島) 全北 沃溝府 米面
오유(五有) 全南 珍島郡 古一面
오음막전(五音幕前) 全南 智島郡 荷衣面 荷

衣島
오조리(吾照里) 全南 旌義郡 左面
오창리(梧昌里) 全北 扶安郡 西道面
오천(梧泉) 全南 突山郡 錦山面 折金島
오촌만(五村灣) 全南 智島郡 巖泰面 水村島
오포(烏浦) 全北 扶安郡
옥곡장(玉谷場) 全南 光陽郡
옥녀봉(玉女峰) 忠南 恩津郡 金浦面
옥도(玉島) 全南 智島郡 箕佐面
옥도(玉島) 全南 珍島郡 鳥島面
옥전(玉田) 全南 康津郡 寶岩面
옥정산(玉井山) 全南 突山郡 玉井面 白也島
옥포(玉浦) 全北 臨陂郡 北一面
와교(臥橋) 全南 突山郡 蓬萊面 國島
와석리(臥石里) 忠南 舒川郡 西部面
와야(瓦也) 忠南 泰安郡 遠一面
와온(臥溫) 全南 順天郡 龍頭面
와우(臥牛) 全南 光陽郡 骨若面
와우동(臥牛洞) 全南 智島郡 押海面 慈恩島
와우지(臥牛地) 全南 智島郡 箕佐面 箕佐島
완도(莞島) 全南 莞島郡
완도읍(莞島邑, 淸海) 全南 莞島郡 郡內面
왜암도(倭巖島) 全南 莞島郡 郡內面
외갈도(外竭島) 全南 珍島郡 鳥島面
외감도(外歛島) 忠南 鰲川郡 河西面
외공도(外孔島) 全南 珍島郡 鳥島面
외국도(外國島, 外羅老島) 全南 突山郡 蓬萊島
외금(外錦) 全南 光陽郡 津上面
외다(外多) 忠南 庇仁郡 一方面
외달도(外達島) 全南 智島郡 押海面
외동(外洞) 忠南 泰安郡
외로(外老, 外村) 全南 興陽郡 南面
외모군도(外毛群島) 全南 莞島郡 魚佛面
외모도(外毛島) 全南 莞島郡 魚佛面
외삼도(外三島) 全南 突山郡 金鰲面
외소서(外所嶼) 忠南 鰲川郡 河西面
외연도(外烟島) 忠南 鰲川郡 河西面
외연루도(外連樓島) 全南 智島郡 古群山面
외예미(外曳尾) 全南 智島郡 巖泰面 大里島
외창(外倉) 忠南 唐津郡 外孟面
외초(外草) 全南 興陽郡 浦項面
외초리(外草里) 全南 突山郡 蓬萊面 外國島
외포(外蒲) 忠南 泰安郡 北一面
요동(堯洞) 全北 臨陂郡 北一面
요시미도(ヨシミ島, 狐島) 忠南 鰲川郡 河西面
욕지도(浴池島) 全南 智島郡 押海面
용강리(龍江里) 全北 萬頃郡
용계(龍溪) 全南 光陽郡 津上面
용굴(龍窟) 全南 靈光郡
용기장시(龍基場市) 全南 麗水 郡雙鳳面
용담리(龍潭里) 全南 濟州郡 中面
용당(龍堂) 忠南 舒川郡 馬吉面
용당(龍塘, 龍堂) 全南 靈巖郡
용도(龍島) 忠南 鰲川郡 河南面
용동리(龍洞里) 全南 務安府 玄化面
용두포(龍頭浦) 全南 順天郡
용두포(龍頭浦) 全南 興陽郡 豆原面
용두포(龍頭浦) 全北 龍安郡 北面
용두포(龍頭浦) 全北 興德郡 北面
용두포(龍頭浦) 忠南 藍浦郡

용문도(龍門島, 作只島·港門島) 全南 莞島郡 莇島面
용산(龍山) 全南 康津郡 寶岩面
용소(龍沼) 全南 光陽郡 骨若面
용소(龍沼) 全南 光陽郡 津下面
용수리(龍水里) 全南 濟州郡 舊右面
용안읍(龍安邑) 全北 龍安郡
용인(用仁) 全南 珍島郡 郡內面
용장성(龍藏城) 全南 珍島郡 古郡面
용지(龍池) 全南 智島郡 押海面 慈恩島
용초리(龍草里) 全南 莞島郡 古今面 古今島
용출(龍出) 全南 莞島郡 生日面 生日島
우구리(牛口里) 全南 莞島郡 八禽面 八禽島
우도(牛島) 全南 突山郡 玉井面
우도(牛島) 全南 順天郡 別良面
우도(牛島) 全南 濟州郡
우두(牛斗) 全南 突山郡 斗南面 突山島
우두리(牛頭里) 全南 莞島郡 助藥面
우묵도(牛墨島) 全南 智島郡 箕佐面
우미리(又美里) 全南 旌義郡 西中面 濟州島
우수영(右水營) 全南 海南郡
우순도(牛唇島)[5] 全南 突山郡 太仁面
우실동(牛室洞) 全南 突山郡 金鰲面 金鰲島
우안(牛安) 忠南 唐津郡 內孟面
우이군도(牛耳群島) 全南 智島郡 巖泰面
우이만(牛耳灣) 全南 智島郡 巖泰面 牛耳島
우이사퇴(牛耳沙堆) 全南 智島郡 巖泰面
우이포(牛耳浦) 全南 智島郡 押海面 慈恩島

5) 원문에는 牛唇島라고 되어 있으나, 현재 섬 이름은 우순도이다. 唇을 脣과 통용하여 쓴 것으로 보인다. 우순도로 번역해 두었다.

우전도(羽田島, 前曾島) 全南 智島郡 沙玉島
우증도(右甑島) 全南 智島郡 沙玉面
우호리(禹湖里) 全南 莞島郡 金塘面
운동(云洞) 全南 康津郡 寶岩面
운동(雲洞) 忠南 泰安郡 近西面
운두도(雲斗島) 全南 突山郡 玉井面
운주헌(運籌軒) 全南 麗水郡 麗水邑
웅도(熊島) 忠南 泰安郡 南面
웅도리(熊島里) 忠南 瑞山郡 地谷面
웅연서(熊淵嶼) 全北 扶安郡 左山面
웅치장시(熊峙場市) 全南 長興郡 熊峙面
웅포(熊浦) 全北 咸悅郡 西二面
웅포(熊浦) 忠南 唐津郡 所斤面
웅포(熊浦) 忠南 唐津郡 外孟面
웅포(雄浦) 忠南 鰲川郡 河東面
원달도(元達島) 全南 智島郡 沙玉面
원달리(元達里) 全南 智島郡 沙玉面
원당(元堂) 全南 光陽郡 津上面
원도(圓島) 全南 莞島郡
원동(院洞) 全南 莞島郡
원두(元斗, 先頭) 全南 珍島郡 鳴琴面
원산도(元山島) 忠南 鰲川郡 河南面
원산리(遠山里) 全南 莞島郡 八禽面 八禽島
원산리(元山里) 全南 智島郡 荏子面 荏子島
원생도(圓生島) 全南 莞島郡 生日面
원앙서(鴛鴦嶼) 全南 突山郡 玉井面
원장(圓粧) 全南 興陽郡 道化面
원포(遠浦, 一丁屹) 全南 珍島郡 古群面
원화(元化) 忠南 舒川郡 馬吉面
월곡(月谷) 全北 茂長郡 吾里道面
월곶(月串) 全南 康津郡 寶岩面

월궁(月弓) 全南 康津郡 土良面
월덕(月德) 忠南 泰安郡 北二面
월도(月島) 忠南 鰲川郡 河南面
월락리(月落里) 全南 務安府 望雲面
월령리(月令里) 全南 濟州郡 舊左面
월송(月松) 全南 莞島郡 平日面 平日島
월악(月岳) 全南 咸平郡.
월암(月巖) 全南 突山郡 斗南面 突山島
월전(月田) 全南 突山郡 斗南面 突山島
월정리(月汀里) 全南 濟州郡 舊左面
월증(月證) 全南 興陽郡 大西面
월평리(月平里) 全南 靈光郡 鹽所面
월하(月下) 全南 康津郡 寶岩面
월하(月下) 全南 興陽郡 豆原面
월하포(月下浦) 忠南 庇仁郡
월하포(月下浦) 忠南 庇仁郡 西面
월항리(月項里) 全南 莞島郡 所安面 所安島
위도(蝟島) 全南 智島郡 古群山面
위포(胃浦) 忠南 舒川郡 馬吉面
유금도(有金島) 全南 珍島郡 鳥島面
유달산(鍮達山) 全南 務安府
유도(油島) 全南 突山郡
유두서(油頭嶼) 全南 突山郡 太仁面
유둔장시(油屯場市) 全南 興陽郡 大江面
유득(柳得) 忠南 泰安郡 遠一面
유목(楡木) 全南 珍島郡 智山面
유부도(有父島, 甲島) 忠南 舒川郡 南部面
유천(柳川) 全北 扶安郡 立下面
유치(油峙) 忠南 唐津郡 外孟面
유포(柳浦) 全南 莞島郡 生日面 生日島
육도(陸島) 忠南 鰲川郡 河南面
육동(陸洞) 全南 莞島郡 金塘面 金塘島
육동리(六洞里) 全南 珍島郡 鳥島面 下鳥島
육리(陸里) 全南 珍島郡 鳥島面 甫乙幕島
율도(栗島) 忠南 鰲川郡 河北面
율리(率里) 忠南 舒川郡 南部面
율목(栗木) 全南 珍島郡 鳥島面
율목리(栗木里) 全南 珍島郡 鳥島面 上鳥島
율포(栗浦) 全南 突山郡 斗南面 突山島
은도(隱島) 全南 莞島郡 所安面
읍구리(邑口里) 全南 珍島郡 鳥島面 下鳥島
읍구미(邑九味) 全南 智島郡 巖泰面 黑山島
읍동(邑洞) 全南 突山郡 太仁面 猫島
응도(鷹島) 全南 突山郡 玉井面
응봉(鷹峰) 全北 扶安郡
의귀시장(衣貴市場) 全南 旌義郡
의복동(衣服洞) 全北 扶安郡 下西面
의암(衣岩) 全南 光陽郡 玉谷面
의점리(衣店里) 忠南 泰安郡 安眠面
의항(蟻項) 忠南 泰安郡 所斤面
의항리(蟻項里) 忠南 藍浦郡
이남리(梨南里) 全南 莞島郡 所安面
이리(裡里) 全南 靈光郡 鹽所面
이리(裡里) 全北 萬頃郡
이산도(爾山島) 全南 莞島郡
이정(狸井) 全南 光陽郡 津下面
이진(梨津) 全南 海南郡 北終面
이천(梨川) 全南 光陽郡 津上面
익금리(益今里) 全南 野陽郡 浦頭面
인처리(仁處里) 忠南 平澤郡 慶陽面
일과리(日果里) 全南 大靜郡 右面
일복동(日復洞) 全南 莞島郡 薪智面

일세촌(日勢村) 忠南 林川郡
일암서(一岩嶼) 全南 靈光郡 陳良面
일정(日亭) 全南 莞島郡 平日面 平日島
일정흘(一丁屹) 全南 珍島郡 古群面
임병도(壬丙島 金重島) 全南 智島郡 洛月面
임사(臨沙) 全南 沃溝府 米面
임자도(荏子島) 全南 智島郡 荏子面
임창(林昌) 全南 珍島郡 珍島
임천읍(林川邑) 忠南 林川郡
임치반도(臨淄半島) 全南 務安郡
임치수도(臨淄水道) 全南 智島郡 郡內面
임포(荏浦) 全南 突山郡 斗南面 突山島
임피읍(臨陂邑) 全北 臨陂郡
입모도(笠帽島) 全南 智島郡 荏子面
입석(立石) 全南 光陽郡 津上面
입석(立石) 全南 智島郡 箕佐面 箕佐島
입석포(立石浦) 全北 萬頃江
입암산(立岩山) 全南 突山郡 華蓋面 下花島
입우도(立牛島) 忠南 鰲川郡 河南面
입포(笠浦) 忠南 林川郡 大洞面
잉도(芿島) 全南 莞島郡 洛島面
잉벌(芿筏) 全北 茂長郡 心元面

ㅈ

자갑리(子甲里) 全北 茂長郡 下里面
자라도(者羅島) 全南 智島郡 箕佐面
자봉도(紫鳳島) 全南 突山郡 華蓋面
자봉도(自峰島, 紫鳳島) 全南 突山郡 華蓋面 蓋島
자실평(自實坪) 全南 智島郡 荷長面 上苔島
자은도(慈恩島) 全南 智島郡 押海面
자치초(雌雉礁) 忠南 庇仁郡 西面
작금(作錦) 全南 突山郡 斗南面 突山島
작도(鵲島) 全南 莞島郡 八禽面
작도(作島, 鵲島) 全南 智島郡 洛月面
작도(鵲島, 作島) 全南 智島郡 洛月面
작도도(作刀島) 全南 珍島郡 鳥島面
작두(鵲頭) 全南 寶城郡 北內面
작지도(作只島, 龍門島・港門島) 全南 莞島郡 芿島面
작천(鵲川, 東津) 忠南
잠두도(蠶頭島) 全南 莞島郡 魚佛面
장고도(長古島, 外長古島) 忠南 鰲川郡 河西面
장고지(長庫地) 全南 智島郡 沙玉面 前曾倉
장고항(長古項) 忠南 唐津郡 內孟面
장곶도(長串島) 全南 長興郡
장구(長久) 忠南 庇仁郡 一方面
장구도(長鳩島) 全南 莞島郡 露兒面
장구도(長口島) 全南 莞島郡 生日面
장구룡도(長龜龍島) 全南 莞島郡 露兒面
장구리(長久里) 忠南 庇仁郡
장구만(長久灣, 餘丁灣) 忠南 舒川郡 西部面
장구미(長九味) 全南 興陽郡 道陽面
장구수도(長鳩水道) 全南 莞島郡 露兒面
장구천(長久川) 忠南 庇仁郡
장군도(長群島) 全南 莞島郡 魚佛面
장기산(將基山) 忠南 庇仁郡
장길(長吉) 全南 光陽郡 骨若面
장길도(長吉島) 忠南 唐津郡 內孟面
장내(墻內) 全南 突山郡 太仁面 太仁島

장도(獐島 生日島·山日島·小馬島) 全南 莞島郡 生日面
장도(獐島) 全南 突山郡 玉井面
장도(長島) 全南 突山郡 玉井面
장도(獐島) 全南 突山郡 太仁面
장동(莊洞) 全南 光陽郡 玉谷面
장두리(獐頭里) 全南 康津郡 大口面
징리도(長里島) 全南·莞島郡 莇島面
장병(長丙) 全南 智島郡 荷衣面
장병(長丙) 全南 智島郡 荷衣面 長丙島
장병도(長丙島) 全南 莞島郡 青山面
장병도(長丙島) 全南 智島郡 巖秦面
장산도(長山島) 全南 智島郡 箕佐面
장산도(長山島) 全北 沃溝府 米面
장선포(長仙浦, 長丁) 全南 興陽郡 大西面
장성(長城) 全南 突山郡 斗南面 突山島
장수강(長水江) 全北 茂長郡
장신포(長信浦) 全北 扶安郡 下西面
장암리(場巖里) 忠南 林川郡
장암리(長岩里) 忠南 舒川郡 南部面
장언리(長堰里) 全北 扶安郡 下西面
장자도(長子島) 全南 珍島郡
장작(長作) 全南 莞島郡 秋子面 下島
장작(莊作) 忠南 泰安郡 北一面
장재(長在) 全南 光陽郡 津下面
장재도(長在島) 全南 智島郡 荷衣面
장재시(長財市) 全北 沃溝府
장좌(長佐) 全南 寶城郡 南下面
장좌도(長佐島) 全南 寶城郡 押海面
장죽도(長竹島) 全南 珍島郡 鳥島面
장중리(長中里) 全南 莞島郡 古今面
장지호(張芝湖) 全南 突山郡 金鰲面 金鰲島
장직로(長直路) 全南 莞島郡 薪智面,
장진(長津) 忠南 庇仁郡 一方面
장치동(長峙洞) 全南 莞島郡 古今面 古今島
장파동(長波洞) 全南 智島郡 巖泰面 巖泰島
장판리(長坂里) 全南 莞島郡 八禽面 八禽島
장포(長浦) 忠南 庇仁郡 西面
장포천(長浦川) 忠南 庇仁郡
장항리(獐項里) 全南 莞島郡 古今面 古今島
장항리(長項里) 忠南 唐津郡 高山面
장호(長湖) 全北 茂長郡 上里面
장흥읍(長興邑) 全南 長興郡
재원도(在遠島) 全南 智島郡 荏子面
재원동수도(在遠東水道) 全南 智島郡 荏子面
재원서수도(在遠西水道) 全南 智島郡 荏子面
쟁포(鎗浦, 養浦) 全南 突山郡 蓬萊面
저도(楮島) 全南 莞島郡 露兒面
저도(楮島) 全南 莞島郡 莇島面
저도(楮島) 全南 珍島郡 鳥島面
저동(苧洞) 全南 智島郡 荏子面 荏子島
저두(猪頭) 全南 康津郡 大口面
저두(猪頭) 全南 寶城郡 南下面
저두(猪頭, 猪島) 全南 興陽郡 東面
저두촌(猪頭村) 全南 智島郡 巖泰面
저천(猪川) 全南 咸平郡
적금도(赤金島, 積金島) 全南 突山郡 玉井面
적금동(積金洞) 全南 突山郡 玉井面 積金島
적도(赤島) 全南 珍島郡 鳥島面
적돌강(積乭江) 忠南 泰安郡
전고(前庫) 全南 智島郡 荷衣面 荷衣島
전동(箭洞) 忠南 海美郡 西面

전막(前幕) 全北 茂長郡 心元面
전망산(前望山) 忠南 舒川郡 南部面
전월(錢月) 全南 智島郡 荷衣面 荷衣島
전쟁도(前鎗島, 羽田當) 全南 智島郡 沙玉面
전증도(前曾島, 右甑島) 全南 智島郡 沙玉面
전창포(前蒼浦) 全南 務安府 望雲面
전호(田戶) 全北 茂長郡 吾里道面
전흘동(錢屹洞) 全南 濟州郡 舊左面
절금도(折金島, 居金島) 全南 突山郡 錦山面
점촌(占村) 全南 興陽郡 東面
점치(店峙) 全南 智島郡 巖泰面 巖泰島
접도(接島, 甲島) 全南 莞島郡 鳴琴面
정가도(丁加島) 忠南 舒川郡 南部面
정가리(丁加里) 忠南 舒川郡 南部面
정관(鼎冠) 全南 務安府 一老面
정도(頂島) 全南 珍島郡 鳥島面 上鳥島
정도리(正道里) 全南 莞島郡 郡內面 莞島
정동(頂洞) 全南 莞島郡 古今面 古今島
정등해(丁嶝海) 全南 智島郡・珍島郡
정산(定山) 忠南 安興面
정서(頂嶼) 全南 突山郡 蓬萊面
정의읍(旌義邑) 全南 旌義郡
정주포(停舟浦) 全南 珍島郡 鳥島面
정포(碇浦) 忠南 泰安郡 北二面
제리도(諸里島, 齊里島) 全南 突山郡 華蓋面
제석동(帝錫洞) 忠南 藍浦郡
제주읍(濟州邑) 全南 濟州郡
제주읍장시(濟州邑場市) 全南 濟州郡
조도(鳥島) 全北 沃溝府 米面
조도군도(鳥島群島) 全南 珍島郡
조도해(鳥島海) 全南 珍島郡
조량리(早良里) 全南 靈光郡 奉山面
조룡목(鳥龍木) 全北 扶安郡 下西面
조발도(早發島) 全南 突山郡 玉井面
조수오도(鳥水五島) 全南 珍島郡 鳥島面 下鳥島
조약도(助藥島) 全南 莞島郡
조척도(造尺島) 忠南 藍浦郡
조천(朝天) 全南 濟州郡 新左面
존포(存浦) 全南 智島郡 箕佐面 安昌島
종고산(鐘鼓山, 鐘山・鼓山) 全南 麗水郡
종달리(終達里) 全南 濟州郡 舊左面
종도(鐘島, 牛取島) 全南 智島郡 洛月面
좌수영(左水營) 全南 麗水郡
좌우포(左右浦) 全南 靈光郡 陳良面
좌일장(佐日場) 全南 康津郡 白道面
주강(酒缸) 全南 興德郡 北面
주교장(舟橋場) 全南 康津郡 郡內面
주동(珠洞) 忠南 唐津郡 下大面
주로산(珠蘆山) 忠南 庇仁郡
주룡진(注龍津) 全南 務安府 一老面
주봉산(周峰山) 全南 咸平郡 彌佛面
주장리(肘場里) 全南 智島郡 箕佐面 玉島
주지도(主之島) 全南 珍島郡 鳥島面
주포장(酒舖場) 全南 咸平郡 永豐面
죽굴도(竹堀島) 全南 莞島郡 魚佛面
죽도(竹島) 全南 康津郡
죽도(竹島) 全南 突山郡 蓬萊面
죽도(竹島) 全南 濟州郡
죽도(竹島) 全南 濟州郡 舊右面
죽도(竹島) 全南 智島郡 洛月面
죽도(竹島) 全南 智島郡 巖泰面

죽도(竹島) 全南 珍島郡 鳥島面
죽도(竹島) 全南 珍島郡 鳥島面
죽도(竹島) 忠南 保寧 周浦面
죽도(竹島) 忠南 鰲川郡
죽도(竹島) 忠南 鰲川郡 河南面
죽도(竹島) 忠南 泰安郡
죽도(竹島) 忠南 泰安郡 安眠面
죽동(竹洞) 全南 務安府 府內面
죽림(竹林) 全南 珍島郡 臨淮面
죽림(竹林) 全北 茂長郡 心元面
죽림포(竹林浦) 忠南 泰安郡 安興面
죽산(竹山) 全南 興陽郡 南陽面
죽산리(竹山里) 忠南 舒川郡 西部面
죽산리(竹山里) 忠南 韓山郡 東下面
죽산포(竹山浦) 全北 扶安郡
죽서(竹嶼) 全北 茂長郡
죽선리(竹仙里) 全南 莞島郡 助藥面 助藥島
죽암리(竹岩里) 忠南 恩津郡
죽전(竹田) 全南 珍島郡 郡內面
죽포(竹圃) 全南 突山郡 斗南面 突山島
죽항(竹項) 全南 珍島郡 鳥島面
죽항도(竹項島) 全南 珍島郡 鳥島面
줄포(茁浦) 全南 突山郡 斗南面 突山島
줄포(茁浦) 全北 扶安郡 乾先面
중기(中基) 忠南 泰安郡 安興面
중동(中洞) 全南 光陽郡 骨若面
중려(中閭) 全南 光陽郡 仁德面
중리(中狸) 忠南 泰安郡 北二面
중막장(中幕場) 全南 寶城郡
중만(中萬) 全南 珍島郡 臨淮面
중목리(中木里) 全南 莞島郡 古今面 古今島
중문리(中文里) 全南 大靜郡 左面
중미리(中味里) 忠南 泰安郡 所斤面
중방(中房) 忠南 泰安郡 遠一面
중산(中山) 全南 興陽郡 南陽面
중암(重岩) 全南 智島郡 荏子面 荏子島
중양(中陽) 全南 光陽郡 津上面
중오리(中奧里) 全南 莞島郡 青山面 青山島
중오리(中奧里) 全南 智島郡 巖泰面
중웅포(中熊浦) 全北 咸悅郡 西二面
중장리(中場里) 忠南 泰安郡 安眠面
중제리(中梯里) 全北 沃溝府 定面
중촌동(中村洞) 全南 務安府 玄化面
중포(中浦) 全北 茂長郡 吾里道面
증도(甑島) 忠南 鰲川郡 河南面
지경장(地境場) 全北 沃溝府
지당(池糖) 全南 智島郡 箕佐面 安昌島
지도(智島) 全南 智島郡
지도(芝島) 全南 珍島郡 府內面
지도수도(智島水道) 全南 智島郡
지도읍(智島邑) 全南 智島郡
지랑(旨郎) 全南 光陽郡 津上面
지리(池里) 全南 莞島郡 青山面 青山島
지신서(智信嶼) 全南 突山郡 太仁面
지오도(芝五島, 之五里島) 全南 突山郡 蓬萊面
지오리(芝五里) 全南 突山郡 蓬萊面 之五里島
지저(芝底) 全南 珍島郡 義新面
지초도(芝草島) 全南 莞島郡 青山面
지호(芝湖) 全南 咸平郡 永豐面
직천(稷川) 全南 突山郡 斗南面 突山島

직포(織浦) 全南 突山郡 金鰲面 金鰲島
진강(鎭江 錦江) 忠南
진곶(鎭串) 全南 突山郡 浦頭面
진곶(津串) 忠南 鰲川郡 河東面
진남관(鎭南舘) 全南 麗水郡 麗水 邑內
진도(進島) 全南 突山郡 南面
진도(珍島) 全南 珍島郡
진도읍(珍島邑) 全南 珍島郡
진동(軫洞) 全南 突山郡 金鰲面 金鰲島
진리(鎭里) 全南 智島郡 古群山面
진리(鎭里) 全南 智島郡 古群山面 食島
진리(鎭里) 全南 智島郡 巖泰面 黒山島
진리(鎭里) 全南 智島郡 荏子面 荏子島
진목도(進木島) 全南 珍島郡 鳥島面
진벌리(榛伐里) 忠南 泰安郡 南面
진산리(珍山里) 全南 莞島郡 所安面
진산리(珍山里) 全南 莞島郡 青山面 青山島
진양산(晋陽山) 全南 靈光郡 陳良面
진촌(鎭村) 全南 智島郡 巖泰面 牛耳島
진포(鎭浦) 全南 突山郡 蓬萊面 外國島
찌쯔키도(チツキ島, 金路島) 全南 族義郡 右面

ㅊ

차륜도(車輪島) 全南 智島郡 古群山面
차월리(車月里) 全南 莞島郡 金塘面 金塘島
찬동(讚洞) 忠南 唐津郡 外孟面
참경서(斬鯨嶼, 竹島) 全南 突山郡 斗南面
창기리(倉基里) 忠南 泰安郡 安眠面
창리(倉里) 全南 珍島郡 鳥島面 下鳥島
창리장(倉里場) 全北 石城郡 縣內面
창마(昌馬) 全南 智島郡 箕佐面
창비리(昌比里) 全北 扶安郡 一道面
창주리(倉柱里) 忠南 瑞山郡 禾邊面
창천장시(倉川場市) 全南 大靜郡
창촌(倉村) 全南 光陽郡 津上面
창촌(倉村) 全南 突山郡 太仁面 猫島
창평(倉坪) 忠南 泰安郡 東面
창포(蒼浦) 全南 珍島郡 鳴琴面
채신언(蔡新堰) 忠南 牙山郡 敦義面
척찬리(尺贊里) 全南 莞島郡 古今面 古今島
천공도(穿孔島) 全南 莞島郡 薪智面
천구미리(泉九味里) 全南 莞島郡 助藥面 助藥島
천도리(天道里) 全南 莞島郡 助藥面 助藥島
천룡(川龍) 全南 興陽郡 豆原面
천수해만(淺水海灣, 沙長浦灣) 忠南 泰安郡
천왕봉(天王峰) 忠南
천의(天宜) 忠南 海美郡 鹽率面
천초동(天草洞) 全南 濟州郡 舊左面
청계리(清溪里) 全南 莞島郡 青山面 青山島
청도(青島) 全南 莞島郡 古今面 古今島
청도(青島) 全南 莞島郡 鳥島面 青登島
청도(青島, 大青島) 忠南 鰲川郡 河西面
청등도(青登島) 全南 珍島郡 鳥島面
청룡(青龍) 全南 光陽郡 津上面
청목도(青木島, 頭越木島) 全南 珍島郡 鳥島面
청미천(清美川) 忠南
청변각(清邊角) 全南 莞島郡 所安面 所安島
청변봉(清邊峯) 全南 莞島郡 所安面 所安島

청산(青山) 忠南 泰安郡 北一面
청산도(青山島) 全南 莞島郡 青山面
청산천(青山川) 忠南
청주평지(淸州平地) 忠南
청포(青浦) 全北 興德郡 道村面
초남(草南) 全南 光陽郡 紗谷面
초도(草島) 全南 突山郡 三山面
초도(草島) 全南 珍島郡 鳥島面
초락도(草落島) 忠南 唐津郡 內孟面
초란도(草蘭島) 全南 智島郡 巖泰面
초서(鍬嶼) 全南 突山郡 玉井面
초서(樵嶼) 全南 突山郡 太仁面
초천장시(草川場市) 全南 長興郡 古上面
초천장시(草川場市) 全南 興陽郡 浦頭面
초평(草坪) 全南 珍島郡 義新面
촐메기(チヨルメギ) 全南 莞島郡 楸子面
총죽(叢竹) 全南 突山郡 斗南面
추도(抽島) 忠南 鰲川郡 河南面
추엽도(秋葉島) 全南 智島郡 巖泰面
추자도(楸子島) 全南 莞島郡 楸子面
추지(錐地) 忠南 鰲川郡 河北面
추창(秋倉) 忠南 泰安郡 北一面
추풍령산맥(秋風嶺山脈) 全南
축령(杻嶺) 全北 萬頃郡
출덕서(秫德嶼) 忠南 鰲川郡 河西面
출포리(出浦里) 忠南 海美郡 西面
충도(忠島) 全南 莞島郡 金塘面
충도(虫島) 全南 莞島郡 露兒面 露兒島
충주평야(忠州平野) 忠北
취도(吹島) 全南 突山郡 蓬萊面
취성산(鷲城山) 全北 臨陂郡
취포(翠浦) 忠南 瑞山郡 馬山面
치도(雉島) 全南 智島郡 古群山面
치도(雉島) 全南 智島郡 洛月面
치마산(馳馬山) 全北 萬頃郡
치하도(淄下島) 全南 智島郡 押海面
칠기도(七器島, 北點列島) 全南 莞島郡 平日面
칠량장(七良場) 全南 康津郡 七良面
칠리지(七里地) 全南 智島郡 荷衣面 上苔島
칠발도(七發島) 全南 智島郡 巖泰面
칠산도(七山島) 全南 智島郡 洛月面
칠산리(七山里) 忠南 林川郡 東邊面
칠산탄(七山灘)全南

ㅌ

탄도(炭島) 全南 智島郡 沙玉面
탄동(炭洞) 全南 智島郡 箕佐面 安昌島
탄동(灘洞) 全南 智島郡 沙玉島 沙玉島
탄동(炭洞) 忠南 泰安郡 東面
탄치(炭峙) 全南 光陽郡 津上面
탄포(炭浦) 全南 興陽郡 南西面
탑립(塔立) 全南 珍島郡 臨淮面
태거도(兌去島) 全南 莞島郡 莇島面
태랑도(太郎島) 全南 莞島郡
태사도(台沙島, 三台島) 全南 智島郡 巖泰面
태안반도(泰安半島) 忠南 泰安郡
태안읍(泰安邑) 忠南 泰安郡
태인도(太仁島) 全南 突山郡 大仁面
태전(太田) 全南 興陽郡 豆原面
태촌산(太村山) 全南 務安府 玄化面

태포(太浦) 全南 突山郡 金鰲面 金鰲島
태포(苔浦) 忠南 泰安郡 北一面
토막도(土莫島) 全南 智島郡 飛離面
통두(通頭) 全南 智島郡 箕佐面 安昌島
통정(通丁) 忠南 唐津郡 外孟面

ㅍ

파도리(波濤里) 忠南 泰安郡 遠一面
판교시(板橋市) 忠南 藍浦郡
판교시(板橋市) 忠南 庇仁郡
판포(坂浦) 全北 咸悅郡 西二面
판포리(坂浦里) 全南 濟州郡 舊右面
팔구포(八口浦) 全南 智島郡
팔금도(八禽島) 全南 莞島郡 八禽面
팔봉산(八峯山) 忠南 瑞山郡
팔이도(八耳島) 全北 沃溝府 米面
평교포(平橋浦) 全北 扶安郡
평대리(坪岱里) 全南 濟州郡 舊左面
평림시(平林市) 全南 羅州郡 三加面
평사(平沙) 全南 突山郡 突山島
평사도(平沙島) 全南 珍島郡 鳥島面
평사시(坪沙市) 全北 沃溝府
평산촌(平山村) 全南 務安府 立花面
평상리(平上里) 忠南 泰安郡 東二面
평일도(平日島) 全南 莞島郡 平日面
평재(平材) 忠南 泰安郡 東二面
평정(平亭) 全南 光陽郡 津上面
평지장시(平地場市) 全南 珍島郡 義新面
평촌(坪村) 全南 光陽郡 津上面
평촌(平村) 忠南 藍浦郡
평촌(坪村) 忠南 鰲川郡
평택읍(平澤邑) 忠南 平澤郡
폐동(陛洞) 全南 珍島郡 臨淮面
포도(包島) 全南 智島郡 郡內面
포도(浦島) 全南 智島郡 巖泰面 嚴泰島
포등(浦嶝) 全南 康津郡 寶岩里
포사리(浦沙里) 忠南 石城郡 縣內面
포산리(浦山里) 全南 珍島郡 府內面
포성(浦城) 忠南 庇仁郡 一方面
포야(布冶) 全南 長興郡 布冶面
포원(浦元) 忠南 韓山郡 南下面
포재리(浦材里) 忠南 林川郡 大洞面
포천장(浦川場) 全南 靈光郡
표선리(表善里 白濱) 全南 旌義郡 東中面
풍남포(豊南浦) 全南 興陽郡 古邑面
풍류(風流) 全南 興陽郡 豆原面
피리(皮里) 全南 智島郡 荷衣面 荷衣島
피서(皮嶼) 忠南 鰲川郡 河西面
필군도(ピール群島) 全南 突山郡

ㅎ

하광리(下廣里) 忠南 結城郡
하광암(下光岩) 全南 智島郡 巖泰面
하궁(河宮) 忠南 鰲川郡 河北面
하귀리(下貴里) 全南 濟州郡 新左面
하대산리(下岱山里) 忠南 海美郡 南面
하도(下島) 全南 莞島郡 楸子面
하동강(河東江, 蟾津江) 全南 突山郡 太仁面
하동고지(河東古池) 全南 突山郡 太仁面 太仁島

하룡리(下龍里) 忠南 泰安郡 北一面
하리(下狸) 忠南 唐津郡 下大面
하마로도(下馬路島) 全南 莞島郡 馬路面
하명지포(下明地浦) 全南 莞島郡 助藥面
하목서(下木嶼) 忠南 鰲川郡 河南面
하부(下阜) 全北 茂長郡 吾里道面
하석포장(下石浦場) 全南 珍島郡 臨二面
하송(下松) 忠南 保寧郡 松島
하시장(下市場) 忠南 恩津郡 江景
하신원(下新院) 忠南 牙山郡 新興面
하양(下揚) 全南 寶城郡 南下面
하왕등도(下旺嶝島) 全南 智島郡 古群山面
하용(下龍) 全南 智島郡 箕佐面 安昌島
하우동(下牛洞) 全南 濟州郡 舊左面
하웅포(下熊浦) 全北 咸悅郡 西二面 熊浦
하원덕(下元德) 忠南 唐津郡 內孟面
하의도(荷衣島) 全南 智島郡 荷衣面
하이봉(下二峯) 忠南 唐津郡 內孟面
하조도(下鳥島) 全南 珍島郡 鳥島面
하창(下倉) 忠南 泰安郡 東面
하창리(下倉里) 忠南 保寧郡 周浦面
하천미리(下川美里) 全南 旌義郡 左面
하촌리(下村里) 全南 靈光郡 奉山面
하태도(下苔島) 全南 智島郡 荷衣面
하화도(下花島) 全南 突山郡 華蓋面
하화동(下花洞) 全南 突山郡 華蓋面 下花島
하효장(下孝場) 全南 旌義郡
학동(鶴洞) 全南 突山郡 金鰲面 金鰲島
한동리(漢東里) 全南 濟州郡 舊左面
한라산(漢拏山, 漢羅山) 全南 濟州郡
한산읍(韓山邑) 忠南 韓山郡
한의(寒衣) 全南 珍島郡 郡內面
한의산(寒衣山) 全南 珍島郡 鳥島面 下鳥島
한천리(寒泉里) 忠南 唐津郡 內孟面
함덕리(咸德里) 全南 濟州郡 新左面
함라산(咸羅山) 全北 咸悅郡
함상산(咸相山) 全南智島郡 荏子面 荏子島
함열읍(咸悅邑) 全北 咸悅郡
함평만(咸平灣) 全南 咸平郡
함평읍(咸平邑) 全南 咸平郡
합구미(蛤九味) 田北 扶安郡 右山面
합진리(蛤津里) 全南 務安府 海際面
항단(項端) 全南 珍島郡 鳥島面 下鳥島
항도(項島) 全南 珍島郡 鳥島面
항동(項洞) 忠南 泰安郡 東二面
항리(項里) 忠南, 鰲川郡 南部面
항문도(港門島, 龍門島・作只島) 全南 莞島郡 莇島面
항월(項越) 全南 智島郡 巖泰面
항월포(項月浦) 全南 靈光郡 紅農面
항촌(項村) 忠南 泰安郡 北二面
해남각(海南角) 全南 海南郡
해남읍(海南邑) 全南 海南郡
해당(海棠) 全南 智島郡 巖泰面 巖泰島
해도(蟹島) 全南 突山郡 玉井面
해미읍(海美邑) 忠南 海美郡
해밀턴항(ハミルトン港) 全南 突山郡 三山面
해수서(海水嶼) 全南 珍島郡 鳥島面
해의리(海衣里) 全南 莞島郡 青山面 青山島
해창(海倉) 全南 光陽郡 仁德面
해창(海倉) 全南 珍島郡 郡內面

해창(海倉) 全南 海南郡 西終面
해창리(海倉里) 全北 扶安郡 下西面
해창오(海倉澳) 全南 興陽郡
해창포(海倉浦) 全北 咸悅郡 西二面
해창포(海倉浦) 忠南 泰安郡 東面
행금도(行金島) 全南 珍島郡 鳥島面
행담도(行潭島) 忠南 沔川郡 新北面
행원리(杏源里) 全南 濟州郡 舊左面
행정(杏亭) 全南 光陽郡 骨若面
허사군도(虛沙群島) 全南 智島郡 茌子面
허사도(許沙島) 全南 智島郡 押海面
허월동(許月洞) 全南 莞島郡 金塘面 金塘島
혁호두각(革胡頭角) 全南 莞島郡 助藥面
현절(玄切) 全南 順天郡 別良面
혈도(穴島) 全南 珍島郡 鳥島面
협재리(狹才里) 全南 濟州郡 舊左面
형제도(兄弟島) 全南 大靜部 中面
형제도(兄弟島) 全南 突山郡 錦山面
형제도(兄弟島) 全南 莞島郡 薪智面
형제도(兄弟島) 全南 珍島郡 鳥島面
형제서(兄弟嶼) 全南 突山郡 金鰲面
형제서(兄弟嶼) 全南 突山郡 蓬萊面
혜도(惠島) 全南 珍島郡 鳥島面
호도(狐島) 忠南 鰲川郡 河東面
호산(湖山) 全南 智島郡 古群山面 夜味島
호서(虎西) 全南 興陽郡 邑內面
호암(虎岩) 全北 扶安郡 立下面
호암리(虎岩里) 全北 扶安郡 道城面
혼성(混城) 全南 突山郡 華蓋面 蓋島
홍강(虹江, 筏橋) 全南 寶城郡 古下面
홍도(紅島, 梅加島) 全南 智島郡 巖泰面
홍의도(紅衣島, 小中關群島・晩島) 全南 智島郡 巖泰面
화개산(華蓋山) 全南 突山郡 華蓋面
화단서(花段嶼) 全南 珍島郡 鳥島面
화도(花島) 全南 莞島郡 平日面 南點列島
화도(花島) 全南 智島郡 沙玉面
화도(花島) 全南 智島郡 沙玉面 前曾島
화도(花島, 大小) 全南 莞島郡 郡外面
화도수도(花島水道) 全南 莞島郡 助藥面
화동(化洞) 全南 寶城郡 道村面
화북리(禾北里, 拱北・別刀) 全南 濟州郡 中面
화원(火院) 全南 靈巖郡
화원반도(花源半島) 全南 海南郡 管底面
화태도(禾太島) 全南 突山郡 金鰲面
화포(花浦) 全南 順天郡 別良面
화포(火浦) 全北 萬頃郡 北面
화포(禾浦) 全北 扶安郡
활동(濶洞) 全南 莞島郡 古今面 古今島
황곡(黃谷) 忠南 泰安郡 北二面
황도(黃島) 全南 智島郡 飛禽面
황도(黃島) 忠南 鰲川郡 河西面
황도(黃島) 忠南 泰安郡
황도리(黃島里) 忠南 泰安郡 安眠島
황방(黃坊) 全南 光陽郡 骨若面
황산포(黃山浦) 全北 礪山郡
황서(黃嶼) 忠南 鰲川郡 河西面
황제도(黃堤島) 全南 莞島郡 生日面
황조(黃朝) 全南 珍島郡 珍島
회동(灰洞) 全南 靈巖郡 北二始面
회전(會田) 全南 藍浦郡

회화리(檜花里, 檜亭里) 忠南 林川郡 仁義面
효동리(孝洞里) 全南 旌義郡 右面
효자도(孝子島) 全北 鰲川郡 河南面
효지도(孝池島) 全南 智島郡 押海面
후광(後廣) 全南 智島郡 荷衣面 荷衣島
후망산(後望山) 忠南 舒川郡 南部面
후수월산(後水越山) 全南 突山郡 三山面.
후증도(後曾島, 後甑島) 全南 智島郡 沙玉面
후포(後浦) 全南 智島郡 箕佐面 安昌島
후포(後浦) 全南 智島郡 沙玉面 後曾島
후포(後浦) 全北 興德郡 北面
후회동(後悔洞) 全南 濟州郡 舊左面
후흥리(後興里) 全南 莞島郡 青山面 青山島
휘동(揮洞) 忠南 鰲川郡 河東面
흑도(黑島) 忠南 泰安郡 安興面
흑산도(黑山島, 大黑山島·可居島) 全南 智島郡 巖泰面
흑서(黑嶼) 忠南 鰲川郡 河南面
흑서(黑嶼) 忠南 泰安郡
흔길(欣吉) 全南 智島郡 押海面 慈恩島
흥덕읍(興德邑, 章德·興城) 全北 興德郡
흥양읍(興陽邑, 高興·高陽) 全南 興陽郡
희어구지(希於九地) 全南 智島郡 押

부경대학교 인문한국플러스사업단 해역인문학 아카이브자료총서 06

한국수산지韓國水産誌 Ⅲ-2

초판 1쇄 발행 2024년 7월 30일

지은이 (대한제국) 농상공부 수산국
옮긴이 이근우(대표번역), 서경순
펴낸이 강수걸
편 집 강나래 오해은 이소영 이선화 이혜정
디자인 권문경 조은비
펴낸곳 산지니
등 록 2005년 2월 7일 제333-3370000251002005000001호
주 소 48058 부산광역시 해운대구 수영강변대로 140 부산문화콘텐츠콤플렉스 626호
홈페이지 www.sanzinibook.com
전자우편 sanzini@sanzinibook.com
블로그 http://sanzinibook.tistory.com

ISBN 979-11-6861-360-7(94980)
979-11-6861-207-5(세트)

* 책값은 뒤표지에 있습니다.
* 이 책은 2017년 대한민국 교육부와 한국연구재단의 지원을 받아 수행된 연구임.
(NRF-2017S1A6A3A01079869)